2011年度全行业优秀畅销书

MATLAB 神经网络
43 个案例分析

MATLAB 技术论坛　策划

王小川　史　峰　郁　磊　李　洋　编著

北京航空航天大学出版社

内 容 简 介

本书是在《MATLAB 神经网络 30 个案例分析》的基础上修改、补充而成的,秉承着"理论讲解—案例分析—应用扩展"这一特色,帮助读者更加直观、生动地学习神经网络。

本书共有 43 章,内容涵盖常见的神经网络(BP、RBF、SOM、Hopfield、Elman、LVQ、Kohonen、GRNN、NARX 等)以及相关智能算法(SVM、决策树、随机森林、极限学习机等)。同时,部分章节也涉及了常见的优化算法(遗传算法、蚁群算法等)与神经网络的结合问题。此外,本书还介绍了 MATLAB R2012b 中神经网络工具箱的新增功能与特性,如神经网络并行计算、定制神经网络、神经网络高效编程等。

使用本书时,建议读者按照"先通读章节内容,后调试程序,再精读章节内容"的顺序学习。本书程序建议在 MATLAB R2009a 及以上版本环境下运行。若在程序调试过程中有任何疑问,建议先在论坛书籍答疑版块搜索相关答案,然后再发帖与作者交流。

本书可作为高等学校相关专业学生本科毕业设计、研究生课题研究的参考书籍,亦可供相关专业教师教学参考。

随书附赠的程序源代码可通过关注"北航理工图书"公众号并回复"1202"免费获取下载地址。也可到北京航空航天大学出版社网站的"下载专区"免费下载。还可登录 MATLAB 技术论坛(www.matlabsky.com)到相应书籍答疑版块免费下载。

图书在版编目(CIP)数据

MATLAB 神经网络 43 个案例分析 / 王小川等编著. --北京:北京航空航天大学出版社,2013.8
　ISBN 978 - 7 - 5124 - 1202 - 6

　Ⅰ. ①M… Ⅱ. ①王… Ⅲ. ①人工神经网络—Matlab 软件 Ⅳ. ①TP183

中国版本图书馆 CIP 数据核字(2013)第 166076 号

版权所有,侵权必究。

MATLAB 神经网络 43 个案例分析
MATLAB 技术论坛　策划
王小川　史　峰　郁　磊　李　洋　编著
责任编辑　陈守平

*

北京航空航天大学出版社出版发行

北京市海淀区学院路 37 号(邮编 100191)　http://www.buaapress.com.cn
发行部电话:(010)82317024　传真:(010)82328026
读者信箱:goodtextbook@126.com　邮购电话:(010)82316524
涿州市新华印刷有限公司印装　各地书店经销

*

开本:787×1 092　1/16　印张:25.75　字数:659 千字
2013 年 8 月第 1 版　2022 年 11 月第 11 次印刷　印数:32 001 ~ 34 000 册
ISBN 978 - 7 - 5124 - 1202 - 6　定价:69.00 元

若本书有倒页、脱页、缺页等印装质量问题,请与本社发行部联系调换。联系电话:(010)82317024

序　言

很荣幸受好友王小川之邀，并代表 MathWorks 公司为其新书《MATLAB 神经网络 43 个案例分析》(《MATLAB 神经网络 30 个案例分析》的升级版本)作序，同时也感谢该书四位才华横溢的青年才俊这几年来对 MATLAB 软件应用(尤其是在神经网络方面)所做的持续的推广工作。

我与这四位作者的结缘，与众多编著 MATLAB 丛书的作者相识过程类似，完全是因为热爱 MATLAB 产品。尤其是王小川，他不仅在论坛、微博里充满能量，而且他的数据挖掘公开课也令人称道，在 MATLAB 粉丝中有着很大的影响力。此次他集合原书作者，针对读者就原书中的书籍案例和写作上所提出的意见和建议，进行了大幅升级，终于完成了这本《MATLAB 神经网络 43 个案例分析》的编写。

本书详细论述了在 MATLAB 环境下如何实现神经网络，包括了常用的神经网络及相关理论，以及各种优化算法与神经网络的结合。考虑到 MATLAB R2012b 版本中神经网络工具箱作了更新，本书也新增了神经网络并行运算、定制神经网络、神经网络高效编程等章节，非常适合中高级神经网络研究人员参考。

作为众多宣讲 MATLAB 家族产品丛书中的一个系列，该书的最大特点是接地气，实用性强。四位作者都是长期活跃在 MATLAB 技术论坛的版主，每天都会在线解答 MATLAB 特别是针对神经网络的问题，积累了丰富的使用经验。本书所举例的 43 个案例，部分来源于各大公司、院校的科研课题，也有一部分来源于 MATLAB 技术论坛的会员提问。这些案例代表了神经网络在各个领域的相关应用，读者可以根据自己研究问题的需要，第一时间找到适合自己学习的神经网络章节，进行阅读。

因此我相信此书的出版，必将大大加速各位神经网络使用人员的学习进度，提升大家的工程应用能力。在此我郑重向大家推荐此书。

MathWorks 中国教育业务发展总监
陈炜博士
2013 年 6 月于上海

前　言

《MATLAB 神经网络 43 个案例分析》一书是《MATLAB 神经网络 30 个案例分析》的升级版本。《MATLAB 神经网络 30 个案例分析》一书在 2010 年 4 月份第一次印刷后，陆续收到了许多读者的反馈信息：有针对书籍案例提出相关问题的，有提出写作上宝贵意见和建议的，有针对书籍部分印刷勘误的……我们认真地回复了读者们关心的问题，并专门对大部分读者比较关心的问题进行了总结与补充。为了让更多学习神经网络的读者能够快速地了解并且在 MATLAB 下使用神经网络进行建模，在 MATLAB 技术论坛（www.matlabsky.com）的策划下，我们对原书进行了升级，编写了本书。

本书共有 43 章，论述在 MATLAB 环境下如何实现神经网络，包括了常用的神经网络及相关理论，如 BP 神经网络、RBF 神经网络、SVM、SOM 神经网络、Hopfield 神经网络、Elman 神经网络、LVQ 神经网络、Kohonen 神经网络、GRNN 神经网络、灰色神经网络、决策树、随机森林、小波神经网络、NARX 神经网络等以及各种优化算法与神经网络的结合。考虑到 MATLAB R2012b 中神经网络工具箱作了更新，本书也新增了神经网络并行运算、定制神经网络、神经网络高效编程等章节，适合中高级神经网络研究人员参考。

在修订本书的过程中，我们始终牢记着数万读者对本书的要求，严格按照以下要点编写本书：

案例的实用性。本书所例举的 43 个案例，部分来源于各大公司、院校的科研课题，部分来源于当下各大 MATLAB 技术论坛的会员提问。这些案例代表了神经网络在各个领域的相关应用，读者可以根据自己的需要，第一时间找到适合自己学习的神经网络章节，进行阅读。

程序的可模仿性。本书的所有案例章节程序都是高度模块化的，不管是什么网络，其基本思想都是数据的前期处理、神经网络模型的设置、模型的训练以及模型的使用。读者如果需要模仿某些程序，只需要更改程序中某些模块和参数即可。

书籍的互动性。我们从第一版就一直强调一个理念："有问必答"。对于神经网络这门包含太多抽象知识的学科，如果读者能在阅读过程中得到一位或者数位作者的指导，将会产生事半功倍的效果，本书的四位作者每天都会在 MATLAB 技术论坛解答关于本书的问题，争取做到有问必答！其中，史峰负责编写 1～6、32～38 章，王小川负责编写 7、8、21～25、39～43 章，郁磊负责编写 9～11、26～31、36 章，李洋负责编写 12～20 章，大家可以在论坛有针对性地进行提问。

本书的写作得到了家人们的鼓励和帮助，还得到了来自论坛内外各界好友的支持，他们是：张艳珍、于洪波、张洪丽、曲淑艳、张洪言、张彦霞、王晶、王兆安、王沛泽、李秀丰、王跃、吴昊、李鹏、万泽明、李冲、王景丽、李冰、陈杰、张月新、赵东伟、张天然，在此一并表示衷心的感谢！

本书适合所有做与神经网络相关研究的读者阅读。我们深知，神经网络就是一个巨大的黑盒子，我们一直在研究其奥妙所在。"独学而无友，则孤陋而寡闻"，若本书有任何不当之处，希望读者及时向我们反馈，请您相信，所有作者一直在为完善本书而努力。

如果您在阅读本书过程中发现或遇到任何问题，请您第一时间登录 MATLAB 技术论坛（www.matlabsky.com），您可在该论坛搜索相关帖子助您解决问题，也可在该论坛的"读书频道"中本书的读者–作者交流版块发帖与作者和同行们交流。

作者

2013 年 1 月

本书程序源代码下载途径：
- 关注"北航科技图书"公众号，回复"1202"获取下载地址。
- 到北京航空航天大学出版社网站的"下载专区"免费下载。
- 登录 MATLAB 技术论坛（www.matlabsky.com）到相应书籍答疑版块免费下载。

目 录

第1章 BP神经网络的数据分类——语音特征信号分类 1
- 1.1 案例背景 1
  - 1.1.1 BP神经网络概述 1
  - 1.1.2 语音特征信号识别 2
- 1.2 模型建立 3
- 1.3 MATLAB实现 4
  - 1.3.1 归一化方法及MATLAB函数 4
  - 1.3.2 数据选择和归一化 4
  - 1.3.3 BP神经网络结构初始化 5
  - 1.3.4 BP神经网络训练 6
  - 1.3.5 BP神经网络分类 7
  - 1.3.6 结果分析 8
- 1.4 案例扩展 8
  - 1.4.1 隐含层节点数 8
  - 1.4.2 附加动量方法 9
  - 1.4.3 变学习率学习算法 9
- 参考文献 10

第2章 BP神经网络的非线性系统建模——非线性函数拟合 11
- 2.1 案例背景 11
- 2.2 模型建立 11
- 2.3 MATLAB实现 12
  - 2.3.1 BP神经网络工具箱函数 12
  - 2.3.2 数据选择和归一化 13
  - 2.3.3 BP神经网络训练 14
  - 2.3.4 BP神经网络预测 14
  - 2.3.5 结果分析 14
- 2.4 案例扩展 15
  - 2.4.1 多隐含层BP神经网络 15
  - 2.4.2 隐含层节点数 16
  - 2.4.3 训练数据对预测精度影响 17
  - 2.4.4 节点转移函数 17
  - 2.4.5 网络拟合的局限性 18

- 参考文献 19

第3章 遗传算法优化BP神经网络——非线性函数拟合 20
- 3.1 案例背景 20
  - 3.1.1 遗传算法原理 20
  - 3.1.2 遗传算法的基本要素 20
  - 3.1.3 拟合函数 21
- 3.2 模型建立 21
  - 3.2.1 算法流程 21
  - 3.2.2 遗传算法实现 22
- 3.3 编程实现 23
  - 3.3.1 适应度函数 23
  - 3.3.2 选择操作 24
  - 3.3.3 交叉操作 25
  - 3.3.4 变异操作 26
  - 3.3.5 遗传算法主函数 27
  - 3.3.6 遗传算法优化的BP神经网络函数拟合 29
  - 3.3.7 结果分析 30
- 3.4 案例扩展 31
  - 3.4.1 其他优化方法 31
  - 3.4.2 网络结构优化 32
  - 3.4.3 算法的局限性 32
- 参考文献 32

第4章 神经网络遗传算法函数极值寻优——非线性函数极值寻优 34
- 4.1 案例背景 34
- 4.2 模型建立 34
- 4.3 编程实现 35
  - 4.3.1 BP神经网络训练 35
  - 4.3.2 适应度函数 36
  - 4.3.3 遗传算法主函数 37
  - 4.3.4 结果分析 38

4.4 案例扩展 ……………………… 40
　4.4.1 工程实例 ………………… 40
　4.4.2 预测精度探讨 …………… 41
参考文献 …………………………… 41

第5章 基于BP_Adaboost的强分类器设计——公司财务预警建模 …… 42
5.1 案例背景 ……………………… 42
　5.1.1 BP_Adaboost模型 ………… 42
　5.1.2 公司财务预警系统介绍 … 42
5.2 模型建立 ……………………… 42
5.3 编程实现 ……………………… 44
　5.3.1 数据集选择 ………………… 44
　5.3.2 弱分类器学习分类 ………… 44
　5.3.3 强分类器分类和结果统计 … 45
　5.3.4 结果分析 …………………… 46
5.4 案例扩展 ……………………… 46
　5.4.1 数据集选择 ………………… 46
　5.4.2 弱预测器学习预测 ………… 47
　5.4.3 强预测器预测 ……………… 48
　5.4.4 结果分析 …………………… 48
参考文献 …………………………… 49

第6章 PID神经元网络解耦控制算法——多变量系统控制 ………… 50
6.1 案例背景 ……………………… 50
　6.1.1 PID神经元网络结构 ……… 50
　6.1.2 控制律计算 ………………… 50
　6.1.3 权值修正 …………………… 51
　6.1.4 控制对象 …………………… 52
6.2 模型建立 ……………………… 52
6.3 编程实现 ……………………… 53
　6.3.1 PID神经网络初始化 ……… 53
　6.3.2 控制律计算 ………………… 53
　6.3.3 权值修正 …………………… 54
　6.3.4 结果分析 …………………… 55
6.4 案例扩展 ……………………… 55
　6.4.1 增加动量项 ………………… 55
　6.4.2 神经元系数 ………………… 56
　6.4.3 PID神经元网络权值优化 … 57
参考文献 …………………………… 58

第7章 RBF网络的回归——非线性函数回归的实现 ……………… 59
7.1 案例背景 ……………………… 59
　7.1.1 RBF神经网络概述 ………… 59
　7.1.2 RBF神经网络结构模型 …… 59
　7.1.3 RBF神经网络的学习算法 … 60
　7.1.4 曲线拟合相关背景 ………… 61
7.2 模型建立 ……………………… 61
7.3 MATLAB实现 ………………… 62
　7.3.1 RBF网络的相关函数 ……… 62
　7.3.2 结果分析 …………………… 64
7.4 案例扩展 ……………………… 66
　7.4.1 应用径向基神经网络需要注意的问题 …………………… 66
　7.4.2 SPREAD对网络的影响 …… 66
参考文献 …………………………… 66

第8章 GRNN的数据预测——基于广义回归神经网络的货运量预测 … 67
8.1 案例背景 ……………………… 67
　8.1.1 GRNN神经网络概述 ……… 67
　8.1.2 GRNN的网络结构 ………… 67
　8.1.3 GRNN的理论基础 ………… 68
　8.1.4 运输系统货运量预测相关背景 …………………………… 69
8.2 模型建立 ……………………… 70
8.3 MATLAB实现 ………………… 70
8.4 案例扩展 ……………………… 72
参考文献 …………………………… 73

第9章 离散Hopfield神经网络的联想记忆——数字识别 …………… 74
9.1 案例背景 ……………………… 74
　9.1.1 离散Hopfield神经网络概述 … 74
　9.1.2 数字识别概述 ……………… 76
　9.1.3 问题描述 …………………… 76
9.2 模型建立 ……………………… 76
　9.2.1 设计思路 …………………… 76
　9.2.2 设计步骤 …………………… 76
9.3 Hopfield网络的神经网络工具箱函数 …………………………… 78

9.3.1 Hopfield 网络创建函数 …… 78
9.3.2 Hopfield 网络仿真函数 …… 78
9.4 MATLAB 实现 …… 78
9.4.1 输入输出设计 …… 78
9.4.2 网络建立 …… 78
9.4.3 产生带噪声的数字点阵 …… 79
9.4.4 数字识别测试 …… 79
9.4.5 结果分析 …… 80
9.5 案例扩展 …… 81
9.5.1 识别效果讨论 …… 81
9.5.2 应用扩展 …… 81
参考文献 …… 82

第 10 章 离散 Hopfield 神经网络的分类——高校科研能力评价 …… 83

10.1 案例背景 …… 83
10.1.1 离散 Hopfield 神经网络学习规则 …… 83
10.1.2 高校科研能力评价概述 …… 84
10.1.3 问题描述 …… 84
10.2 模型建立 …… 84
10.2.1 设计思路 …… 84
10.2.2 设计步骤 …… 85
10.3 MATLAB 实现 …… 87
10.3.1 清空环境变量 …… 87
10.3.2 导入数据 …… 88
10.3.3 创建目标向量(平衡点) …… 88
10.3.4 创建网络 …… 88
10.3.5 仿真测试 …… 88
10.3.6 结果分析 …… 89
10.4 案例扩展 …… 90
参考文献 …… 91

第 11 章 连续 Hopfield 神经网络的优化——旅行商问题优化计算 …… 92

11.1 案例背景 …… 92
11.1.1 连续 Hopfield 神经网络概述 …… 92
11.1.2 组合优化问题概述 …… 94
11.1.3 问题描述 …… 94

11.2 模型建立 …… 94
11.2.1 设计思路 …… 94
11.2.2 设计步骤 …… 95
11.3 MATLAB 实现 …… 96
11.3.1 清空环境变量、声明全局变量 …… 96
11.3.2 城市位置导入并计算城市间距离 …… 96
11.3.3 初始化网络 …… 97
11.3.4 寻优迭代 …… 97
11.3.5 结果输出 …… 98
11.4 案例扩展 …… 100
11.4.1 结果比较 …… 100
11.4.2 案例扩展 …… 101
参考文献 …… 101

第 12 章 初识 SVM 分类与回归 …… 102

12.1 案例背景 …… 102
12.1.1 SVM 概述 …… 102
12.1.2 LIBSVM 工具箱介绍 …… 104
12.1.3 LIBSVM 工具箱在 MATLAB 平台下的安装 …… 105
12.2 MATLAB 实现 …… 109
12.2.1 使用 LIBSVM 进行分类的小例子 …… 109
12.2.2 使用 LIBSVM 进行回归的小例子 …… 111
12.3 案例扩展 …… 112
参考文献 …… 113

第 13 章 LIBSVM 参数实例详解 …… 114

13.1 案例背景 …… 114
13.2 MATLAB 实现 …… 115
13.3 案例扩展 …… 119
参考文献 …… 119

第 14 章 基于 SVM 的数据分类预测——意大利葡萄酒种类识别 …… 120

14.1 案例背景 …… 120
14.2 模型建立 …… 122
14.3 MATLAB 实现 …… 122
14.3.1 选定训练集和测试集 …… 122

14.3.2 数据预处理 …………………… 122
14.3.3 训练&预测 …………………… 123
14.4 案例扩展 …………………………… 124
14.4.1 采用不同归一化方式的对比 …… 124
14.4.2 采用不同核函数的对比 ……… 124
14.4.3 关于svmtrain的参数c和g选取的讨论 …………………………… 125
参考文献 ………………………………… 126

第15章 SVM的参数优化——如何更好地提升分类器的性能 …………… 127
15.1 案例背景 …………………………… 127
15.2 模型建立 …………………………… 128
15.3 MATLAB实现 ……………………… 128
15.3.1 交叉验证选择最佳参数c&g …… 128
15.3.2 训练与预测 ………………… 132
15.4 案例扩展 …………………………… 132
15.4.1 随机选择的参数与最佳参数对应的分类准确率对比 …………… 132
15.4.2 算法CV_cg中对于同时达到最高验证分类准确率的参数c和g的取舍问题 ……………………………… 133
15.4.3 启发式算法参数寻优 ………… 133
参考文献 ………………………………… 136

第16章 基于SVM的回归预测分析——上证指数开盘指数预测 ………… 137
16.1 案例背景 …………………………… 137
16.2 模型建立 …………………………… 138
16.3 MATLAB实现 ……………………… 138
16.3.1 根据模型假设选定自变量和因变量 ………………………………… 138
16.3.2 数据预处理 ………………… 138
16.3.3 参数选择 …………………… 139
16.3.4 训练与回归预测 …………… 140
16.4 案例扩展 …………………………… 143
参考文献 ………………………………… 143

第17章 基于SVM的信息粒化时序回归预测——上证指数开盘指数变化趋势和变化空间预测 ………… 144
17.1 案例背景 …………………………… 144
17.1.1 信息粒化基本知识 ………… 144
17.1.2 信息粒化简介 ……………… 144
17.1.3 模糊信息粒化方法模型 …… 145
17.1.4 本案例采用的模糊粒化模型（W. Pedrycz模糊粒化方法）……… 146
17.2 模型建立 …………………………… 147
17.3 MATLAB实现 ……………………… 147
17.3.1 原始数据提取 ……………… 147
17.3.2 FIG（Fuzzy Information Granulation，模糊信息粒化）……………… 147
17.3.3 利用SVM对粒化数据进行回归预测 ………………………………… 148
17.3.4 给出上证指数的变化趋势和变化空间及预测效果验证 ………… 151
17.4 案例扩展 …………………………… 152
参考文献 ………………………………… 152

第18章 基于SVM的图像分割——真彩色图像分割 ……………………… 153
18.1 案例背景 …………………………… 153
18.2 MATLAB实现 ……………………… 153
18.2.1 读入图像 …………………… 154
18.2.2 选取前景（鸭子）和背景（湖水）样本点确定训练集 …………… 154
18.2.3 建立支持向量机并进行图像分割 … 156
18.3 案例扩展 …………………………… 158
参考文献 ………………………………… 159

第19章 基于SVM的手写字体识别 …… 160
19.1 案例背景 …………………………… 160
19.2 MATLAB实现 ……………………… 161
19.2.1 图片预处理 ………………… 161
19.2.2 建立支持向量机 …………… 162
19.2.3 对测试样本进行识别 ……… 163
参考文献 ………………………………… 164

第20章 LIBSVM - FarutoUltimate 工具箱及 GUI 版本介绍与使用 …… 165
20.1 案例背景 …… 165
20.2 LIBSVM - FarutoUltimate 工具箱使用介绍 …… 165
20.2.1 LIBSVM - FarutoUltimate 工具箱辅助函数内容列表 …… 165
20.2.2 LIBSVM - FarutoUltimate 工具箱辅助函数语法介绍以及测试 …… 166
20.3 SVM_GUI 工具箱使用介绍 …… 177
20.4 案例扩展 …… 179

第21章 自组织竞争网络在模式分类中的应用——患者癌症发病预测 …… 180
21.1 案例背景 …… 180
21.1.1 自组织竞争网络概述 …… 180
21.1.2 竞争网络结构和学习算法 …… 180
21.1.3 癌症和基因理论概述 …… 181
21.2 模型建立 …… 182
21.3 MATLAB 实现 …… 182
21.4 案例扩展 …… 184
参考文献 …… 185

第22章 SOM 神经网络的数据分类——柴油机故障诊断 …… 186
22.1 案例背景 …… 186
22.1.1 SOM 神经网络概述 …… 186
22.1.2 SOM 神经网络结构 …… 186
22.1.3 SOM 神经网络学习算法 …… 187
22.1.4 柴油机故障诊断概述 …… 188
22.2 模型建立 …… 189
22.3 MATLAB 实现 …… 189
22.4 案例扩展 …… 194
22.4.1 SOM 网络分类优势 …… 194
22.4.2 SOM 结果分析上需要注意的问题 …… 195
22.4.3 SOM 神经网络的缺点与不足 …… 195
参考文献 …… 195

第23章 Elman 神经网络的数据预测——电力负荷预测模型研究 …… 196
23.1 案例背景 …… 196
23.1.1 Elman 神经网络概述 …… 196
23.1.2 Elman 神经网络结构 …… 196
23.1.3 Elman 神经网络学习过程 …… 197
23.1.4 电力负荷预测概述 …… 197
23.2 模型建立 …… 197
23.3 MATLAB 实现 …… 198
23.4 案例扩展 …… 200
参考文献 …… 200

第24章 概率神经网络的分类预测——基于 PNN 的变压器故障诊断 …… 201
24.1 案例背景 …… 201
24.1.1 PNN 概述 …… 201
24.1.2 变压器故障诊断系统相关背景 …… 202
24.2 模型建立 …… 203
24.3 MATLAB 实现 …… 203
24.4 案例扩展 …… 205
参考文献 …… 206

第25章 基于 MIV 的神经网络变量筛选——基于 BP 的神经网络变量筛选 …… 207
25.1 案例背景 …… 207
25.2 模型建立 …… 208
25.3 MATLAB 实现 …… 208
25.4 案例扩展 …… 211

第26章 LVQ 神经网络的分类——乳腺肿瘤诊断 …… 212
26.1 案例背景 …… 212
26.1.1 LVQ 神经网络概述 …… 212
26.1.2 乳腺肿瘤诊断概述 …… 214
26.1.3 问题描述 …… 214
26.2 模型建立 …… 215
26.2.1 设计思路 …… 215
26.2.2 设计步骤 …… 215

26.3 LVQ 网络的神经网络工具箱函数 …… 216
  26.3.1 LVQ 网络创建函数 …… 216
  26.3.2 LVQ 网络学习函数 …… 216
26.4 MATLAB 实现 …… 216
  26.4.1 清空环境变量 …… 216
  26.4.2 导入数据 …… 217
  26.4.3 创建 LVQ 网络 …… 217
  26.4.4 训练 LVQ 网络 …… 218
  26.4.5 仿真测试 …… 218
  26.4.6 结　果 …… 218
26.5 案例扩展 …… 219
  26.5.1 对比分析 …… 219
  26.5.2 案例扩展 …… 220
参考文献 …… 220

第 27 章 LVQ 神经网络的预测——人脸朝向识别 …… 222

27.1 案例背景 …… 222
  27.1.1 人脸识别概述 …… 222
  27.1.2 问题描述 …… 222
27.2 模型建立 …… 222
  27.2.1 设计思路 …… 222
  27.2.2 设计步骤 …… 223
27.3 MATLAB 实现 …… 223
  27.3.1 清空环境变量 …… 223
  27.3.2 人脸特征向量提取 …… 224
  27.3.3 训练集/测试集产生 …… 225
  27.3.4 创建 LVQ 网络 …… 225
  27.3.5 训练 LVQ 网络 …… 225
  27.3.6 人脸识别测试 …… 225
  27.3.7 结果显示 …… 226
  27.3.8 结果分析 …… 227
27.4 案例扩展 …… 228
  27.4.1 对比分析 …… 228
  27.4.2 案例扩展 …… 230
参考文献 …… 230

第 28 章 决策树分类器的应用研究——乳腺癌诊断 …… 231

28.1 案例背景 …… 231
  28.1.1 决策树分类器概述 …… 231
  28.1.2 问题描述 …… 234
28.2 模型建立 …… 234
  28.2.1 设计思路 …… 234
  28.2.2 设计步骤 …… 234
28.3 决策树分类器工具箱函数 …… 235
  28.3.1 MATLAB R2012b 版本函数 …… 235
  28.3.2 MATLAB R2009a 版本函数 …… 236
28.4 MATLAB 实现 …… 236
  28.4.1 MATLAB R2012b 版本程序实现 …… 236
  28.4.2 MATLAB R2009a 版本程序实现 …… 239
28.5 案例扩展 …… 239
  28.5.1 提升决策树的性能 …… 239
  28.5.2 知识扩展 …… 242
参考文献 …… 242

第 29 章 极限学习机在回归拟合及分类问题中的应用研究——对比实验 …… 243

29.1 案例背景 …… 243
  29.1.1 极限学习机概述 …… 243
  29.1.2 ELM 的学习算法 …… 245
  29.1.3 问题描述 …… 246
29.2 模型建立 …… 246
  29.2.1 设计思路 …… 246
  29.2.2 设计步骤 …… 246
29.3 极限学习机训练与预测函数 …… 247
  29.3.1 ELM 训练函数——elmtrain() …… 247
  29.3.2 ELM 预测函数——elmpredict() …… 248
29.4 MATLAB 实现 …… 250
  29.4.1 ELM 的回归拟合——非线性函数拟合 …… 250

29.4.2 ELM 的分类——乳腺肿瘤识别 …
…… 252
29.5 案例扩展 …… 254
29.5.1 隐含层神经元个数的影响 …… 254
29.5.2 知识扩展 …… 255
参考文献 …… 255

第 30 章 基于随机森林思想的组合分类器设计——乳腺癌诊断 …… 256
30.1 案例背景 …… 256
30.1.1 随机森林概述 …… 256
30.1.2 问题描述 …… 257
30.2 模型建立 …… 258
30.2.1 设计思路 …… 258
30.2.2 设计步骤 …… 258
30.3 随机森林工具箱 …… 258
30.3.1 随机森林分类器创建函数 …… 259
30.3.2 随机森林分类器仿真预测函数 …… 259
30.4 MATLAB 实现 …… 259
30.4.1 清空环境变量 …… 259
30.4.2 导入数据 …… 259
30.4.3 创建随机森林分类器 …… 260
30.4.4 仿真测试 …… 260
30.4.5 结果分析 …… 260
30.5 案例扩展 …… 261
30.5.1 随机森林分类器性能分析方法 …… 261
30.5.2 随机森林中决策树棵数对性能的影响 …… 262
30.5.3 知识扩展 …… 263
参考文献 …… 264

第 31 章 思维进化算法优化 BP 神经网络——非线性函数拟合 …… 265
31.1 案例背景 …… 265
31.1.1 思维进化算法概述 …… 265
31.1.2 思维进化算法基本思路 …… 266
31.1.3 思维进化算法特点 …… 267
31.1.4 问题描述 …… 267
31.2 模型建立 …… 267

31.2.1 设计思路 …… 267
31.2.2 设计步骤 …… 267
31.3 思维进化算法函数 …… 268
31.3.1 初始种群产生函数 …… 269
31.3.2 子种群产生函数 …… 270
31.3.3 种群成熟判别函数 …… 271
31.4 MATLAB 实现 …… 271
31.4.1 清空环境变量 …… 271
31.4.2 导入数据、归一化 …… 271
31.4.3 思维进化算法参数设置 …… 272
31.4.4 产生初始种群、优胜子种群和临时子种群 …… 272
31.4.5 迭代趋同、异化操作 …… 273
31.4.6 解码最优个体 …… 275
31.4.7 创建/训练 BP 神经网络 …… 276
31.4.8 仿真测试 …… 276
31.4.9 结果分析 …… 276
31.5 案例扩展 …… 278
31.5.1 得分函数的设计 …… 278
31.5.2 知识扩展 …… 278
参考文献 …… 278

第 32 章 小波神经网络的时间序列预测——短时交通流量预测 …… 279
32.1 案例背景 …… 279
32.1.1 小波理论 …… 279
32.1.2 小波神经网络 …… 279
32.1.3 交通流量预测 …… 281
32.2 模型建立 …… 281
32.3 编程实现 …… 282
32.3.1 小波神经网络初始化 …… 282
32.3.2 小波神经网络训练 …… 283
32.3.3 小波神经网络预测 …… 285
32.3.4 结果分析 …… 286
32.4 案例扩展 …… 287
参考文献 …… 287

第 33 章 模糊神经网络的预测算法——嘉陵江水质评价 …… 288
33.1 案例背景 …… 288

33.1.1	模糊数学简介	288
33.1.2	T–S模糊模型	288
33.1.3	T–S模糊神经网络	288
33.1.4	嘉陵江水质评价	289
33.2	模型建立	292
33.3	编程实现	293
33.3.1	网络初始化	293
33.3.2	模糊神经网络训练	294
33.3.3	模糊神经网络水质评价	295
33.3.4	结果分析	296
33.4	案例扩展	297
参考文献		297

第34章 广义神经网络的聚类算法——网络入侵聚类 299

34.1	案例背景	299
34.1.1	FCM聚类算法	299
34.1.2	广义神经网络	299
34.1.3	网络入侵检测	300
34.2	模型建立	300
34.3	编程实现	301
34.3.1	MATLAB函数介绍	301
34.3.2	模糊聚类	301
34.3.3	训练数据初始选择	302
34.3.4	广义神经网络聚类	303
34.3.5	结果统计	304
34.4	案例扩展	305
参考文献		305

第35章 粒子群优化算法的寻优算法——非线性函数极值寻优 306

35.1	案例背景	306
35.1.1	PSO算法介绍	306
35.1.2	非线性函数	307
35.2	模型建立	307
35.3	编程实现	308
35.3.1	PSO算法参数设置	308
35.3.2	种群初始化	308
35.3.3	寻找初始极值	308
35.3.4	迭代寻优	309
35.3.5	结果分析	310

35.4	案例扩展	310
35.4.1	自适应变异	310
35.4.2	惯性权重的选择	311
35.4.3	动态粒子群算法	311
参考文献		312

第36章 遗传算法优化计算——建模自变量降维 313

36.1	案例背景	313
36.1.1	遗传算法概述	313
36.1.2	自变量降维概述	314
36.1.3	问题描述	314
36.2	模型建立	314
36.2.1	设计思路	314
36.2.2	设计步骤	315
36.3	遗传算法工具箱（GAOT）函数介绍	317
36.3.1	种群初始化函数	317
36.3.2	遗传优化函数	318
36.4	MATLAB实现	318
36.4.1	清空环境变量、声明全局变量	318
36.4.2	导入数据并归一化	319
36.4.3	单BP网络创建、训练和仿真	319
36.4.4	遗传算法优化	320
36.4.5	新训练集/测试集数据提取	323
36.4.6	优化BP网络创建、训练和仿真	324
36.4.7	结果分析	324
36.5	案例扩展	325
参考文献		325

第37章 基于灰色神经网络的预测算法研究——订单需求预测 327

37.1	案例背景	327
37.1.1	灰色理论	327
37.1.2	灰色神经网络	327
37.1.3	冰箱订单预测	329
37.2	模型建立	330
37.3	编程实现	330

37.3.1	数据处理	330
37.3.2	网络初始化	331
37.3.3	网络学习	332
37.3.4	结果预测	332
37.4	案例扩展	334
参考文献		335

第 38 章 基于 Kohonen 网络的聚类算法——网络入侵聚类 …… 336

38.1	案例背景	336
38.1.1	Kohonen 网络	336
38.1.2	网络入侵	337
38.2	模型建立	337
38.3	编程实现	337
38.3.1	网络初始化	337
38.3.2	网络学习进化	338
38.3.3	数据分类	339
38.3.4	结果分析	339
38.4	案例扩展	340
38.4.1	有监督 Kohonen 网络原理	340
38.4.2	网络初始化	340
38.4.3	网络训练	342
38.4.4	未知样本分类	342
38.4.5	结果分析	343
参考文献		343

第 39 章 神经网络 GUI 的实现——基于 GUI 的神经网络拟合、模式识别、聚类 …… 344

39.1	案例背景	344
39.2	模型建立	344
39.2.1	神经网络拟合工具箱的图形界面	344
39.2.2	神经网络模式识别工具箱的图形界面	349
39.2.3	神经网络聚类工具箱的图形界面	350
39.3	案例扩展	353

第 40 章 动态神经网络时间序列预测研究——基于 MATLAB 的 NARX 实现 …… 354

40.1	案例背景	354
40.1.1	动态神经网络概述	354
40.1.2	NARX 概念	354
40.1.3	案例描述	356
40.2	模型建立	356
40.3	MATLAB 实现	356
40.4	案例扩展	360
参考文献		365

第 41 章 定制神经网络的实现——神经网络的个性化建模与仿真 …… 366

41.1	案例背景	366
41.1.1	神经网络基本结构	366
41.1.2	定制神经网络建模的基本思路	366
41.1.3	问题描述	367
41.2	MATLAB 实现	367
41.2.1	清空环境变量	367
41.2.2	网络定义	368
41.2.3	输入与网络层数定义	369
41.2.4	阈值连接定义	370
41.2.5	输入与层连接定义	370
41.2.6	输出连接设置	371
41.2.7	输入设置	371
41.2.8	层设置	372
41.2.9	输出设置	373
41.2.10	阈值、输入权值与层权值设置	374
41.2.11	网络函数设置	375
41.2.12	权值阈值大小设置	376
41.2.13	神经网络初始化	376
41.2.14	神经网络的训练	377
41.3	案例扩展	378
参考文献		378

第 42 章 并行运算与神经网络——基于 CPU/GPU 的并行神经网络运算 …… 379

42.1	并行运算的 MATLAB 实现	379
42.1.1	CPU 并行计算	379

42.1.2 GPU并行计算…………………… 381
42.2 案例描述……………………………… 382
42.3 模型建立……………………………… 383
42.4 MATLAB 实现………………………… 383
42.5 案例扩展……………………………… 386
参考文献…………………………………… 386

第 43 章 神经网络高效编程技巧——基于 MATLAB R2012b 新版本特性的探讨………………………………… 387
43.1 案例背景……………………………… 387
43.2 高效编程技巧………………………… 387
　43.2.1 神经网络建模仿真中速度与内存使用技巧…………………………… 387
　43.2.2 神经网络并行运算…………… 388
　43.2.3 Elliot S 函数的使用…………… 389
　43.2.4 神经网络负载均衡…………… 390
　43.2.5 代码组织更新………………… 390
　43.2.6 多层神经网络训练算法的选择………………………………… 392
　43.2.7 神经网络鲁棒性……………… 393
43.3 案例拓展……………………………… 394
　43.3.1 复杂问题的神经网络解决方案………………………………… 394
　43.3.2 未达到预期神经网络调整策略………………………………… 394
　43.3.3 提早停止的某些注意事项…… 394
参考文献…………………………………… 394

第 1 章 BP 神经网络的数据分类
——语音特征信号分类

1.1 案例背景

1.1.1 BP 神经网络概述

BP 神经网络是一种多层前馈神经网络,该网络的主要特点是信号前向传递,误差反向传播。在前向传递中,输入信号从输入层经隐含层逐层处理,直至输出层。每一层的神经元状态只影响下一层神经元状态。如果输出层得不到期望输出,则转入反向传播,根据预测误差调整网络权值和阈值,从而使 BP 神经网络预测输出不断逼近期望输出。BP 神经网络的拓扑结构如图 1-1 所示。

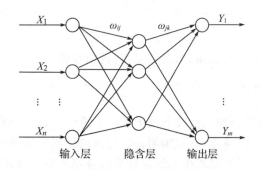

图 1-1 BP 神经网络拓扑结构图

图 1-1 中,$X_1, X_2, \cdots, X_n$ 是 BP 神经网络的输入值,$Y_1, Y_2, \cdots, Y_m$ 是 BP 神经网络的预测值,ω_{ij} 和 ω_{jk} 为 BP 神经网络权值。从图 1-1 可以看出,BP 神经网络可以看成一个非线性函数,网络输入值和预测值分别为该函数的自变量和因变量。当输入节点数为 n、输出节点数为 m 时,BP 神经网络就表达了从 n 个自变量到 m 个因变量的函数映射关系。

BP 神经网络预测前首先要训练网络,通过训练使网络具有联想记忆和预测能力。BP 神经网络的训练过程包括以下几个步骤。

步骤 1:网络初始化。根据系统输入输出序列 (X, Y) 确定网络输入层节点数 n、隐含层节点数 l,输出层节点数 m,初始化输入层、隐含层和输出层神经元之间的连接权值 ω_{ij}, ω_{jk},初始化隐含层阈值 a,输出层阈值 b,给定学习速率和神经元激励函数。

步骤 2:隐含层输出计算。根据输入变量 X,输入层和隐含层间连接权值 ω_{ij} 以及隐含层阈值 a,计算隐含层输出 H。

$$H_j = f\left(\sum_{i=1}^{n}\omega_{ij}x_i - a_j\right) \quad j = 1,2,\cdots,l \tag{1-1}$$

式中,l 为隐含层节点数;f 为隐含层激励函数,该函数有多种表达形式,本章所选函数为

$$f(x) = \frac{1}{1+e^{-x}} \tag{1-2}$$

步骤 3：输出层输出计算。根据隐含层输出 H,连接权值 ω_{jk} 和阈值 b,计算 BP 神经网络预测输出 O。

$$O_k = \sum_{j=1}^{l} H_j \omega_{jk} - b_k \quad k = 1,2,\cdots,m \tag{1-3}$$

步骤 4：误差计算。根据网络预测输出 O 和期望输出 Y,计算网络预测误差 e。

$$e_k = Y_k - O_k \quad k = 1,2,\cdots,m \tag{1-4}$$

步骤 5：权值更新。根据网络预测误差 e 更新网络连接权值 ω_{ij},ω_{jk}。

$$\omega_{ij} = \omega_{ij} + \eta H_j(1-H_j)x(i)\sum_{k=1}^{m}\omega_{jk}e_k \quad i=1,2,\cdots,n;j=1,2,\cdots,l \tag{1-5}$$

$$\omega_{jk} = \omega_{jk} + \eta H_j e_k \quad j = 1,2,\cdots,l;k = 1,2,\cdots,m \tag{1-6}$$

式中,η 为学习速率。

步骤 6：阈值更新。根据网络预测误差 e 更新网络节点阈值 a,b。

$$a_j = a_j + \eta H_j(1-H_j)\sum_{k=1}^{m}\omega_{jk}e_k \quad j = 1,2,\cdots,l \tag{1-7}$$

$$b_k = b_k + e_k \quad k = 1,2,\cdots,m \tag{1-8}$$

步骤 7：判断算法迭代是否结束,若没有结束,返回步骤 2。

1.1.2 语音特征信号识别

语音特征信号识别是语音识别研究领域中的一个重要方面,一般采用模式匹配的原理解决。语音识别的运算过程为：首先,待识别语音转化为电信号后输入识别系统,经过预处理后用数学方法提取语音特征信号,提取出的语音特征信号可以看成该段语音的模式；然后,将该段语音模型同已知参考模式相比较,获得最佳匹配的参考模式为该段语音的识别结果。语音识别流程如图 1-2 所示。

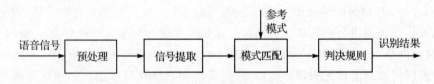

图 1-2 语音识别流程

本案例选取了民歌、古筝、摇滚和流行四类不同音乐,用 BP 神经网络实现对这四类音乐的有效分类。每段音乐都用倒谱系数法提取 500 组 24 维语音特征信号,提取出的语音特征信号如图 1-3 所示。

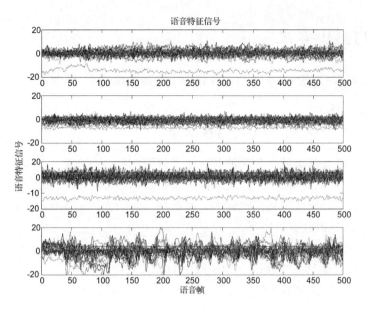

图 1-3 语音特征信号

1.2 模型建立

基于 BP 神经网络的语音特征信号分类算法建模包括 BP 神经网络构建、BP 神经网络训练和 BP 神经网络分类三步,算法流程如图 1-4 所示。

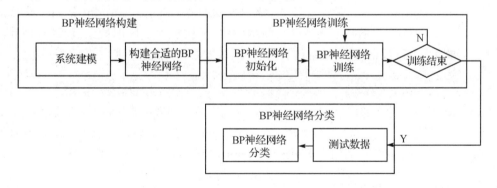

图 1-4 算法流程

BP 神经网络构建根据系统输入输出数据特点确定 BP 神经网络的结构,由于语音特征输入信号有 24 维,待分类的语音信号共有 4 类,所以 BP 神经网络的结构为 24—25—4,即输入层有 24 个节点,隐含层有 25 个节点,输出层有 4 个节点。

BP 神经网络训练用训练数据训练 BP 神经网络。共有 2 000 组语音特征信号,从中随机选择 1 500 组数据作为训练数据训练网络,500 组数据作为测试数据测试网络分类能力。

BP 神经网络分类用训练好的神经网络对测试数据所属语音类别进行分类。

1.3 MATLAB 实现

根据 BP 神经网络理论,在 MATLAB 软件中编程实现基于 BP 神经网络的语音特征信号分类算法。

1.3.1 归一化方法及 MATLAB 函数

数据归一化方法是神经网络预测前对数据常做的一种处理方法。数据归一化处理把所有数据都转化为[0,1]之间的数,其目的是取消各维数据间数量级差别,避免因为输入输出数据数量级差别较大而造成网络预测误差较大。数据归一化的方法主要有以下两种。

1) 最大最小法。函数形式如下:

$$x_k = (x_k - x_{\min})/(x_{\max} - x_{\min}) \tag{1-9}$$

式中,$x_{\min}$ 为数据序列中的最小数;$x_{\max}$ 为序列中的最大数。

2) 平均数方差法。函数形式如下:

$$x_k = (x_k - x_{\mathrm{mean}})/x_{\mathrm{var}} \tag{1-10}$$

式中,x_{mean} 为数据序列的均值;x_{var} 为数据的方差。

本案例采用第一种数据归一化方法,归一化函数采用 MATLAB 自带函数 mapminmax,该函数有多种形式,常用的方法如下:

```
% input_train,output_train 分别是训练输入、输出数据
[inputn,inputps] = mapminmax(input_train);
[outputn,outputps] = mapminmax(output_train);
```

input_train,output_train 是训练输入、输出原始数据;inputn,outputn 是归一化后的数据,inputps,outputps 为数据归一化后得到的结构体,里面包含了数据最大值、最小值和平均值等信息,可用于测试数据归一化和反归一化。测试数据归一化和反归一化程序如下:

```
inputn_test = mapminmax('apply',input_test,inputps);    % 测试输入数据归一化
BPoutput = mapminmax('reverse',an,outputps);            % 网络预测数据反归一化
```

input_test 是预测输入数据;inputn_test 是归一化后的预测数据;'apply'表示根据 inputps 的值对 input_test 进行归一化。an 是网络预测结果;outputps 是训练输出数据归一化得到的结构体;BPoutput 是反归一化之后的网络预测输出;'reverse'表示对数据进行反归一化。

1.3.2 数据选择和归一化

首先根据倒谱系数法提取四类音乐语音特征信号,不同的语音信号分别用 1,2,3,4 标识,提取出的信号分别存储于 data1.mat、data2.mat、data3.mat、data4.mat 数据库文件中,每组数据为 25 维,第 1 维为类别标识,后 24 维为语音特征信号。然后把四类语音特征信号合为一组,从中随机选取 1 500 组数据作为训练数据,500 组数据作为测试数据,并对训练数据进行归一化处理。根据语音类别标识设定每组语音信号的期望输出值,如标识类为 1 时,期望输出向量为[1 0 0 0]。

```
% 清空环境变量
clc
clear

% 导入四类语音信号
load data1 c1
load data2 c2
load data3 c3
load data4 c4

% 将四类语音特征信号合并为一组
data(1:500,:) = c1(1:500,:);
data(501:1000,:) = c2(1:500,:);
data(1001:1500,:) = c3(1:500,:);
data(1501:2000,:) = c4(1:500,:);

% 输入输出数据
input = data(:,2:25);
output1 = data(:,1);

% 设定每组输入输出信号
for i = 1:2000
    switch output1(i)
        case 1
            output(i,:) = [1 0 0 0];
        case 2
            output(i,:) = [0 1 0 0];
        case 3
            output(i,:) = [0 0 1 0];
        case 4
            output(i,:) = [0 0 0 1];
    end
end

% 从中随机抽取1 500组数据作为训练数据,500组数据作为预测数据
k = rand(1,2000);
[m,n] = sort(k);

input_train = input(n(1:1500),:)';
output_train = output(n(1:1500),:)';
input_test = input(n(1501:2000),:)';
output_test = output(n(1501:2000),:)';

% 输入数据归一化
[inputn,inputps] = mapminmax(input_train);
```

1.3.3 BP神经网络结构初始化

根据语音特征信号特点确定BP神经网络的结构为24—25—4,随机初始化BP神经网络权值和阈值。

```
% 网络结构
innum = 24;
midnum = 25;
outnum = 4;

% 权值阈值初始化
w1 = rands(midnum,innum);
b1 = rands(midnum,1);
w2 = rands(midnum,outnum);
b2 = rands(outnum,1);
```

1.3.4 BP 神经网络训练

用训练数据训练 BP 神经网络,在训练过程中根据网络预测误差调整网络的权值和阈值。

```
for ii = 1:20
    E(ii) = 0;    % 训练误差
    for i = 1:1:1500

        % 选择本次训练数据
        x = inputn(:,i);

        % 隐含层输出
        for j = 1:1:midnum
            I(j) = inputn(:,i)' * w1(j,:)' + b1(j);
            Iout(j) = 1/(1 + exp( - I(j)));
        end
        % 输出层输出
        yn = w2' * Iout' + b2;

        % 预测误差
        e = output_train(:,i) - yn;
        E(ii) = E(ii) + sum(abs(e));

        % 计算 w2,b2 调整量
        dw2 = e * Iout;
        db2 = e';

        % 计算 w1,b1 调整量
        for j = 1:1:midnum
            S = 1/(1 + exp( - I(j)));
            FI(j) = S * (1 - S);
        end
        for k = 1:1:innum
            for j = 1:1:midnum
                dw1(k,j) = FI(j) * x(k) * (e(1) * w2(j,1) + e(2) * w2(j,2) + e(3) * w2(j,3) + e(4) * w2(j,4));
                db1(j) = FI(j) * (e(1) * w2(j,1) + e(2) * w2(j,2) + e(3) * w2(j,3) + e(4) * w2(j,4));
            end
        end

        % 权值阈值更新
```

```
            w1 = w1_1 + xite * dw1';
            b1 = b1_1 + xite * db1';
            w2 = w2_1 + xite * dw2';
            b2 = b2_1 + xite * db2';

        %结果保存
            w1_1 = w1;
            w2_1 = w2;
            b1_1 = b1;
            b2_1 = b2;
        end
    end
```

1.3.5 BP神经网络分类

用训练好的BP神经网络分类语音特征信号,根据分类结果分析BP神经网络分类能力。

```
%输入数据归一化
inputn_test = mapminmax('apply',input_test,inputps);

%网络预测
for i = 1:500
    for j = 1:1:midnum
        I(j) = inputn_test(:,i)' * w1(j,:)' + b1(j);
        Iout(j) = 1/(1 + exp( - I(j)));
    end
    %预测结果
    fore(:,i) = w2' * Iout' + b2;
end

%类别统计
for i = 1:500
    output_fore(i) = find(fore(:,i) == max(fore(:,i)));
end
%预测误差
error = output_fore - output1(n(1501:2000))';
k = zeros(1,4);
%统计误差
for i = 1:500
    if error(i) ~ = 0
        [b,c] = max(output_test(:,i));
        switch c
            case 1
                k(1) = k(1) + 1;
            case 2
                k(2) = k(2) + 1;
            case 3
                k(3) = k(3) + 1;
            case 4
                k(4) = k(4) + 1;
        end
```

```
        end
    end

% 统计正确率
rightridio = (kk - k)./kk
```

1.3.6 结果分析

用训练好的 BP 神经网络分类语音特征信号测试数据，BP 神经网络分类误差如图 1-5 所示。

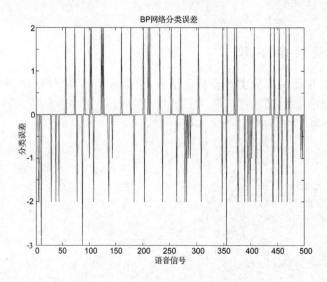

图 1-5 BP 神经网络分类误差

BP 神经网络分类正确率如表 1-1 所列。

表 1-1 BP 网络分类正确率

语音信号类别	第一类	第二类	第三类	第四类
识别正确率	0.729 3	1.000 0	0.877 0	0.956 9

从 BP 神经网络分类结果可以看出，基于 BP 神经网络的语音信号分类算法具有较高的准确性，能够准确识别出语音信号所属类别。

1.4 案例扩展

1.4.1 隐含层节点数

BP 神经网络的隐含层节点数对 BP 神经网络预测精度有较大的影响：节点数太少，网络不能很好地学习，需要增加训练次数，训练的精度也受影响；节点数太多，训练时间增加，网络容易过拟合。最佳隐含层节点数选择可参考如下公式：

$$l < n - 1 \tag{1-11}$$

$$l < \sqrt{(m+n)} + a \tag{1-12}$$

$$l = \log_2 n \tag{1-13}$$

式中，n 为输入层节点数；l 为隐含层节点数；m 为输出层节点数；a 为 0~10 之间的常数。在实际问题中，隐含层节点数的选择首先是参考公式来确定节点数的大概范围，然后用试凑法确定最佳的节点数。对于某些问题来说，隐含层节点数对输出结果影响较小，如对于本案例来说，分类误差同隐含层节点数的关系如图 1-6 所示。

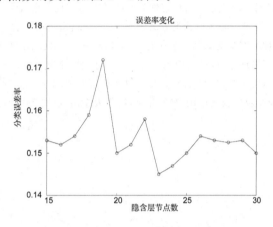

图 1-6　预测误差和隐含层节点数关系

从图 1-6 可以看出，本案例中 BP 神经网络分类误差率随着隐含层节点数的增加而减小。对于一般问题来说，BP 神经网络的分类误差随着隐含层节点数的增加呈现先减少后增加的趋势。

1.4.2　附加动量方法

BP 神经网络的采用梯度修正法作为权值和阈值的学习算法，从网络预测误差的负梯度方向修正权值和阈值，没有考虑以前经验的积累，学习过程收敛缓慢。对于这个问题，可以采用附加动量方法来解决，带附加动量的权值学习公式为

$$\omega(k) = \omega(k-1) + \Delta\omega(k) + a[\omega(k-1) - \omega(k-2)] \tag{1-14}$$

式中，$\omega(k)$，$\omega(k-1)$，$\omega(k-2)$ 分别为 k，$k-1$，$k-2$ 时刻的权值；a 为动量学习率。MATLAB 程序如下：

```
% xite,alfa 为学习率
w1 = w1_1 + xite * dw1' + alfa * (w1_1 - w1_2);
b1 = b1_1 + xite * db1' + alfa * (b1_1 - b1_2);
w2 = w2_1 + xite * dw2' + alfa * (w2_1 - w2_2);
b2 = b2_1 + xite * db2' + alfa * (b2_1 - b2_2);
```

1.4.3　变学习率学习算法

BP 神经网络学习率 η 的取值在 $[0,1]$ 之间，学习率 η 越大，对权值的修改越大，网络学习速度越快。但过大的学习速率 η 将使权值学习过程产生震荡，过小的学习概率使网络收敛过慢，权值难以趋于稳定。变学习率方法是指学习概率 η 在 BP 神经网络进化初期较大，网络收敛迅速，随着学习过程的进行，学习率不断减小，网络趋于稳定。变学习率计算公式为

$$\eta(t) = \eta_{\max} - t(\eta_{\max} - \eta_{\min})/t_{\max} \tag{1-15}$$

式中，η_{max}为最大学习率；η_{min}为最小学习率；t_{max}为最大迭代次数；t为当前迭代次数。

参考文献

[1] 李丽霞.BP神经网络及其在疾病预后分类问题中的应用[D].太原:山西医科大学,2002.

[2] 孟治国.BP神经网络在土地利用分类中的应用分析[D].长春:吉林大学,2004.

[3] 刘刚.基于BP神经网络的隧道围岩稳定性分类的研究与工程应用[D].合肥:合肥工业大学,2007.

[4] 徐祥合.基于BP神经网络的客户分类方法研究[D].南京:南京航空航天大学,2004.

[5] 刘旭生.基于人工神经网络的森林植被遥感分类研究[D].北京:北京林业大学,2004.

[6] 韩立群.人工神经网络理论、设计及应用[M].北京:化学工业出版社,2002.

[7] 余立雪.神经网络与实例学习[M].北京:中国铁道出版社,1996.

[8] 周志华,曹存根.神经网络及其应用[M].北京:清华大学出版社,2004.

第 2 章 BP 神经网络的非线性系统建模
——非线性函数拟合

2.1 案例背景

在工程应用中经常会遇到一些复杂的非线性系统,这些系统状态方程复杂,难以用数学方法准确建模。在这种情况下,可以建立 BP 神经网络表达这些非线性系统。该方法把未知系统看成是一个黑箱,首先用系统输入输出数据训练 BP 神经网络,使网络能够表达该未知函数,然后用训练好的 BP 神经网络预测系统输出。

本章拟合的非线性函数为

$$y = x_1^2 + x_2^2 \tag{2-1}$$

该函数的图形如图 2-1 所示。

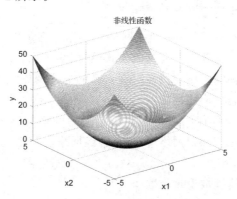

图 2-1 非线性函数图形

2.2 模型建立

基于 BP 神经网络的非线性函数拟合算法流程可以分为 BP 神经网络构建、BP 神经网络训练和 BP 神经网络预测三步,如图 2-2 所示。

BP 神经网络构建根据拟合非线性函数特点确定 BP 神经网络结构,由于该非线性函数有两个输入参数,一个输出参数,所以 BP 神经网络结构为 2—5—1,即输入层有 2 个节点,隐含层有 5 个节点,输出层有 1 个节点。

BP 神经网络训练用非线性函数输入输出数据训练神经网络,使训练后的网络能够预测非线性函数输出。从非线性函数中随机得到 2 000 组输入输出数据,从中随机选择 1 900 组作为训练数据,用于网络训练,100 组作为测试数据,用于测试网络的拟合性能。

神经网络预测用训练好的网络预测函数输出,并对预测结果进行分析。

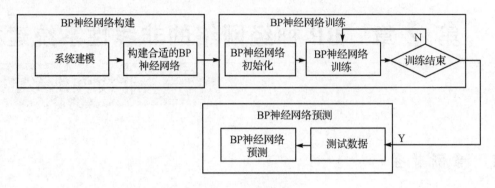

图 2-2 算法流程

2.3 MATLAB 实现

根据 BP 神经网络理论,用 MATLAB 软件编程实现基于 BP 神经网络的非线性拟合算法。

2.3.1 BP 神经网络工具箱函数

MATLAB 软件中包含 MATLAB 神经网络工具箱。它是以人工神经网络理论为基础,用 MATLAB 语言构造出了该理论所涉及的公式运算、矩阵操作和方程求解等大部分子程序以用于神经网络的设计和训练。用户只需根据自己的需要调用相关的子程序,即可以完成包括网络结构设计、权值初始化、网络训练及结果输出等在内的一系列工作,免除编写复杂庞大程序的困扰。目前,MATLAB 神经网络工具箱包括的网络有感知器、线性网络、BP 神经网络、径向基网络、自组织网络和回归网络等。BP 神经网络主要用到 newff,sim 和 train 3 个神经网络函数,各函数解释如下。

1. newff:BP 神经网络参数设置函数

函数功能:构建一个 BP 神经网络。

函数形式:net = newff(P,T,S,TF,BTF,BLF,PF,IPF,OPF,DDF)

P:输入数据矩阵。

T:输出数据矩阵。

S:隐含层节点数。

TF:节点传递函数,包括硬限幅传递函数 hardlim、对称硬限幅传递函数 hardlims、线性传递函数 purelin、正切 S 型传递函数 tansig、对数 S 型传递函数 logsig。

BTF:训练函数,包括梯度下降 BP 算法训练函数 traingd、动量反传的梯度下降 BP 算法训练函数 traingdm、动态自适应学习率的梯度下降 BP 算法训练函数 traingda、动量反传和动态自适应学习率的梯度下降 BP 算法训练函数 traingdx、Levenberg_Marquardt 的 BP 算法训练函数 trainlm。

BLF:网络学习函数,包括 BP 学习规则 learngd、带动量项的 BP 学习规则 learngdm。

PF:性能分析函数,包括均值绝对误差性能分析函数 mae、均方差性能分析函数 mse。

IPF:输入处理函数。

OPF:输出处理函数。
DDF:验证数据划分函数。
一般在使用过程中设置前面 6 个参数,后面 4 个参数采用系统默认参数。

2. train:BP 神经网络训练函数

函数功能:用训练数据训练 BP 神经网络。
函数形式:[net,tr] = train(NET,X,T,Pi,Ai)
NET:待训练网络。
X:输入数据矩阵。
T:输出数据矩阵。
Pi:初始化输入层条件。
Ai:初始化输出层条件。
net:训练好的网络。
tr:训练过程记录。
一般在使用过程中设置前面 3 个参数,后面 2 个参数采用系统默认参数。

3. sim:BP 神经网络预测函数

函数功能:用训练好的 BP 神经网络预测函数输出。
函数形式:y=sim(net,x)
net:训练好的网络。
x:输入数据。
y:网络预测数据。

2.3.2 数据选择和归一化

根据非线性函数方程随机得到该函数的 2 000 组输入输出数据,将数据存储在 data.mat 文件中,input 是函数输入数据,output 是函数输出数据。从输入输出数据中随机选取 1 900 组数据作为网络训练数据,100 组数据作为网络测试数据,并对训练数据进行归一化处理。

```
%清空环境变量
clc
clear

%下载输入输出数据
load data input output

%随机选择 1 900 组训练数据和 100 组预测数据
k = rand(1,2000);
[m,n] = sort(k);
input_train = input(n(1:1900),:)';
output_train = output(n(1:1900),:)';
input_test = input(n(1901:2000),:)';
output_test = output(n(1901:2000),:)';

%训练数据归一化
[inputn,inputps] = mapminmax(input_train);
[outputn,outputps] = mapminmax(output_train);
```

2.3.3 BP神经网络训练

用训练数据训练BP神经网络，使网络对非线性函数输出具有预测能力。

```
% BP神经网络构建
net = newff(inputn,outputn,5);

% 网络参数配置(迭代次数,学习率,目标)
net.trainParam.epochs = 100;
net.trainParam.lr = 0.1;
net.trainParam.goal = 0.00004;

% BP神经网络训练
net = train(net,inputn,outputn);
```

2.3.4 BP神经网络预测

用训练好的BP神经网络预测非线性函数输出，并通过BP神经网络预测输出和期望输出分析BP神经网络的拟合能力。

```
% 预测数据归一化
inputn_test = mapminmax('apply',input_test,inputps);

% BP神经网络预测输出
an = sim(net,inputn_test);

% 输出结果反归一化
BPoutput = mapminmax('reverse',an,outputps);

% 网络预测结果图形
figure(1)
plot(BPoutput,':og')
hold on
plot(output_test,'- *');
legend('预测输出','期望输出')
title('BP网络预测输出','fontsize',12)
ylabel('函数输出','fontsize',12)
xlabel('样本','fontsize',12)

% 网络预测误差图形
error = BPoutput - output_test;
figure(2)
plot(error,'- *')
title('BP网络预测误差','fontsize',12)
ylabel('误差','fontsize',12)
xlabel('样本','fontsize',12)
```

2.3.5 结果分析

用训练好的BP神经网络预测函数输出，预测结果如图2-3所示。

BP神经网络预测输出和期望输出的误差如图2-4所示。

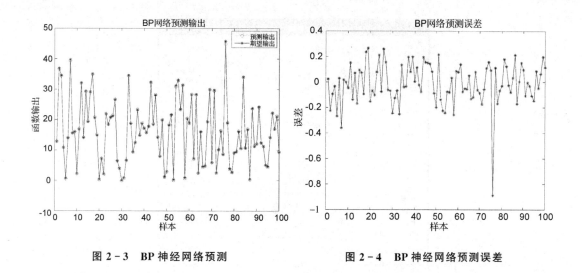

图 2-3 BP 神经网络预测　　　　　　　图 2-4 BP 神经网络预测误差

从图 2-3 和图 2-4 可以看出,虽然 BP 神经网络具有较高的拟合能力,但是网络预测结果仍有一定误差,某些样本点的预测误差较大。后面案例中将讨论 BP 神经网络优化算法,以期得到更好的预测结果。

2.4　案例扩展

2.4.1　多隐含层 BP 神经网络

BP 神经网络由输入层、隐含层和输出层组成,隐含层根据层数又可以分为单隐含层和多隐含层。多隐含层由多个单隐含层组成,同单隐含层相比,多隐含层泛化能力强、预测精度高,但是训练时间较长。隐含层层数的选择要从网络精度和训练时间上综合考虑,对于较简单的映射关系,在网络精度达到要求的情况下,可以选择单隐含层,以求加快速度;对于复杂的映射关系,则可以选择多隐含层,以期提高网络的预测精度。

MATLAB 神经网络工具箱中的 newff 函数可以方便地构建包含多个隐含层的 BP 神经网络,其调用函数如下:

```
net = newff(P,T,S,TF,BTF,BLF,PF,IPF,OPF,DDF)
```

根据 newff 的帮助文件可知 newff 函数的第三个参数 S 的解释如下:

Si—Sizes of N-1 hidden layers, S1 to S(N-1), default = []. (Si 为第 i 个隐含层节点数,i=1:N-1)

从英文帮助文档可知,S 是不同隐含层包含的节点数向量,通过配置 S 向量,可以方便地得到包含多个隐含层的 BP 神经网络,如下面语句:

```
net = newff(inputn,outputn,[5,5]);
```

该语句构建了双隐含层 BP 神经网络,每个隐含层的节点数都是 5,程序运行时显示的网络结构和运行过程如图 2-5 所示。

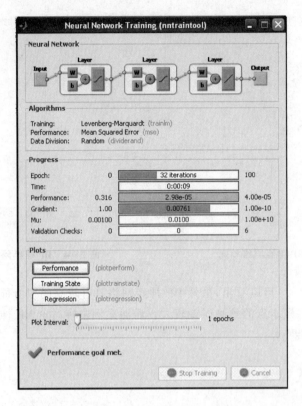

图2-5 双隐含层BP神经网络

从运行时间和预测精度两个方面比较单隐含层BP神经网络和双隐含层BP神经网络的性能,网络结构相同,训练迭代都为100次,比较10次预测结果平均值,比较结果如表2-1所列。

表2-1 BP神经网络预测结果比较

网络类别	预测误差百分比	均方误差	运行时间/s
单隐含层BP神经网络	1.64%	0.0076	8.0053
双隐含层BP神经网络	1.60%	0.0016	9.8592

从表2-1可以看出,双隐含层BP神经网络同单隐含层BP神经网络相比,预测精度有所提高,但是运行时间有所增加。

2.4.2 隐含层节点数

BP神经网络构建时应注意隐含层节点数的选择,如果隐含层含节点数太少,BP神经网络不能建立复杂的映射关系,网络预测误差较大。但是如果节点数过多,网络学习时间增加,并且可能出现"过拟合"现象,就是训练样本预测准确,但是其他样本预测误差较大。不同隐含层节点数BP神经网络预测误差如表2-2所列。

表 2-2 不同隐含层节点数 BP 神经网络预测误差

隐含层节点数	3	4	5	6	7	8	9
相对误差百分比	5.46%	1.75%	1.64%	0.32%	0.31%	0.29%	0.08%
均方误差	0.009 4	0.013 1	0.007 6	0.001 2	0.000 4	0.000 2	0.000 1

由于本案例拟合的非线性函数较为简单,所以 BP 神经网络预测误差随着节点数的增加而不断减少,但是对于复杂问题来说,网络预测误差随节点数增加一般呈现先减少后增加的趋势。

2.4.3 训练数据对预测精度影响

神经网络预测的准确性和训练数据的多少有较大的关系,尤其对于一个多输入多输出的网络,如果缺乏足够多的网络训练数据,网络预测值可能存在较大的误差。

笔者曾经做过一个 BP 神经网络预测实例,该实例通过建立一个 4 输入、5 输出 BP 神经网络预测实验结果。网络训练数据来自于真实实验,由于实验过程复杂,故只取到 84 组数据,选择其中 80 组数据作为 BP 神经网络训练数据,其余 4 组数据作为测试数据,训练后的 BP 神经网络预测结果如表 2-3 所列。

表 2-3 BP 神经网络预测结果

预测值					期望值				
输出 1	输出 2	输出 3	输出 4	输出 5	输出 1	输出 2	输出 3	输出 4	输出 5
0.515 7	2.850 1	1.796 8	1.513 3	2.038 2	2.800 0	2.000 0	1.200 0	2.800 0	2.000 0
1.467 1	1.821 5	1.319 3	0.703 6	1.482 5	2.200 0	1.800 0	1.400 0	0.600 0	0.000 0
1.348 8	1.715 8	1.741 1	2.073 6	1.259 2	1.600 0	1.600 0	1.600 0	1.600 0	1.600 0
1.216 0	1.773 2	1.706 6	1.595 9	0.510 1	1.000 0	1.400 0	1.800 0	2.600 0	3.000 0

从表 2-3 可以看出,由于缺乏训练数据,BP 神经网络没有得到充分训练,BP 神经网络预测值和期望值之间误差较大。

笔者曾经做过一个类似的预测问题,该问题的目的是构建一个 4 输入 4 输出的 BP 神经网络预测系统输出,训练数据来自于模型仿真结果。由于该模型可以通过软件模拟,所以得到多组数据,选择 1 500 组数据训练网络,最后网络预测值同期望值比较接近。

2.4.4 节点转移函数

MATLAB 神经网络工具箱中 newff 函数提供了几种节点转移函数,主要包括以下三种。

1) logsig 函数:

$$y = 1/[1 + \exp(-x)] \tag{2-2}$$

2) tansig 函数:

$$y = 2/[1 + \exp(-2x)] - 1 \tag{2-3}$$

3) purelin 函数:

$$y = x \tag{2-4}$$

在网络结构和权值、阈值相同的情况下，BP神经网络预测误差和均方误差、输出层节点转移函数的关系如表2-4所列。

表2-4 不同转移函数对应预测误差

隐含层函数	输出层函数	误差百分比	均方误差
logsig	tansig	40.63%	0.9025
logsig	purelin	0.08%	0.0001
logsig	logsig	352.65%	181.2511
tansig	tansig	31.90%	1.1733
tansig	logsig	340.90%	162.9698
tansig	purelin	1.70%	0.0107
purelin	logsig	343.36%	143.76334
purelin	tansig	120.08%	113.0281
purelin	purelin	196.49%	99.0121

从表2-4可以看出，隐含层和输出层函数的选择对BP神经网络预测精度有较大影响。一般隐含层节点转移函数选用logsig函数或tansig函数，输出层节点转移函数选用tansig或purelin函数。

2.4.5 网络拟合的局限性

BP神经网络虽然具有较好的拟合能力，但其拟合能力不是绝对的，对于一些复杂系统，BP神经网络预测结果会存在较大误差。比如对于

$$y = (x_1^2 + x_2^2)^{0.25} \{\sin^2[50(x_1^2 + x_2^2)^{0.1}] + 1\} \tag{2-5}$$

其函数图形如图2-6所示。

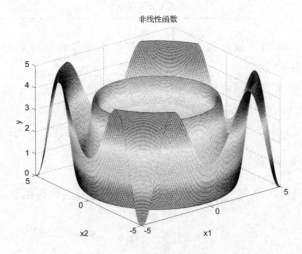

图2-6 复杂函数图形

随机选取该函数2 000组输入输出数据，从中取1 900组数据训练网络，100组数据测试网络拟合能力。采用单隐含层BP神经网络，网络结构为2—5—1，网络训练100次后预测函

数输出,预测结果如图2-7所示。

从图2-7可以看出,对于复杂的非线性系统,BP神经网络预测误差较大。该例说明BP神经网络的拟合能力具有局限性。

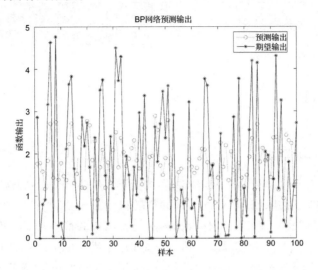

图2-7 BP神经网络预测结果

参考文献

[1] 邓伟.BP神经网络构建与优化的研究及其在医学统计中的应用[D].上海:复旦大学,2002.

[2] 林盾,陈俐.BP神经网络在模拟非线性系统输出中的应用[J].武汉理工大学学报,2003,27(5):731-734.

[3] 吕蝉.基于BP神经网络的短期负荷预测[D].武汉:华中科技大学,2007.

[4] 陈敏.基于BP神经网络的混沌时间序列预测模型研究[D].长沙:中南大学,2007.

[5] 林琳.基于BP神经网络的网格性能预测[D].长春:吉林大学,2004.

[6] 雷晓云,张丽霞,梁新平.基于MATLAB工具箱的BP神经网路年径流量预测模型研究[J].水文,2008,28(1):43-48.

[7] 刘双.基于MATLAB神经网络工具箱的电力负荷组合预测模型[J].电力自动化设备,2003,23(3):59-61.

第 3 章 遗传算法优化 BP 神经网络
——非线性函数拟合

3.1 案例背景

3.1.1 遗传算法原理

遗传算法(Genetic Algorithms)是 1962 年由美国 Michigan 大学 Holland 教授提出的模拟自然界遗传机制和生物进化论而成的一种并行随机搜索最优化方法。它把自然界"优胜劣汰,适者生存"的生物进化原理引入优化参数形成的编码串联群体中,按照所选择的适应度函数并通过遗传中的选择、交叉和变异对个体进行筛选,使适应度值好的个体被保留,适应度差的个体被淘汰,新的群体既继承了上一代的信息,又优于上一代。这样反复循环,直至满足条件。遗传算法基本的操作分为:

1. 选择操作

选择操作是指从旧群体中以一定概率选择个体到新群体中,个体被选中的概率跟适应度值有关,个体适应度值越好,被选中的概率越大。

2. 交叉操作

交叉操作是指从个体中选择两个个体,通过两个染色体的交换组合,来产生新的优秀个体。交叉过程为从群体中任选两个染色体,随机选择一点或多点染色体位置进行交换。交叉操作如图 3-1 所示。

A:1100:01011111　交叉　A:1100:01010000
B:1111:01010000　──→　B:1111:01011111

图 3-1 交叉操作

3. 变异操作

变异操作是指从群体中任选一个个体,选择染色体中的一点进行变异以产生更优秀的个体。变异操作如图 3-2 所示。

A:1100 01011111 ──变异──→ A:1100 01011101

图 3-2 变异操作

遗传算法具有高效启发式搜索、并行计算等特点,目前已经应用在函数优化、组合优化以及生产调度等方面。

3.1.2 遗传算法的基本要素

遗传算法的基本要素包括染色体编码方法、适应度函数、遗传操作和运行参数。

其中染色体编码方法是指个体的编码方法,目前包括二进制法、实数法等。二进制法是指把个体编码成为一个二进制串,实数法是指把个体编码成为一个实数串。

适应度函数是指根据进化目标编写的计算个体适应度值的函数,通过适应度函数计算每个个体的适应度值,提供给选择算子进行选择。

遗传操作是指选择操作、交叉操作和变异操作。

运行参数是遗传算法在初始化时确定的参数,主要包括群体大小 M、遗传代数 G、交叉概率 P_c 和变异概率 P_m。

3.1.3 拟合函数

本案例拟合的非线性函数为

$$y = x_1^2 + x_2^2 \tag{3-1}$$

该函数的图形如图 3-3 所示。

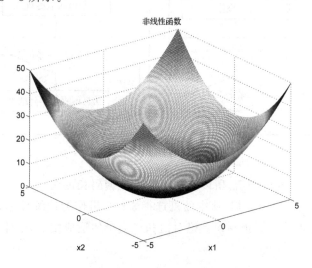

图 3-3 非线性函数图形

3.2 模型建立

3.2.1 算法流程

遗传算法优化 BP 神经网络算法流程如图 3-4 所示。

遗传算法优化 BP 神经网络分为 BP 神经网络结构确定、遗传算法优化和 BP 神经网络预测 3 个部分。其中,BP 神经网络结构确定部分根据拟合函数输入输出参数个数确定 BP 神经网络结构,进而确定遗传算法个体的长度。遗传算法优化使用遗传算法优化 BP 神经网络的权值和阈值,种群中的每个个体都包含了一个网络所有权值和阈值,个体通过适应度函数计算个体适应度值,遗传算法通过选择、交叉和变异操作找到最优适应度值对应个体。BP 神经网络预测用遗传算法得到最优个体对网络初始权值和阈值赋值,网络经训练后预测函数输出。

本案例中,由于拟合非线性函数有 2 个输入参数、1 个输出参数,所以设置的 BP 神经网络结构为 2—5—1,即输入层有 2 个节点,隐含层有 5 个节点,输出层有 1 个节点,共有 2×5+

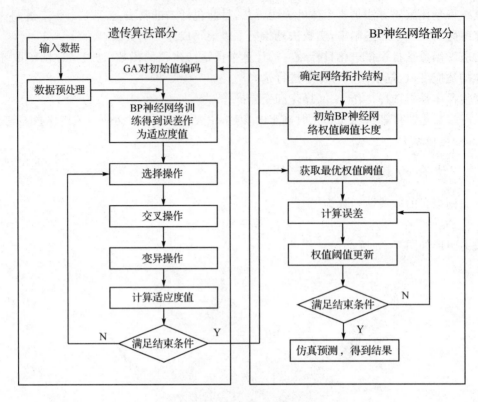

图 3-4 算法流程

5×1＝15 个权值，5＋1＝6 个阈值，所以遗传算法个体编码长度为 15＋6＝21。从非线性函数中随机得到 2 000 组输入输出数据，从中随机选择 1 900 组作为训练数据，用于网络训练，100 组作为测试数据。把训练数据预测误差绝对值和作为个体适应度值，个体适应度值越小，该个体越优。

3.2.2 遗传算法实现

遗传算法优化 BP 神经网络是用遗传算法来优化 BP 神经网络的初始权值和阈值，使优化后的 BP 神经网络能够更好地预测函数输出。遗传算法优化 BP 神经网络的要素包括种群初始化、适应度函数、选择操作、交叉操作和变异操作。

1. 种群初始化

个体编码方法为实数编码，每个个体均为一个实数串，由输入层与隐含层连接权值、隐含层阈值、隐含层与输出层连接权值以及输出层阈值 4 部分组成。个体包含了神经网络全部权值和阈值，在网络结构已知的情况下，就可以构成一个结构、权值、阈值确定的神经网络。

2. 适应度函数

根据个体得到 BP 神经网络的初始权值和阈值，用训练数据训练 BP 神经网络后预测系统输出，把预测输出和期望输出之间的误差绝对值和 E 作为个体适应度值 F，计算公式为

$$F = k \left(\sum_{i=1}^{n} abs(y_i - o_i) \right) \quad (3-2)$$

式中，n 为网络输出节点数；y_i 为 BP 神经网络第 i 个节点的期望输出；o_i 为第 i 个节点的预测

输出;k 为系数。

3. 选择操作

遗传算法选择操作有轮盘赌法、锦标赛法等多种方法,本案例选择轮盘赌法,即基于适应度比例的选择策略,每个个体 i 的选择概率 p_i 为

$$f_i = k/F_i \tag{3-3}$$

$$p_i = \frac{f_i}{\sum_{j=1}^{N} f_j} \tag{3-4}$$

式中,F_i 为个体 i 的适应度值,由于适应度值越小越好,所以在个体选择前对适应度值求倒数;k 为系数;N 为种群个体数目。

4. 交叉操作

由于个体采用实数编码,所以交叉操作方法采用实数交叉法,第 k 个染色体 a_k 和第 l 个染色体 a_l 在 j 位的交叉操作方法如下:

$$\left.\begin{array}{l}a_{kj} = a_{kj}(1-b) + a_{lj}b \\ a_{lj} = a_{lj}(1-b) + a_{kj}b\end{array}\right\} \tag{3-5}$$

式中,b 是[0,1]间的随机数。

5. 变异操作

选取第 i 个个体的第 j 个基因 a_{ij} 进行变异,变异操作方法如下:

$$a_{ij} = \begin{cases} a_{ij} + (a_{ij} - a_{\max}) * f(g) & r > 0.5 \\ a_{ij} + (a_{\min} - a_{ij}) * f(g) & r \leqslant 0.5 \end{cases} \tag{3-6}$$

式中,$a_{\max}$ 为基因 a_{ij} 的上界;$a_{\min}$ 为基因 a_{ij} 的下界;$f(g)=r_2(1-g/G_{\max})^2$;r_2 为一个随机数;g 为当前迭代次数;$G_{\max}$ 为最大进化次数;r 为[0,1]间的随机数。

3.3 编程实现

根据遗传算法和 BP 神经网络理论,在 MATLAB 软件中编程实现基于遗传算法优化的 BP 神经网络非线性系统拟合算法。遗传算法参数设置为:种群规模为 10,进化次数为 50 次,交叉概率为 0.4,变异概率为 0.2。MATLAB 代码如下。

3.3.1 适应度函数

适应度函数用训练数据训练 BP 神经网络,并且把训练数据预测误差作为个体适应度值。

```
function error = fun(x,inputnum,hiddennum,outputnum,net,inputn,outputn)
% 该函数用来计算适应度值
%x               input          个体
% inputnum       input          输入层节点数
% outputnum      input          输出层节点数
% net            input          网络
% inputn         input          训练输入数据
% outputn        input          训练输出数据
```

```
% error      output      个体适应度值

% BP 神经网络初始权值和阈值,x 为个体
w1 = x(1:inputnum * hiddennum);
B1 = x(inputnum * hiddennum + 1:inputnum * hiddennum + hiddennum);
w2 = x(inputnum * hiddennum + hiddennum + 1:inputnum * hiddennum + hiddennum + hiddennum * output-
num);
B2 = x(inputnum * hiddennum + hiddennum + hiddennum * outputnum + 1:inputnum * hiddennum + hidden-
num + hiddennum * outputnum + outputnum);

net.iw{1,1} = reshape(w1,hiddennum,inputnum);
net.lw{2,1} = reshape(w2,outputnum,hiddennum);
net.b{1} = reshape(B1,hiddennum,1);
net.b{2} = B2;

% BP 神经网络构建
net.trainParam.epochs = 20;
net.trainParam.lr = 0.1;
net.trainParam.goal = 0.00001;
net.trainParam.show = 100;
net.trainParam.showWindow = 0;

% BP 神经网络训练
net = train(net,inputn,outputn);

% BP 神经网络预测
an = sim(net,inputn);

% 预测误差和作为个体适应度值
error = sum(abs(an - outputn));
```

3.3.2 选择操作

选择操作采用轮盘赌法从种群中选择适应度好的个体组成新种群。

```
function ret = select(individuals,sizepop)
% 该函数用于进行选择操作
% individuals  input    种群信息
% sizepop      input    种群规模
% ret          output   选择后的新种群

% 求适应度值倒数
fitness1 = 10./individuals.fitness;  % individuals.fitness 为个体适应度值

% 个体选择概率
sumfitness = sum(fitness1);
sumf = fitness1./sumfitness;

% 采用轮盘赌法选择新个体
```

```
index = [];
for i = 1:sizepop      % sizepop 为种群数
    pick = rand;
    while pick == 0
        pick = rand;
    end
    for j = 1:sizepop
        pick = pick - sumf(j);
        if pick<0
            index = [index j];
            break;
        end
    end
end

% 新种群
individuals.chrom = individuals.chrom(index,:);    % individuals.chrom 为种群中个体
individuals.fitness = individuals.fitness(index);
ret = individuals;
```

3.3.3 交叉操作

交叉操作从种群中选择两个个体,按一定概率交叉得到新个体。

```
function ret = Cross(pcross,lenchrom,chrom,sizepop,bound)
% 该函数用于进行交叉操作
% pcorss            input    交叉概率
% lenchrom          input    个体长度
% chrom             input    种群个体
% sizepop           input    种群规模
% ret               output   交叉后的新种群

for i = 1:sizepop  % sizepop 为种群个体数目
    
    % 选择选择两个个体
    pick = rand(1,2);
    while prod(pick) == 0
        pick = rand(1,2);
    end
    index = ceil(pick.* sizepop);
    
    % 判断是否交叉
    pick = rand;
    while pick == 0
        pick = rand;
    end
    if pick>pcross       % pcross 为交叉概率
        continue;
    end
    flag = 0;
    while flag == 0
```

```matlab
    % 选择交叉位置
    pick = rand;
    while pick == 0
        pick = rand;
    end
    pos = ceil(pick.*sum(lenchrom));    % lenchrom 为个体长度

    % 个体交叉
    pick = rand;
    v1 = chrom(index(1),pos);
    v2 = chrom(index(2),pos);
    chrom(index(1),pos) = pick*v2+(1-pick)*v1;
    chrom(index(2),pos) = pick*v1+(1-pick)*v2;

    % 测试新个体是否满足约束要求
    flag1 = test(lenchrom,bound,chrom(index(1),:));
    flag2 = test(lenchrom,bound,chrom(index(2),:));
    if   flag1*flag2 == 0
        flag = 0;
    else flag = 1;
    end
    end
 end
ret = chrom;
```

3.3.4 变异操作

变异操作从种群中随机选择一个个体，按一定概率变异得到新个体。

```matlab
function ret = Mutation(pmutation,lenchrom,chrom,sizepop,num,maxgen,bound)
% 该函数用于完成变异操作
% pmutation            input     变异概率
% lenchrom             input     个体长度
% chrom                input     种群个体
% sizepop              input     种群规模
% bound                input     个体上界和下界
% maxgen               input     最大迭代次数
% num                  input     当前迭代次数
% ret                  output    交叉后地新种群

for i = 1:sizepop      % sizepop 为种群数

    % 变异概率
    pick = rand;
    while pick == 0
        pick = rand;
    end
    index = ceil(pick*sizepop);

    % 判断是否变异
    pick = rand;
```

```
        if pick>pmutation         %pmutation 为变异概率
            continue;
        end
        flag = 0;
        while flag == 0
            %随机选择变异位置
            pick = rand;
            while pick == 0
                pick = rand;
            end
            pos = ceil(pick * sum(lenchrom));    %lenchrom 为个体长度
            %变异操作
            v = chrom(i,pos);
            v1 = v - bound(pos,1);
            v2 = bound(pos,2) - v;
            pick = rand;
            fg = (rand * (1 - num/maxgen))^2;    %num 遗传算法当前迭代次数,maxgen 总迭代次数
            if pick>0.5
                chrom(i,pos) = chrom(i,pos) + (chrom(i,pos) - bound(pos,2)) * fg;
            else
                chrom(i,pos) = chrom(i,pos) + (bound(pos,1) - chrom(i,pos)) * fg;
            end
            flag = test(lenchrom,bound,chrom(i,:));        %新个体是否满足约束要求
        end
    end
ret = chrom;
```

3.3.5 遗传算法主函数

遗传算法主函数流程为

步骤1:随机初始化种群;

步骤2:计算种群适应度值,从中找出最优个体;

步骤3:选择操作;

步骤4:交叉操作;

步骤5:变异操作;

步骤6:判断进化是否结束,若否,则返回步骤2。

主函数MATLAB代码主要部分如下。其中非线性函数的输入输出数据都在data.mat文件中,input 矩阵为输入数据,output 矩阵为输出数据。

```
%清空环境变量
clc
clear

%读取数据
load data input output

%网络结构
inputnum = 2;
hiddennum = 5;
```

```matlab
outputnum = 1;

% 取训练数据和预测数据
input_train = input(1:1900,:)';
input_test = input(1901:2000,:)';
output_train = output(1:1900)';
output_test = output(1901:2000)';

% 数据归一化
[inputn,inputps] = mapminmax(input_train);
[outputn,outputps] = mapminmax(output_train);

% 构建网络
net = newff(inputn,outputn,hiddennum);

% 遗传算法参数初始化
maxgen = 50;                          % 迭代次数
sizepop = 10;                         % 种群规模
pcross = [0.4];                       % 交叉概率
pmutation = [0.2];                    % 变异概率

% 节点总数
numsum = inputnum * hiddennum + hiddennum + hiddennum * outputnum + outputnum;

lenchrom = ones(1,numsum);                        % 个体长度
bound = [-3 * ones(numsum,1) 3 * ones(numsum,1)]; % 个体范围

% 种群信息定义为结构体
individuals = struct('fitness',zeros(1,sizepop),'chrom',[]);
avgfitness = [];                      % 每代平均适应度值
bestfitness = [];                     % 每代最佳适应度值
bestchrom = [];                       % 最优个体

% 计算个体适应度值
for i = 1:sizepop
    % 个体初始化
    individuals.chrom(i,:) = Code(lenchrom,bound);

    % 计算个体适应度值
    x = individuals.chrom(i,:);
    individuals.fitness(i) = fun(x,inputnum,hiddennum,outputnum,net,inputn,outputn);
end

% 迭代寻优
for i = 1:maxgen

    % 选择操作
    individuals = Select(individuals,sizepop);
    % 交叉操作
    individuals.chrom = Cross(pcross,lenchrom,individuals.chrom,sizepop,bound);
    % 变异操作
```

```
    individuals.chrom = Mutation(pmutation,lenchrom,individuals.chrom,sizepop,i,
maxgen,bound);

    %计算适应度值
    for j = 1:sizepop
        x = individuals.chrom(j,:);   %个体
        individuals.fitness(j) = fun(x,inputnum,hiddennum,outputnum,net,inputn,output n);
    end

    %寻找最优最差个体
    [newbestfitness,newbestindex] = min(individuals.fitness);
    [worestfitness,worestindex] = max(individuals.fitness);

    %最优个体更新
    if bestfitness>newbestfitness
        bestfitness = newbestfitness;
        bestchrom = individuals.chrom(newbestindex,:);
    end
    individuals.chrom(worestindex,:) = bestchrom;
    individuals.fitness(worestindex) = bestfitness;

    %记录最优个体适应度值和平均适应度值
    avgfitness = sum(individuals.fitness)/sizepop;
    trace = [trace;avgfitness bestfitness];

end
```

3.3.6 遗传算法优化的 BP 神经网络函数拟合

把遗传算法得到的最优个体赋给 BP 神经网络,用该网络拟合非线性函数。

```
%把最优个体 x 赋给 BP 神经网络权值和阈值
x = bestchrom
w1 = x(1:inputnum * hiddennum);
B1 = x(inputnum * hiddennum + 1:inputnum * hiddennum + hiddennum);
w2 = x(inputnum * hiddennum + hiddennum + 1:inputnum * hiddennum + hiddennum + hiddennum * output-
num);
B2 = x(inputnum * hiddennum + hiddennum + hiddennum * outputnum + 1:inputnum * hiddennum + hidden-
num + hiddennum * outputnum + outputnum);

net.iw{1,1} = reshape(w1,hiddennum,inputnum);
net.lw{2,1} = reshape(w2,outputnum,hiddennum);
net.b{1} = reshape(B1,hiddennum,1);
net.b{2} = B2;
%BP 神经网络参数
net.trainParam.epochs = 100;
net.trainParam.lr = 0.1;
% net.trainParam.goal = 0.00001;

%BP 神经网络训练
[net,per2] = train(net,inputn,outputn);
```

```
% BP 神经网络预测
inputn_test = mapminmax('apply',input_test,inputps);
an = sim(net,inputn_test);

% 预测结果反归一化
test_simu = mapminmax('reverse',an,outputps);
```

3.3.7 结果分析

遗传算法优化过程中最优个体适应度值变化如图 3-5 所示。

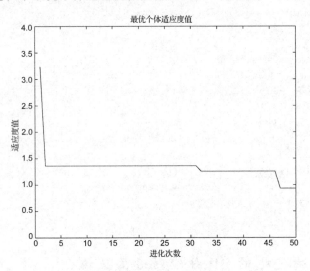

图 3-5 最优个体适应度值

遗传算法优化得到的 BP 神经网络最优初始权值和阈值如表 3-1 所列。

表 3-1 最优初始权值阈值

输入层隐含层间权值	0.331 6	−1.333 4	−2.548 8	0.534 6	1.922 5	0.528 1	0.202 2	−0.164 3	−1.057 1	−0.414 1
隐含层节点阈值	1.589 4	2.978 8	−1.409 9	1.752 4	−2.192 3	—	—	—	—	—
隐含层输出层间权值	−2.786 8	−0.276 3	0.917 9	−1.614 7	−2.131 4	—	—	—	—	—
输出层节点阈值	1.062 6	—	—	—	—	—	—	—	—	—

把最优初始权值和阈值赋给神经网络,用训练数据训练 100 次后预测非线性函数输出,预测误差如图 3-6 所示。

从图 3-6 可以看出,遗传算法优化的 BP 网络预测更加精确,并且遗传算法优化 BP 网络预测的均方误差为 $5.370\ 4\times10^{-5}$,而未优化 BP 网络的均方误差为 $1.887\ 6\times10^{-4}$,预测均方误差也得到了很大改善。

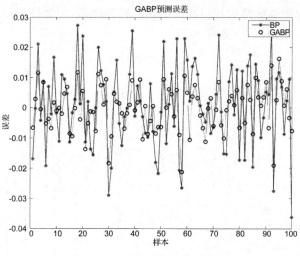

图 3-6 GA 优化 BP 网络预测误差

3.4 案例扩展

3.4.1 其他优化方法

遗传算法优化 BP 神经网络的目的是通过遗传算法得到更好的网络初始权值和阈值,其基本思想就是用个体代表网络的初始权值和阈值、个体值初始化的 BP 神经网络的预测误差作为该个体的适应度值,通过选择、交叉、变异操作寻找最优个体,即最优的 BP 神经网络初始权值。除了遗传算法之外,还可以采用粒子群算法、蚁群算法等优化 BP 神经网络初始权值。本案例同时实现了基于 PSO 算法(粒子群算法)的 BP 神经网络权值阈值优化,每个粒子代表了神经网络的权值和阈值,通过粒子寻优找到网络最佳的初始权值和阈值。粒子群算法具体操作方法见第 35 章,基本参数为:种群规模为 30,进化次数为 50,粒子群算法优化过程中最优个体适应度值变化过程如图 3-7 所示。

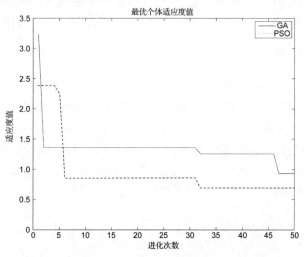

图 3-7 PSO 算法优化过程

把 PSO 算法得到的最优初始权值和阈值赋给神经网络,用训练数据训练 100 次后预测非线性函数输出,预测误差如图 3-8 所示。

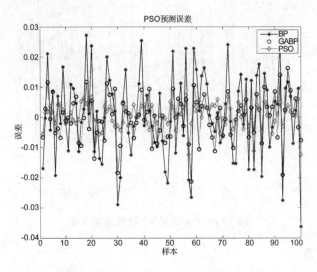

图 3-8 PSO 算法预测误差

从预测结果可以看出,基于 PSO 优化的 BP 神经网络预测误差更小,PSO 算法优化 BP 神经网络预测精度效果优于 GA 算法优化 BP 神经网络预测精度。

3.4.2 网络结构优化

有学者研究了基于遗传算法优化的 BP 神经网络结构优化算法,用遗传算法优化 BP 神经网络隐含层节点数目,对于时间序列预测问题,还可以用于优化输入层节点数。对于结构优化问题,种群个体采用二进制编码,适应度函数为预测误差,通过选择、交叉和变异操作得到 BP 神经网络最优结构。但是对于结构优化算法,由于权值阈值随机初始化,相同结构网络每次预测结果都不相同,因此算法优化效果有限。有学者提出一种用遗传算法同时优化 BP 神经网络结构和权值的算法,个体编码分为两部分,前面一部分表示网络结构,后面一部分表示权值,但是由于个体长度不相同,个体间无法进行交叉操作,因此该方法的可用性不高。

3.4.3 算法的局限性

遗传算法优化 BP 神经网络是对普通 BP 神经网络的一种优化方法,如果把 BP 神经网络看成是一个预测函数,遗传算法优化 BP 神经网络相当于优化预测函数中的参数,优化后 BP 神经网络的预测效果一般优于未优化的 BP 网络。但是该算法是有局限性的,它只能有限提高原有 BP 神经网络的预测精度,并不能把预测误差较大的 BP 神经网络优化为能够准确预测的 BP 神经网络。尤其对一些因为样本数量少、样本分布不均匀而造成神经网络预测误差大的问题,优化后的网络预测能力一般不能得到明显提高。

参考文献

[1] 吴仕勇.基于数值计算方法的 BP 神经网络及遗传算法的优化研究[D].昆明:云南师范大学,2006.

[2] 李明.基于遗传算法改进的 BP 神经网络的城市人居环境质量评价研究[D].沈阳:辽宁师范大学,2007.

[3] 王学会.遗传算法和 BP 网络在发酵模型中的应用[D].天津:天津大学,2007.

[4] 李华.基于一种改进遗传算法的神经网络[D].太原:太原理工大学,2007.

[5] 侯林波.基于遗传神经网络算法的基坑工程优化反馈分析[D].大连:大连海事大学,2009.

[6] 吴建生.基于遗传算法的 BP 神经网络气象预测建模[D].南宁:广西师范大学,2004.

[7] 黄继红.基于改进 PSO 的 BP 网路的研究应用[D].长沙:长沙理工大学,2008.

[8] 段侯峰.基于遗传算法优化 BP 神经网络的变压器故障诊断[D].北京:北京交通大学,2008.

第 4 章 神经网络遗传算法函数极值寻优
——非线性函数极值寻优

4.1 案例背景

对于未知的非线性函数,仅通过函数的输入输出数据难以准确寻找函数极值。这类问题可以通过神经网络结合遗传算法求解,利用神经网络的非线性拟合能力和遗传算法的非线性寻优能力寻找函数极值。本章用神经网络遗传算法寻优如下非线性函数极值,该函数表达式为

$$y = x_1^2 + x_2^2 \qquad (4-1)$$

函数的图形如图 4-1 所示。

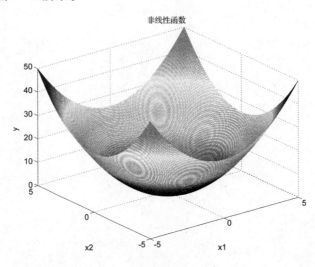

图 4-1 非线性函数图形

从函数方程和图形可以看出,该函数的全局最小值为 0,对应的坐标为(0,0)。虽然从函数方程和图形中很容易找出函数极值及极值对应坐标,但是在函数方程未知的情况下函数极值及极值对应坐标就很难找到。

4.2 模型建立

神经网络遗传算法函数极值寻优主要分为 BP 神经网络训练拟合和遗传算法极值寻优两步,算法流程如图 4-2 所示。

神经网络训练拟合根据寻优函数的特点构建合适的 BP 神经网络,用非线性函数的输入输出数据训练 BP 神经网络,训练后的 BP 神经网络就可以预测函数输出。遗传算法极值寻优

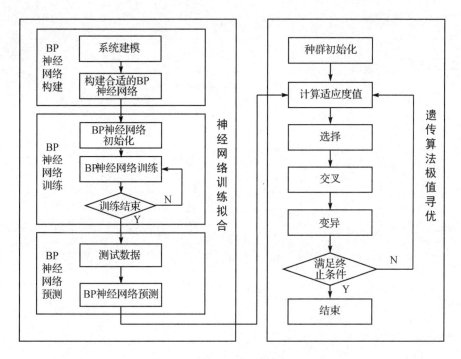

图 4-2 算法流程图

把训练后的 BP 神经网络预测结果作为个体适应度值,通过选择、交叉和变异操作寻找函数的全局最优值及对应输入值。

对于本案例来说,根据非线性函数有 2 个输入参数、1 个输出参数,确定 BP 神经网络结构为 2—5—1。取函数的 4 000 组输入输出数据,从中随机选取 3 900 组数据训练网络,100 组数据测试网络性能,网络训练好后用于预测非线性函数输出。

遗传算法中个体采用实数编码,由于寻优函数只有 2 个输入参数,所以个体长度为 2。个体适应度值为 BP 神经网络预测值,适应度值越小,个体越优。选择算子、交叉算子和变异算子同第 3 章介绍各算子一致,交叉概率为 0.4,变异概率为 0.2。

4.3 编程实现

根据神经网络和遗传算法原理,在 MATLAB 中编程实现神经网络遗传算法非线性函数寻优。

4.3.1 BP 神经网络训练

用函数输入输出数据训练 BP 神经网络,使训练后的网络能够拟合非线性函数输出,保存训练好的网络用于计算个体适应度值。根据非线性函数方程随机得到该函数的 4 000 组输入输出数据,存储于 data 中,其中 input 为函数输入数据,output 为函数对应输出数据,从中随机抽取 3 900 组训练数据训练网络,100 组测试数据测试网络拟合性能。最后保存训练好的网络。

```matlab
%下载输入输出数据
load data input output

%从1到4 000随机排序
k = rand(1,4000);
[m,n] = sort(k);

%找出训练数据和预测数据
input_train = input(n(1:3900),:)';
output_train = output(n(1:3900),:)';
input_test = input(n(3901:4000),:)';
output_test = output(n(3901:4000),:)';

%数据归一化
[inputn,inputps] = mapminmax(input_train);
[outputn,outputps] = mapminmax(output_train);

%构建BP神经网络
net = newff(inputn,outputn,5);

net.trainParam.epochs = 100;
net.trainParam.lr = 0.1;
net.trainParam.goal = 0.0000004;

%BP神经网络训练
net = train(net,inputn,outputn);

%测试样本归一化
inputn_test = mapminmax('apply',input_test,inputps);

%BP神经网络预测
an = sim(net,inputn_test);

%预测结果反归一化 BPoutput = mapminmax('reverse',an,outputps);

%网络存储
save data net inputps outputps

%网络预测图形
figure(1)
plot(BPoutput,':og')
hold on
plot(output_test,'- *');
legend('预测输出','期望输出','fontsize',12)
title('BP网络预测输出','fontsize',12)
xlabel('样本','fontsize',12)
ylabel('输出','fontsize',12)
```

4.3.2 适应度函数

把训练好的 BP 神经网络预测输出作为个体适应度值。

```matlab
function fitness = fun(x)
% 计算个体适应度值
% x           input      个体
% fitness     output     个体适应度值

% 神经网络下载
load data net inputps outputps

% 输入数据归一化
inputn_test = mapminmax('apply',x,inputps);     % x 为个体

% 神经网络预测
an = sim(net,inputn_test);

% 预测数据反归一化做为适应度值
fitness = mapminmax('reverse',an,outputps);
```

4.3.3 遗传算法主函数

遗传算法主函数 MATLAB 代码如下。

```matlab
% 清空环境变量
clc
clear
% 遗传算法参数
maxgen = 100;                     % 进化次数
sizepop = 20;                     % 种群规模
pcross = 0.4;                     % 交叉概率
pmutation = 0.2;                  % 变异概率
lenchrom = [1 1];                 % 每个变量长度
bound = [-5 5;-5 5];              % 变量边界
individuals = struct('fitness',zeros(1,sizepop),'chrom',[]);  % 种群信息结构体
avgfitness = [];                  % 种群每代平均适应度值
bestfitness = [];                 % 种群每代最优适应度值
bestchrom = [];                   % 最优个体
% 初始化个体
for i = 1:sizepop
    % 个体初始化
    individuals.chrom(i,:) = Code(lenchrom,bound);
    x = individuals.chrom(i,:);
    % 个体适应度值
    individuals.fitness(i) = fun(x);
end
% 寻找最优个体
[bestfitness bestindex] = min(individuals.fitness);
bestchrom = individuals.chrom(bestindex,:);
avgfitness = sum(individuals.fitness)/sizepop;  % 平均适应度值
% 记录最优适应度和平均适应度
trace = [avgfitness bestfitness];
% 迭代开始
for i = 1:maxgen
```

```matlab
    %选择操作
    individuals = Select(individuals,sizepop);
    avgfitness = sum(individuals.fitness)/sizepop;
    %交叉操作
    individuals.chrom = Cross(pcross,lenchrom,individuals.chrom,sizepop,bound);
    %变异操作
    individuals.chrom = Mutation(pmutation,lenchrom,individuals.chrom,sizepop,[i maxgen],bound);
    %计算适应度值
    for j = 1:sizepop
        x = individuals.chrom(j,:);
        individuals.fitness(j) = fun(x);
    end

    %找最优和最差个体
    [newbestfitness,newbestindex] = min(individuals.fitness);
    [worestfitness,worestindex] = max(individuals.fitness);
    %更新最优个体
    if bestfitness>newbestfitness
        bestfitness = newbestfitness;
        bestchrom = individuals.chrom(newbestindex,:);
    end
    individuals.chrom(worestindex,:) = bestchrom;
    individuals.fitness(worestindex) = bestfitness;

    avgfitness = sum(individuals.fitness)/sizepop;

    %记录该代最优适应度和最差适应度
    trace = [trace;avgfitness bestfitness];
end

%遗传算法进化过程曲线
figure(1)
plot(trace(:,2))
title('适应度变化曲线','fontsize',12)
xlabel('进化次数','fontsize',12)
ylabel('适应度','fontsize',12)
```

4.3.4 结果分析

1. BP 神经网络拟合结果分析

本案例中个体的适应度值为 BP 神经网络预测值,因此 BP 神经网络预测精度对于最优位置的寻找具有非常重要的意义。由于寻优非线性函数有 2 个输入参数、1 个输出参数,所以构建的 BP 神经网络的结构为 2—5—1。共取非线性函数 4 000 组输入输出数据,从中随机选择 3 900 组数据训练 BP 神经网络,100 组数据作为测试数据测试 BP 神经网络拟合性能,BP 神经网络预测输出和期望输出对比如图 4-3 所示。

从 BP 神经网络预测结果可以看出,BP 神经网络可以准确预测非线性函数输出,可以把网络预测输出近似看成函数实际输出。

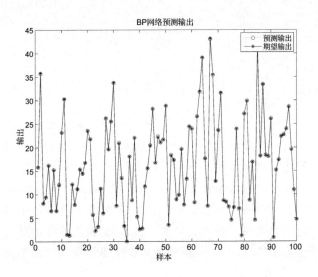

图 4-3　网络预测输出

2. 遗传算法寻优结果分析

BP 神经网络训练结束后,可以用遗传算法寻找该非线性函数的最小值,遗传算法的迭代次数是 100 次,种群规模是 20,交叉概率为 0.4,变异概率为 0.2,采用浮点数编码,个体长度为 2,优化过程中最优个体适应度值变化曲线如图 4-4 所示。

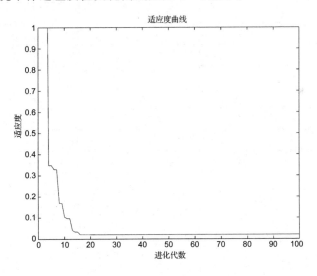

图 4-4　适应度变化曲线

遗传算法得到的最优个体适应度值为 0.020 6,最优个体为[0.000 3　−0.009 0],最优个体适应度值同非线性函数实际最小值 0 和最小值对应坐标(0,0)非常接近,说明了该方法的有效性。

4.4 案例扩展

4.4.1 工程实例

本案例所使用的方法有比较重要的工程应用价值,比如对应某项试验来说,试验目的是得到最大试验结果对应下的试验条件。但是由于时间和经费限制,该试验只能进行有限次,可能单靠试验结果找不到最优的试验条件。这时可以在已知试验数据的基础上,通过本案例介绍的神经网络遗传算法寻找最优试验条件。思路为首先根据试验条件数和试验结果数确定 BP 神经网络结构;然后把试验条件作为输入数据,试验结果作为输出数据训练 BP 网络,训练后的网络就可以预测一定试验条件下的试验结果;最后把试验条件作为遗传算法中种群个体,把网络预测的试验结果作为个体适应度值,通过遗传算法推导最优试验结果及其对应试验条件。已知的实验数据如表 4-1 所列。

表 4-1 实验数据

实验条件				实验结果
添加物/kg	温度/(℃)	添加物/kg	时间/s	产量/kg
0	0	1 700	60	258
10	0	1 700	60	272
30	0	1 700	60	312
50	0	1 700	60	363
0	5	1 650	80	360
0	10	1 700	40	493
0	15	1 700	60	605
0	20	1 750	60	400
10	10	1 650	40	464
10	15	1 700	60	627
10	20	1 750	80	406
30	5	1 750	40	390
30	10	1 650	80	519
30	15	1 700	60	662
50	5	1 650	80	456
50	10	1 750	60	523
50	15	1 700	60	712
50	20	1 700	40	555

在试验中获得的最大实验结果为 712,对应的实验条件为[50　15　1 700　60]。在实验数据的基本上,采用神经网络遗传算法寻优。选择的 BP 网络结构为 4—10—1,遗传算法的迭代次数是 100 次,种群规模是 20,交叉概率 0.4,变异概率 0.2,采用浮点数编码,个体长度为

4,最后得到的最优实验结果为745,对应的实验条件为[42.2 16.6 1 692.6 64.6],该结果可以为最优实验条件的选择提供参考。

4.4.2 预测精度探讨

　　BP神经网络预测精度的好坏和寻优结果有着密切的关系。BP神经网络预测越准确,寻优得到的最优值越接近实际最优值,这就需要在网络训练时采用尽可能多的训练样本。笔者曾经做过两个类似问题,一个是寻找3输入4输出系统的最大输出对应最优输入值,训练样本上万,神经网络预测效果非常好,最后得到预测最优值和真实最优值非常相近,误差在10%以内;一个是寻找3输入3输出系统的最大输出对应输入值,训练样本只有300多,神经网络预测的误差较大,最后寻优得到的最优值和真实最优值的误差在20%以上。并且由于BP神经网络的拟合性能的局限性,并不是所有的系统都能够用BP神经网络精确表达,在方法使用上应该加以注意。

参考文献

[1] 邓虎.基于神经网络和遗传算法的凸轮轴数控磨削工艺参数优化[D].长沙:湖南大学,2008.

[2] 刘福国.双人工神经网络建模及约束条件下的遗传优化[J].动力工程,2007,27(3):357-361.

[3] L-异亮氨酸发酵培养基的遗传算法优化及发酵过程的神经网络建模[J].天津师范大学学报,2003,23(1):46-50.

[4] 方柏山.基于神经网络和遗传算法的木糖醇发酵培养基优化研究[J].生物工程学报,2000,16(5):648-650.

[5] L-机氨酸发酵培养基的神经网络建模与遗传算法优化[J].生物技术通讯,2005,16(2):156-158.

第 5 章　基于 BP_Adaboost 的强分类器设计
——公司财务预警建模

5.1 案例背景

5.1.1 BP_Adaboost 模型

Adaboost 算法的思想是合并多个"弱"分类器的输出以产生有效分类。其主要步骤为：首先给出弱学习算法和样本空间(x,y)，从样本空间中找出 m 组训练数据，每组训练数据的权重都是 $1/m$。然后用弱学习算法迭代运算 T 次，每次运算后都按照分类结果更新训练数据权重分布，对于分类失败的训练个体赋予较大权重，下一次迭代运算时更加关注这些训练个体。弱分类器通过反复迭代得到一个分类函数序列 $f_1, f_2, \cdots, f_T$，每个分类函数赋予一个权重，分类结果越好的函数，其对应权重越大。T 次迭代之后，最终强分类函数 F 由弱分类函数加权得到。BP_Adaboost 模型即把 BP 神经网络作为弱分类器，反复训练 BP 神经网络预测样本输出，通过 Adaboost 算法得到多个 BP 神经网络弱分类器组成的强分类器。

5.1.2 公司财务预警系统介绍

公司财务预警系统是为了防止公司财务系统运行偏离预期目标而建立的报警系统，具有针对性和预测性等特点。它通过公司的各项指标综合评价并预测公司财务状况、发展趋势和变化，为决策者科学决策提供智力支持。

财务危机预警指标体系中的指标可分为表内信息指标、盈利能力指标、偿还能力指标、成长能力指标、线性流量指标和表外信息指标六大指标，每项大指标又分为若干小指标，如盈利能力指标又可分为净资产收益率、总资产报酬率、每股收益、主营业务利润率和成本费用利润率等。在用于公司财务预警预测时，如果对所有指标都进行评价后综合，模型过于复杂，并且各指标间相关性较强，因此在模型建立前需要筛选指标。

指标筛选分为显著性分析和因子分析两步。显著性分析通过 T 检验方法分析 ST 公司和非 ST 公司，在财务指标中找出差别较大、能够明显区分两类公司的财务指标。因子分析在显著性分析基础上对筛选出来的指标计算主成分特征值，从中找出特征值大的指标作为公司危机预警方法的最终评价指标。最终找出成分费用利润率、资产营运能力、公司总资产、总资产增长率、流动比率、营业现金流量、审计意见类型、每股收益、存货周转率和资产负债率十项指标作为评价指标，该十项指标能够比较全面地反映出公司的财务状况。

5.2 模型建立

基于 BP_Adaboost 模型的公司财务预警算法流程如图 5-1 所示。

第5章 基于 BP_Adaboost 的强分类器设计——公司财务预警建模

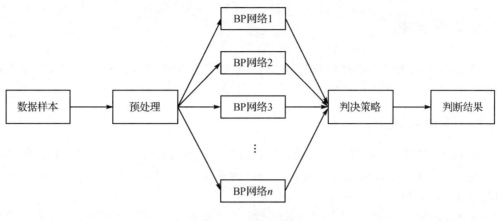

图 5-1 算法流程

算法步骤如下。

步骤 1：数据选择和网络初始化。从样本空间中随机选择 m 组训练数据，初始化测试数据的分布权值 $D_t(i)=1/m$，根据样本输入输出维数确定神经网络结构，初始化 BP 神经网络权值和阈值。

步骤 2：弱分类器预测。训练第 t 个弱分类器时，用训练数据训练 BP 神经网络并且预测训练数据输出，得到预测序列 $g(t)$ 的预测误差和 e_t，误差和 e_t 的计算公式为

$$e_t = \sum_i D_i(i) \quad i=1,2,\cdots,m(g(t) \neq y) \tag{5-1}$$

式中，$g(t)$ 为预测分类结果；y 为期望分类结果。

步骤 3：计算预测序列权重。根据预测序列 $g(t)$ 的预测误差 e_t 计算序列的权重 a_t，权重计算公式为

$$a_t = \frac{1}{2}\ln\left(\frac{1-e_t}{e_t}\right) \tag{5-2}$$

步骤 4：测试数据权重调整。根据预测序列权重 a_t 调整下一轮训练样本的权重，调整公式为

$$D_{t+1}(i) = \frac{D_t(i)}{B_t} * \exp[-a_t y_i g_t(x_i)] \quad i=1,2,\cdots,m \tag{5-3}$$

式中，B_t 是归一化因子，目的是在权重比例不变的情况下使分布权值和为 1。

步骤 5：强分类函数。训练 T 轮后得到 T 组弱分类函数 $f(g_t, a_t)$，由 T 组弱分类函数 $f(g_t, a_t)$ 组合得到了强分类函数 $h(x)$。

$$h(x) = \text{sign}\left[\sum_{t=1}^{T} a_t \cdot f(g_t, a_t)\right] \tag{5-4}$$

对于本案例来说，共有 1 350 组公司财务状况数据，每组数据的输入为 10 维，代表上述的 10 个指标，输出为 1 维，代表公司财务状况，为 1 时表示财务状况良好，为 -1 时表示财务状况出现问题。从中随机选取 1 000 组数据作为训练数据，350 组数据作为测试数据。根据数据维数，采用的 BP 神经网络结构为 10—6—1，共训练生成 10 个 BP 神经网络弱分类器，最后用 10 个弱分类器组成强分类器对公司财务状况进行分类。

5.3 编程实现

根据 Adaboost 和 BP 神经网络原理,编程实现基于 BP_Adaboost 算法的公司财务预警建模。

5.3.1 数据集选择

从样本空间中选择训练样本,测试样本,并对测试样本分配权重,其中训练数据和测试数据存储在 data 文件中,input_train,output_train 为训练输入输出数据,input_test,output_test 为预测输入输出数据。

```
%清空环境变量
clc
clear

%下载数据
load data input_train output_train input_test output_test

%测试样本权重
[mm,nn] = size(input_train);
D(1,:) = ones(1,nn)/nn;
```

5.3.2 弱分类器学习分类

把 BP 神经网络看作弱分类器,经过训练后分类训练样本,并且根据训练样本分类结果调整训练样本权重值,最终得出一系列弱分类器及其权重。为了体现出强分类器的分类效果,本例降低了 BP 神经网络训练次数以降低弱分类器分类能力。

```
K = 10;   %弱分类器数量
for i = 1:K
    
    %训练样本归一化
    [inputn,inputps] = mapminmax(input_train);
    [outputn,outputps] = mapminmax(output_train);
    error(i) = 0;
    
    %BP神经网络构建
    net = newff(inputn,outputn,6);
    net.trainParam.epochs = 4;
    net.trainParam.lr = 0.1;
    net.trainParam.goal = 0.00004;
    
    %BP神经网络训练
    net = train(net,inputn,outputn);
    %训练数据预测
    an1 = sim(net,inputn);
    test_simu1(i,:) = mapminmax('reverse',an1,outputps);
    
    %测试数据预测
```

```
        inputn_test = mapminmax('apply',input_test,inputps);
        an = sim(net,inputn_test);
        test_simu(i,:) = mapminmax('reverse',an,outputps);

        %统计输出结果
        kk1 = find(test_simu1(i,:)>0);
        kk2 = find(test_simu1(i,:)<0);

        aa(kk1) = 1;
        aa(kk2) = -1;

        %统计错误样本数
        for j = 1:nn
            if aa(j)~ = output_train(j);
                error(i) = error(i) + D(i,j);
            end
        end

        %弱分类器 i 权重
        at(i) = 0.5 * log((1 - error(i))/error(i));

        %更新 D 值
        for j = 1:nn
            D(i + 1,j) = D(i,j) * exp( - at(i) * aa(j) * test_simu1(i,j));
        end

        %D 值归一化
        Dsum = sum(D(i + 1,:));
        D(i + 1,:) = D(i + 1,:)/Dsum;
end
```

5.3.3 强分类器分类和结果统计

由 10 组弱分类器 BP 网络组成强分类器对分析样本进行分类,并统计分类误差。

```
%强分类器分类结果
output = sign(at * test_simu);
%统计强分类器每类分类错误个数
kkk1 = 0;
kkk2 = 0;
for j = 1:350
    if output(j) == 1
        if output(j)~ = output_test(j)
            kkk1 = kkk1 + 1;
        end
    end
    if output(j) == -1
        if output(j)~ = output_test(j)
            kkk2 = kkk2 + 1;
        end
    end
end
```

```
        end

    % 统计弱分类器每类分类误差个数
    for i = 1:K
        error1(i) = 0;
        kk1 = find(test_simu(i,:)>0);
        kk2 = find(test_simu(i,:)<0);

        aa(kk1) = 1;
        aa(kk2) = -1;

        for j = 1:350
            if aa(j)~ = output_test(j);
                error1(i) = error1(i) + 1;
            end
        end
    end
```

5.3.4 结果分析

分析样本共有350组数据,采用10个BP弱分类器组成的强分类器分类公司财务运行状况,分类误差统计如表5-1所列。

表5-1 分类误差统计

强分类器分类误差率	弱分类器分类平均误差率
4.00%	6.37%

从表5-1可以看出,强分类器分类误差率低于弱分类器分类误差率,表明BP_Adaboost分类算法取得了良好的效果。

5.4 案例扩展

Adaboost方法不仅可以用于设计强分类器,还可以用于设计强预测器。强预测器设计思路与强分类器设计类似,都是先赋予测试样本权重,然后根据弱预测器预测结果调整测试样本权重并确定弱预测器权重,最后把弱预测器序列作为强预测器。不同的是在强分类器中增加预测错类别样本的权重,在强预测器中增加预测误差超过阈值的样本权重。采用BP_Adaboost强预测器预测第2章中非线性函数输出,函数形式为 $y = x_1^2 + x_2^2$。

BP神经网络参数设置见第2章,MATLAB程序如下。

5.4.1 数据集选择

从样本空间中选择训练样本,测试样本,并对测试样本分配权重。函数 $y = x_1^2 + x_2^2$ 的输入输出数据存储在data1.mat文件中,其中input为函数输入数据,output为函数输出数据,从中随机选择1 900组数据作为训练数据,100组数据作为测试数据。

```
%清空环境变量
clc
clear

%下载数据
load data1 input output

%从中随机选择1900组训练数据和100组测试数据
k = rand(1,2 000);
[m,n] = sort(k);

%训练样本
input_train = input(n(1:1900),:)';
output_train = output(n(1:1900),:)';

%测试样本
input_test = input(n(1901:2000),:)';
output_test = output(n(1901:2000),:)';

%样本权重
[mm,nn] = size(input_train);
D(1,:) = ones(1,nn)/nn;
```

5.4.2 弱预测器学习预测

把 BP 神经网络看作弱预测器,经过训练后预测测试样本输出,并且根据预测结果调整样本测试样本权重值,最终得出一系列弱预测器及其权重。这里把预测误差超过 0.1 的测试样本作为应该加强学习的样本。

```
K = 10;
%循环开始
for i = 1:K

    %弱预测器训练
    net = newff(inputn,outputn,5);
    net.trainParam.epochs = 20;
    net.trainParam.lr = 0.1;
    net = train(net,inputn,outputn);

    %弱预测器预测
    an1 = sim(net,inputn);
    BPoutput = mapminmax('reverse',an1,outputps);

    %预测误差
    erroryc(i,:) = output_train - BPoutput;

    %测试数据预测
    inputn1 = mapminmax('apply',input_test,inputps);
    an2 = sim(net,inputn1);
    test_simu(i,:) = mapminmax('reverse',an2,outputps);

    %调整 D 值
```

```
        Error(i) = 0;
        for j = 1:nn
            if abs(erroryc(i,j))>0.1    %误差超过阈值
                Error(i) = Error(i) + D(i,j);
                D(i+1,j) = D(i,j) * 1.1;
            else
                D(i+1,j) = D(i,j);
            end
        end

        %D值归一化
        at(i) = 0.5/exp(abs(Error(i)));% log((1-Error(i))/Error(i));
        D(i+1,:) = D(i+1,:)/sum(D(i+1,:));
end
```

5.4.3 强预测器预测

把10组弱预测器函数组成强预测器预测输出,并比较强预测器预测误差和弱预测器预测误差。

```
%弱预测器权重归一化
at = at/sum(at);

%强预测器预测结果
output = at * test_simu;

%强预测器预测误差
error = output_test - output;
%弱预测器预测误差
for i = 1:10
    error1(i,:) = test_simu(i,:) - output;
end

%误差比较
plot(abs(error),'-*')
hold on
plot(mean(abs(error1)),'-or')
title('强预测器预测误差绝对值','fontsize',12)
xlabel('预测样本','fontsize',12)
ylabel('误差绝对值','fontsize',12)
legend('强预测器预测','弱预测器预测')
```

5.4.4 结果分析

预测样本共有350组,共有10个BP神经网络构成弱预测器序列,强预测器分类误差绝对值和弱预测器预测平均误差绝对值如图5-2所示。

从图5-2可以看出,强预测器预测误差低于弱预测器预测误差,BP_Adaboost强预测器预测算法取得了良好的效果。

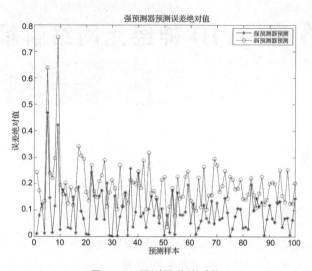

图 5-2 预测误差绝对值

参考文献

[1] 何争光,孙晓峰,马勇光.AdaBoost_NN 模型在浊漳河水质评价中的应用[J].郑州大学学报,2007:28(1),114-118.

[2] 尚福华,王燕,全辉.Adaboost 结合 BP 在油田水淹层识别中的应用[J].佳木斯大学学报,2006,24(1),81-83.

[3] 孙凤琪.AdaBoost 集成神经网络在冲击地压预报中的应用[J].吉林大学学报,2009,27(1),79-84.

[4] 陈春玲,商子豪.基于 AdaBoost 和概率神经网络的入侵检测算法[J].南京师范大学学报,2008:8(4),21-24.

[5] 毛志忠,田慧欣.基于 AdaBoost 混合模型的 LF 炉钢水终点温度软测量[J].仪器仪表学报,2008,29(3),662-667.

[6] 艾小松,黄志雄,张良春,等.基于 Adaboost 算法的高速公路事件检测[J].计算机工程与科学,2007:29(12),95-97.

[7] 张禹,马驷良,张忠波,等.基于 AdaBoost 算法与神经网络的快速虹膜检测与定位算法[J].吉林大学学报,2006:44(2),233-236.

[8] 叶银兰.基于 Boosting RBF 神经网络的人体行为识别[J].计算机工程与应用,2008:44(3),188-191.

[9] 葛启发,冯夏庭.基于 AdaBoost 组合学习方法的岩爆分类预测研究[J].岩土力学,2008:29(4),943-948.

[10] 杨涛,张良春.基于 Adaboost 集成 RBF 神经网络的高速公路事件检测[J].计算机工程与应用,2008:44(32),223-229.

第 6 章 PID 神经元网络解耦控制算法
——多变量系统控制

6.1 案例背景

6.1.1 PID 神经元网络结构

PID 神经元网络从结构上可以分为输入层、隐含层和输出层三层，n 个控制量的 PID 神经元网络包含 n 个并列的相同子网络，各子网络间既相互独立，又通过网络连接权值相互联系。每个子网络的输入层有两个神经元，分别接收控制量的目标值和当前值。每个子网络的隐含层由比例元、积分元和微分元构成，分别对应着 PID 控制器中的比例控制、积分控制和微分控制。PID 神经元网络按被控系统控制量的个数可以分为控制单变量系统的单控制量神经元网络和控制多变量系统的多控制量神经元网络。其中单控制量神经元网络是 PID 神经元网络的基本形式，多控制量神经元网络可以看成是多个单控制量神经元网络的组合形式。单控制量神经元网络的拓扑结构如图 6-1 所示。

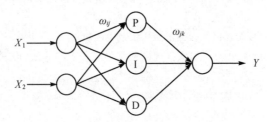

图 6-1 单控制量神经元网络拓扑结构

图 6-1 中 X_1 是控制量的控制目标，X_2 是控制量当前值，Y 是神经元网络计算得到的控制律，ω_{ij} 和 ω_{jk} 是网络权值，从中可以看到单控制量神经元网络是一个三层前向神经元网络，网络结构为 2—3—1，隐含层包含比例元、积分元和微分元三个神经元。多控制量神经元网络可以看成多个单控制量网络的并联连接，多控制量神经元网络拓扑结构如图 6-2 所示。

图中，$X_{11}, X_{21}, \cdots, X_{n1}$ 是控制量的控制目标；$X_{12}, X_{22}, \cdots, X_{n2}$ 是控制量的当前值；$Y_1, Y_2, \cdots, Y_n$ 是多控制量神经元网络计算得到的控制律；ω_{ij} 和 ω_{jk} 是网络权值。

6.1.2 控制律计算

PID 神经元网络分为输入层、隐含层和输出层，网络输入量为控制量当前值和控制目标，输出量为控制律，各层输入输出计算公式如下。

（1）输入层

输入层中包含 $2n$ 个神经元，输出数据 x_{si} 等于输入数据 X_{si}，计算公式为

$$x_{si}(k) = X_{si}(k) \tag{6-1}$$

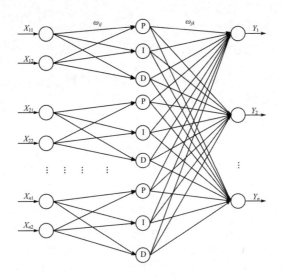

图 6-2 多控制量神经元拓扑网络

(2) 隐含层

隐含层有 $3n$ 个神经元,包括 n 个比例神经元、n 个积分神经元和 n 个微分神经元。这些神经元的输入值相同,计算公式为

$$net_{sj}(k) = \sum_{i=1}^{2} \omega_{ij} x_{si}(k) \quad j = 1,2,3 \tag{6-2}$$

隐含层各神经元输出的计算公式如下:

比例神经元

$$u_{s1}(k) = net_{s1}(k) \tag{6-3}$$

积分神经元

$$u_{s2}(k) = net_{s2}(k) + u_{s2}(k-1) \tag{6-4}$$

微分神经元

$$u_{s3}(k) = net_{s3}(k) - net_{s3}(k-1) \tag{6-5}$$

式中,s 为并联子网络的序号;j 为子网络中隐含层神经元序号;$x_{si}(k)$ 为各子网络输入层神经元输出值;ω_{ij} 为各子网络输入层至隐含层的连接权重值。

(3) 输出层

输出层有 n 个神经元,构成 n 维输出量,输出层的输出为隐含层全部神经元的输出值加权和,计算公式如下:

$$y_h(k) = \sum_{s=1}^{n} \sum_{j=1}^{3} \omega_{jk} u_{sj}(k) \tag{6-6}$$

式中,h 为输出层神经元序号;s 为子网的序号;j 为子网的隐含层神经元序号;$u_{sj}(k)$ 为隐含层各神经元输出值;ω_{jk} 为隐含层至输出层的连接权重值。

6.1.3 权值修正

PID 神经元网络在控制的过程中根据控制量误差按照梯度修正法修正权值,使得控制量不断接近控制目标值,权值修正的过程如下。

误差计算公式如下：

$$J = \sum E = \sum_{k=1}^{n} [y_h(k) - r(k)]^2 \quad (6-7)$$

式中，n 为输出节点个数；$y_h(k)$ 为预测输出；$r(k)$ 为控制目标。

PID 神经元网络权值的修正公式如下：

① 输出层到隐含层：

$$\omega_{jk}(k+1) = \omega_{jk}(k) - \eta \frac{\partial J}{\partial \omega_{jk}} \quad (6-8)$$

② 输入层到输出层：

$$\omega_{ij}(k+1) = \omega_{ij}(k) - \eta \frac{\partial J}{\partial \omega_{ij}} \quad (6-9)$$

式中，η 为学习速率。

6.1.4 控制对象

PID 神经元网络的控制对象是一个 3 输入 3 输出的复杂耦合系统，系统的传递函数如下：

$$\left. \begin{aligned} y_1(k) &= 0.4 * y_1(k-1) + u_1(k-1)/[1+u_1(k-1)^2] + 0.2 * u_1(k-1)^3 + \\ &\quad 0.5 * u_2(k-1) + 0.3 * y_2(k-1) \\ y_2(k) &= 0.2 * y_2(k-1) + u_2(k-1)/[1+u_2(k-1)^2] + 0.4 * u_2(k-1)^3 + \\ &\quad 0.2 * u_1(k-1) + 0.3 * y_3(k-1) \\ y_3(k) &= 0.3 * y_3(k-1) + u_3(k-1)/[1+u_3(k-1)^2] + 0.4 * u_3(k-1)^3 + \\ &\quad 0.4 * u_2(k-1) + 0.3 * y_1(k-1) \end{aligned} \right\} \quad (6-10)$$

从式 6-10 中可以看出该系统的控制量相互耦合，用一般的控制方法难以取得理想的控制效果。

6.2 模型建立

PID 神经元网络控制器和被控系统构成的闭环控制系统如图 6-3 所示。

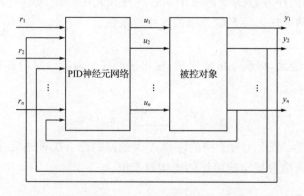

图 6-3 PID 神经元网络闭环控制系统

图中，$r_1, r_2, \cdots, r_n$ 是控制量控制目标，$u_1, u_2, \cdots, u_n$ 为控制器控制律，$y_1, y_2, \cdots, y_n$ 为控制量当前值。对于本案例来说，由于被控对象有三个控制量，所以选择包含三个单神经元网络组成的多神经元网络作为系统控制器。网络权值随机初始化,控制量初始值为[0 0 0],控制目标为[0.7 0.4 0.6],控制时间间隔为0.001 s。

6.3 编程实现

根据 PID 神经元网络控制器原理,在 MATLAB 中编程实现 PID 神经元网络控制多变量耦合系统。由于本案例中 PID 神经网络控制器由三个单神经元控制器组成,代码较长,为节约版面,这里只给出其中一个单神经元控制器的代码,其余神经元控制器的代码与此类似。

6.3.1 PID 神经网络初始化

初始化神经元网络各层间的连接权值。

```
k0 = 0.03;

% 输入层到隐含层权值
w11 = k0 * rand(3,2);w11_1 = w11;w11_2 = w11_1;
w12 = k0 * rand(3,2);w12_1 = w12;w12_2 = w12_1;
w13 = k0 * rand(3,2);w13_1 = w13;w13_2 = w13_1;

% 隐含层到输出层权值
w21 = k0 * rand(1,9);w21_1 = w21;w21_2 = w21_1;
w22 = k0 * rand(1,9);w22_1 = w22;w22_2 = w22_1;
w23 = k0 * rand(1,9);w23_1 = w23;w23_2 = w23_1;
```

6.3.2 控制律计算

PID 神经元网络根据系统控制量当前值和控制目标计算控制律,下述代码中只包含一个 PID 神经元网络控制器控制律计算,其余两个 PID 神经元网络控制律计算程序同下面的程序一致。

```
% 输入层输出,r1,r2,r3 是控制目标,yn 是控制量当前值
x1o = [r1(k);yn(1)];x2o = [r2(k);yn(2)];x3o = [r3(k);yn(3)];

% 隐含层输入计算
x1i = w11 * x1o;
x2i = w12 * x2o;
x3i = w13 * x3o;
% 比例神经元 P,xpmax,xpmin 为比例神经元的最大、最小输出值
xp = [x1i(1),x2i(1),x3i(1)];
xp(find(xp>xpmax)) = xpmax;
xp(find(xp<xpmin)) = xpmin;
qp = xp;
h1i(1) = qp(1);h2i(1) = qp(2);h3i(1) = qp(3);

% 积分神经元 I,qimax,qimin 为积分神经元的最大、最小输出值
xi = [x1i(2),x2i(2),x3i(2)];
qi = [0,0,0];qi_1 = [h1i(2),h2i(2),h3i(2)];
qi = qi_1 + xi;
```

```
qi(find(qi>qimax)) = qimax;
qi(find(qi<qimin)) = qimin;
h1i(2) = qi(1);h2i(2) = qi(2);h3i(2) = qi(3);

% 微分神经元 D,qdmax,qdmin 为微分神经元的最大、最小输出值
xd = [x1i(3),x2i(3),x3i(3)];
qd = [0 0 0];
xd_1 = [x1i_1(3),x2i_1(3),x3i_1(3)];
qd = xd - xd_1;
qd(find(qd>qdmax)) = qdmax;
qd(find(qd<qdmin)) = qdmin;
h1i(3) = qd(1);h2i(3) = qd(2);h3i(3) = qd(3);

% 控制律输出
wo = [w21;w22;w23];
qo = [h1i',h2i',h3i'];qo = qo';
uh = wo * qo;
uh(find(uh>uhmax)) = uhmax;
uh(find(uh<uhmin)) = uhmin;
u1(k) = uh(1);u2(k) = uh(2);u3(k) = uh(3);
```

6.3.3 权值修正

PID 神经元网络根据控制量当前值和控制目标修正权值，使控制量接近控制目标，权值修正程序如下。代码中只包含一个 PID 神经元网络控制器权值修正过程，其余两个 PID 神经元网络控制律权值修正程序同下面的程序一致。

```
% 控制量误差,r1(k),r2(k),r3(k)为控制目标,y1(k),y2(k),y3(k)为控制量当前值
error = [r1(k) - y1(k);r2(k) - y2(k);r3(k) - y3(k)];
error1(k) = error(1);error2(k) = error(2);error3(k) = error(3);
J(k) = 0.5 * (error(1)^2 + error(2)^2 + error(3)^2);

% 隐含层输出层权值调整
% u_1,u_2,u_3 是控制律,y1,y2,y3 是被控量,y_1 为被控量上个时间点值
ypc = [y1(k) - y_1(1);y2(k) - y_1(2);y3(k) - y_1(3)];
uhc = [u_1(1) - u_2(1);u_1(2) - u_2(2);u_1(3) - u_2(3)];

Sig1 = sign(ypc./(uhc(1) + 0.00001));
dw21 = sum(error. * Sig1) * qo';
w21 = w21 + rate2 * dw21;    % rate2 为学习速率

% 输入层到隐含层权值调整
delta2 = zeros(3,3);
wshi = [w21;w22;w23];
for t = 1:1:3
delta2(1:3,t) = error(1:3). * sign(ypc(1:3)./(uhc(t) + 0.00000001));
end
for j = 1:1:3
    sgn(j) = sign((h1i(j) - h1i_1(j))/(x1i(j) - x1i_1(j) + 0.00001));
end
```

```
s1 = sgn' * [r1(k),y1(k)];
wshi2_1 = wshi(1:3,1:3);
alter = zeros(3,1);
dws1 = zeros(3,2);
for j = 1:1:3
    for p = 1:1:3
        alter(j) = alter(j) + delta2(p,:) * wshi2_1(:,j);
    end
end

for p = 1:1:3
    dws1(p,:) = alter(p) * s1(p,:);
end
w11 = w11 + rate1 * dws1;    % rate1 为学习速率
```

6.3.4 结果分析

用 PID 神经元网络控制式(6-10)中 3 输入 3 输出的复杂耦合系统，网络初始权值随机得到，网络权值学习率为 0.05，控制间隔为 0.001 s，控制量的控制目标分别为 0.7、0.4 和 0.6，PID 神经元网络控制效果如图 6-4 所示。

控制器控制误差如图 6-5 所示。

从图 6-4、图 6-5 可以看出，PID 神经元控制器能够较好控制此多输入多输出复杂耦合系统，控制量最终值接近目标值。

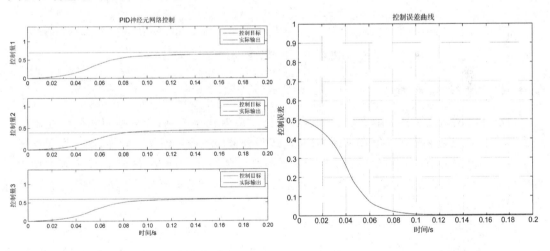

图 6-4 控制器控制效果　　　　　　图 6-5 控制误差曲线

6.4 案例扩展

6.4.1 增加动量项

PID 神经元网络权值采用梯度学习算法，网络权值修正较慢并且容易陷入局部最优，可以通过增加动量项的方法提高网络学习效率。增加动量项的权值学习公式如下：

$$\omega_{jk}(k+1) = \omega_{jk}(k) - \eta \frac{\partial J}{\partial \omega_{jk}} + \eta_1 [\omega_{jk}(k) - \omega_{jk}(k-1)] \quad (6-11)$$

$$\omega_{ij}(k+1) = \omega_{ij} - \eta \frac{\partial J}{\partial \omega_{ij}} + \eta_1 [\omega_{ij}(k) - \omega_{ij}(k-1)] \quad (6-12)$$

式中，ω_{jk} 为隐含层到输出层权值；ω_{ij} 为输入层到隐含层间权值；J 为控制误差；η, η_1 为学习速率。

带动量项的 PID 神经元网络控制效果如图 6-6 所示。

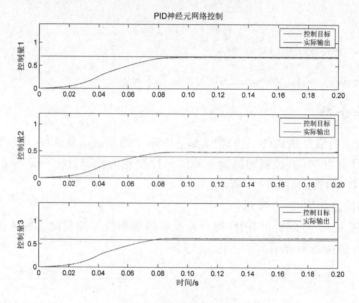

图 6-6　控制器控制效果

6.4.2　神经元系数

PID 神经网络控制器中隐含层三个节点分别对应着比例控制、积分控制和微分控制的三个环节。积分控制神经元的值在不断累加，造成积分神经元值不断累积增加，微分控制神经元的值为控制量当前值和目标值的差，微分控制神经元值过小。因此，借鉴 PID 控制器中 PID 参数设置，增加神经元输出乘积系数，隐含层输出值由隐含层神经元输出值乘以对应系数得到，计算公式如下：

比例神经元

$$u_{s1}(k) = k_p * net_{s1}(k) \quad (6-13)$$

积分神经元

$$\begin{aligned} U_{s2}(k) &= net_{s2}(k) + U_{s2}(k-1) \\ u_{s2}(k) &= k_i * U_{s2}(k) \end{aligned} \quad (6-14)$$

微分神经元

$$u_{s3}(k) = k_d * [net_{s3}(k) - net_{s3}(k-1)] \quad (6-15)$$

式中，k_p, k_i, k_d 为系数；$U_{s2}(k)$ 为中间变量；其他参数解释与式(6-3)~(6-5)一致。

设置 $k_p=1, k_i=1.5, k_d=10$，带神经元系数的 PID 神经元网络控制效果如图 6-7 所示。

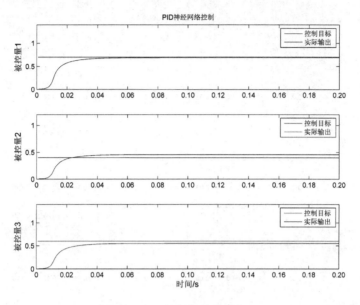

图6-7 控制器控制效果

6.4.3 PID神经元网络权值优化

PID神经元网络采用的学习算法是梯度学习法,初始权值随机得到,权值在学习过程中可能陷入局部最优值。采用粒子群算法优化神经元网络初始权值(粒子群算法介绍请参考第35章),粒子群算法的参数设置为:种群规模为50,进化次数40,采用自适应变异方法提高种群搜索能力,粒子群算法进化过程如图6-8所示。

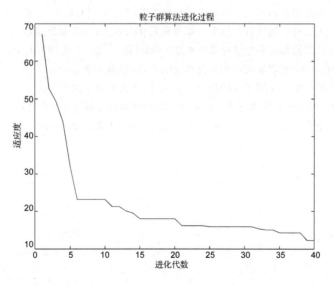

图6-8 粒子群算法进化过程

把粒子群算法优化得到的最优初始权值带入PID神经元网络,神经元网络控制效果如图6-9所示。

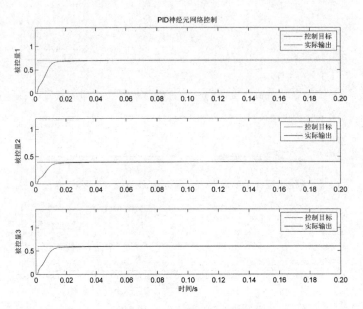

图6-9 控制器控制效果

从图6-9可以看出,粒子群算法优化的PID神经元网络控制取得了满意的效果,控制量不仅迅速逼近控制目标,而且响应时间较短。

参考文献

[1] 刘国荣.多变量系统模糊解耦自适应控制[J].控制理论与应用,1997,14(2):152-156.
[2] 郑安平.基于PID神经网络的三自由度飞行器模型控制研究[D].南京:南京理工大学,2008.
[3] 时文飞.基于人工神经网络与PID复合控制研究[D].重庆:重庆大学,2007.
[4] 李云飞.基于神经网络的多变量解耦控制方法研究[D].大连:大连理工大学,2007.
[5] 曾军.神经网络PID控制器的研究及仿真[D].长沙:湖南大学,2004.
[6] 董宏丽.神经网络PID控制系统的研究[D].大庆:大庆石油学院,2004.
[7] 舒怀林,郭秀才.多变量强耦合时变系统的PID神经网络控制[J].工矿自动化,2003(5):16-18.
[8] 刘金琨.先进PID控制MATLAB仿真[M].北京:电子工业出版社,2004,9.

第 7 章 RBF 网络的回归
——非线性函数回归的实现

7.1 案例背景

7.1.1 RBF 神经网络概述

径向基函数(Radical Basis Function,RBF)是多维空间插值的传统技术,由 Powell 于 1985 年提出。1988 年,Broomhead 和 Lowe 根据生物神经元具有局部响应这一特点,将 RBF 引入神经网络设计中,产生了 RBF 神经网络。1989 年,Jackson 论证了 RBF 神经网络对非线性连续函数的一致逼近性能。

RBF 神经网络属于前向神经网络类型,网络的结构与多层前向网络类似,是一种三层的前向网络。第一层为输入层,由信号源结点组成;第二层为隐藏层,隐藏层节点数视所描述问题的需要而定,隐藏层中神经元的变换函数即径向基函数是对中心点径向对称且衰减的非负非线性函数,该函数是局部响应函数,而以前的前向网络变换函数都是全局响应的函数;第三层为输出层,它对输入模式作出响应。

RBF 网络的基本思想是:用 RBF 作为隐单元的"基"构成隐藏层空间,隐含层对输入矢量进行变换,将低维的模式输入数据变换到高维空间内,使得在低维空间内的线性不可分的问题在高维空间内线性可分。

RBF 神经网络结构简单、训练简洁而且学习收敛速度快,能够逼近任意非线性函数,因此它已被广泛应用于时间序列分析、模式识别、非线性控制和图形处理等领域。

7.1.2 RBF 神经网络结构模型

径向基神经网络的神经元模型如图 7-1 所示。径向基神经网络的节点激活函数采用径向基函数,通常定义为空间任一点到某一中心之间的欧式距离的单调函数。

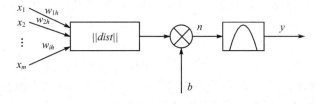

图 7-1 径向基神经元模型

由图 7-1 所示的径向基神经元结构可以看出,径向基神经网络的激活函数是以输入向量和权值向量之间的距离 $\|dist\|$ 作为自变量的。径向基神经网络的激活函数的一般表达式为

$$R(\|dist\|) = e^{-\|dist\|^2}$$

随着权值和输入向量之间距离的减少,网络输出是递增的,当输入向量和权值向量一致时,神经元输出为 1。图中的 b 为阈值,用于调整神经元的灵敏度。利用径向基神经元和线性神经元可以建立广义回归神经网络,此种神经网络适用于函数逼近方面的应用;径向基神经元和竞争神经元可以建立概率神经网络,此种神经网络适用于解决分类问题。

由输入层、隐藏层和输出层构成的一般径向基神经网络结构如图 7-2 所示。在 RBF 神经网络中,输入层仅仅起到传输信号的作用,与前面所讲述的神经网络相比较,输入层和隐含层之间可以看作连接权值为 1 的连接,输出层和隐含层所完成的任务是不同的,因而它们的学习策略也不相同。输出层是对线性权进行调整,采用的是线性优化策略,因而学习速度较快。而隐含层是对激活函数(格林函数或高斯函数,一般取高斯函数)的参数进行调整,采用的是非线性优化策略,因而学习速度较慢。

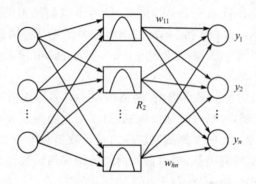

图 7-2 径向基神经网络结构

7.1.3 RBF 神经网络的学习算法

RBF 神经网络学习算法需要求解的参数有 3 个:基函数的中心、方差以及隐含层到输出层的权值。根据径向基函数中心选取方法的不同,RBF 网络有多种学习方法,如随机选取中心法、自组织选取法、有监督选取中心法和正交最小二乘法等。下面将介绍自组织选取中心的 RBF 神经网络学习法。该方法由两个阶段组成:一是自组织学习阶段,此阶段为无导师学习过程,求解隐含层基函数的中心与方差;二是有导师学习阶段,此阶段求解隐含层到输出层之间的权值。

径向基神经网络中常用的径向基函数是高斯函数,因此径向基神经网络的激活函数可表示为

$$R(x_p - c_i) = \exp\left(-\frac{1}{2\sigma^2}\|x_p - c_i\|^2\right)$$

式中,$\|x_p - c_i\|$ 为欧式范数;c_i 为高斯函数的中心;σ 为高斯函数的方差。

由图 7-2 所示的径向基神经网络的结构可得到网络的输出为

$$y_j = \sum_{i=1}^{h} w_{ij} \exp\left(-\frac{1}{2\sigma^2}\|x_p - c_i\|^2\right) \quad j = 1, 2, \cdots, n$$

式中,$x_p = (x_1^p, x_2^p, \cdots, x_m^p)^T$ 为第 p 个输入样本;$p = 1, 2, 3, \cdots, P$,P 为样本总数;c_i 为网络隐含层结点的中心;w_{ij} 为隐含层到输出层的连接权值;$i = 1, 2, 3, \cdots, h$ 为隐含层节点数;y_j 为与

输入样本对应的网络的第 j 个输出结点的实际输出。

设 d 是样本的期望输出值,那么基函数的方差可表示为

$$\sigma = \frac{1}{P}\sum_{j}^{m}\parallel d_j - y_j c_i\parallel^2$$

学习算法具体步骤如下:

步骤 1:基于 K-均值聚类方法求取基函数中心 c_i。

① 网络初始化:随机选取 h 个训练样本作为聚类中心 $c_i(i=1,2,\cdots,h)$。

② 将输入的训练样本集合按最近邻规则分组:按照 x_p 与中心为 c_i 之间的欧式距离将 x_p 分配到输入样本的各个聚类集合 $\vartheta_P(p=1,2,\cdots,P)$ 中。

③ 重新调整聚类中心:计算各个聚类集合 ϑ_P 中训练样本的平均值,即新的聚类中心 c_i,如果新的聚类中心不再发生变化,则所得到的 c_i 即为 RBF 神经网络最终的基函数中心,否则返回②,进行下一轮的中心求解。

步骤 2:求解方差 σ_i。

该 RBF 神经网络的基函数为高斯函数,方差 σ_i 可如下求解:

$$\sigma_i = \frac{c_{\max}}{\sqrt{2h}}\quad i=1,2,\cdots,h$$

式中,$c_{\max}$ 是所选取中心之间的最大距离。

步骤 3:计算隐含层和输出层之间的权值。

隐含层至输出层之间神经元的连接权值可以用最小二乘法直接计算得到,计算公式如下:

$$w = \exp\left(\frac{h}{c_{\max}^2}\parallel x_p - c_i\parallel^2\right)\quad i=1,2,\cdots,h; p=1,2,3,\cdots,P$$

7.1.4 曲线拟合相关背景

曲线拟合(curve fitting)是用连续曲线近似地刻画或比拟平面上离散点组所表示的坐标之间函数关系的一种数据处理方法,是用解析表达式逼近离散数据的一种方法。在科学实验或社会活动中,通过实验或观测得到量 x 与 y 的一组数据对 $(x_i,y_i)(i=1,2,\cdots,m)$,其中 x_i 是彼此不同的。人们希望用一类与数据的背景材料规律相适应的解析表达式如 $y=f(x,c)$ 来反映量 x 与 y 之间的依赖关系,即在一定意义下"最佳"地逼近或拟合已知数据。$y=f(x,c)$ 常被称作拟合模型,式中 $c=(c_1,c_2,\cdots,c_n)$ 是一些待定参数。当 c 在 f 中线性出现时,此时称模型 f 为线性模型,否则称 f 为非线性模型。现在有许多衡量拟合优度的标准,最常用的一种做法是选择参数 c 使得拟合模型与实际观测值在各点的残差(或离差)$e_k=y_k-f(x_k,c)$ 的加权平方和达到最小,此时所求曲线称作在加权最小二乘意义下对数据的拟合曲线。目前有许多求解拟合曲线的成功方法,对于线性模型一般通过建立和求解方程组来确定参数,从而求得拟合曲线。至于非线性模型,则要借助求解非线性方程组或用最优化方法求得所需参数才能得到拟合曲线,有时也称之为非线性最小二乘拟合。

7.2 模型建立

本例用 RBF 网络拟合未知函数,预先设定一个非线性函数,如式(7-1)所示,假定函数解

析式不清楚的情况下,随机产生 x_1, x_2 和由这两个变量按式(7-1)得出的 y。将 x_1, x_2 作为 RBF 网络的输入数据,将 y 作为 RBF 网络的输出数据,分别建立近似和精确 RBF 网络进行回归分析,并评价网络拟合效果。

$$y = 20 + x_1^2 - 10\cos(2\pi x_1) + x_2^2 - 10\cos(2\pi x_2) \tag{7-1}$$

在使用精确(exact)径向基网络来实现非线性函数的回归例子中,共产生了 301 个样本,全部作为网络的训练样本,使用图形可视化来观察拟合效果。

在使用近似(approximate)径向基网络对同一函数进行拟合的例子中,共产生了 400 个训练数据和 961 个验证数据,使用 400 个训练数据训练 RBF 网络后,使用训练好的网络来预测 961 个验证数据的结果,并通过可视化的方法观察 RBF 神经网络的拟合效果。

7.3 MATLAB 实现

7.3.1 RBF 网络的相关函数

(1) newrb()

该函数可以用来设计一个近似(approximate)径向基网络。其调用格式为

```
[net,tr] = newrb(P,T,GOAL,SPREAD,MN,DF)
```

其中,P 为 Q 组输入向量组成的 R*Q 维矩阵;T 为 Q 组目标分类向量组成的 S*Q 维矩阵;GOAL 为均方误差目标(Mean Squared Error Goal),默认为 0.0;SPREAD 为径向基函数的扩展速度,默认为 1;MN 为神经元的最大数目,默认为 Q;DF 为两次显示之间所添加的神经元数目,默认为 25;net 为返回值,一个 RBF 网络;tr 为返回值,训练记录。

用 newrb() 创建 RBF 网络是一个不断尝试的过程,在创建过程中,需要不断增加中间层神经元和个数,直到网络的输出误差满足预先设定的值为止。

(2) newrbe()

该函数用于设计一个精确径向基网络。其调用格式为

```
net = newrbe(P,T,SPREAD)
```

其中,P 为 Q 组输入向量组成的 R*Q 维矩阵;T 为 Q 组目标分类向量组成的 S*Q 维矩阵;SPREAD 为径向基函数的扩展速度,默认为 1。

和 newrb() 不同,newrbe() 能够基于设计向量快速、无误差地设计一个径向基网络。

(3) radbas()

该函数为径向基传递函数。其调用格式为

```
A = radbas(N)
info = radbas(code)
```

其中,N 为输入(列)向量的 S*Q 维矩阵;A 为函数返回矩阵,与 N 一一对应,即 N 中的每个元素通过径向基函数得到 A;info=radbas(code) 表示根据 code 值的不同返回有关函数的不同信息。包括

derive——返回导函数的名称。

name——返回函数全称。

output——返回输入范围。

active——返回可用输入范围。

使用 exact 径向基网络来实现非线性的函数回归(chapter7_1.m),代码如下:

```
%% 清空环境变量
clc
clear
%% 产生输入 输出数据
% 设置步长
interval = 0.01;
% 产生 x1 x2
x1 = -1.5:interval:1.5;
x2 = -1.5:interval:1.5;
% 按照函数先求得相应的函数值,作为网络的输出
F = 20 + x1.^2 - 10 * cos(2 * pi * x1) + x2.^2 - 10 * cos(2 * pi * x2);
%% 网络建立和训练
% 网络建立 输入为[x1;x2],输出为 F。Spread 使用默认
net = newrbe([x1;x2],F)
%% 网络的效果验证
% 将原数据回带,测试网络效果
ty = sim(net,[x1;x2]);
% 使用图像来看网络对非线性函数的拟合效果
figure
plot3(x1,x2,F,'rd');
hold on;
plot3(x1,x2,ty,'b-.');
view(113,36)
title('可视化的方法观察严格的 RBF 神经网络的拟合效果')
xlabel('x1')
ylabel('x2')
zlabel('F')
grid on
```

下面用 approximate RBF 网络对同一函数进行拟合(chapter7_2.m)。

```
%% 清空环境变量
clc
clear
%% 产生训练样本(训练输入,训练输出)
% ld 为样本例数
ld = 400;
% 产生 2 * ld 的矩阵
x = rand(2,ld);
% 将 x 转换到[-1.5 1.5]之间
x = (x - 0.5) * 1.5 * 2;
% x 的第一行为 x1,第二行为 x2
x1 = x(1,:);
x2 = x(2,:);
% 计算网络输出 F 值
F = 20 + x1.^2 - 10 * cos(2 * pi * x1) + x2.^2 - 10 * cos(2 * pi * x2);
%% 建立 RBF 神经网络
```

```matlab
% 采用 approximate RBF 神经网络。spread 为默认值
net = newrb(x,F);
%% 建立测试样本
% generate the testing data
interval = 0.1;
[i , j] = meshgrid(-1.5:interval:1.5);
row = size(i);
tx1 = i(:);
tx1 = tx1';
tx2 = j(:);
tx2 = tx2';
tx = [tx1;tx2];

%% 使用建立的 RBF 网络进行模拟,得出网络输出
ty = sim(net,tx);
%% 使用图像,画出 3 维图
% 真正的函数图像
interval = 0.1;
[x1, x2] = meshgrid(-1.5:interval:1.5);
F = 20 + x1.^2 - 10 * cos(2 * pi * x1) + x2.^2 - 10 * cos(2 * pi * x2);
subplot(1,3,1);
mesh(x1,x2,F);
zlim([0,60])
title('真正的函数图像')
% 网络得出的函数图像
v = reshape(ty,row);
subplot(1,3,2);
mesh(i,j,v);
zlim([0,60])
title('RBF 神经网络结果')
% 误差图像
subplot(1,3,3);
mesh(x1,x2,F-v);
zlim([0,60])
title('误差图像')
set(gcf,'position',[300,250,900,400]);
```

7.3.2 结果分析

代码运行后的结果如图 7-3、7-4 所示。

在命令窗口中的输出结果如下:

```
NEWRB, neurons = 0, MSE = 108.563
NEWRB, neurons = 25, MSE = 48.7566
NEWRB, neurons = 50, MSE = 3.67744
NEWRB, neurons = 75, MSE = 0.127232
NEWRB, neurons = 100, MSE = 0.00159733
NEWRB, neurons = 125, MSE = 0.000151675
NEWRB, neurons = 150, MSE = 2.15211e-005
NEWRB, neurons = 175, MSE = 1.25473e-005
NEWRB, neurons = 200, MSE = 6.46407e-006
```

```
NEWRB, neurons = 225, MSE = 9.79246e-007
NEWRB, neurons = 250, MSE = 1.35697e-006
NEWRB, neurons = 275, MSE = 6.16004e-007
NEWRB, neurons = 300, MSE = 1.14613e-007
NEWRB, neurons = 325, MSE = 1.09115e-007
NEWRB, neurons = 350, MSE = 1.04741e-007
NEWRB, neurons = 375, MSE = 1.24349e-007
NEWRB, neurons = 400, MSE = 6.41058e-008
```

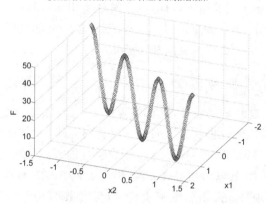

图 7-3 exact 径向基网络拟合效果

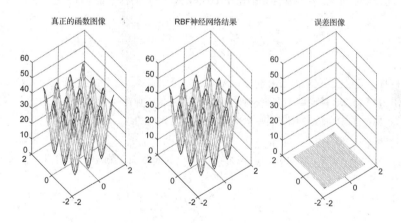

图 7-4 approximate RBF 神经网络拟合效果比较图和误差图

由图 7-3、7-4 可知,神经网络的训练结果能较好逼近该非线性函数 F,由误差图可知,神经网络的预测效果在数据边缘处的误差较大,在其他数值处的拟合效果很好。网络的输出和函数值之间的差值在隐藏层神经元的个数为 100 时已经接近于 0,说明网络输出能非常好地逼近函数。

7.4 案例扩展

7.4.1 应用径向基神经网络需要注意的问题

尽管 RBF 网络的输出是隐单元输出的线性加权和,并且网络学习速率快,但并不等于 RBF 神经网络就可以取代其他前馈网络。这是因为 RBF 网络很可能需要比 BP 神经网络多得多的隐含层神经元来达到预期的训练目标。BP 网络采用 sigmoid() 函数,这样的神经元有很大的输出可见区域,而径向基网络使用的径向基函数,输入空间区域很小,这就不可避免地导致了在输入空间较大时,需要更多的径向基神经元。

7.4.2 SPREAD 对网络的影响

SPREAD 为径向基函数的扩展系数,默认值为 1.0。合理选择 SPREAD 是很重要的,其值应该足够大,使径向基神经元能够对输入向量所覆盖的区间都产生响应,但也不要求大到所有的径向基神经元都如此,只要部分径向基神经元能够对输入向量所覆盖的区间产生响应就足够了。SPREAD 的值越大,其输出结果越光滑,但太大的 SPREAD 值会导致数值计算上的困难,若在设计网络时,出现"Rank deficient"警告,应考虑减小 SPREAD 的值重新进行设计。因此,在网络设计的过程中,需要用不同的 SPREAD 值进行尝试,以确定一个最优值。

为了更严格地对数据进行拟合,最好使 SPREAD 的值小于输入向量之间的典型距离。

参考文献

[1] 飞思科技产品研发中心.神经网络与 MATLAB 7 实现[M].北京:电子工业出版社,2005.

[2] 张德丰.MATLAB 神经网络应用设计[M].北京:机械工业出版社,2008.

[3] 张延亮.MATLAB 神经网络(三):RBF 神经网络[CP/OL].(2008-11-19)[2009-12-05].MATLAB 中文论坛,2008.

[4] 李忠国,张为公,王琪,李世民.RBF 网络在基于动载的路面识别中的应用[J].重庆工学院学报(自然科学版),2009,(01):1-5.

[5] 穆云峰.RBF 神经网络学习算法在模式分类中的应用研究[D].大连:大连理工大学,2006.

第 8 章 GRNN 的数据预测
——基于广义回归神经网络的货运量预测

8.1 案例背景

8.1.1 GRNN 神经网络概述

广义回归神经网络（GRNN，Generalized Regression Neural Network）是美国学者 Donald F. Specht 在 1991 年提出的，它是径向基神经网络的一种。GRNN 具有很强的非线性映射能力和柔性网络结构以及高度的容错性和鲁棒性，适用于解决非线性问题。GRNN 在逼近能力和学习速度上较 RBF 网络有更强的优势，网络最后收敛于样本量积聚较多的优化回归面，并且在样本数据较少时，预测效果也较好。此外，网络还可以处理不稳定的数据。因此，GRNN 在信号过程、结构分析、教育产业、能源、食品科学、控制决策系统、药物设计、金融领域、生物工程等各个领域得到了广泛的应用。

8.1.2 GRNN 的网络结构

GRNN 在结构上与 RBF 网络较为相似。它由四层构成，如图 8-1 所示，分别为输入层（input layer）、模式层（pattern layer）、求和层（summation layer）和输出层（output layer）。对应网络输入 $\boldsymbol{X} = [x_1, x_2, \cdots, x_n]^\mathrm{T}$，其输出为 $\boldsymbol{Y} = [y_1, y_2, \cdots, y_k]^\mathrm{T}$。

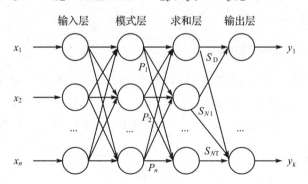

图 8-1 广义回归网络结构图

（1）输入层

输入层神经元的数目等于学习样本中输入向量的维数，各神经元是简单的分布单元，直接将输入变量传递给模式层。

（2）模式层

模式层神经元数目等于学习样本的数目 n，各神经元对应不同的样本，模式层神经元传递

函数为

$$p_i = \exp\left[-\frac{(\boldsymbol{X}-\boldsymbol{X}_i)^{\mathrm{T}}(\boldsymbol{X}-\boldsymbol{X}_i)}{2\sigma^2}\right] \quad i = 1, 2, \cdots, n$$

神经元 i 的输出为输入变量与其对应的样本 $\boldsymbol{X}$ 之间 Euclid 距离平方的指数平方 $D_i^2 = (\boldsymbol{X}-\boldsymbol{X}_i)^{\mathrm{T}}(\boldsymbol{X}-\boldsymbol{X}_i)$ 的指数形式。式中，$\boldsymbol{X}$ 为网络输入变量；$\boldsymbol{X}_i$ 为第 i 个神经元对应的学习样本。

（3）求和层

求和层中使用两种类型神经元进行求和。

一类的计算公式为 $\sum_{i=1}^{n}\exp\left[-\dfrac{(\boldsymbol{X}-\boldsymbol{X}_i)^{\mathrm{T}}(\boldsymbol{X}-\boldsymbol{X}_i)}{2\sigma^2}\right]$，它对所有模式层神经元的输出进行算术求和，其模式层与各神经元的连接权值为 1，传递函数为

$$S_D = \sum_{i=1}^{n} P_i$$

另一类计算公式为 $\sum_{i=1}^{n}\boldsymbol{Y}_i\exp\left[-\dfrac{(\boldsymbol{X}-\boldsymbol{X}_i)^{\mathrm{T}}(\boldsymbol{X}-\boldsymbol{X}_i)}{2\sigma^2}\right]$，它对所有模式层的神经元进行加权求和，模式层中第 i 个神经元与求和层中第 j 个分子求和神经元之间的连接权值为第 i 个输出样本 $\boldsymbol{Y}_i$ 中的第 j 个元素，传递函数为

$$S_{Nj} = \sum_{i=1}^{n} y_{ij} P_i \quad j = 1, 2, \cdots, k$$

（4）输出层

输出层中的神经元数目等于学习样本中输出向量的维数 k，各神经元将求和层的输出相除，神经元 j 的输出对应估计结果 $\hat{Y}(\boldsymbol{X})$ 的第 j 个元素，即

$$y_j = \frac{S_{Nj}}{S_D} \quad j = 1, 2, \cdots, k$$

8.1.3 GRNN 的理论基础

广义回归神经网络的理论基础是非线性回归分析，非独立变量 Y 相对于独立变量 x 的回归分析实际上是计算具有最大概率值的 y。设随机变量 x 和随机变量 y 的联合概率密度函数为 $f(x,y)$，已知 x 的观测值为 X，则 y 相对于 X 的回归，也即条件均值为

$$\hat{Y} = E(y/X) = \frac{\int_{-\infty}^{\infty} y f(X,y) \mathrm{d}y}{\int_{-\infty}^{\infty} f(X,y) \mathrm{d}y} \tag{8-1}$$

$\hat{Y}$ 即为在输入为 X 的条件下，Y 的预测输出。

应用 Parzen 非参数估计，可由样本数据集 $\{x_i, y_i\}_{i=1}^{n}$ 估算密度函数 $\hat{f}(X,y)$。

$$\hat{f}(X,y) = \frac{1}{n(2\pi)^{\frac{p+1}{2}}\sigma^{p+1}} \sum_{i=1}^{n} \exp\left[-\frac{(X-X_i)^{\mathrm{T}}(X-X_i)}{2\sigma^2}\right] \exp\left[-\frac{(X-Y_i)^2}{2\sigma^2}\right]$$

式中，X_i, Y_i 为随机变量 x 和 y 的样本观测值；n 为样本容量；p 为随机变量 x 的维数；σ 为高斯函数的宽度系数，在此称为光滑因子。

用 $\hat{f}(X,y)$ 代替 $f(X,y)$ 代入式(8-1),并交换积分与加和的顺序:

$$\hat{Y}(X) = \frac{\sum_{i=1}^{n}\exp\left[-\frac{(X-X_i)^{\mathrm{T}}(X-X_i)}{2\sigma^2}\right]\int_{-\infty}^{+\infty}y\exp\left[-\frac{(Y-Y_i)^2}{2\sigma^2}\right]\mathrm{d}y}{\sum_{i=1}^{n}\exp\left[-\frac{(X-X_i)^{\mathrm{T}}(X-X_i)}{2\sigma^2}\right]\int_{-\infty}^{+\infty}\exp\left[-\frac{(Y-Y_i)^2}{2\sigma^2}\right]\mathrm{d}y} \tag{8-2}$$

由于 $\int_{-\infty}^{+\infty}z\mathrm{e}^{-z^2}\mathrm{d}z=0$,对两个积分进行计算后可得网络的输出 $\hat{Y}(X)$ 为

$$\hat{Y}(X) = \frac{\sum_{i=1}^{n}Y_i\exp\left[-\frac{(X-X_i)^{\mathrm{T}}(X-X_i)}{2\sigma^2}\right]}{\sum_{i=1}^{n}\exp\left[-\frac{(X-X_i)^{\mathrm{T}}(X-X_i)}{2\sigma^2}\right]} \tag{8-3}$$

估计值 $\hat{Y}(X)$ 为所有样本观测值 Y_i 的加权平均,每个观测值 Y_i 的权重因子为相应的样本 X_i 与 X 之间 Euclid 距离平方的指数。当光滑因子 σ 非常大的时候,$\hat{Y}(X)$ 近似于所有样本因变量的均值。相反,当光滑因子 σ 趋向于 0 的时候,$\hat{Y}(X)$ 和训练样本非常接近,当需预测的点被包含在训练样本集中时,公式求出的因变量的预测值会和样本中对应的因变量非常接近,而一旦碰到样本中未能包含进去的点,有可能预测效果会非常差,这种现象说明网络的泛化能力差。当 σ 取值适中,求预测值 $\hat{Y}(X)$ 时,所有训练样本的因变量都被考虑了进去,与预测点距离近的样本点对应的因变量被加了更大的权。

8.1.4 运输系统货运量预测相关背景

运输系统作为社会经济系统中的一个子系统,在受外界因素影响和作用的同时,对外部经济系统也具有一定的反作用,使得运输需求同时受到来自运输系统内外两方面因素的影响。作为运输基础设施建设投资决策的基础,运输需求预测在国家和区域经济发展规划中具有十分重要的作用,其中,由于货物运输和地方经济及企业发展的紧密联系,货运需求预测成为货运需求和经济发展关系研究中的一个重要问题。因此,作为反映货物运输需求的一项重要指标,货运量预测研究和分析具有较强的实际和理论意义。

常用的货运量预测方法包括时间序列方法、移动平滑法、指数平滑法、随机时间序列方法、相关、回归分析法以及灰色预测方法和多种方法综合的组合预测方法等。这些方法大都集中在对其因果关系回归模型和时间序列模型的分析上,所建立的模型不能全面、科学和本质地反映所预测动态数据的内在结构和复杂特性,丢失了信息量。人工神经网络作为一种并行的计算模型,具有传统建模方法所不具备的很多优点:有很好的非线性映射能力,对被建模对象的先验知识要求不多,一般不必事先知道有关被建模对象的结构、参数、动态特性等方面的知识,只需给出对象的输入、输出数据,通过网络本身的学习功能就可以达到输入与输出的完全符合。

在此情况下,国内一些学者将神经网络引入到货运量预测中来。但 BP 神经网络在用于函数逼近时,存在收敛速度慢和局部极小等缺点,在解决样本量少而且噪声较多问题时效果并不理想。GRNN 在逼近能力、分类能力和学习速度方面具有较强优势,网络最后收敛于样本量积聚最多的优化回归面,并且在数据缺乏时效果也较好。网络可以处理不稳定的数据,因此本案例采用 GRNN 建立了货运量预测模型,并利用历史统计数据对货运量进行预测。

8.2 模型建立

根据货运量影响因素的分析，分别取国内生产总值(GDP)、工业总产值、铁路运输线路长度、复线里程比重、公路运输线路长度、等级公路比重、铁路货车数量和民用载货汽车数量 8 项指标因素作为网络输入，以货运总量、铁路货运量和公路货运量 3 项指标因素作为网络输出，构建 GRNN，由于训练数据较少，采取交叉验证方法训练 GRNN 神经网络，并用循环找出最佳的 SPREAD。

本案例中 data.mat 中共有 p、t 两组数据，又各含 13 组数据，代表了 1996—2008 年的货运量和与其相关的各个变量值。将 p、t 的前 12 组数据作为网络的训练数据，最后 1 组数据作为网络的预测数据，建立 GRNN 神经网络对货运量进行预测。

8.3 MATLAB 实现

GRNN 网络的相关函数，其函数名称为 newgrnn()。

该函数可用于设计一个广义回归神经网络。广义回归神经网络是 RBF 网络的一种，通常用于函数逼近，其调用格式为

```
net = newgrnn(P,T,SPREAD)
```

其中，P 为 Q 组输入向量组成的 R∗Q 维矩阵；T 为 Q 组目标分类向量组成的 S∗Q 维矩阵；SPREAD 为径向基函数的扩展速度，默认值为 1。

根据上面确定的网络输入和输出，利用 1996—2007 年某地的历史数据作为网络的训练样本，2008 年的数据作为网络的外推测试样本。代码如下(chapter8.1.m)：

```
%% 清空环境变量
clc;
clear all
close all
nntwarn off;

%% 载入数据
load data;
% 载入数据并将数据分成训练和预测两类
p_train = p(1:12,:);
t_train = t(1:12,:);
p_test = p(13,:);
t_test = t(13,:);
%% 交叉验证
desired_spread = [];
mse_max = 10e20;
desired_input = [];
desired_output = [];
result_perfp = [];
indices = crossvalind('Kfold',length(p_train),4);
h = waitbar(0,'正在寻找最优化参数....')
k = 1;
```

```matlab
for i = 1:4
    perfp = [];
    disp(['以下为第',num2str(i),'次交叉验证结果'])
    test = (indices == i); train = ~test;
    p_cv_train = p_train(train,:);
    t_cv_train = t_train(train,:);
    p_cv_test = p_train(test,:);
    t_cv_test = t_train(test,:);
    p_cv_train = p_cv_train';
    t_cv_train = t_cv_train';
    p_cv_test = p_cv_test';
    t_cv_test = t_cv_test';

    [p_cv_train,minp,maxp,t_cv_train,mint,maxt] = premnmx(p_cv_train,t_cv_train);
    p_cv_test = tramnmx(p_cv_test,minp,maxp);
    for spread = 0.1:0.1:2;
        net = newgrnn(p_cv_train,t_cv_train,spread);
        waitbar(k/80,h);
        disp(['当前 spread 值为', num2str(spread)]);
        test_Out = sim(net,p_cv_test);
        test_Out = postmnmx(test_Out,mint,maxt);
        error = t_cv_test - test_Out;
        disp(['当前网络的 mse 为',num2str(mse(error))])
        perfp = [perfp mse(error)];
        if mse(error)<mse_max
            mse_max = mse(error);
            desired_spread = spread;
            desired_input = p_cv_train;
            desired_output = t_cv_train;
        end
        k = k + 1;
    end
    result_perfp(i,:) = perfp;
end
close(h)
disp(['最佳 spread 值为',num2str(desired_spread)])
disp(['此时最佳输入值为'])
desired_input
disp(['此时最佳输出值为'])
desired_output
%% 采用最佳方法建立 GRNN 网络
net = newgrnn(desired_input,desired_output,desired_spread);
p_test = p_test';
p_test = tramnmx(p_test,minp,maxp);
grnn_prediction_result = sim(net,p_test);
grnn_prediction_result = postmnmx(grnn_prediction_result,mint,maxt);
grnn_error = t_test - grnn_prediction_result';
disp('GRNN 神经网络三项流量预测的误差为')
abs(grnn_error)
save best desired_input desired_output p_test t_test grnn_error mint maxt
```

结果如下：

最佳 spread 值为 0.7

此时最佳输入值为

desired_input =

```
        -1.0000   -0.8993   -0.7948   -0.5023   -0.0574    0.1602    0.3838
 0.6652   1.0000
        -0.9998   -1.0000   -0.1291   -0.0072    0.3417    0.5137    0.6187
 0.7838   1.0000
        -1.0000   -0.8616   -0.4969   -0.4969    0.3333    0.4465    0.6478
 0.6604   1.0000
        -1.0000   -0.5385   -0.0769    0.5385    0.3846    0.3846    0.6923
 0.6923   1.0000
        -1.0000   -0.9429   -0.9175   -0.7778   -0.3270   -0.0286    0.2508
 0.5619   1.0000
        -1.0000   -1.0000   -1.0000   -0.5000   -0.2000    0.0000    0.2000
 0.5000   1.0000
         0.0141   -1.0000    0.0187    0.0187    0.3682    0.4944    0.6195
 0.7735   1.0000
        -1.0000   -0.9211   -0.8826   -0.9563   -0.6099   -0.3042   -0.0318
 0.2843   1.0000
```

此时最佳输出值为

desired_output =

```
        -1.0000   -0.9839   -0.9838   -0.7127   -0.2463    0.0126    0.2862
 0.5394   1.0000
        -1.0000   -0.9040   -0.8604   -0.6403   -0.2293   -0.0769    0.2124
 0.4116   1.0000
        -1.0000   -0.8020   -0.8042   -0.5446   -0.0500    0.0416    0.2505
 0.4693   1.0000
```

GRNN 神经网络三项流量预测的误差为 28106.967   15245.9913   21653.0686

由程序运行后的结果中看出，SPREAD 值设置为 0.7 时，训练数据的预测较好。SPREAD 值越小，网络对样本的逼近性就越强；SPREAD 值越大，网络对样本数据的逼近过程就越平滑，但误差也相应增大。在实际应用时，为了选取最佳的 SPREAD 值，一般采取本案例中循环训练的方法，从而达到最好的预测效果。

8.4 案例扩展

GRNN 神经网络和 BP 网络都可以用于货运量等的预测，但对具体的网络训练来说，GRNN 需要调整的参数较少，只有一个 SPREAD 参数，因此可以更快地预测网络，具有较大的计算优势。

下面将针对本案例数据，使用 BP 神经网络模型预测得出的流量数据。代码如下（chapter8.2.m）：

```
%% 以下程序为案例扩展里的 GRNN 和 BP,比较需要 load chapter8.1 的相关数据
clear all
load best
n = 13
p = desired_input
t = desired_output
net_bp = newff(minmax(p),[n,3],{'tansig','purelin'},'trainlm');
% 训练网络
net.trainParam.show = 50;
net.trainParam.epochs = 2000;
net.trainParam.goal = 1e-3;
% 调用 TRAINLM 算法训练 BP 网络
net_bp = train(net_bp,p,t);
bp_prediction_result = sim(net_bp,p_test);
bp_prediction_result = postmnmx(bp_prediction_result,mint,maxt);
bp_error = t_test - bp_prediction_result';
disp(['BP 神经网络三项流量预测的误差为',num2str(abs(bp_error))])
```

结果如下:

BP 神经网络三项流量预测的误差为 15774.4287   13249.1823   27806.9352

由此可见,BP 神经网络在对于此类数据的预测结果上同 GRNN 神经网络预测结果基本一致。

参考文献

[1] 孙静. 基于数码打样的 CMYK 与 L*a*b* 颜色空间转换方法的研究[D]. 西安:西安理工大学,2008.

[2] 魏艳强. 基于 RBF 神经网络的货运量预测模型研究[D]. 天津:天津理工大学,2007.

[3] 范群林,李桃,吴花平. 基于广义回归神经网络的经济预测模型研究[J]. 商场现代化,2008,(26)195.

[4] 谷志红,牛东晓,王会青. 广义回归神经网络模型在短期电力负荷预测中的应用研究[J]. 中国电力,2006,(04)11-14.

[5] 张德丰. MATLAB 神经网络应用设计[M]. 北京:机械工业出版社,2008.

第 9 章 离散 Hopfield 神经网络的联想记忆
——数字识别

9.1 案例背景

9.1.1 离散 Hopfield 神经网络概述

Hopfield 网络作为一种全连接型的神经网络,曾经为人工神经网络的发展开辟了新的研究途径。它利用与阶层型神经网络不同的结构特征和学习方法,模拟生物神经网络的记忆机理,获得了令人满意的结果。这一网络及学习算法最初是由美国物理学家 J. J Hopfield 于 1982 年首先提出的,故称为 Hopfield 神经网络。

Hopfield 最早提出的网络是二值神经网络,神经元的输出只取 1 和 -1,所以,也称离散 Hopfield 神经网络(Discrete Hopfield Neural Network,DHNN)。在离散 Hopfield 网络中,所采用的神经元是二值神经元,因此,所输出的离散值 1 和 -1 分别表示神经元处于激活和抑制状态。

1. 网络结构

DHNN 是一种单层、输出为二值的反馈网络。由三个神经元组成的离散 Hopfield 神经网络的结构如图 9-1 所示。

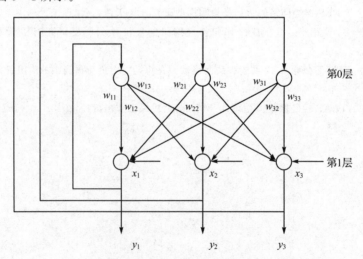

图 9-1 离散 Hopfield 网络结构

在图 9-1 中,第 0 层仅仅作为网络的输入,它不是实际神经元,所以无计算功能;第 1 层是神经元,故而执行对输入信息与权系数的乘积求累加和,并经非线性函数 f 处理后产生输出信息。f 是一个简单的阈值函数,如果神经元的输出信息大于阈值 θ,那么,神经元的输出取值为 1;小于阈值 θ,则神经元的输出取值为 -1。

对于二值神经元,它的计算公式如下:

$$u_j = \sum_i w_{ij} y_i + x_j \tag{9-1}$$

式中,x_j 为外部输入。并且有

$$\begin{cases} y_j = 1, u_j \geqslant \theta_j \\ y_j = -1, u_j < \theta_j \end{cases} \tag{9-2}$$

一个 DHNN 的网络状态是输出神经元信息的集合,对于一个输出层是 n 个神经元的网络,其 t 时刻的状态为一个 n 维向量:

$$Y(t) = [y_1(t), y_2(t), \cdots, y_n(t)]^T \tag{9-3}$$

因为 $y_i(t)(i=1,2,\cdots,n)$ 可以取值为 1 或 -1,故 n 维向量 $Y(t)$ 有 2^n 种状态,即网络有 2^n 种状态。考虑 DHNN 的一般节点状态,用 $y_j(t)$ 表示第 j 个神经元,即节点 j 在时刻 t 的状态,则节点的下一个时刻($t+1$)的状态可以如下求得:

$$y_j(t+1) = f[u_j(t)] = \begin{cases} 1, u_j(t) \geqslant 0 \\ -1, u_j(t) < 0 \end{cases} \tag{9-4}$$

$$u_j(t) = \sum_{i=1}^n w_{ij} y_i(t) + x_j - \theta_j \tag{9-5}$$

如果 w_{ij} 在 $i=j$ 时等于 0,说明一个神经元的输出并不会反馈到其输入,这时,DHNN 称为无自反馈的网络。如果 w_{ij} 在 $i=j$ 时不等于 0,说明一个神经元的输出会反馈到其输入端,这时,DHNN 称为有自反馈的网络。

2. 网络工作方式

Hopfield 网络按动力学方式运行,其工作过程为神经元状态的演化过程,即从初始状态按"能量"(Lyapunov 函数)减小的方向进行演化,直到达到稳定状态,稳定状态即为网络的输出。

Hopfield 网络的工作方式主要有两种形式:

① 串行(异步)工作方式。在任一时刻 t,只有某一神经元 i(随机的或确定的选择)依式(9-4)与式(9-5)变化,而其他神经元的状态不变。

② 并行(同步)工作方式。在任一时刻 t,部分神经元或全部神经元的状态同时改变。

下面以串行(异步)工作方式为例说明 Hopfield 网络的运行步骤:

步骤 1:对网络进行初始化。

步骤 2:从网络中随机选取一个神经元 i。

步骤 3:计算该神经元 i 的输入 $u_i(t)$。

步骤 4:计算该神经元 i 的输出 $v_i(t+1)$,此时网络中其他神经元的输出保持不变。

步骤 5:判断网络是否达到稳定状态,若达到稳定状态或满足给定条件则结束;否则转到步骤 2 继续运行。

这里网络的稳定状态定义为:若网络从某一时刻以后,状态不再发生变化,则称网络处于稳定状态。

$$v(t + \Delta t) = v(t) \quad \Delta t > 0 \tag{9-6}$$

3. 网络稳定性

从 DHNN 的结构可以看出:它是一种多输入、含有阈值的二值非线性动态系统。在动态系统中,平衡稳定状态可以理解为系统某种形式的能量函数在系统运动过程中,其能量值不断减小,最后处于最小值。

Coben 和 Grossberg 在 1983 年给出了关于 Hopfield 网络稳定的充分条件,他们指出:如果 Hopfield 网络的权系数矩阵 W 是一个对称矩阵,并且对角线元素为 0,则这个网络是稳定的。即在权系数矩阵 W 中,如果

$$\begin{cases} w_{ij} = 0, i = j \\ w_{ij} = w_{ji}, i \neq j \end{cases} \quad (9-7)$$

则 Hopfield 网络是稳定的。详细推导过程见参考文献[1]~[3]。

应该指出,这只是 Hopfield 网络稳定的充分条件,而不是必要条件。在实际中有很多稳定的 Hopfield 网络,但是它们并不满足权系数矩阵 W 是对称矩阵这一条件。

9.1.2 数字识别概述

在日常生活中,经常会遇到带噪声字符的识别问题,如交通系统中汽车车号和汽车牌照,由于汽车在使用过程中,要经受自然环境的风吹日晒,造成字体模糊不清,难以辨认。如何从这些残缺不全的字符中攫取完整的信息,是字符识别的关键问题。作为字符识别的组成部分之一,数字识别在邮政、交通及商业票据管理方面有着极高的应用价值。

目前有很多种方法用于字符识别,主要分为神经网络识别、概率统计识别和模糊识别等。传统的数字识别方法在有干扰的情况下不能很好地对数字进行识别,而离散型 Hopfield 神经网络具有联想记忆的功能,利用这一功能对数字进行识别可以取得令人满意的效果,并且计算的收敛速度很快。

9.1.3 问题描述

根据 Hopfield 神经网络相关知识,设计一个具有联想记忆功能的离散型 Hopfield 神经网络。要求该网络可以正确地识别 0~9 这 10 个数字,当数字被一定的噪声干扰后,仍具有较好的识别效果。

9.2 模型建立

9.2.1 设计思路

假设网络由 0~9 共 10 个稳态构成,每个稳态用 10×10 的矩阵表示。该矩阵直观地描述模拟阿拉伯数字,即将数字划分成 10×10 的矩阵,有数字的部分用 1 表示,空白部分用 −1 表示,如图 9-2 所示。网络对这 10 个稳态即 10 个数字(点阵)具有联想记忆的功能,当有带噪声的数字点阵输入到该网络时,网络的输出便可以得到最接近的目标向量(即 10 个稳态),从而达到正确识别的效果。

9.2.2 设计步骤

在此思路的基础上,设计 Hopfield 网络需要经过以下几个步骤,如图 9-3 所示。

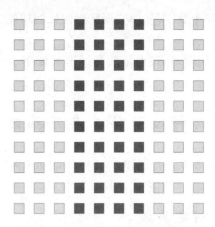

图 9-2　数字 1 的点阵图

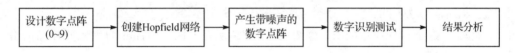

图 9-3　Hopfield 网络设计流程图

1. 输入输出设计——设计数字点阵(0~9)

如图 9-2 所示,有数字的部分用 1 表示,空白部分用 −1 表示,即可得到数字 1 和数字 2 的点阵:

```
array_one=[-1 -1 -1 -1  1  1 -1 -1 -1 -1;-1 -1 -1 -1  1  1 -1 -1 -1 -1;...
           -1 -1 -1 -1  1  1 -1 -1 -1 -1;-1 -1 -1 -1  1  1 -1 -1 -1 -1;...
           -1 -1 -1 -1  1  1 -1 -1 -1 -1;-1 -1 -1 -1  1  1 -1 -1 -1 -1;...
           -1 -1 -1 -1  1  1 -1 -1 -1 -1;-1 -1 -1 -1  1  1 -1 -1 -1 -1;...
           -1 -1 -1 -1  1  1 -1 -1 -1 -1;-1 -1 -1 -1  1  1 -1 -1 -1 -1];
array_two=[-1  1  1  1  1  1  1 -1 -1 -1;...
           -1 -1 -1 -1 -1 -1  1 -1 -1 -1;-1 -1 -1 -1 -1 -1 -1 -1  1 -1;...
           -1  1  1  1  1  1 -1 -1 -1 -1;-1  1  1  1  1  1  1  1  1 -1;...
           -1  1 -1 -1 -1 -1 -1 -1 -1 -1;-1  1 -1 -1 -1 -1 -1 -1 -1 -1;...
           -1  1  1  1  1  1  1  1  1 -1;
```

其他的数字点阵以此类推。

2. 创建 Hopfield 网络

MATLAB 神经网络工具箱为 Hopfield 网络提供了一些工具函数。10 个数字点阵,即 Hopfield 网络的目标向量确定以后,可以借助这些函数,方便地创建 Hopfield 网络。具体过程见 9.4 节。

3. 产生带噪声的数字点阵

带噪声的数字点阵,即点阵的某些位置的值发生了变化。模拟产生带噪声的数字矩阵方法有很多种,由于篇幅所限,本书仅列举两种比较常见的方法:固定噪声产生法和随机噪声产生法。

4. 数字识别测试

将带噪声的数字点阵输入到创建好的 Hopfield 网络,网络的输出是与该数字点阵最为接近的目标向量,即 0~9 中的某个数字,从而实现联想记忆的功能。

5. 结果分析

对测试的结果进行分析、比较,通过大量的测试来验证 Hopfield 网络用于数字识别的可行性与有效性。

9.3 Hopfield 网络的神经网络工具箱函数

MATLAB 神经网络工具箱中包含了许多用于 Hopfield 网络分析与设计的函数,本节将详细说明常用的两个函数的功能、调用格式以及参数意义等。

9.3.1 Hopfield 网络创建函数

newhop()函数用于创建一个离散型 Hopfield 神经网络,其调用格式为:

```
net = newhop(T);
```

其中,T 是具有 Q 个目标向量的 R×Q 矩阵(元素必须为-1 或 1);net 为生成的神经网络,具有在 T 中的向量上稳定的点。

Hopfield 神经网络仅有一层,其激活函数用 satlins()函数。

9.3.2 Hopfield 网络仿真函数

sim()函数用于对神经网络进行仿真,其调用格式为:

```
[Y,Af,E,perf] = sim(net,P,Ai,T)
[Y,Af,E,perf] = sim(net,{Q TS},Ai,T)
```

其中,P,Q 为测试向量的个数;Ai 表示初始的层延时,默认为 0;T 表示测试向量(矩阵或元胞数组形式);TS 为测试的步数;Y 为网络的输出矢量;Af 为训练终止时的层延迟状态;E 为误差矢量;perf 为网络的性能。

函数中用到的参数采取了两种不同的形式进行表示:矩阵和元胞数组。矩阵的形式只用于仿真的时间步长 TS=1 的场合,元胞数组形式常用于一些没有输入信号的神经网络。

9.4 MATLAB 实现

利用 MATLAB 神经网络工具箱提供的函数,将设计步骤一一在 MATLAB 环境下实现。

9.4.1 输入输出设计

由于篇幅所限,本书仅以数字 1 和数字 2 为例,利用这两个数字点阵构成训练样本 T:

```
%% 训练样本
T = [array_one;array_two];
```

9.4.2 网络建立

利用前面讲到的 newhop()函数可以方便地创建一个离散型 Hopfield 神经网络:

```
%% 创建 Hopfield 神经网络
net = newhop(T);
```

9.4.3 产生带噪声的数字点阵

如前文所述,本书将介绍两种常见的模拟产生带噪声数字的方法:固定噪声产生法和随机噪声产生法。

1. 固定噪声产生法

固定噪声产生法又称人工产生法,指的是用人工修改的方法改变数字点阵某些位置的值,从而模拟产生带噪声的数字点阵。比如,数字 1 和 2 的点阵经过修改后的带噪声数字点阵变为:

```
%% 固定噪声
noisy_array_one=[-1 -1 -1 -1  1  1 -1 -1 -1 -1; -1 -1  1 -1  1 -1 -1 -1 -1 -1;...
                 -1 -1 -1 -1  1 -1 -1 -1 -1 -1; -1 -1 -1 -1  1 -1 -1 -1 -1 -1;...
                 -1 -1 -1 -1  1 -1 -1 -1 -1 -1; -1 -1 -1 -1  1 -1 -1 -1 -1 -1;...
                 -1 -1 -1 -1  1 -1 -1 -1 -1 -1; -1 -1 -1 -1  1 -1 -1 -1 -1 -1;...
                 -1 -1 -1 -1  1 -1 -1 -1 -1 -1; -1  1  1  1  1  1  1  1  1 -1];
noisy_array_two=[-1  1  1  1  1  1  1  1 -1 -1;...
                 -1  1 -1 -1 -1 -1 -1 -1  1 -1;...
                 -1 -1 -1 -1 -1 -1 -1 -1  1 -1;...
                 -1 -1 -1 -1 -1 -1 -1  1 -1 -1;...
                 -1 -1 -1 -1 -1 -1  1 -1 -1 -1;...
                 -1 -1 -1 -1 -1  1 -1 -1 -1 -1;...
                 -1 -1 -1 -1  1 -1 -1 -1 -1 -1;...
                 -1 -1 -1  1 -1 -1 -1 -1 -1 -1;...
                 -1 -1  1 -1 -1 -1 -1 -1 -1 -1;...
                 -1  1  1  1  1  1  1  1  1 -1];
```

如果希望产生不同的带噪声的数字矩阵,需要人工做多次的修改,这无疑是比较麻烦的。相比较而言,随机噪声产生法可以方便地产生各种类型的带噪声的数字矩阵。

2. 随机噪声产生法

随机噪声产生法,利用产生随机数的方法来确定需要修改的点阵位置,进而对数字点阵进行修改。由于数字点阵中的值只有 1 和 −1,所以这里的修改就是将"1"换成"−1","−1"换成"1"。带噪声的数字 1 和 2 的数字点阵产生程序如下:

```
%% 随机噪声
noisy_array_one = array_one;
noisy_array_two = array_two;
for i = 1:100
    a = rand;
    if a<0.1
        noisy_array_one(i) = - array_one(i);
        noisy_array_two(i) = - array_two(i);
    end
end
```

9.4.4 数字识别测试

利用 MATLAB 神经网络工具箱中的 sim() 函数,将带噪声的数字点阵输入已创建好的 Hopfield 网络,便可以对带噪声的数字点阵进行识别。实现的程序如下:

```
%% 仿真测试
noisy_one = {(noisy_array_one)'};
identify_one = sim(net,{10,10},{},noisy_one);
```

```
identify_one{10}'
noisy_two = {(noisy_array_two)'};
identify_two = sim(net,{10,10},{},noisy_two);
identify_two{10}'
```

9.4.5 结果分析

1. 结果显示

考虑到仿真结果的直观性和可读性,将程序中的数字点阵以图形的形式呈现给广大读者。具体的程序如下:

```
%% 绘图
subplot(3,2,1)
Array_one = imresize(array_one,20);
imshow(Array_one)
title('standard number 1')
subplot(3,2,2)
Array_two = imresize(array_two,20);
imshow(Array_two)
title('standard number 2')
subplot(3,2,3)
Noisy_array_one = imresize(noisy_array_one,20);
imshow(Noisy_array_one)
title('noisy number 1')
subplot(3,2,4)
Noisy_array_two = imresize(noisy_array_two,20);
imshow(Noisy_array_two)
title('noisy number 2')
subplot(3,2,5)
imshow(imresize(identify_one{10}',20))
title('identify number 1')
subplot(3,2,6)
imshow(imresize(identify_two{10}',20))
title('identify number 2')
```

说明:

① subplot(m,n,p)函数用于在同一个图形中绘制 m 行 n 列共 $m \times n$ 个子图,p 为当前画的子图的位置,其值范围是 $1 \sim m \times n$。

② imresize(A,scale)函数可以实现图形的缩放,当 scale>1 时为放大,0<scale<1 时为缩小。

③ imshow(I)函数将矩阵 I 所对应的图形显示出来。

固定噪声产生法和随机噪声产生法程序运行结果分别如图 9-4 和图 9-5 所示。

2. 结果分析

观察图 9-4 和图 9-5,可以看到,通过联想记忆,对于带一定噪声的数字点阵,Hopfield 网络可以正确地进行识别。

图9-4 固定噪声产生法数字识别结果　　图9-5 随机噪声产生法数字识别结果

9.5 案例扩展

9.5.1 识别效果讨论

图9-5所示是噪声强度为0.1(即10%的数字点阵位置值发生了改变)时的识别效果,从图中可以看出识别效果很好。进一步的研究发现,随着噪声强度的增加,识别效果逐渐下降。噪声强度为0.2和0.3时的识别结果分别如图9-6和图9-7所示,从图中不难看出,当噪声强度为0.3时,Hopfield已经很难对数字进行识别。

9.5.2 应用扩展

离散型Hopfield神经网络具有联想记忆的功能。近年来,越来越多的研究人员尝试着将Hopfield神经网络应用到各个领域,因此解决了很多传统方法难以解决的问题,如水质评价、发电机故障诊断、项目风险分析等。

将一些优化算法与离散Hopfield神经网络相结合,可以使其联想记忆能力更强,应用效果更为突出。例如,由于一般离散Hopfield神经网络存在很多伪稳定点,网络很难达到真正的稳态。将遗传算法应用到离散Hopfield神经网络中,利用遗传算法的全局搜索能力,对Hopfield联想记忆稳态进行优化,使待联想的模式跳出伪稳定点,从而使Hopfield网络在较高噪信比的情况下保持较高的联想成功率。

图 9-6 噪声强度为 0.2 时的识别结果　　图 9-7 噪声强度为 0.3 时的识别结果

参考文献

[1] 飞思科技产品研发中心. 神经网络与 MATLAB 7 实现[M]. 北京：电子工业出版社，2005.

[2] 董长虹. MATLAB 神经网络与应用[M]. 2 版. 北京：国防工业出版社，2007.

[3] 张良均，曹晶，蒋世忠. 神经网络实用教程[M]. 北京：机械工业出版社，2008.

[4] 崔永华，左其亭. 基于 Hopfield 网络的水质综合评价及其 matlab 实现[J]. 水资源保护，2007，23(3)：14-16.

[5] 徐若冰，施伟峰，刘燕. 基于 DHNN 的船舶发电机故障诊断[J]. 仪器仪表用户，2007，14(6)：114-115.

[6] 宋涛，唐德善，曲炜. 基于离散型 Hopfield 神经网络的项目风险分析模型[J]. 统计与决策，2005，3：24-26.

[7] 高雷阜，徒君，赵艳艳. 基于 Hopfield 网的煤与瓦斯突出分类模型[J]. 辽宁工程技术大学学报，2005，24(6)：818-820.

[8] 谢宏，何怡刚，彭敏放，等. 离散 Hopfield 神经网络在混烧控制系统故障诊断中的应用[J]. 湖南大学学报（自然科学版），2007，34(3)：33-35.

[9] 姜惠兰，孙雅明. 反馈式 Hopfield 神经网络在输电线路故障诊断中的应用[J]. 电力系统及自动化学报，1999，11(1)：6-12.

第 10 章 离散 Hopfield 神经网络的分类
——高校科研能力评价

10.1 案例背景

10.1.1 离散 Hopfield 神经网络学习规则

离散型 Hopfield 神经网络的结构、工作方式、稳定性等问题在第 9 章中已经进行了详细的介绍,此处不再赘述。本节将详细介绍离散 Hopfield 神经网络权系数矩阵的设计方法。设计权系数矩阵的目的是:

① 保证系统在异步工作时的稳定性,即它的权值是对称的;
② 保证所有要求记忆的稳定平衡点都能收敛到自己;
③ 使伪稳定点的数目尽可能地少;
④ 使稳定点的吸引力尽可能地大。

常用的设计方法有:外积法和正交化法。

1. 外积法

对于一给定的需记忆的样本向量 $\{t^1, t^2, \cdots, t^N\}$,如果 t^k 的状态为 $+1$ 或 -1,则其连接权值的学习可以利用"外积规则",即

$$W = \sum_{k=1}^{N} [t^k(t^k)^T - I] \tag{10-1}$$

利用外积法设计离散型 Hopfield 的步骤可归结为:

步骤 1:根据需要记忆的样本 $\{t^1, t^2, \cdots, t^N\}$,按式(10-1)计算权系数矩阵。

步骤 2:令测试样本 $p_i(i=1,2,\cdots,n)$ 为网络输出的初始值 $y_i(0) = p_i(i=1,2,\cdots,n)$,设定迭代次数。

步骤 3:进行迭代计算的公式为

$$y_i(k+1) = f\Big(\sum_{j=1}^{N} w_{ij} y_j\Big) \tag{10-2}$$

步骤 4:当达到最大迭代次数或神经元输出状态保持不变时,迭代终止;否则,返回步骤 3 继续迭代。

2. 正交化法

MATLAB 神经网络工具箱中 newhop( ) 函数采用的权值修正方法即为正交化法,总体调整算法如下:

步骤 1:输入 N 个输入模式 $t = \{t^2, t^2, \cdots, t^{N-1}, t^N\}$ 及参数 τ, h。

步骤 2:计算 $A = \{t^2 - t^N, t^2 - t^N, \cdots, t^{N-1} - t^N\}$。

步骤 3:对 A 做奇异值分解 $A = USV^T$,并计算 A 的秩 $K = \text{rank}(A)$。

步骤 4：分别由 $U^p = \{U^1, U^2, \cdots, U^k\}$ 和 $u^m = \{u^{K+1}, u^{K+2}, \cdots, u^N\}$ 计算 $T^p = \sum_{i=1}^{K} u^i (u^i)^T$，

$T^m = \sum_{i=K+1}^{N} u^i (u^i)^T$。

步骤 5：计算 $W^t = T^p - \tau \times T^m$，$b^t = t^N - W^t \times t^N$。

步骤 6：计算 $W = \exp(h \times W^t)$。

步骤 7：计算 $b = U \times \begin{bmatrix} C_1 \times I(K) & 0(K, N-K) \\ 0(N-K, K) & C_2 \times I(N-K) \end{bmatrix} \times U^T \times b^t$，其中 $C_1 = \exp(h) - 1$，$C_2 = -[\exp(-\tau \times h) - 1]/\tau$。

关于正交化法的公式推导和样本收敛证明，请参考本章的参考文献[2]。

10.1.2 高校科研能力评价概述

科研能力是高校的核心能力，其高低已成为衡量一所高校综合实力的重要指标。科研能力的高低不仅影响高校自身的发展，对高校所在地区的经济发展也有很大的影响。如何准确评价高校的科研能力已成为摆在政府、企业和高校面前的一个十分重要的问题。影响科研能力的因素众多，且互相交叉、互相渗透和互相影响，无法用确定的数学模型进行描述。目前，高校科研能力评价的方法很多，但普遍存在工作繁琐、时间滞后等缺点，且人为主观因素对评价结果有很大的影响。如何快速、准确地对众多高校的科研能力进行客观、公正地评价？这是一个目前亟待解决的问题。

10.1.3 问题描述

影响高校科研能力的因素很多，本书仅以较为重要的 11 个影响因素作为评价指标：科研队伍(X_1)、科研基地(X_2)、科技学识及其相应的载体(图书情报资料)(X_3)、科研经费(X_4)、科研管理(X_5)、信息接收加工能力(X_6)、学识积累与技术储备能力(X_7)、科研技术创新能力(X_8)、知识释放能力(X_9)、自适应调节能力(X_{10})、科学决策能力(X_{11})。

高校科研能力一般分为五个等级：很强(Ⅰ)、较强(Ⅱ)、一般(Ⅲ)、较差(Ⅳ)及很差(Ⅴ)。

某机构对 20 所高校的科研能力进行了调研和评价，试根据调研结果中较为重要的 11 个评价指标的数据，并结合离散 Hopfield 神经网络的联想记忆能力，建立离散 Hopfield 高校科研能力评价模型。

10.2 模型建立

10.2.1 设计思路

将若干个典型的分类等级所对应的评价指标设计为离散型 Hopfield 神经网络的平衡点，Hopfield 神经网络学习过程即为典型的分类等级的评价指标逐渐趋近于 Hopfield 神经网络的平衡点的过程。学习完成后，Hopfield 神经网络储存的平衡点即为各个分类等级所对应的评价指标。当有待分类的高校的评价指标输入时，Hopfield 神经网络即利用其联想记忆的能力逐渐趋近于某个储存的平衡点，当状态不再改变时，此时平衡点所对应的便是待求的分类

等级。

10.2.2 设计步骤

在设计思路的基础上,本案例的设计步骤主要包括如下5个步骤,如图10-1所示。

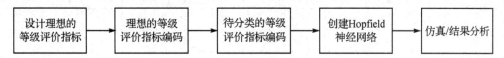

图 10 - 1 模型建立流程图

1. 设计理想的等级评价指标

本书所研究的20所高校的科研能力等级与11个评价指标之间的关系如表10-1所列。

表 10 - 1 20所高校的科研能力等级及对应的评价指标

指标序号	X_1	X_2	X_3	X_4	X_5	X_6	X_7	X_8	X_9	X_{10}	X_{11}	等级
1	98	92	86	95	90	97	93	96	92	95	94	Ⅰ
2	92	96	94	88	95	91	89	97	93	90	99	Ⅰ
3	73	87	94	65	89	74	86	80	94	81	82	Ⅱ
4	78	71	76	91	82	89	80	78	63	76	84	Ⅱ
5	87	96	93	97	92	95	90	88	96	98	94	Ⅰ
6	68	72	64	66	69	61	65	70	75	63	67	Ⅲ
7	61	64	62	57	67	68	72	64	63	69	62	Ⅲ
8	38	43	51	62	48	57	53	46	49	50	54	Ⅳ
9	53	46	47	58	55	36	39	48	52	58	47	Ⅳ
10	94	97	91	96	87	93	98	92	86	94	95	Ⅰ
11	24	37	45	31	18	29	33	13	22	38	30	Ⅴ
12	84	80	71	78	73	83	74	67	82	88	75	Ⅱ
13	44	58	55	45	62	54	46	59	55	45	43	Ⅳ
14	35	23	16	27	38	24	29	28	38	21	26	Ⅴ
15	16	44	32	38	26	35	20	37	34	33	39	Ⅴ
16	65	67	68	62	61	58	63	69	64	62	66	Ⅲ
17	58	65	62	67	71	69	64	65	70	74	65	Ⅲ
18	73	84	95	78	84	86	76	83	89	75	87	Ⅱ
19	33	28	35	20	26	44	38	26	30	44	21	Ⅴ
20	94	89	96	94	91	99	95	87	93	88	88	Ⅰ

将各个等级的样本对应的各评价指标的平均值作为各个等级的理想评价指标,即作为Hopfield神经网络的平衡点,如表10-2所列。

表 10-2　5 个等级理想评价指标

指标 等级	X_1	X_2	X_3	X_4	X_5	X_6	X_7	X_8	X_9	X_{10}	X_{11}
Ⅰ	93	94	92	94	91	95	93	92	92	93	94
Ⅱ	77	78	81	78	82	83	79	77	82	80	82
Ⅲ	63	67	64	63	67	64	66	67	68	67	65
Ⅳ	45	49	51	55	55	49	46	51	52	51	48
Ⅴ	27	33	32	29	27	33	30	26	31	34	29

2. 理想的等级评价指标编码

由于离散型 Hopfield 神经网络神经元的状态只有 1 和 −1 两种情况,所以将评价指标映射为神经元的状态时,需要将其进行编码。编码规则为:当大于或等于某个等级的指标值时,对应的神经元状态设为"1",否则设为"−1"。理想的 5 个等级评价指标编码如图 10-2 所示,其中●表示神经元状态为"1",即大于或等于对应等级的理想评价指标值,反之则用○表示。

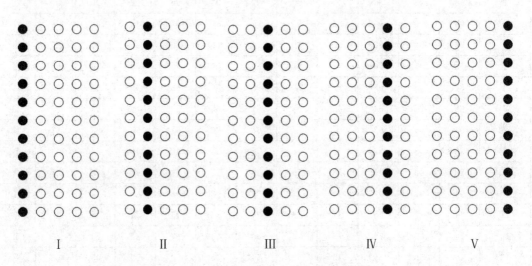

图 10-2　理想的 5 个等级评价指标编码

3. 待分类的等级评价指标编码

5 所待分类的高校等级评价指标如表 10-3 所列,根据上述的编码规则得到对应的编码,如图 10-3 所示。

表 10-3　5 所待分类的高校等级评价指标

指标 序号	X_1	X_2	X_3	X_4	X_5	X_6	X_7	X_8	X_9	X_{10}	X_{11}
1	96	94	85	89	93	87	94	76	98	94	97
2	70	88	75	82	96	79	89	80	84	85	83
3	60	75	68	67	57	74	76	83	69	75	64

续表 10-3

指标序号	X_1	X_2	X_3	X_4	X_5	X_6	X_7	X_8	X_9	X_{10}	X_{11}
4	55	59	41	81	58	73	57	48	56	43	55
5	20	38	42	25	24	37	40	36	21	46	35

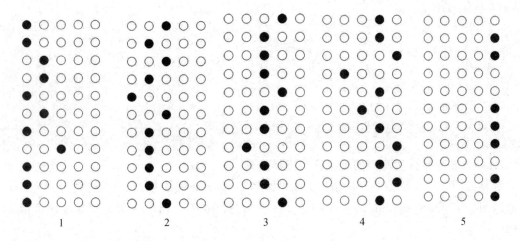

图 10-3 5 所待分类的高校等级评价指标编码

4. 创建网络

设计好理想的 5 个等级评价指标及编码后,即可利用 MATLAB 自带的神经网络工具箱函数创建离散型 Hopfield 神经网络。

5. 仿真、分析

网络创建完毕后,将待分类的 5 所高校等级评价指标的编码作为 Hopfield 神经网络的输入,经过一定次数的学习,便可以得到仿真结果。将仿真结果与真实的等级进行比较,可以对该模型进行合理的评价。

10.3 MATLAB 实现

利用 MATLAB 神经网络工具箱提供的函数,将设计步骤一一在 MATLAB 环境下实现。

10.3.1 清空环境变量

程序运行之前,清除工作空间 workspace 中的变量及 command window 中的命令。具体程序为

```
%% 清空环境变量
clear all
clc
```

10.3.2 导入数据

1. 导入5个理想的等级评价指标编码

理想的5个等级评价指标编码为5个11×5的矩阵,每个矩阵中的元素只包含"1"和"−1"两种取值。数据保存在class.mat文件中,依次为class_1、class_2、class_3、class_4、class_5。由于篇幅所限,此处只列出等级Ⅰ的编码情况。

```
class_1 = [1   -1   -1   -1   -1;1   -1   -1   -1   -1;
           1   -1   -1   -1   -1;1   -1   -1   -1   -1;
           1   -1   -1   -1   -1;1   -1   -1   -1   -1;
           1   -1   -1   -1   -1;1   -1   -1   -1   -1;
           1   -1   -1   -1   -1;1   -1   -1   -1   -1;
           1   -1   -1   -1   -1];
```

具体程序如下:

```
%% 导入5个理想的等级评价指标编码
load class.mat
```

2. 导入5所待分类高校的等级评价指标编码

待分类的5所高校等级评价指标的编码保存在sim.mat文件中,5个编码矩阵分别为sim_1、sim_2、sim_3、sim_4和sim_5,与图10-3一一对应。本书仅列出一所高校等级评价指标的编码:

```
sim_1 = [ 1   -1   -1   -1   -1; 1   -1   -1   -1   -1;
         -1    1   -1   -1   -1;-1    1   -1   -1   -1;
          1   -1   -1   -1   -1;-1    1   -1   -1   -1;
          1   -1   -1   -1   -1;-1   -1    1   -1   -1;
          1   -1   -1   -1   -1; 1   -1   -1   -1   -1;
          1   -1   -1   -1   -1];
```

具体程序为:

```
%% 导入待分类的5所高校等级评价指标编码
load sim.mat
```

10.3.3 创建目标向量(平衡点)

将理想的5个等级评价指标的编码作为Hopfield神经网络的平衡点,程序为:

```
%% 目标向量
T = [class_1 class_2 class_3 class_4 class_5];
```

10.3.4 创建网络

利用MATLAB自带的神经网络工具箱函数newhop,可以方便地创建离散型Hopfield神经网络,具体程序如下:

```
%% 创建网络
net = newhop(T);
```

10.3.5 仿真测试

将待分类的5所高校等级评价指标的编码输入创建好的离散型Hopfield神经网络,利用

MATLAB 自带的神经网络工具箱函数 sim 进行仿真。具体程序如下：

```
%% 网络仿真
A = {[sim_1 sim_2 sim_3 sim_4 sim_5]};
Y = sim(net,{25 20},{},A);
Y1 = Y{20}(:,1:5);
Y2 = Y{20}(:,6:10);
Y3 = Y{20}(:,11:15);
Y4 = Y{20}(:,16:20);
Y5 = Y{20}(:,21:25);
```

10.3.6 结果分析

1. 结果显示

为了直观地显示仿真结果，本书以图形的形式将结果呈现出来，具体程序为：

```
%% 结果显示
result = {T;A{1};Y{20}};
figure
for p = 1:3
    for k = 1:5
        subplot(3,5,(p-1)*5+k)
        temp = result{p}(:,(k-1)*5+1:k*5);
        [m,n] = size(temp);
        for i = 1:m
            for j = 1:n
                if temp(i,j)>0
                    plot(j,m-i,'ko','MarkerFaceColor','k');
                else
                    plot(j,m-i,'ko');
                end
                hold on
            end
        end
        axis([0 6 0 12])
        axis off
        if p == 1
            title(['class' num2str(k)])
        elseif p == 2
            title(['presim' num2str(k)])
        else
            title(['sim' num2str(k)])
        end
    end
end
```

2. 结果分析

仿真结果如图 10-4 所示。其中，第一行与图 10-2 相对应，表示 5 个理想的等级评价指标编码；第二行与图 10-3 相对应，表示 5 所待分类的高校等级评价指标编码；第三行为设计的 Hopfield 神经网络分类的结果。从图中可以清晰地看出，设计的 Hopfield 网络可以有效地进行分类，从而可以对高校的科研能力进行客观公正地评价。

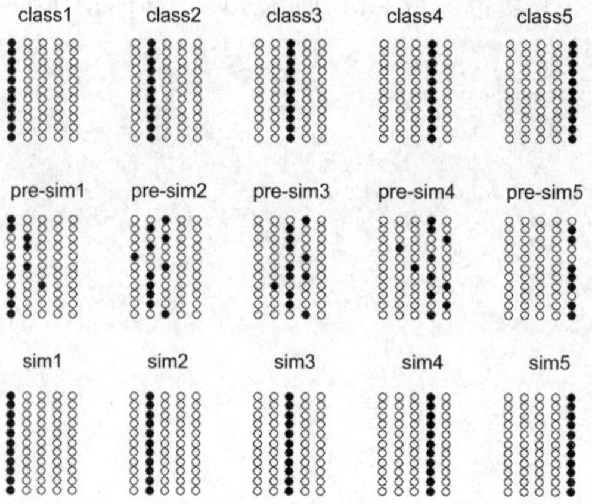

图 10-4 待分类的 5 所高校等级评价指标编码仿真结果

10.4 案例扩展

值得注意的是，本书中所设计的离散型 Hopfield 神经网络并非适用于任何场合。当某所高校的优势与劣势并存且相当明显（即一些影响因素得分很高，一些影响因素得分很低）时，Hopfield 神经网络将得不到确切的分类。例如，某所高校经过上述的编码规则编码后，得到的等级评价指标编码为：

```
sim_n = [  1   -1   -1   -1   -1;-1   -1   -1    1   -1;
          -1    1   -1   -1   -1;-1    1   -1   -1   -1;
           1   -1   -1   -1   -1;-1   -1   -1   -1   -1;
          -1   -1    1   -1   -1   -1   -1   -1   -1    1;
          -1    1   -1   -1   -1;-1   -1   -1    1   -1;
          -1   -1   -1   -1   -1];
```

利用前文创建好的 Hopfield 网络进行仿真测试，仿真步数 TS 设置为 100，具体程序为：

```
y = sim(net,{5 100},{},{sim_n});
a = y{100}
```

仿真结果为：

```
a =
   -1   -1   -1   -1   -1
   -1   -1   -1   -1   -1
   -1   -1   -1   -1   -1
   -1   -1   -1   -1   -1
   -1   -1   -1   -1   -1
   -1   -1   -1   -1   -1
   -1   -1   -1   -1   -1
   -1   -1   -1   -1   -1
   -1   -1   -1   -1   -1
   -1   -1   -1   -1   -1
```

如图 10-5 所示，从仿真结果中可以看出，其不属于五种典型等级类别，即意味着所设计的 Hopfield 神经网络寻找不到与之最为接近的平衡点，因此无法将其正确分类。在这一点上,和专家打分法的结果是一致的。

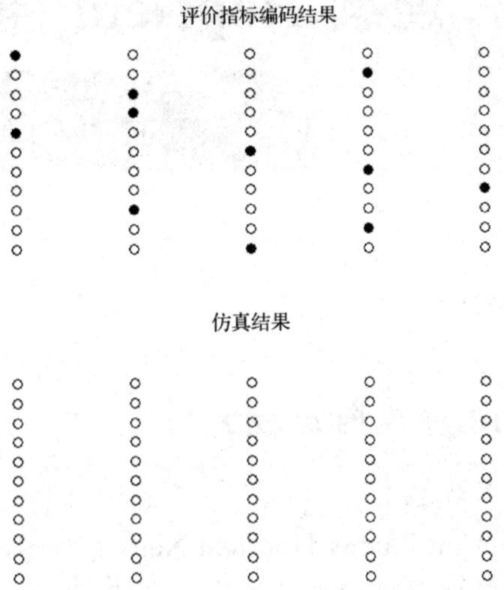

图 10 - 5 待分类的高校等级评价指标编码与仿真结果

参考文献

[1] 韦巍. 智能控制技术[M]. 北京:机械工业出版社,2004.

[2] 徐振东. 人工神经网络的数学模型建立及成矿预测 BP 网络的实现[D]. 吉林:吉林大学,2004.

[3] 朱文藻. 高校科研能力评价指标体系的建立及评价[J]. 安徽工程科技学院学报,2003,18(3):40 - 44.

[4] 史忠植. 神经网络[M]. 北京:高等教育出版社,2009.

[5] Fredric M. Ham, Ivica Kostanic. 神经计算原理[M]. 叶世伟,王海娟,译. 北京:机械工业出版社,2007.

[6] 高芳,王明秀,崔刚. 基于神经网络的高校财务评价[J]. 哈尔滨工业大学学报,2005,37(6):854 - 857.

[7] 刘权,官建成. 神经网络在 R&D 项目中止决策中的应用[J]. 北京航空航天大学学报,2000,26(4):461 - 464.

[8] 曾华,王恒山. 基于 Hopfield 网络的信息技术外包服务商评价模型[J]. 电子技术应用,2006,9:15 -18.

第 11 章 连续 Hopfield 神经网络的优化
——旅行商问题优化计算

11.1 案例背景

11.1.1 连续 Hopfield 神经网络概述

1. 网络结构

连续 Hopfield 神经网络(Continuous Hopfield Neural Network,CHNN)的拓扑结构和离散 Hopfield 神经网络的结构类似,如图 11-1 所示。连续 Hopfield 网络和离散 Hopfield 网络的不同点在于其传递函数不是阶跃函数,而是连续函数。

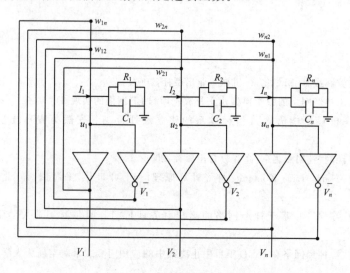

图 11-1 CHNN 的电路形式

与离散型 Hopfield 神经网络不同,由于连续型 Hopfield 神经网络在时间上的连续性,其工作方式为并行(同步)方式。

J.J.Hopfield 利用模拟电路(电阻、电容和运算放大器)实现了对网络的神经元的描述,如图 11-1 所示。假设神经元 $j(j=1,2,\cdots,n)$ 的内部膜电位状态用 U_j 表示,细胞膜输入电容为 C_j,细胞膜的传递电阻为 R_j,输出电压为 V_j,外部输入电流用 I_j 表示。其中,R_j 和 C_j 的并联模拟了生物神经元的时间常数,w_{ij} 模拟了神经元间的突触特性,运算放大器模拟了神经元的非线性特性,I_j 相当于阈值。由基尔霍夫电流定律(Kirchhoff's Current Law,KCL)可以得出:

$$C_j \frac{\mathrm{d}U_j(t)}{\mathrm{d}t} = \sum_{i=1}^n w_{ij} V_i(t) - \frac{U_j(t)}{R_j} + I_j \\ V_j(t) = g_j(U_j(t)) \Bigg\} \quad j=1,2,\cdots,n \qquad (11-1)$$

式中,n 为神经网络神经元的个数;$V_j(t)$ 为输出电位;$U_j(t)$ 为输入电位;g_j 为神经元的传递函数;$W=w_{ij}(i,j=1,2,\cdots,n)$ 为网络权系数矩阵。

2. 网络稳定性

关于连续型 Hopfield 神经网络的稳定性,J. J. Hopfield 利用定义的能量函数进行了详细的推导和证明,具体证明过程如下。

能量函数 $E(t)$ 定义为:

$$E(t) = -\frac{1}{2}\sum_{j=1}^n \sum_{i=1}^n w_{ij} V_i(t) V_j(t) - \sum_{j=1}^n V_j(t) I_j + \sum_{j=1}^n \frac{1}{R_j} \int_0^{V_j(t)} g^{-1}(V) \mathrm{d}V \qquad (11-2)$$

式中,$g^{-1}(V)$ 是 $V_j(t)=g_j(U_j(t))$ 的反函数。

对能量函数 $E(t)$ 求时间的导数,则有

$$\frac{\mathrm{d}E(t)}{\mathrm{d}t} = -\frac{1}{2}\sum_{j=1}^n \sum_{i=1}^n \left[w_{ij}\frac{\mathrm{d}V_i(t)}{\mathrm{d}t}V_j(t)+w_{ij}V_i(t)\frac{\mathrm{d}V_j(t)}{\mathrm{d}t}\right] \\ -\sum_{j=1}^n I_j \frac{\mathrm{d}V_j(t)}{\mathrm{d}t} + \sum_{j=1}^n \frac{U_j(t)}{R_j} \times \frac{\mathrm{d}V_j(t)}{\mathrm{d}t} \qquad (11-3)$$

如果存在 $w_{ij}=w_{ji}$,则上式可以写为

$$\frac{\mathrm{d}E(t)}{\mathrm{d}t} = -\sum_{j=1}^n \sum_{i=1}^n w_{ij} V_i(t) \frac{\mathrm{d}V_j(t)}{\mathrm{d}t} - \sum_{j=1}^n I_j \frac{\mathrm{d}V_j(t)}{\mathrm{d}t} + \sum_{j=1}^n \frac{U_j(t)}{R_j} \times \frac{\mathrm{d}V_j(t)}{\mathrm{d}t} = \\ -\sum_{j=1}^n \frac{\mathrm{d}V_j(t)}{\mathrm{d}t} \left[\sum_{i=1}^n w_{ij}V_i(t) + I_j - \frac{U_j(t)}{R_j}\right] \qquad (11-4)$$

将连续型 Hopfield 网络的动态方程式(11-1)带入上式,有

$$\frac{\mathrm{d}E(t)}{\mathrm{d}t} = -\sum_{j=1}^n \frac{\mathrm{d}V_j(t)}{\mathrm{d}t} \times C_j \frac{\mathrm{d}U_j(t)}{\mathrm{d}t} \qquad (11-5)$$

由于 $V_j(t)=g_j(U_j(t))$,所以 $U_j(t)=g_j^{-1}(V_j(t))$,因此上式可以改写为

$$\frac{\mathrm{d}E(t)}{\mathrm{d}t} = -\sum_{j=1}^n \frac{\mathrm{d}V_j(t)}{\mathrm{d}t} \times C_j \frac{\mathrm{d}[g_j^{-1}(V_j(t))]}{\mathrm{d}t} = \\ -\sum_{j=1}^n \frac{\mathrm{d}V_j(t)}{\mathrm{d}t} \times C_j \frac{\mathrm{d}[g_j^{-1}(V_j(t))]}{\mathrm{d}V_j(t)} \times \frac{\mathrm{d}V_j(t)}{\mathrm{d}t} = \\ -\sum_{j=1}^n \left[\frac{\mathrm{d}V_j(t)}{\mathrm{d}t}\right]^2 \times C_j \times [g_j^{-1}(V_j(t))]' \qquad (11-6)$$

若传递函数 $g(u)$ 为单调递增的连续有界函数,则其反函数也为单调增函数,故而可知其导数必定大于 0,即 $[g_j^{-1}(V_j(t))]'>0$。同时,可知 $C_j>0$,$\left(\frac{\mathrm{d}V_j(t)}{\mathrm{d}t}\right)^2 \geqslant 0$,因此 $\frac{\mathrm{d}E(t)}{\mathrm{d}t} \leqslant 0$,且仅当 $\frac{\mathrm{d}V_j(t)}{\mathrm{d}t}=0$ 时有 $\frac{\mathrm{d}E(t)}{\mathrm{d}t}=0$。

从上述证明过程可以看出:

① 当网络神经元的传递函数单调递增且网络权系数矩阵对称时,网络的能量会随着时间变化下降或保持不变;

② 当且仅当神经元的输出不再随时间变化而变化时,网络的能量才会不变。

3. 优化计算

在实际应用中,如果将一个最优化问题的目标函数转换成连续 Hopfield 神经网络的能量函数,把问题的变量对应于网络中神经元的状态,那么 Hopfield 神经网络就能够用于解决优化组合问题。即当网络的神经元状态趋于平衡点时,网络的能量函数也趋于最小值,网络由初态向稳态收敛的过程就是目标函数优化计算的过程。

11.1.2 组合优化问题概述

组合优化(combinatorial optimization)问题的目标是从组合问题的可行解集中求出最优解,通常可描述为:令 $\Omega=\{s_1,s_2,\cdots,s_n\}$ 为所有状态构成的解空间,$C(s_i)$ 为状态 s_i 对应的目标函数值,要求寻找最优解 s^*,使得对于所有的 $s_i \in \Omega$,有 $C(s^*)=\min(C(s_i))$。组合优化往往涉及排序、分类、筛选等问题,是运筹学的一个重要分支。

典型的组合优化问题有旅行商问题(Traveling Salesman Problem,TSP)、加工调度问题(scheduling problem,如 Flow－Shop,job－shop)、0－1 背包问题(knapsack problem)、装箱问题(bin packing problem)、图着色问题(graph coloring problem)、聚类问题(clustering problem)等。这些问题描述非常简单,并且有很强的工程代表性,但最优化求解很困难,其主要原因是求解这些问题的算法运行时,需要极长的运行时间与极大的存储空间,以致根本不可能在现有的计算机上实现,即会产生所谓的"组合爆炸"问题。正是这些问题的代表性和复杂性激起了人们对组合优化理论与算法的研究兴趣。

利用神经网络解决组合优化问题是神经网络应用的一个重要方面。将 Hopfield 网络应用于求解组合优化问题,把目标函数转化为网络的能量函数,把问题的变量对应到网络的神经元的状态,这样,当网络的能量函数收敛于极小值时,问题的最优解也随之求出。由于神经网络是并行计算的,其计算量不会随着维数的增加而发生指数性"爆炸",因而对于优化问题的高速计算特别有效。

11.1.3 问题描述

旅行商(TSP)问题的描述是:在 N 个城市中各经历一次后再回到出发点,使所经过的路程最短。若不考虑方向性和周期性,在给定 N 的条件下,可能存在的闭合路径数目为 $\frac{1}{2}(N-1)!$。当 N 较大时,枚举法的计算量之大难以想象。现对于一个城市数量为 10 的 TSP 问题,要求设计一个可以对其进行组合优化的连续型 Hopfield 神经网络模型,利用该模型可以快速地找到最优(或近似最优)的一条路线。

11.2 模型建立

11.2.1 设计思路

由于连续型 Hopfield 神经网络具有优化计算的特性,因此将 TSP 问题的目标函数(即最短路径)与网络的能量函数相对应,将经过的城市顺序与网络的神经元状态相对应。这样,由连续型Hopfield神经网络的稳定性理论可知,当网络的能量函数趋于最小值时,网络的神经元状态也趋于平衡点,此时对应的城市顺序即为待求的最佳路线。

11.2.2 设计步骤

依据设计思路,将TSP问题映射为一个连续型Hopfield神经网络主要分为以下几个步骤,如图11-2所示。

图11-2 应用Hopfield网络解决优化计算的主要步骤

1. 模型映射

为了将TSP问题映射为一个神经网络的动态过程,Hopfield采取了换位矩阵的表示方法,用$N \times N$矩阵表示商人访问N个城市。例如,有5个城市A,B,C,D,E,访问路线是A→C→E→D→B,则Hopfield网络输出所代表的有效解对应的二维矩阵如表11-1所列。

表11-1 5个城市的访问路线

次序 城市	1	2	3	4	5
A	1	0	0	0	0
B	0	0	0	0	1
C	0	1	0	0	0
D	0	0	0	1	0
E	0	0	1	0	0

对于N个城市TSP问题,需用$N \times N$个神经元来实现,而每行每列都只能有一个1,其余为0,矩阵中1的和为N,该矩阵称为换位矩阵。

2. 构造网络能量函数和动态方程

如前文所述,设计的Hopfield神经网络的能量函数是与目标函数(即最短路径)相对应的。同时,应该考虑到有效解(路线)的实际意义,即换位矩阵的每行每列都只能有一个1。因此,网络的能量函数包含目标项(目标函数)和约束项(换位矩阵)两部分。这里,将网络的能量函数定义为:

$$E = \frac{A}{2}\sum_{x=1}^{N}\left(\sum_{i=1}^{N}V_{xi}-1\right)^2 + \frac{A}{2}\sum_{i=1}^{N}\left(\sum_{x=1}^{N}V_{xi}-1\right)^2 + \frac{D}{2}\sum_{x=1}^{N}\sum_{y=1}^{N}\sum_{i=1}^{N}V_{xi}d_{xy}V_{y,i+1} \quad (11-7)$$

式中,前两项为问题的约束项;第三项为待优化的目标项。

由式(11-5)可以推导出,网络的动态方程为:

$$\frac{dU_{xi}}{dt} = -\frac{\partial E}{\partial V_{xi}} = -A\left(\sum_{i=1}^{N}V_{xi}-1\right) - A\left(\sum_{y=1}^{N}V_{yi}-1\right) - D\sum_{y=1}^{N}d_{xy}V_{y,i+1} \quad (11-8)$$

3. 初始化网络

Hopfield神经网络迭代过程对网络的能量函数及动态方程的系数十分敏感,在总结前人

经验及多次实验的基础上,网络输入初始化选取如下:

$$U_{xi}(t) = U_0 \ln(N-1) + \delta_{xi} \quad (x,i = 1,2,\cdots,N; t=0) \tag{11-9}$$

式中,$U_0=0.1$;N 为城市个数 10;δ_{xi} 为 $(-1,+1)$ 区间的随机值。

在式(11-7)、式(11-8)中,取 $A=200, D=100$;采样时间设置为 step=0.0001,迭代次数为 10 000。

4. 优化计算

当网络的结构及参数设计完成后,迭代优化计算的过程就变得非常简单,具体步骤如下。

步骤 1:导入 N 个城市的位置坐标并计算城市之间的距离;

步骤 2:网络初始化;

步骤 3:利用式(11-8)计算 $\dfrac{dU_{xi}}{dt}$,并利用一阶欧拉法计算 $U_{xi}(t+1) = U_{xi}(t) + \dfrac{dU_{xi}}{dt}\Delta T$;

步骤 4:根据 $V_{xi}(t) = g(U_{xi}(t)) = \dfrac{1}{2}\left[1 + \text{tansig}\left(\dfrac{U_{xi}(t)}{U_0}\right)\right]$ 计算 $V_{xi}(t)$;

步骤 5:利用式(11-7)计算能量函数 E;

步骤 6:判断迭代次数是否结束,若迭代次数 $k > 10\,000$,则终止,否则 $k=k+1$,返回步骤 3。

11.3 MATLAB 实现

11.3.1 清空环境变量、声明全局变量

程序运行之前,有必要对工作空间(workspace)中的变量及命令窗口(command window)中的命令进行清除,同时,对于一些在主函数和子函数中都需使用的变量,可以定义为全局变量。具体程序如下:

```
%% 清空环境变量、定义全局变量
clear all
clc
global A D
```

11.3.2 城市位置导入并计算城市间距离

10 个城市的横、纵坐标如表 11-2 所列,数据保存在 city_location.mat 中,程序运行时只需要利用 load 命令导入即可。根据导入的城市坐标位置,求取任意两个城市间的距离,以便计算动态方程和能量函数的时候使用。具体的程序如下:

```
%% 导入城市位置
load city_location
%% 计算相互城市间距离
distance = dist(citys,citys');
```

说明:dist()函数用于求取两点间的距离,具体可以查看 Help 帮助文档。

表 11-2 10 个城市的坐标位置

坐标位置＼城市序号	1	2	3	4	5	6	7	8	9	10
横坐标	0.1	0.2	0.4	0.5	0.7	0.8	0.2	0.5	0.7	0.9
纵坐标	0.6	0.3	0.1	0.5	0.2	0.4	0.8	0.9	0.6	0.8

11.3.3 初始化网络

根据 11.2 节中的设置，网络参数及输入神经元的初始化程序如下：

```
%% 初始化网络
N = size(citys,1);
A = 200;
D = 100;
U0 = 0.1;
step = 0.0001;
delta = 2 * rand(N,N) - 1;
U = U0 * log(N - 1) + delta;
V = (1 + tansig(U/U0))/2;
iter_num = 10000;
E = zeros(1,iter_num);
```

11.3.4 寻优迭代

寻优迭代过程包括动态方程计算、输入神经元状态更新、输出神经元状态更新、能量函数计算四个步骤。主函数程序如下：

```
%% 寻优迭代
for k = 1:iter_num
    % 动态方程计算
    dU = diff_u(V,distance);
    % 输入神经元状态更新
    U = U + dU * step;
    % 输出神经元状态更新
    V = (1 + tanh(U/U0))/2;
    % 能量函数计算
    e = energy(V,distance);
    E(k) = e;
end
```

其中，动态方程计算和能量函数计算对应的子函数程序如下。

1. 动态方程计算 diff_u.m

根据式(11-8)，可以很方便地编写出动态方程计算的程序：

```
function du = diff_u(V,d)
global A D
n = size(V,1);
sum_x = repmat(sum(V,2) - 1,1,n);
sum_i = repmat(sum(V,1) - 1,n,1);
V_temp = V(:,2:n);
```

```
V_temp = [V_temp V(:,1)];
sum_d = d * V_temp;
du = - A * sum_x - A * sum_i - D * sum_d;
```

说明：

① sum(V,1)表示将矩阵 **V** 按列求和，得到一个行向量；sum(V,2)表示将矩阵 **V** 按行求和，得到一个列向量；

② repmat()用于矩阵复制，B＝repmat(A,m,n)表示将 **A** 复制 m 行 n 列，**B** 的大小 size(B)＝[size(A,1)*m, size(A,2)*n]。

2. 能量函数计算 energy.m

根据式(11-7)，计算能量函数的程序如下：

```
function E = energy(V,d)
global A D
n = size(V,1);
sum_x = sumsqr(sum(V,2) - 1);
sum_i = sumsqr(sum(V,1) - 1);
V_temp = V(:,2:n);
V_temp = [V_temp V(:,1)];
sum_d = d * V_temp;
sum_d = sum(sum(V.* sum_d));
E = 0.5 * (A * sum_x + A * sum_i + D * sum_d);
```

说明：

① sum()和 repmat()的用法同上，此处不再赘述；

② sumsqr()用于求矩阵中各个元素平方之和，即 sumsqr(a)＝sum(sum(a.*a))。

11.3.5 结果输出

1. 判断路径的有效性

当迭代过程完成以后，需要对最终的输出神经元状态进行标准化并检查路径是否有效，即是否满足换位矩阵的条件：每行每列均只有一个1，矩阵中1的个数与城市数相等。具体的程序如下：

```
%% 判断路径有效性
[rows,cols] = size(V);
V1 = zeros(rows,cols);
[V_max,V_ind] = max(V);
for j = 1:cols
    V1(V_ind(j),j) = 1;
end
C = sum(V1);
R = sum(V1');
flag = isequal(C,ones(1,N)) & isequal(R,ones(1,N));
```

如果 flag=1，表示迭代得到的矩阵是有效的，其所对应的路径也是合法的；否则，则表示迭代结束后没有寻找到一条有效的路径。

2. 结果显示

为了方便读者的阅读，将优化前后的路径及能量函数的变化以图形的形式展现出来，具体程序为：

```matlab
%% 结果显示
if flag == 1
    % 计算初始路径长度
    sort_rand = randperm(N);
    citys_rand = citys(sort_rand,:);
    Length_init = dist(citys_rand(1,:),citys_rand(end,:)');
    for i = 2:size(citys_rand,1)
        Length_init = Length_init + dist(citys_rand(i-1,:),citys_rand(i,:)');
    end
    % 绘制初始路径
    figure(1)
    plot([citys_rand(:,1);citys_rand(1,1)],...
        [citys_rand(:,2);citys_rand(1,2)],'o-')
    for i = 1:length(citys)
        text(citys(i,1),citys(i,2),['   ' num2str(i)])
    end
    text(citys_rand(1,1),citys_rand(1,2),['       起点'])
    text(citys_rand(end,1),citys_rand(end,2),['       终点'])
    title(['优化前路径(长度:' num2str(Length_init) ')'])
    axis([0 1 0 1])
    grid on
    xlabel('城市位置横坐标')
    ylabel('城市位置纵坐标')
    % 计算最优路径长度
    [V1_max,V1_ind] = max(V1);
    citys_end = citys(V1_ind,:);
    Length_end = dist(citys_end(1,:),citys_end(end,:)');
    for i = 2:size(citys_end,1)
        Length_end = Length_end + dist(citys_end(i-1,:),citys_end(i,:)');
    end
    disp('最优路径矩阵');V1
    % 绘制最优路径
    figure(2)
    plot([citys_end(:,1);citys_end(1,1)],...
    [citys_end(:,2);citys_end(1,2)],'o-')
    for i = 1:length(citys)
        text(citys(i,1),citys(i,2),['   ' num2str(i)])
    end
    text(citys_end(1,1),citys_end(1,2),['       起点'])
    text(citys_end(end,1),citys_end(end,2),['       终点'])
    title(['优化后路径(长度:' num2str(Length_end) ')'])
    axis([0 1 0 1])
    grid on
    xlabel('城市位置横坐标')
    ylabel('城市位置纵坐标')
    % 绘制能量函数变化曲线
    figure(3)
    plot(1:iter_num,E);
title(['能量函数变化曲线(最优能量:' num2str(E(end)) ')']);
    xlabel('迭代次数');
```

```
        ylabel('能量函数');
    else
        disp('寻优路径无效');
    end
```

3. 结果分析

图 11-3 所示为随机产生的初始路径,所经过的路径为 9→4→5→3→7→6→10→1→2→8→9,其长度为 4.934。

经过连续型 Hopfield 神经网络优化后,寻找到的优化路径为 4→9→10→8→7→1→2→3→5→6→4,其长度为 2.913 7,如图 11-4 所示。

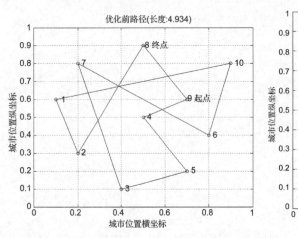

图 11-3 随机产生的初始路径　　　　图 11-4 Hopfield 网络优化后路径

能量函数随迭代过程变化的曲线如图 11-5 所示,从图中可以看出,网络的能量随着迭代过程不断减少。当网络的能量变化很小时,网络的神经元状态也趋于平衡点,此时对应的城市顺序即为待求的优化路径。

结果表明,利用连续型 Hopfield 神经网络,可以快速准确地解决 TSP 问题。同理,对于其他利用枚举法会产生"组合爆炸"的组合优化问题,利用连续型 Hopfield 神经网络也可以进行优化计算。

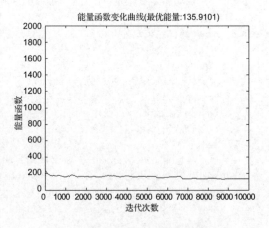

图 11-5 能量函数随迭代次数变化曲线

11.4 案例扩展

11.4.1 结果比较

图 11-6 列出了在进行 100 次的实验中,寻找到有效路径的次数与城市数量和迭代次数的关系。从表中可以看出,随着城市数量的增加,Hopfield 神经网络寻优的效果越来越差,增

加迭代次数,可以改善寻优的效果,但并非迭代次数越多越好,还得结合实际问题进行具体分析。

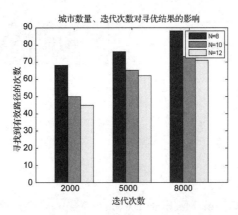

图 11-6 城市数量、迭代次数对寻优结果的影响

11.4.2 案例扩展

利用连续型 Hopfield 神经网络,将待优化的目标函数及相对应的约束条件转化为能量函数,将问题的变量对应神经网络神经元的状态。当 Hopfield 神经网络的输出状态趋于平衡点时,能量函数对应的便是待优化问题的最优解。利用此思路,可以快速、准确地解决各种优化问题,如选址优化、轴承设计优化等。另外,能量函数、网络参数会对优化结果产生很大的影响,许多专家学者对这些问题进行了广泛深入的研究,取得了很多有意义的成果,具体请参考本章参考文献[5]~[11]。

参考文献

[1] 董长虹. MATLAB 神经网络与应用[M]. 2 版. 北京:国防工业出版社,2007.

[2] 朱双东. 神经网络应用基础[M]. 沈阳:东北大学出版社,2000.

[3] 朱大奇,史慧. 人工神经网络原理及应用[M]. 北京:科学出版社,2006.

[4] 刘金琨. 机器人控制系统的设计与 MATLAB 仿真[M]. 北京:清华大学出版社,2008.

[5] 王凌,郑大钟. TSP 及其基于 Hopfield 网络优化的研究[J]. 控制与决策,1999,14(6):669-674.

[6] 孙守宇,郑君里. Hopfield 网络求解 TSP 的一种改进算法和理论证明[J]. 电子学报,1995,23(1):73-78.

[7] 费春国,韩正之,唐厚君. 基于连续 Hopfield 网络求解 TSP 的新方法[J]. 控制理论与应用,2006,23(6):907-912.

[8] 张玉艳,陈萍. Hopfield 神经网络求解 TSP 中的参数分析[J]. 微电子学与计算机,2003,5:8-10.

[9] 于一娇. 用 Hopfield 神经网络与遗传算法求解 TSP 问题的实验比较与分析[J]. 华中师范大学学报:自然科学版,2001,35(2):157-161.

[10] 陈萍,郭金峰. 对 Hopfield 神经网络求解 TSP 的研究[J]. 北京邮电大学学报,1999,22(2):58-61.

[11] 任丽君. 基于罚函数法的神经网络优化设计研究[J]. 绍兴文理学院学报,2006,26(10):36-39.

[12] 曹云忠. 物流中心选址算法改进及其 Hopfield 神经网络设计[J]. 计算机应用与软件,2009,26(3):117-120.

第 12 章

初识 SVM 分类与回归

12.1 案例背景

12.1.1 SVM 概述

支持向量机(Support Vector Machine,SVM)由 Vapnik 首先提出,像多层感知器网络和径向基函数网络一样,支持向量机可用于模式分类和非线性回归。支持向量机的主要思想是建立一个分类超平面作为决策曲面,使得正例和反例之间的隔离边缘被最大化;支持向量机的理论基础是统计学习理论,更精确地说,支持向量机是结构风险最小化的近似实现。这个原理基于这样的事实:学习机器在测试数据上的误差率(即泛化误差率)以训练误差率和一个依赖于 VC 维数(Vapnik - Chervonenkis dimension)的项的和为界,在可分模式情况下,支持向量机对于前一项的值为零,并且使第二项最小化。因此,尽管它不利用问题的领域内部问题,但在模式分类问题上支持向量机能提供好的泛化性能,这个属性是支持向量机特有的。

支持向量机具有以下的优点:
① 通用性:能够在很广的各种函数集中构造函数;
② 鲁棒性:不需要微调;
③ 有效性:在解决实际问题中总是属于最好的方法之一;
④ 计算简单:方法的实现只需要利用简单的优化技术;
⑤ 理论上完善:基于 VC 推广性理论的框架。

在"支持向量"$x(i)$和输入空间抽取的向量 x 之间的内积核这一概念是构造支持向量机学习算法的关键。支持向量机是由算法从训练数据中抽取的小的子集构成。

支持向量机的体系结构如图 12-1 所示。

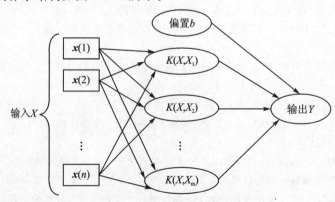

图 12-1 支持向量机的体系结构

其中 K 为核函数,其种类主要有:

线性核函数:$K(\boldsymbol{x},\boldsymbol{x}_i)=\boldsymbol{x}^\mathrm{T}\boldsymbol{x}_i$;

多项式核函数:$K(\boldsymbol{x},\boldsymbol{x}_i)=(\gamma\boldsymbol{x}^\mathrm{T}\boldsymbol{x}_i+r)^p,\gamma>0$;

径向基核函数:$K(\boldsymbol{x},\boldsymbol{x}_i)=\exp(-\gamma\|\boldsymbol{x}-\boldsymbol{x}_i\|^2),\gamma>0$;

两层感知器核函数:$K(\boldsymbol{x},\boldsymbol{x}_i)=\tanh(\gamma\boldsymbol{x}^\mathrm{T}\boldsymbol{x}_i+r)$。

1. 二分类支持向量机

C-SVC 模型是比较常见的二分类支持向量机模型,其具体形式如下:

1) 设已知训练集:

$$\boldsymbol{T}=\{(\boldsymbol{x}_1,\boldsymbol{y}_1),\cdots,(\boldsymbol{x}_l,\boldsymbol{y}_l)\}\in(X\times Y)^l$$

其中,$\boldsymbol{x}_i\in X=\mathbf{R}^n,y_i\in Y=\{1,-1\}(i=1,2,\cdots,l)$;$\boldsymbol{x}_i$ 为特征向量。

2) 选取适当的核函数 $K(x,x')$ 和适当的参数 C,构造并求解最优化问题:

$$\min_{\alpha}\frac{1}{2}\sum_{i=1}^{j}\sum_{j=1}^{l}y_iy_j\alpha_i\alpha_jK(x_i,x_j)-\sum_{j=1}^{l}\alpha_j$$

$$\text{s.t.}\quad\sum_{i=1}^{l}y_i\alpha_i=0,\quad 0\leqslant\alpha_i\leqslant C,i=1,\cdots,l$$

得到最优解:$\boldsymbol{\alpha}^*=(\alpha_1^*,\cdots,\alpha_l^*)^\mathrm{T}$。

3) 选取 $\boldsymbol{\alpha}^*$ 的一个正分量 $0<\alpha_j^*<C$,并据此计算阈值:

$$b^*=y_j-\sum_{i=1}^{l}y_i\alpha_i^*K(x_i-x_j)$$

4) 构造决策函数:

$$f(x)=\mathrm{sgn}\Big(\sum_{i=1}^{l}\alpha_i^*y_iK(x,x_i)+b^*\Big)$$

2. 多分类支持向量机

SVM 算法最初是为二值分类问题设计的,当处理多类问题时,就需要构造合适的多类分类器。目前,构造 SVM 多类分类器的方法主要有两类:一类是直接法,直接在目标函数上进行修改,将多个分类面的参数求解合并到一个最优化问题中,通过求解该最优化问题"一次性"实现多类分类。这种方法看似简单,但其计算复杂度比较高,实现起来比较困难,只适合用于小型问题中。另一类是间接法,主要是通过组合多个二分类器来实现多分类器的构造,常见的方法有一对多和一对一两种。

1) 一对多(one-versus-rest)法:训练时依次把某个类别的样本归为一类,其他剩余的样本归为另一类,这样 k 个类别的样本就构造出了 k 个 SVM。分类时将未知样本分类为具有最大分类函数值的那类。

2) 一对一(one-versus-one)法。其做法是在任意两类样本之间设计一个 SVM,因此 k 个类别的样本就需要设计 $k(k-1)/2$ 个 SVM。当对一个未知样本进行分类时,最后得票最多的类别即为该未知样本的类别。下面要介绍的 LIBSVM 工具箱中的多分类就是根据这个方法实现的。

3) 层次支持向量机(H-SVMs)。层次分类法首先将所有类别分成两个子类,再将子类进一步划分成两个次级子类,如此循环,直到得到一个单独的类别为止。

4) 其他多类分类方法。除了以上几种方法外,还有有向无环图 SVM(Directed Acyclic

Graph SVMs,DAG-SVMs)和对类别进行二进制编码的纠错编码 SVMs。

实现 SVM 的工具箱有很多,比如较新版本的 MATLAB 自带 SVM 实现、LIBSVM、LSSVM、SVMlight、Weka,不同的 SVM 实现工具箱或函数各有利弊,本书的 SVM 的实现采用的是 LIBSVM 工具箱。下面介绍一下 LIBSVM 工具箱及其在 MATLAB 平台下的安装。

12.1.2 LIBSVM 工具箱介绍

LIBSVM 是台湾大学林智仁(Lin Chih-Jen)教授等开发设计的一个简单、易于使用和快速有效的 SVM 模式识别与回归的软件包,不但提供了编译好的可在 Windows 系列系统的执行文件,还提供了源代码,方便改进、修改以及在其他操作系统上应用。该软件还有一个特点,就是对 SVM 所涉及的参数调节相对比较少,提供了很多的默认参数,利用这些默认参数就可以解决很多问题;并且提供了交互检验(Cross Validation)的功能。该软件包可以在 http://www.csie.ntu.edu.tw/~cjlin/免费获得。该软件可以解决 C-SVC(C-support vector classification)、nu-SVC(nu-support vector classification)、one-class SVM(distribution estimation)、epsilon-SVR(epsilon-support vector regression)、nu-SVR(nu-support vector regression)等问题,包括基于一对一算法的多类模式识别问题。SVM 用于模式识别或回归时,SVM 方法及其参数、核函数及其参数的选择,目前国际上还没有形成一个统一的模式,也就是说最优 SVM 算法参数选择还只能是凭借经验、实验对比、大范围的搜寻或者利用软件包提供的交互检验功能进行寻优。

目前,LIBSVM 拥有 Java、MATLAB、C♯、Ruby、Python、R、Perl、Common LISP、Labview 等数十种语言版本。最常使用的是 MATLAB、Java 和命令行的版本。截至 2013 年 1 月 1 日,LIBSVM 的最新版本为 3.14(2012 年 11 月 16 日更新),可在 http://www.csie.ntu.edu.tw/~cjlin/libsvm/下载。

LIBSVM 工具箱的主要函数有:

训练函数

```
model = svmtrain(train_label, train_data, options);
```

输入:

—train_data 训练集属性矩阵,大小为 n×m,n 表示样本数,m 表示属性数目(维数),数据类型 double。

—train_label 训练集标签,大小为 n×1,n 表示样本数,数据类型 double。

—options 参数选项,比如'-c 1 -g 0.1'。

输出:

—model 训练得到的模型,是一个结构体。**注意**:当使用-v 参数时,返回的 model 不再是一个结构体,分类问题返回的是交叉验证下的平均分类准确率;回归问题返回的是交叉检验下的平均均方根误差(MSE)。

预测函数

```
[predict_label, accuracy/mse, dec_value] = svmpredict(test_label, test_data, model);
```

输入:

—test_data 测试集属性矩阵,大小为 N×m,N 表示测试集样本数,m 表示属性数目(维数),数据类型为 double。

—test_label 测试集标签,大小为 N×1,N 表示样本数,数据类型为 double。**注意**:如果没有测试集标签,可以用任意的 N×1 的列向量代替即可,此时的输出 accuracy/mse 就没有参考价值。

—model svmtrain 训练得到的模型。

输出:

—predict_label 预测的测试集的标签,大小为 N×1,N 表示样本数,数据类型为 double。

—accuracy/mse 一个 3×1 的列向量,第一个数表示分类准确率(分类问题使用),第二个数表示 mse(回归问题使用),第三个数表示平方相关系数(回归问题使用)。**注意**:如果测试集的真实标签事先无法得知,此返回值没有参考意义。

—dec_value 决策值。

12.1.3 LIBSVM 工具箱在 MATLAB 平台下的安装

安装 LIBSVM 工具箱是在 MATLAB 平台下使用 LIBSVM 的前提。在 MATLAB 平台下安装 LIBSVM 工具箱的本质其实就是将 LIBSVM 工具箱的 MATLAB 版本文件 svmtrain.c 和 svmpredict.c 在 MATLAB 中进行编译生成 mex 文件(依操作系统不同,32 位操作系统编译后生成 svmtrain.mexw32 和 svmpredict.mexw32,64 位操作系统编译后生成 svmtrain.mexw64 和 svmpredict.mexw64),进而能在 MATLAB 中进行使用,一般有以下几个步骤:

1. 将 LIBSVM 工具箱所在目录添加到 MATLAB 工作搜索目录

如果没有将 LIBSVM 工具箱所在文件夹目录正确地添加到 MATLAB 工作搜索目录,使用 LIBSVM 的时候就会出现如下报错信息:

??? Undefined function or variable 'XXX'.

在这里明晰一下 MATLAB"工作搜索目录(路径)"和"当前目录(路径)"这两个概念:

"**当前目录(路径)**"即 Current Folder 是指 MATLAB 当前所在的路径。MATLAB 菜单栏下面有一个 Current Folder 可以在这里进行当前所在目录的更改,如图 12-2 所示。

图 12-2 MATLAB 当前目录(路径)显示位置

"**工作搜索目录(路径)**"是指当你使用某一个函数的时候,MATLAB 可以搜索该函数所有的目录集合。

当你使用某一个函数的时候,MATLAB 首先会从当前目录搜索调用该函数,如果当前目录没有该函数,MATLAB 就会从工作搜索目录按照从上到下的顺序进行搜索调用该函数,如果工作搜索目录中也没有该函数,就会报错"??? Undefined function or variable 'XXX'"。

第一步的具体操作就是将 LIBSVM 工具箱下载或者复制到某一个目标文件夹后,在 MATLAB 菜单栏中选择 File→Set Path→Add with Subfolders,然后选择之前存放 LIBSVM 工具箱的文件夹,最后单击 Save 就可以了。

2. 选择编译器

由于 LIBSVM 的原始版本是用 C++ 写的,这里为了能在 MATLAB 平台下使用,需要用编译器编译一下,生成一个 *.mexw32 或 *.mexw64 文件,这样就可以在 MATLAB 平台下使用 LIBSVM 了。

如果编译器没有选择好的话,下一步进行 make 编译的时候就会出现如下报错信息:

```
Unable to complete successfully.
```

这个表示你没有选择好编译器。

这里需要用户事先在所用的机器上安装一个 C++ 编译器。推荐使用 Microsoft Visual C++ 6.0 编译器或者更高版本的 Visual Studio,一般 MATLAB 会自带一个编译器 Lcc-win32 C,但这个在这里无法使用,因为 LIBSVM 源代码是用 C++ 写的,而 Lcc-win32 C 是一个 C 编译器,无法编译 C++ 源代码。

下面看一下选择编译器的具体操作。

首先在 MATLAB 命令窗(Commond Window)中输入:

```
mex - setup
```

注意:mex 后面要打一个空格,然后是-setup。

然后会出现类似的内容:

```
Please choose your compiler for building external interface (MEX) files:
Would you like mex to locate installed compilers [y]/n?
```

这里询问是否选择本机已安装的编译器。先来看一下选择"y"。

根据本机安装的编译器,会出现类似下面的内容:

```
Please choose your compiler for building external interface (MEX) files:
Would you like mex to locate installed compilers [y]/n? y

Select a compiler:
[1] Lcc-win32 C 2.4.1 in D:\MATLAB~1\sys\lcc
[2] Microsoft Visual C++ 6.0 in D:\Microsoft Visual Studio

[0] None

Compiler:
```

然后选择相应的编译器并确认即可:

```
Compiler: 2

Please verify your choices:

Compiler: Microsoft Visual C++ 6.0
Location: D:\Microsoft Visual Studio

Are these correct [y]/n? y

Trying to update options file: C:\Users\faruto\AppData\Roaming\MathWorks\MATLAB\R2009b\mexopts.bat
From template:               D:\MATLAB~1\bin\win32\mexopts\msvc60opts.bat

Done . . .
```

这样就表示编译器选择成功了(此步骤中如果出现警告(warning)是正常现象)。

MATLAB 支持的编译器列表可以在这里查看:http://www.mathworks.com/support/compilers/current_release/。

如果选择"y"后可选择的编译器里面没有用户已经安装的编译器,表示 MATLAB 可能没有识别记录用户已安装的编译器的名字和目录(有时候会发生这种情况),此时用户应该重新输入"mex－setup"后选择"n"手动进行编译器的设置:

```
mex - setup
Please choose your compiler for building external interface (MEX) files:

Would you like mex to locate installed compilers [y]/n? n

Select a compiler:
    [1] Intel C++ 9.1 (with Microsoft Visual C++ 2005 SP1 linker)
    [2] Intel Visual Fortran 10.1 (with Microsoft Visual C++ 2005 SP1 linker)
    [3] Lcc-win32 C 2.4.1
    [4] Microsoft Visual C++ 6.0
    [5] Microsoft Visual C++ .NET 2003
    [6] Microsoft Visual C++ 2005 SP1
    [7] Microsoft Visual C++ 2008 Express
    [8] Microsoft Visual C++ 2008 SP1
    [9] Open WATCOM C++

    [0] None

Compiler: 4      %选择的这个编译器一定是你本机安装了的,否则选择了也没有用

Your machine has a Microsoft Visual C++ compiler located at
D:\Microsoft Visual Studio. Do you want to use this compiler [y]/n?
```

这样的话就可以手动选择用户想要的编译器了。在

```
Your machine has a Microsoft Visual C++ compiler located at
D:\Microsoft Visual Studio. Do you want to use this compiler [y]/n?
```

这个确认步骤,如果用户的编译器的确是安装在 MATLAB 给出的这个目录(笔者这里是 D:\Microsoft Visual Studio),那么选择"y"确认即可;如果不是,说明 MATLAB 没有识别出安装的地方,选择"n"手动指定目录即可,比如选择"n"后的结果如下:

```
Compiler: 4

Your machine has a Microsoft Visual C++ compiler located at
D:\Microsoft Visual Studio. Do you want to use this compiler [y]/n? n
Please enter the location of your compiler: [C:\Program Files\Microsoft Visual Studio]
```

此时输入用户安装的编译器的完整目录即可。

3. 编译文件

这一步的具体操作就是运行 LIBSVM 工具箱中 MATLAB 版本文件夹中的 make.m 文件。

首先需要把 MATLAB 的当前目录(Current Folder)调整到 LIBSVM 工具箱所在的文件夹,然后在 MATLAB 命令窗(Commond Window)输入

```
make
```

如果成功运行没有报错,到此就说明 LIBSVM 工具箱安装成功了。LIBSVM 工具箱中有自带的 heart_scale.mat 测试数据集,可以运行以下代码来检查一下是否安装成功:

```
load heart_scale;
model = svmtrain(heart_scale_label,heart_scale_inst);
[predict_label,accuracy] = svmpredict(heart_scale_label,heart_scale_inst,model);
```

如果出现下面这个结果,则说明肯定安装成功了:

```
Accuracy = 86.6667% (234/270) (classification)
```

这里之所以需要将 MATLAB 的当前目录(Current Folder)调整到 LIBSVM 工具箱所在的文件夹是因为这一步要运行 LIBSVM 工具箱中的 make.m 文件,而当你使用某一个函数的时候,MATLAB 首先会从当前目录搜索调用该函数,为了防止其他位置也有类似名字的 make.m 函数进而运行错误,所以这一步要把 MATLAB 的当前目录调整到 LIBSVM 所在的文件夹,优先运行 LIBSVM 文件夹下的 make.m 文件。

make.m(LIBSVM 版本 3.14)的文件内容如下:

```
% This make.m is for MATLAB and OCTAVE under Windows, Mac, and Unix
try
    Type = ver;
    % This part is for OCTAVE
    if(strcmp(Type(1).Name,'Octave') == 1)
        mex libsvmread.c
        mex libsvmwrite.c
        mex svmtrain.c ../svm.cpp svm_model_matlab.c
        mex svmpredict.c ../svm.cpp svm_model_matlab.c
    % This part is for MATLAB
    % Add -largeArrayDims on 64-bit machines of MATLAB
    else
        mex CFLAGS="\$CFLAGS -std=c99" -largeArrayDims libsvmread.c
        mex CFLAGS="\$CFLAGS -std=c99" -largeArrayDims libsvmwrite.c
        mex CFLAGS="\$CFLAGS -std=c99" -largeArrayDims svmtrain.c ../svm.cpp svm_model_matlab.c
        mex CFLAGS="\$CFLAGS -std=c99" -largeArrayDims svmpredict.c ../svm.cpp svm_model_matlab.c
    end
catch
    fprintf('If make.m fails, please check README about detailed instructions.\n');
end
```

安装完 LIBSVM 工具箱后,可能会有人要用 help svmtain 和 help svmpredict 来查看这两个函数的帮助文件,但结果会是:运行 help svmtain,在较新版本下得到的是 MATLAB 自带的 svmtrain 函数的帮助文件;运行 help svmpredict,会有如下报错信息:

```
svmpredict not found.
```

因为 svmtrain 和 svmpredict 的源代码是 svmtrain.c 和 svmpredict.c,即源代码是用 C++写的,编译后生成的文件是 svmtrain.mexw32 和 svmpredict.mexw32(或 svmtrain.mexw64 和 svmpredict.mexw64),而 *.mexw32(或 *.mexw64)这个编译后的文件是加密过的,打开是乱码,根本就没有帮助文件说明注释,所以想看 svmtrain 和 svmpredict 的源代码可以直接查看 svmtrain.c 和 svmpredict.c。

由于较新版本的 MATLAB 有自带的 SVM 实现,其函数名也为 svmtrain,文件位置在 MATLAB 根目录下\toolbox\bioinfo\biolearning\svmtrain.m,为避免 MATLAB 自带的

svmtrain 函数与 LIBSVM 工具箱 svmtrain 函数调用错误,可以将 MATLAB 自带的 svmtrain.m 函数备份后改名,比如改成 svmtrain_matlab.m 或者 svmtrain.m_backup。

12.2 MATLAB 实现

12.2.1 使用 LIBSVM 进行分类的小例子

使用 LIBSVM 进行分类很简单,只需要有属性矩阵和标签,就可以建立分类模型(model),然后利用得到的这个分类模型(model)进行分类预测了。

下面看一个现实中的小例子。

一个班级里面有两个男生(男生 1、男生 2),两个女生(女生 1、女生 2),身高体重具体如下:

男生 1 身高:176cm 体重:70kg;
男生 2 身高:180cm 体重:80kg;
女生 1 身高:161cm 体重:45kg;
女生 2 身高:163cm 体重:47kg;

如果我们将男生定义为 1,女生定义为 −1,并将上面的数据放入矩阵 data 中,即

```
data = …
    [176 70;
     180 80;
     161 45;
     163 47];
```

在 label 中存入男女生类别标签(1、−1),即

```
label = [1;1;-1;-1];
```

这样上面的 data 矩阵就是一个属性矩阵,行数 4 代表有 4 个样本,列数 2 表示属性有两个,label 就是标签(1、−1 表示有两个类别:男生、女生)。

这里多说一点,上面我们将男生定义为 1,女生定义为 −1,那定义成别的有影响吗?

答案是:没有影响,这里面的标签定义就是区分开男生和女生,怎么定义都可以的,只要定义成数值型的就可以。比如用户可将男生定义为 2,女生定义为 5;后面的 label 相应为 label=[2;2;5;5];比如可将男生定义为 18,女生定义为 22;后面的 label 相应为 label=[18;18;22;22]。将男生定义为 1、女生定义为 −1 和将男生定义为 2,女生定义为 5 本质是一样的,因为可以找到一个映射将(2,5)转换成(1,−1),目的仅仅是将"男生"和"女生"这两个语义进行量化区分。

如果原本的数据集合的标签不是数值型的(比如是字符型的 a、b、c 等),那么完全可以通过某种转换映射将不是数值型的标签转换成数值型的。

有了上面的属性矩阵 data 和标签 label 就可以利用 LIBSVM 建立分类模型了,简要代码如下:

```
model = svmtrain(label,data);
```

有了 model 用户就可以做分类预测,比如此时该班级又转来一个新学生,其身高 190cm,体重 85kg。

想通过上面这些信息就给出其标签(想知道其是男[1]还是女[−1])。

比如令 testdata = [190 85];由于其标签用户不知道,可假设其标签为−1(也可以假设为1)。

这里多说一点,如果测试集合的标签没有怎么办?

其实测试集合的标签就应该没有,否则测试集合的标签都有了,预测标签是没有意义的,就像上面一样,新来的学生其标签不知道,就想通过其属性矩阵来预测其标签,这才是预测分类的真正目的。

之所以平时做测试时,测试集合的标签一般都有,那是因为一般人们想要看看自己的分类器的效果如何,效果的评价指标之一就是分类预测的准确率,这就需要有测试集的本来的真实的标签来进行分类预测准确率的计算。

言归正传,令

```
testdatalabel = -1;
```

然后利用 LIBSVM 来预测这个新来的学生是男生还是女生,代码如下:

```
[predictlabel,accuracy] = svmpredict(testdatalabel,testdata,model)
```

下面整体运行一下上面的相关代码:

```
data = [176 70;
180 80;
161 45;
163 47];
label = [1;1;-1;-1];

model = svmtrain(label,data);

testdata = [190 85];
testdatalabel = -1;

[predictlabel,accuracy] = svmpredict(testdatalabel,testdata,model);
predictlabel
if 1 == predictlabel
    disp('==该生为男生');
end
if -1 == predictlabel
    disp('==该生为女生');
end
```

运行结果如下:

```
Accuracy = 0% (0/1) (classification)
predictlabel =
    1
==该生为男生
```

通过预测得知这个新来的学生的标签是1(男生),由于原本假设其标签为−1,假设错误,所以分类准确率为0%。

下面再使用 LIBSVM 工具箱本身带的测试数据 heart_scale 来进行测试:

```
% 首先载入数据
load heart_scale;
data = heart_scale_inst;
label = heart_scale_label;

% 选取前 200 个数据作为训练集合,后 70 个数据作为测试集合
ind = 200;
traindata = data(1:ind,:);
trainlabel = label(1:ind,:);
testdata = data(ind+1:end,:);
testlabel = label(ind+1:end,:);

% 利用训练集合建立分类模型
model = svmtrain(trainlabel,traindata,'-s 0 -t 2 -c 1.2 -g 2.8');

% 利用建立的模型看其在训练集合上的分类效果
[ptrain,acctrain] = svmpredict(trainlabel,traindata,model);

% 预测测试集合标签
[ptest,acctest] = svmpredict(testlabel,testdata,model);
```

运行结果:

```
Accuracy = 99.5% (199/200) (classification)
Accuracy = 68.5714% (48/70) (classification)
```

12.2.2 使用 LIBSVM 进行回归的小例子

分类问题和回归问题本质是一样的,就是有一个输入(属性矩阵或者自变量)又有输出(分类输出是分类标签,回归输出是因变量),也就是相当于一个函数映射:

$$y = f(x)$$

利用训练集合已知的 x,y 来建立回归模型 model,然后用这个 model 去预测。

这里面的 x 就相当于 12.2.1 节中分类的小例子中的属性矩阵 data,y 相当于小例子中的 label;相应的回归问题中 x 就是自变量,y 就是因变量。下面看一下使用 LIBSVM 进行回归的小例子:

```
% 生成待回归的数据
x = (-1:0.1:1)';
y = -x.^2;

% 建模回归模型
model = svmtrain(y,x,'-s 3 -t 2 -c 2.2 -g 2.8 -p 0.01');

% 利用建立的模型看其在训练集合上的回归效果
[py,mse] = svmpredict(y,x,model);

scrsz = get(0,'ScreenSize');
figure('Position',[scrsz(3)*1/4 scrsz(4)*1/6   scrsz(3)*4/5 scrsz(4)]*3/4);
plot(x,y,'o');
hold on;
plot(x,py,'r*');
```

```
legend('原始数据','回归数据');
grid on;

% 进行预测
testx = 1.1;
display('真实数据')
testy = -testx.^2

[ptesty,tmse] = svmpredict(testy,testx,model);
display('预测数据');
ptesty
```

运行结果如下(见图 12-3):

```
Mean squared error = 9.52768e-05 (regression)
Squared correlation coefficient = 0.999184 (regression)
真实数据
testy =
    -1.2100
Mean squared error = 0.0102555 (regression)
Squared correlation coefficient = -1.#IND (regression)
预测数据
ptesty =
    -1.1087
```

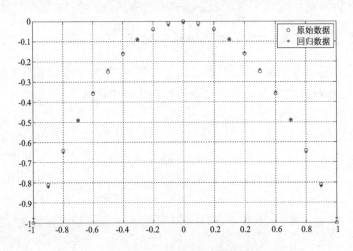

图 12-3 回归例子图形展示

上面的代码是对于二次函数 $y=x^2$ 在[-1,1]上进行回归,并对 $testx=1.1$ 进行预测,这里面由于已知知道真实的因变量 $testy=-1.21$,按道理说做预测前是不知道待预测的目标量是什么的,否则预测是没有意义的。如果不知道待预测的目标量是什么,此时可以随便写一个,当然此时生成的回归指标(均方根误差 MSE 和平方相关系数 Squared Correlation Coefficien)也是没有参考价值的。

12.3 案例扩展

MATLAB 自带的 SVM 实现函数与 LIBSVM 的差别:

① MATLAB 自带的 SVM 实现函数仅有的模型是 C－SVC；而 LIBSVM 工具箱有 C－SVC、nu－SVC、one－class SVM、epsilon－SVR 以及 nu－SVR 等多种模型可供使用。

② MATLAB 自带的 SVM 实现函数仅支持分类问题，不支持回归问题（需要自己编写实现）；而 LIBSVM 不仅支持分类问题，也支持回归问题。

③ MATLAB 自带的 SVM 实现函数仅支持二分类问题，不支持多分类问题（需要自己编写实现）；而 LIBSVM 默认采用一对一法支持多分类。

④ MATLAB 自带的 SVM 实现函数采用 RBF 核函数时无法调节核函数的参数 gamma，仅能用默认的；而 LIBSVM 可以进行该参数的调节。

⑤ LIBSVM 中的最优化问题的解决算法是序列最小最优化算法（Sequential Minimal Optimization，SMO）；而 MATLAB 自带的 SVM 实现函数中最优化问题的解法有三种可以选择：经典二次规划算法（Quadratic Programming）、序列最小最优化算法（SMO）、最小二乘法（Least－Squares）。

综合考虑，LIBSVM 工具箱使用更方便，本书 SVM 的实现均由 LIBSVM 工具箱完成。

参考文献

[1] 李洋,王小川,郁磊,史峰. MATLAB 神经网络 30 个案例分析. 北京：北京航空航天大学出版社,2010.

[2] 吴鹏. MATLAB 高效编程技巧与应用：25 个案例分析[M]. 北京：北京航空航天大学出版社,2010.

[3] 谢中华. MATLAB 统计分析与应用：40 个案例分析[M]. 北京：北京航空航天大学出版社,2010.

第 13 章 LIBSVM 参数实例详解

13.1 案例背景

关于 SVM 相关的背景知识请参见第 12 章。

LIBSVM 工具箱的主要函数为 svmtrain 和 svmpredict,其调用格式为:

model = svmtrain(train_label, train_data, options);

[predict_label, accuracy/mse, dec_value] = svmpredict(test_label, test_data, model);

其中 options 为一些参数选项,主要有:

- s svm 类型:SVM 模型设置类型(默认值为 0)
   0:C - SVC(C - Support Vector Classification)
   1:nu - SVC(nu - Support Vector Classification)
   2:one - class SVM
   3:epsilon - SVR(epsilon - Support Vector Regression)
   4:nu - SVR(nu - Support Vector Regression)
- t 核函数类型:核函数设置类型(默认值为 2)
   0:线性核函数 u'v
   1:多项式核函数 (r*u'v + coef0)^degree
   2:RBF 核函数 exp(-r|u-v|^2)
   3:sigmoid 核函数 tanh(r*u'v + coef0)
- d degree:核函数中的 degree 参数设置(针对多项式核函数,默认值为 3)
- g r(gama):核函数中的 gamma 参数函数设置(针对多项式/rbf/sigmoid 核函数,默认值为属性数目的倒数,即若 k 为属性的数目,则 -g 参数默认为 1/k)
- r coef0:核函数中的 coef0 参数设置(针对多项式/sigmoid 核函数,默认值为 0)
- c cost:设置 C - SVC,epsilon - SVR 和 nu - SVR 的参(默认值为 1)
- n nu:设置 nu - SVC,one - class SVM 和 nu - SVR 的参数(默认值为 0.5)
- p epsilon:设置 epsilon - SVR 中损失函数的值(默认值为 0.1)
- m cachesize:设置 cache 内存大小,以 MB 为单位(默认值为 100)
- e eps:设置允许的终止阈值(默认值为 0.001)
- h shrinking:是否使用启发式,0 或 1(默认值为 1)
- wi weight:设置第几类的参数 C 为 weight * C(对于 C - SVC 中的 C,默认值为 1)
- v n: n-fold 交互检验模式,n 为折数,必须大于等于 2

以上这些参数设置可以按照 SVM 的类型和核函数所支持的参数进行任意组合,如果设置的参数在函数或 SVM 类型中没有也不会产生影响,程序不会接受该参数;如果应有的参数设置不正确,参数将采用默认值。下面就一个例子来看一下主要参数的使用,并探究一下 svmtrain 和 svmpredict 函数的详细输入输出(比如通过 svmtrain 得到的模型 model 里面参数的意义都是什么? 以及如何通过 model 得到相应模型的表达式)。

13.2 MATLAB 实现

测试数据使用的是 LIBSVM 工具箱自带的 heart_scale.mat 数据(共有 270 个样本,每个样本有 13 个属性)。首先看一个测试代码:

```
%% A Little Clean Work
clear;
clc;
close all;
format compact;
%%
% 首先载入数据
load heart_scale;
data = heart_scale_inst;
label = heart_scale_label;
% 建立分类模型
model = svmtrain(label,data,'-s 0 -t 2 -c 1.2 -g 2.8');
% 利用建立的模型看其在训练集合上的分类效果
[PredictLabel,accuracy] = svmpredict(label,data,model);
accuracy

%% 分类模型 model 解密
model
Parameters = model.Parameters
Label = model.Label
nr_class = model.nr_class
totalSV = model.totalSV
nSV = model.nSV
```

运行结果:

```
Accuracy = 99.6296% (269/270) (classification)
accuracy =
    99.6296
     0.0148
     0.9851
model =
    Parameters: [5×1 double]
      nr_class: 2
       totalSV: 259
           rho: 0.0514
         Label: [2×1 double]
         ProbA: []
         ProbB: []
           nSV: [2×1 double]
       sv_coef: [259×1 double]
           SVs: [259×13 double]
Parameters =
         0
    2.0000
```

```
        3.0000
        2.8000
             0
Label =
     1
    -1
nr_class =
     2
totalSV =
   259
nSV =
   118
   141
```

在这里,为了简单起见没有将测试数据进行训练集和测试集的划分,分类结果可以暂且不看。

下面探究一下 svmtrain 的输出 model：

```
model =
    Parameters: [5×1 double]
       nr_class: 2
        totalSV: 259
            rho: 0.0514
          Label: [2×1 double]
          ProbA: []
          ProbB: []
            nSV: [2×1 double]
        sv_coef: [259×1 double]
            SVs: [259×13 double]
```

1. model.Parameters

```
>> model.Parameters
ans =
         0
    2.0000
    3.0000
    2.8000
         0
```

model.Parameters 参数意义从上到下依次为：

-s svm 类型：SVM 模型设置类型(默认值为 0)
-t 核函数类型：核函数设置类型(默认值为 2)
-d degree：核函数中的 degree 参数设置(针对多项式核函数,默认值为 3)
-g r(gama)：核函数中的 gamma 参数函数设置(针对多项式/rbf/sigmoid 核函数,默认值为属性数目的倒数,即若 k 为属性的数目,则 -g 参数默认为 1/k)
-r coef0：核函数中的 coef0 参数设置(针对多项式/sigmoid 核函数,默认值为 0)

即在本例中通过 model.Parameters 用户可以得知 -s 参数为 0,-t 参数为 2,-d 参数为 3,-g 参数为 2.8(这也是用户的输入),-r 参数为 0。

2. model.Label model.nr_class

```
>> model.Label
ans =
     1
    -1
>> model.nr_class
ans =
     2
```

model.Label 表示数据集中类别的标签都有什么，这里是 1，-1；

model.nr_class 表示数据集中有多少个类别，这里是二分类。

3. model.totalSV model.nSV

```
>> model.totalSV
ans =
    259
>> model.nSV
ans =
    118
    141
```

model.totalSV 代表总共的支持向量的数目，这里共有 259 个支持向量；

model.nSV 表示每类样本的支持向量的数目，这里表示标签为 1 的样本的支持向量有 118 个，标签为 -1 的样本的支持向量为 141，其中 model.nSV 所代表的顺序是和 model.Label 相对应的。

4. model.sv_coef model.SVs model.rho

```
sv_coef: [259×1 double]
   SVs: [259×13 double]
model.rho =   0.0514
```

model.sv_coef 是一个 259×1 的矩阵，承装的是 259 个支持向量在决策函数中的系数；

model.SVs 是一个 259×13 的稀疏矩阵，承装的是 259 个支持向量；

model.rho 是决策函数中的常数项的相反数。

由于采用'-s 0'参数，为 C-SVC 模型，最终的决策函数为

$$f(x) = \text{sgn}\left(\sum_{i=1}^{n} W_i K(x, X_i) + b\right)$$

再由于前面使用的是 RBF 核函数（前面参数设置'-t 2'），故这里的决策函数即为

$$f(x) = \text{sgn}\left(\sum_{i=1}^{n} W_i \exp(-\text{gamma} \| x_i - x \|^2) + b\right)$$

其中，$\| x_i - x \|$ 是二范数距离；$b = -$model.rho（一个标量数字）；$n =$ model.totalSV 代表支持向量的个数（一个标量数字）。对于每一个 i，$w_i =$ model.sv_coef(i) 表示支持向量的系数（一个标量数字）；$x_i =$ model.SVs(i,:) 表示支持向量（1×13 的行向量）；x 是待预测标签的样本（1×13 的行向量）；gamma 就是 -g 参数。

通过 model 提供的信息，可以建立上面的决策函数，代码实现如下：

```
% % DecisionFunction
function plabel = DecisionFunction(x,model)

gamma = model.Parameters(4);
RBF = @(u,v)( exp( -gamma.*sum( (u-v).^2 ) ) );

len = length(model.sv_coef);
y = 0;

for i = 1:len
    u = model.SVs(i,:);
    y = y + model.sv_coef(i) * RBF(u,x);
end
b = -model.rho;
y = y + b;

if y >= 0
    plabel = 1;
else
    plabel = -1;
end
```

有了这个决策函数后就可以自己预测相应样本的标签了:

```
% %
plable = zeros(270,1);
for i = 1:270
    x = data(i,:);
    plable(i,1) = DecisionFunction(x,model);
end

% % 验证自己通过决策函数预测的标签和 svmpredict 给出的标签相同
flag = sum(plabel == PredictLabel)
```

最终运行可以得到 flag=270,即自己建立的决策函数是正确的,可以得到和 svmpredict 输出中一样的预测标签。事实上,svmpredict 底层大体也就是这样实现的。

最后来看一下 svmpredict 函数返回的 accuracy:

```
accuracy =
    99.6296
     0.0148
     0.9851
```

返回参数 accuracy 从上到下的意义依次是:

分类准确率,分类问题中用到的参数指标;

平均平方误差(mean squared error, MSE),回归问题中用到的参数指标;

平方相关系数(squared correlation coefficient, r^2),回归问题中用到的参数指标。

其中 MSE 和 r^2 的计算公式分别为(n 为样本数目):

$$\text{MSE} = \frac{1}{n}\sum_{i=1}^{n}(f(x_i) - y_i)^2$$

$$r^2 = \frac{\left(n\sum_{i=1}^{n}f(x_i)y_i - \sum_{i=1}^{n}f(x_i)\sum_{i=1}^{n}y_i\right)^2}{\left(n\sum_{i=1}^{n}f(x_i)^2 - \left(\sum_{i=1}^{n}f(x_i)\right)^2\right)\left(n\sum_{i=1}^{n}y_i^2 - \left(\sum_{i=1}^{n}y_i\right)^2\right)}$$

多说一句,最原始决策函数的表达式为

$$f(x) = \text{sgn}\left(\sum_{i=1}^{n}y_i\alpha_i K(x,x_i) + b\right)$$

则可以看出 $W_i = y_i\alpha_i$,上面的 y_i 是支持向量的类别标签(1 或者 -1),在 LIBSVM 中将 y_i 和 α_i 的乘积放在一起用 $W_i = \text{model.sv\_coef(i)}$ 来承装。

13.3 案例扩展

限于篇幅,这里仅给出 LIBSVM 官方网站的有关 MATLAB 接口的 FAQ 地址,供大家学习参考:http://www.csie.ntu.edu.tw/~cjlin/libsvm/faq.html。

参考文献

[1] 李洋,王小川,郁磊,等. MATLAB 神经网络 30 个案例分析. 北京:北京航空航天大学出版社,2010.

第 14 章 基于 SVM 的数据分类预测
——意大利葡萄酒种类识别

14.1 案例背景

关于 SVM 相关的背景知识请参见第 12 章。

wine 数据的来源是 UCI 数据库,记录的是在意大利同一区域里三种不同品种的葡萄酒的化学成分分析,数据里含有 178 个样本,每个样本含有 13 个特征分量(化学成分),每个样本的类别标签已给。将这 178 个样本的 50% 作为训练集,另 50% 作为测试集,用训练集对 SVM 进行训练可以得到分类模型,再用得到的模型对测试集进行类别标签预测。

1. 测试数据:wine data set

整体数据存储在 chapter_WineClass.mat,解释如下:

classnumber = 3,记录类别数目;

wine,178×13 的一个 double 型的矩阵,记录 178 个样本的 13 个属性;

wine_labels,178×1 的一个 double 型的列向量,记录 178 个样本各自的类别标签。

2. 数据来源:UCI

http://archive.ics.uci.edu/ml/datasets/Wine

3. 数据详细描述

wine 数据是物理化学相关领域的数据,数据含有 178 个样本,每个样本含有 13 个特征分量(化学成分),详情如下:

① Alcohol
② Malic acid
③ Ash
④ Alcalinity of ash
⑤ Magnesium
⑥ Total phenols
⑦ Flavanoids
⑧ Nonflavanoid phenols
⑨ Proanthocyanins
⑩ Color intensity
⑪ Hue
⑫ OD280/OD315 of diluted wines
⑬ Proline

4. 数据的可视化图(见图 14-1,图 14-2)

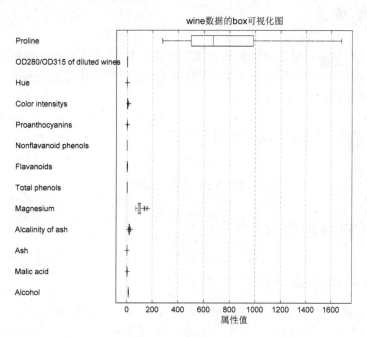

图 14-1 Wine 数据的箱式图

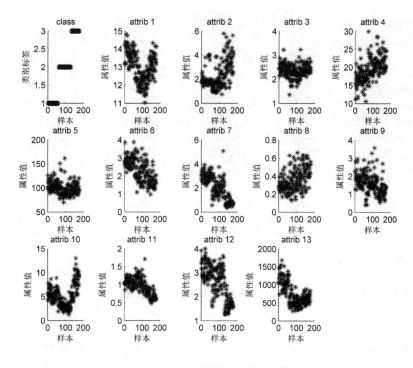

图 14-2 Wine 数据的分维可视化图

14.2 模型建立

首先需要从原始数据里把训练集和测试集提取出来,然后进行一定的预处理(必要的时候还需要进行特征提取),之后用训练集对 SVM 进行训练,最后用得到的模型来预测测试集的分类标签。算法流程如图 14-3 所示。

图 14-3 模型整体流程

14.3 MATLAB 实现

14.3.1 选定训练集和测试集

在这 178 个样本中,其中第 1~59 个样本属于第一类(类别标签为 1),第 60~130 个属于第二类(类别标签为 2),第 131~178 个属于第三类(类别标签为 3)。现将每个类别分成两组,重新组合数据,一部分作为训练集(train_wine),一部分作为测试集(test_wine)。

MATLAB 实现代码如下:

```
% 先载入数据
load chapter_WineClass.mat;
% 将第一类的 1~30,第二类的 60~95,第三类的 131~153 作为训练集
train_wine = [wine(1:30,:);wine(60:95,:);wine(131:153,:)];
% 将相应的标签提取出来
train_wine_labels = ...
[wine_labels(1:30);...
wine_labels(60:95);wine_labels(131:153)];
% 将第一类的 31~59,第二类的 96~130,第三类的 154~178 作为测试集
test_wine = [wine(31:59,:);wine(96:130,:);wine(154:178,:)];
% 将相应的标签提取出来
test_wine_labels = ...
[wine_labels(31:59);...
wine_labels(96:130);wine_labels(154:178)];
```

14.3.2 数据预处理

对训练集和测试集进行归一化预处理,采用的归一化映射如下。

$$f: x \to y = \frac{x - x\min}{x\max - x\min}$$

其中,$x, y \in \mathbf{R}^n$;$x\min = \min(x)$;$x\max = \max(x)$。归一化的效果是原始数据被规整到[0,1]范围内,即 $y_i \in [0,1], i = 1, 2, l, \cdots n$,这种归一化方式称为[0,1]区间归一化。

除了上面的规范化方式还有其他的归一化方式,比如[-1,1]区间归一化,其映射如下:

$$f: x \to y = 2 \times \frac{x - x\min}{x\max - x\min} + (-1)$$

其中 $x, y \in \mathbf{R}^n$; $x\min = \min(x)$; $x\max = \max(x)$。

在 MATLAB 中，mapminmax 函数可以实现上述的归一化，其常用的函数接口如下：

```
[y,ps] = mapminmax(x)
[y,ps] = mapminmax(x,ymin,ymax)
[x,ps] = mapminmax('reverse',y,ps)
```

其中，x 是原始数据；y 是归一化后的数据；ps 是个结构体，记录的是归一化的映射。mapminmax 函数所采用的映射是：

$$y = (ymax - ymin) \times (x - xmin)/(xmax - xmin) + ymin$$

其中，xmin 和 xmax 是原始数据 x 的最小值和最大值；ymin 和 ymax 是映射的范围参数，可调节，默认值为 -1 和 1，此时的映射函数即为上面所说的 [-1,1] 归一化。如果把 ymin 置为 0，ymax 置为 1，则此时的映射函数即为上面所说的 [0,1] 归一化，可利用新的映射函数对 x 进行重新归一化，代码如下：

```
[y,ps] = mapminmax(x);
ps.ymin = 0;
ps.ymax = 1;
[ynew,ps] = mapminmax(x,ps);
```

反归一化可用如下代码实现：

```
[y,ps] = mapminmax(x);
[x,ps] = mapminmax('reverse',y,ps);
```

wine 数据的归一化 MATLAB 代码如下：

```
% 数据预处理,将训练集和测试集归一化到[0,1]区间
[mtrain,ntrain] = size(train_wine);
[mtest,ntest] = size(test_wine);

dataset = [train_wine;test_wine];
% mapminmax 为 MATLAB 自带的归一化函数
[dataset_scale,ps] = mapminmax(dataset',0,1);
dataset_scale = dataset_scale';

train_wine = dataset_scale(1:mtrain,:);
test_wine = dataset_scale( (mtrain + 1):(mtrain + mtest),: );
```

14.3.3 训练 & 预测

用训练集 train_wine 对 SVM 分类器进行训练，用得到的模型对测试集进行标签预测，最后得到分类的准确率为 98.876 4%。wine 数据的训练和预测的 MATLAB 代码如下：

```
model = ...
svmtrain(train_wine_labels,train_wine,'-c 2 -g 1');
[predict_label,accuracy] = ...
svmpredict(test_wine_labels,test_wine, model);
```

运行结果：

```
Accuracy = 98.8764% (88/89) (classification)
```

最终分类的结果如图 14-4 所示。

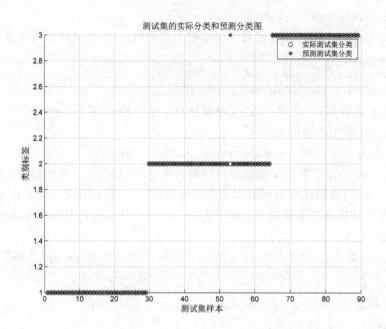

图 14-4 测试集的分类结果图

14.4 案例扩展

14.4.1 采用不同归一化方式的对比

对于不同的归一化方式以及不用归一化预处理,最后测试集预测分类准确率的对比如表 14-1 所列。

表 14-1 采用不同归一化方式对比

归一化方式	准确率	svmtrain 的参数选项
不进行归一化处理	39.3258%(35/89)	'-c 2 -g 1'
[-1,1]归一化	97.7528%(87/89)	'-c 2 -g 1'
[0,1]归一化	**98.8764%(88/89)**	'-c 2 -g 1'

从表 14-1 可以看出对于 wine 这个数据需要将其先进行归一化的预处理,这样才能提高最后分类的准确率,而且不同的归一化方式对最后的准确率也会有一定的影响。但是否一定要做归一化这个预处理才能提高最后的准确率呢?答案是否定的。并不是任何问题都必须事先把原始数据进行归一化,要具体问题具体看待,测试表明有时候归一化后的预测准确率比没有归一化的预测准确率会低很多。

14.4.2 采用不同核函数的对比

对于 SVM 中不同的核函数,测试集预测分类准确率的对比(统一采用[0,1]归一化)如表 14-2 所列。

表 14-2 采用不同核函数对比

采用的核函数	准确率	svmtrain 的参数选项
linear	97.7528% (87/89)	'-c 2 -g 1 -t 0'
polynomial	98.8764% (88/89)	'-c 2 -g 1 -t 1'
radial basis function	**98.8764% (88/89)**	'-c 2 -g 1 -t 2'
sigmoid	52.809% (47/89)	'-c 2 -g 1 -t 3'

通过上面的对比,可以看出对于 wine 这个数据采用径向基函数作为核函数,最终的分类准确率最高。

14.4.3 关于 svmtrain 的参数 c 和 g 选取的讨论

上面的过程中 svmtrain 的惩罚参数 c 和核函数参数 g 是任意给定的或凭测试经验给定的,那么这个参数 c 和 g 该如何选取呢?有没有在某种意义下最好的参数 c 和 g 呢?

最简单的一种思想就是让 c 和 g 在某一范围内离散取值,取使得最终测试集分类准确率最高的 c 和 g 为最佳的参数,但这是在知道测试集的标签的情况下,如果不知道测试集的标签怎么办(往往多数情况事先可能不知道测试集的标签)?

通过一种交叉验证(Cross Validation,CV)的方法,可以找到在一定意义下最佳的参数 c 和 g,该算法的伪代码如下:

```
Start
    bestAccuracy = 0;
    bestc = 0;
    bestg = 0;
    % 其中 n1,n2,N 都是预先给定的数
    for c = 2^( - n1):2^(n1)
        for g = 2^( - n2):2^(n2)
            将训练集平均分为 N 部分,设为
train(1),train(2),…,train(N)。
            分别让每一部分作为测试集进行预测(剩下的 N-1 部分作为训练集对
            分类器进行训练),取最后得到的所有分类准确率的平均数,设为 cv。
            if ( cv > bestAccuracy )
                bestAccuracy = cv; bestc = c; bestg = g;
            end
        end
    end
Over
```

采用 CV 的方法,在没有测试集标签的情况下可以找到一定意义下的最佳的参数 c 和 g,这里说的"一定意义下"指的是此时的最佳参数 c 和 g 是使得训练集在 CV 思想下能够达到最高分类准确率的参数,但其不能保证会使得测试集也达到最高的分类准确率。有关 CV 的方法在第 15 章中会有更为详细的讨论。

用此方法来对 wine 数据进行分类预测,MATLAB 实现代码如下(在前面数据预处理过的情况下用下面的代码):

```
bestcv = 0;
for log2c = -4:4,
  for log2g = -4:4,
    cmd =
['-v 3 -c ',num2str(2^log2c),' -g ',num2str(2^log2g)];
    cv = svmtrain(train_wine_labels, train_wine, cmd);
    if (cv > bestcv),
      bestcv = cv; bestc = 2^log2c; bestg = 2^log2g;
    end
  end
end
fprintf('(best c = %g, g = %g,rate = %g)\n',bestc, bestg, bestcv);
cmd = ['-c ', num2str(bestc),' -g ', num2str(bestg)];
model = svmtrain(train_wine_labels, train_wine, cmd);
[predict_label,accuracy] =
svmpredict(test_wine_labels,test_wine,model);
```

最终运行结果：

```
(best c = 2, g = 1, rate = 98.8764)
Accuracy = 98.8764% (88/89) (classification)
```

可知采用 CV 的方法，最终得到的最佳参数是 $c=2, g=1$，测试集的分类准确率为 98.8764%，可见在 CV 方法下得到的参数在某种意义下是最佳的。

更多关于 SVM 理论和应用方面的资料，请参阅相关文献。

参考文献

[1] Vapnik V. Statistical Learning Theory[M]. New York：Wiley,1998.

[2] Cortes C,Vapnik V. Support - Vector network[J]. Machine Learning,1995,20：273-297.

[3] Boser B,Guyon I,Vapnik V. A training algorithm for optimal margin classifiers[J]. ACM press：In Proceedings of the Fifth Annual Workshop on Computetional Learning Theory,1992.

[4] Hsu C W, Lin C J. A comparsion of methods for multi - class support vector machines[J]. IEEE Transactions on Neural Network,2002,13(2)：415-425.

[5] Lin C J. Formulations of support vector machines：a note from an optimization point of view[J]. Neural Computation,2001,13(2)：307-317.

[6] 张小艳,李强. 基于 SVM 的分类方法综述[J]. 科技信息,2008,28.

[7] 陈光英,张千里,李星. 基于 SVM 分类机的入侵检测系统[J]. 通信学报,2002,23(5)：51-56.

[8] 范昕炜,杜数新,吴铁军. 粗 SVM 分类方法及其在污水处理过程中的应用[J]. 控制与决策,2004, 19(5)：573-576.

[9] Mitchell T M. 机器学习[M]. 曾华军,张银奎,等译. 北京：机械工业出版社,2008.

[10] Haykin S. 神经网络原理[M]. 叶世伟,史忠植,译. 北京：机械工业出版社,2004.

第 15 章 SVM 的参数优化
——如何更好地提升分类器的性能

15.1 案例背景

关于 SVM 相关的背景知识请参看第 12 章。

在第 14 章中采用 SVM 来做分类,得到了较满意的结果,但用 SVM 做分类预测时需要调节相关的参数(主要是惩罚参数 c 和核函数参数 g)才能得到比较理想的预测分类准确率,那么 SVM 的参数该如何选取呢?有没有最佳的参数呢?采用 CV 的思想可以在某种意义下得到最优的参数,可以有效避免过学习和欠学习状态的发生,最终对于测试集合的预测得到较理想的准确率。实例验证表明,用 CV 选取出的参数来训练 SVM 得到的模型比随机地选取参数训练 SVM 得到的模型在分类上更有效。

下面对 CV 方法作一下简单介绍。

CV 是用来验证分类器性能的一种统计分析方法,其基本思想是在某种意义下将原始数据(dataset)进行分组,一部分作为训练集(train set),另一部分作为验证集(validation set);先用训练集对分类器进行训练,再利用验证集来测试训练得到的模型(model),以得到的分类准确率作为评价分类器的性能指标。常见的 CV 方法如下:

(1) Hold-Out Method

将原始数据随机分为两组,一组作为训练集,一组作为验证集,利用训练集训练分类器,然后利用验证集验证模型,记录最后的分类准确率为此 Hold-Out Method 下分类器的性能指标。此种方法的好处是处理简单,只需随机地把原始数据分为两组即可。其实严格意义来说 Hold-Out Method 并不能算是 CV,因为这种方法没有达到交叉的思想,由于是随机地将原始数据分组,所以最后验证集分类准确率的高低与原始数据的分组有很大的关系,因此通过这种方法得到的结果其实并不具有说服力。

(2) K-fold Cross Validation(K-CV)

将原始数据分成 K 组(一般是均分),将每个子集数据分别做一次验证集,其余的 K-1 组子集数据作为训练集,这样会得到 K 个模型,用这 K 个模型最终的验证集的分类准确率的平均数作为此 K-CV 下分类器的性能指标。K 一般大于等于 2,实际操作时一般从 3 开始取,只有在原始数据集合数据量小的时候才会尝试取 2。K-CV 可以有效地避免过学习以及欠学习状态的发生,最后得到的结果也比较具有说服性。

(3) Leave-One-Out Cross Validation(LOO-CV)

如果设原始数据有 N 个样本,那么 LOO-CV 就是 N-CV,即每个样本单独作为验证集,其余的 N-1 个样本作为训练集,所以 LOO-CV 会得到 N 个模型,用这 N 个模型最终的验证集的分类准确率的平均数作为在 LOO-CV 下分类器的性能指标。相比于前面的 K-CV,

LOO-CV 有两个明显的优点：

① 集合中几乎所有的样本皆用于训练模型，因此最接近原始样本的分布，这样评估所得的结果比较可靠。

② 实验过程中没有随机因素影响实验数据，确保实验过程是可以被复制的。

但 LOO-CV 的缺点则是计算成本高，因为需要建立的模型数量与原始数据样本数量相同，当原始数据样本数量相当多时，LOO-CV 在实际操作上会有困难，几乎就是不现实的，除非每次训练分类器得到模型的速度很快，或是可以用并行化计算减少计算所需的时间。

在下面 SVM 相关参数的优化过程中使用的是 K-CV 方法，所采用的测试数据也是第 14 章中的数据，有关数据的详细介绍请参看第 14 章。

15.2 模型建立

算法流程与第 14 章相似，只不过多了一个交叉选择最佳参数的过程（见图 15-1）。在下面 MATLAB 实现环节会重点介绍这一部分，关于选定训练集、测试集以及数据预处理过程在这里就不再介绍，详细内容请参看第 14 章。

图 15-1 模型整体流程

15.3 MATLAB 实现

SVM 的实现使用的是 LISBVM 工具箱，有关 LISBVM 工具箱的介绍和使用方法请参看第 12 章。

15.3.1 交叉验证选择最佳参数 c&g

关于 SVM 参数的优化选取，国际上并没有公认统一的最好的方法，目前常用的方法就是让 c 和 g 在一定的范围内取值，对于取定的 c 和 g，把训练集作为原始数据集并利用 K-CV 方法得到在此组 c 和 g 下训练集验证分类准确率，最终取使得训练集验证分类准确率最高的那组 c 和 g 作为最佳的参数。但有一个问题就是：可能会有多组的 c 和 g 对应于最高的验证分类准确率，这种情况怎么处理？这里采用的手段是选取能够达到最高验证分类准确率中参数 c 最小的那组 c 和 g 作为最佳的参数，如果对应最小的 c 有多组 g，就选取搜索到的第一组 c 和 g 作为最佳的参数。这样做的理由是：过高的 c 会导致过学习状态发生，即训练集分类准确率很高而测试集分类准确率很低（分类器的泛化能力降低），所以在能够达到最高验证分类准确率中的所有的成对的 c 和 g 中认为较小的惩罚参数 c 是更佳的选择对象。

上面参数选取算法（将其命名为算法 CV_cg）的伪代码如下：

```
Start
% 相应的数据初始化
bestAccuracy = 0;
```

```
bestc = 0;
bestg = 0;
% 将 c 和 g 划分网格进行搜索
for  c = 2^(cmin):2^(cmax)
       for g = 2^(gmin):2^(gmax)
              % 采用 K-CV 方法
将 train 大致平均分为 K 组,
记 train(1),train(2),…,train(K).
相应的标签也要分离出来,
记为 train_label(1),train_label(2),…,train_label(K)
              for  run = 1:K
                     让 train(run),作为验证集,其他的作为训练集。
                     记录此时的验证准确率为 acc(run)
              end
              cv = ( acc(1) + acc(2) + … + acc(K) ) / K;
              if ( cv > bestAccuracy )
                     bestAccuracy = cv; bestc = c; bestg = g;
              end

       end
end
Over
```

其中,cmin,cmax,gmin,gmax,K 都是给定的数。由于必须将 c 和 g 的值进行离散化查找,这里将 c 和 g 在 2 的指数范围网格内进行查找,当然 c 和 g 的查找范围可以更加详细,在编程实现时这些技术细节可以调整。函数 SVMcgForClass 可以实现上面的算法 CV_cg,看一下其函数接口和具体的代码实现过程:

```
[bestacc,bestc,bestg] ...
    = SVMcgForClass(train_label,train,cmin,cmax,gmin,gmax,
v,cstep,gstep,accstep)
```

输入:

train_label:训练集标签。要求与 libsvm 工具箱中的要求一致。

train:训练集。要求与 libsvm 工具箱中的要求一致。

cmin:惩罚参数 c 的变化范围的最小值(取以 2 为底的幂指数后),即 c_min = 2^(cmin)。默认值为 -5。

cmax:惩罚参数 c 的变化范围的最大值(取以 2 为底的幂指数后),即 c_max = 2^(cmax)。默认值为 5。

gmin:参数 g 的变化范围的最小值(取以 2 为底的幂指数后),即 g_min = 2^(gmin)。默认值为 -5。

gmax:参数 g 的变化范围的最小值(取以 2 为底的幂指数后),即 g_min = 2^(gmax)。默认值为 5。

v:CV 的参数,即给测试集分为几部分进行 CV。默认值为 3。

cstep:参数 c 步进的大小(取以 2 为底的幂指数后)。默认值为 1。

举例:若 c 的变化范围是 2^(-10) 到 2^(10),且 cstep=2,则 c 的取值分别为 2^(-10),2^(-8),…,2^(10)。

gstep:参数 g 步进的大小(取以 2 为底的幂指数后)。默认值为 1。

举例:若 g 的变化范围是 2^(−10)∼2^(10),且 gstep=2,则 g 的取值分别为 2^(−10),2^(−8),…,2^(10)。

accstep:最后显示准确率图时的步进大小。默认值为 4.5。

以上参数只有 train_label 和 train 是必须输入的,其他的可不输入采用默认值即可。

输出:

bestacc:K−CV 方法过程中的最高分类准确率。

bestc:K−CV 方法下最佳的参数 c。

bestg:K−CV 方法下最佳的参数 g。

函数 SVMcgForClass 保存在 SVMcgForClass.m 文件中,其源代码主要内容如下(完整的源代码请见本书附赠的程序源代码包):

```
function [bestacc,bestc,bestg] = ...
SVMcgForClass(train_label,train, ...
cmin,cmax,gmin,gmax,v,cstep,gstep,accstep)

%...
%前面略去了一些默认输入参数的设置代码

%将 c 和 g 划分网格,X 中记录的是 c,Y 中记录的是 g
[X,Y] = meshgrid(cmin:cstep:cmax,gmin:gstep:gmax);
[m,n] = size(X);
%cg 中将要记录的是对应不同的 c 和 g 的 K-CV 过程准确率
cg = zeros(m,n);
%相关变量的初始化
bestc = 0;
bestg = 0;
bestacc = 0;
basenum = 2;
for i = 1:m
    for j = 1:n
        %libsvm-mat 工具箱中采用 -v 参数就可以直接实现 K-CV 方法,
        cmd = ['-v ',num2str(v),' -c ',num2str( basenum^X(i,j) ),...
        ' -g ',num2str( basenum^Y(i,j) )];
        cg(i,j) = svmtrain(train_label, train, cmd);

        if cg(i,j) > bestacc
            bestacc = cg(i,j);
            bestc = basenum^X(i,j);
            bestg = basenum^Y(i,j);
        end
        %选取能够达到最高验证分类准确率中参数 c 最小的那组 c 和 g 做为最佳的参数
        %如果对应最小的 c 有多组 g,就选取搜索到的第一组 c 和 g 做为最佳的参数
        eps = 10^(-4);
        if ( abs( cg(i,j) - bestacc ) <= eps && bestc > basenum^X(i,j) )
            bestacc = cg(i,j);
            bestc = basenum^X(i,j);
            bestg = basenum^Y(i,j);
        end
    end
```

第15章 SVM的参数优化——如何更好地提升分类器的性能

```
        end
    end
% 后面略去了图形展示的代码
%...
```

下面应用SVMcgForClass来寻找对于wine数据最佳的参数c和g。在实际操作中也有一些小技巧，比如可以先在大的范围粗略寻找最佳的参数c和g，让c和g的取值变化都为$2^{-10},2^{-9},\ldots,2^{10}$。相关MATLAB代码如下：

```
[bestacc,bestc,bestg] = ...
SVMcgForClass(train_wine_labels,train_wine,-10,10,-10,10);
```

得到的结果如下（见图15-2）：

```
打印粗略选择结果
Best Cross Validation Accuracy =
98.8764%  Best c = 2   Best g = 0.5
```

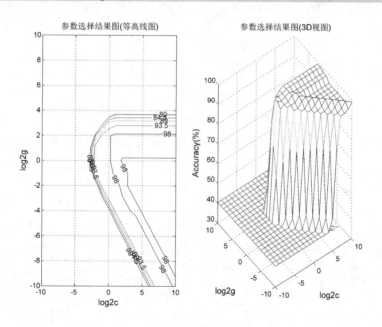

图15-2 参数粗略选择结果图

上图中，x轴表示c取以2为底的对数后的值，y轴表示g取以2为底的对数后的值，等高线表示取相应的c和g后对应的K-CV方法的准确率。通过图可以看出，c的范围可缩小到$2^{-2}\sim2^{4}$，g的范围可以缩小到$2^{-4}\sim2^{4}$，这样在上面粗略参数选择的基础上可以再利用SVMcgForClass进行精细的参数选择。

让c的取值变化为：$2^{-2},2^{-1.5},\cdots,2^{4}$，让g的取值变化为：$2^{-4},2^{-3.5},\cdots,2^{4}$，并把最后参数选择结果图(grid search)上准确率显示的变化间隔设为0.9，这样可以更加清晰地看到准确率的变化。MATLAB代码如下：

```
[bestacc,bestc,bestg] =
SVMcgForClass(train_wine_labels,train_wine,
-2,4,-4,4,3,0.5,0.5,0.9);
```

得到的结果如下(见图15-3)：

```
打印精细选择结果
Best Cross Validation Accuracy =
98.8764% Best c = 1.41421 Best g = 1
```

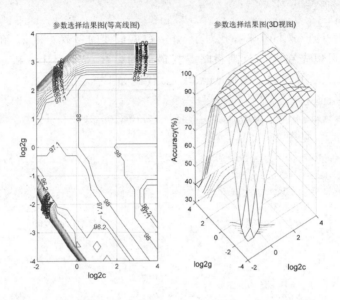

图15-3 参数精细选择结果图

可以看到在K-CV方法下(这里 $K=3$)最佳的参数是 $c=1.41421, g=1$。

15.3.2 训练与预测

利用上面得到的最佳参数，可以对SVM进行训练和分类预测。相关MATLAB代码如下：

```
% 利用最佳的参数进行SVM网络训练
cmd = ['-c',num2str(bestc),' -g',num2str(bestg)];
model = svmtrain(train_wine_labels,train_wine,cmd);
% SVM网络预测
[predict_label,accuracy] =
svmpredict(test_wine_labels,test_wine,model);
```

最后得到分类准确率的结果如下：

```
Accuracy = 98.8764% (88/89)
```

15.4 案例扩展

15.4.1 随机选择的参数与最佳参数对应的分类准确率对比

采用下面的程序段可以随机生成在[0,100]范围内的参数c和在[-100,100]范围内的参数g，并利用这组参数来训练SVM，最后再进行预测。运行若干次下面的程序段(在前面数据预处理后用下面的程序段)：

```
rand_c = 100 * rand(1)
rand_g = 200 * rand(1) - 100
cmd = ['-c', num2str(rand_c),' -g', num2str(rand_g)];
model = svmtrain(train_wine_labels, train_wine, cmd);
[predict_label, accuracy] =
svmpredict(test_wine_labels, test_wine, model);
```

运行结果见表 15-1。

表 15-1 随机选择参数与最佳参数对应的分类准确率对比

运行次数	随机选择的参数 c	随机选择的参数 g	测试集分类准确率
1	45.884 9	92.617 7	39.325 8%
2	54.680 6	4.227 2	92.134 8%
3	2.922 0	85.770 8	39.325 8%
4	83.082 9	17.052 8	51.685 4%

通过表 15-1 可以看出，随机选择的参数无法保证最后测试集分类准确率达到理想的效果，有时候凭经验可能会取到较合适的参数，但也不能保证此时的参数是最佳的，即能使测试集的分类准确率达到最高。而采用本案例中的算法找到的参数却能保证在某种意义下是最佳的。

15.4.2 算法 CV_cg 中对于同时达到最高验证分类准确率的参数 c 和 g 的取舍问题

对于同时达到最高验证分类准确率的参数 c 和 g 的取舍问题，在算法 CV_cg 的实现过程中，采用的处理方法是选取能够达到最高验证分类准确率中参数 c 最小的那组 c 和 g 作为最佳的参数，如果对应最小的 c 有多组 g，就选取搜索到的第一组 c 和 g。事实上，也可以把达到最高验证分类准确率的所有 c 和 g 分别记录下来，在后面对测试集进行预测时可以分别采用这些参数，看最后的效果如何。

15.4.3 启发式算法参数寻优

本章中在 CV 意义下，用网格划分（grid search）来寻找最佳的参数 c 和 g，虽然采用网格搜索能够找到在 CV 意义下的最高的分类准确率，即全局最优解，但有时候如果想在更大的范围内寻找最佳的参数 c 和 g 会很费时，采用启发式算法就可以不必遍历网格内的所有参数点，也能找到全局最优解。下面主要介绍两种启发式算法的参数寻优：遗传算法参数寻优和粒子群优化算法参数寻优。

1. 遗传算法参数寻优

遗传算法（Genetic Algorithm，GA）起源于对生物系统所进行的计算机模拟研究。美国 Michigan 大学的 Holland 教授及其学生受到生物模拟技术的启发，创造出了一种基于生物遗传和进化机制的适合复杂系统优化的自适应概率优化技术——遗传算法。1967 年，Holland 的学生 Bageley 在其博士论文中首次提出了"遗传算法"一词，他发展了复制、交叉、变异、显性、倒位等遗传算子，在个体编码上使用双倍体的编码方法。从遗传算法的整个发展过程来看，20 世纪 70 年代是兴起阶段，20 世纪 80 年代是发展阶段，20 世纪 90 年代是高潮阶段。遗传算法作为一种实用、高效、鲁棒性强的优化技术,发展极为迅速,已引起国内外学者的高度重视。更多关于 GA 基本理论和应用的相关知识请参看参考文献所列内容、第 3 章和第 36 章。

将对训练集进行 CV 意义下的准确率作为 GA 中的适应度函数值,则利用 GA 对 SVM 参数进行优化的整体算法过程如图 15-4 所示。

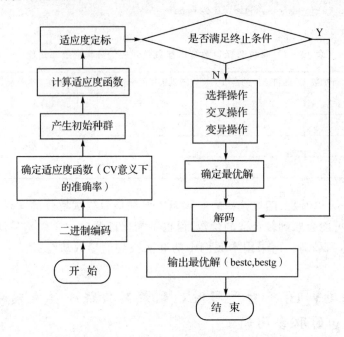

图 15-4 利用 GA 优化 SVM 参数(c&g)的算法流程图

gaSVMcgForClass.m 实现了对于分类问题利用 GA 来优化 SVM 参数的问题,相关的实现过程和详细代码请参见本书附赠的程序源代码包。

现进行测试。测试数据仍然使用 wine 数据。首先进行数据的提取和预处理(详见第 14 章),然后利用 gaSVMcgForClass 函数对 wine 数据进行 SVM 最佳参数的寻找,最终的适应度曲线如图 15-5 所示。

最终参数的选择结果及预测结果如下:

```
bestc =
    16.1982
bestg =
    3.3135
bestCVaccuarcy =
    98.8764
Accuracy = 100% (89/89) (classification) %训练集分类准确率
Accuracy = 98.8764% (88/89) (classification) %测试集分类准确率
```

2. 粒子群优化算法参数寻优

粒子群优化算法(Particle Swarm Optimization,PSO)是计算智能领域除蚁群算法外的另外一种基于群体智能的优化算法。该算法最早由 Kennedy 和 Eberhart 于 1995 年提出,它的基本概念源于对人工生命和鸟群捕食行为的研究。

PSO 是一种基于群体智能的演化计算技术,与 GA 相比,PSO 没有选择、交叉、变异的操作,而是通过粒子在解空间追随最优的例子进行搜索。

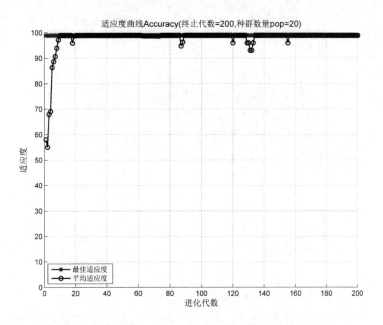

图 15-5 利用 GA 寻找最佳参数的适应度(准确率)曲线

将对训练集进行 CV 意义下的准确率作为 PSO 中的适应度函数值,则利用 PSO 对 SVM 参数进行优化的整体算法过程如图 15-6 所示。

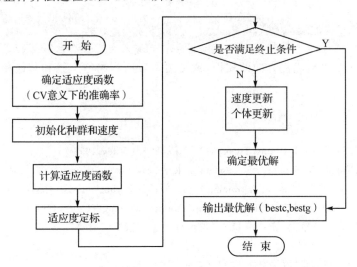

图 15-6 利用 PSO 优化 SVM 参数(c&g)的算法流程图

psoSVMcgForClass.m 实现了对于分类问题利用 PSO 来优化 SVM 参数的问题,相关的实现过程和详细代码请参见本书附赠的程序源代码包。

现进行测试。测试数据仍然使用 wine 数据。首先进行数据的提取和预处理(详见第 14 章),然后利用 psoSVMcgForClass 函数对 wine 数据进行 SVM 最佳参数的寻找,最终的适应度曲线如图 15-7 所示。

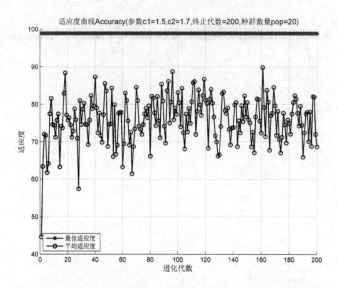

图 15-7 PSO 寻找最佳参参数的适应度(准确率)曲线

```
bestc =
    34.7321
bestg =
    4.5175
bestCVaccuarcy =
    98.8764
Accuracy = 100% (89/89)(classification)%训练集分类准确率
Accuracy = 97.7528% (87/89)(classification)%测试集分类准确率
```

更多关于 SVM 参数优化方面的知识,请参阅本章所列参考文献和其他相关文献。

参考文献

[1] Vapnik V. Statistical Learning Theory[M]. New York:Wiley,1998.

[2] Cortes C,Vapnik V. Support-Vector network[J]. Machine Learning,1995,20:273-297.

[3] Boser B,Guyon I,Vapnik V. A training algorithm for optimal margin classifiers[J]. ACM press:In Proceedings of the Fifth Annual Workshop on Computetional Learning Theory,1992.

[4] 雷英杰,张善文,李续武,等. MATLAB 遗传算法工具箱及应用[M]. 西安:西安电子科技大学出版社,2005.

[5] 曾建潮,介婧,崔志华. 微粒群算法[M]. 北京:科学出版社,2004.

[6] 杨杰,郑宁,刘董,等. 基于遗传算法的 SVM 带权特征和模型参数优化[J]. 计算机仿真,2008,25(9):113-118.

[7] 金晶,王行愚,罗先国,等. PSO-ε-SVM 的回归算法[J]. 华东理工大学学报,2006,32(7):872-875.

[8] 张庆,刘丙杰. 基于 PSO 和分组训练的 SVM 参数快速优化方法[J]. 科学技术与工程,2008,8(16):4613-4616.

[9] Mitchell T M. 机器学习[M]. 曾华军,张银奎,等译. 北京:机械工业出版社,2008.

[10] 海金(Haykin S). 神经网络原理[M]. 叶世伟,史忠植,译. 北京:机械工业出版社,2004.

第 16 章 基于 SVM 的回归预测分析
——上证指数开盘指数预测

16.1 案例背景

关于 SVM 的相关背景知识请参见第 12 章。

在第 14 和 15 章中已讨论了利用 SVM 进行分类的问题。其实 SVM 不仅可以用来分类,还可以用来做回归预测分析。本案例重点演示如何用 SVM 做回归预测分析。

对于大盘指数的有效预测可以为从整体上观测股市的变化提供强有力的信息,所以对于上证指数的预测很有意义,通过对上证指数从 1990.12.20—2009.08.19 每日的开盘数进行回归分析,最终拟合的结果是:均方误差 MSE=2.357 05e−005,平方相关系数 R^2=99.919 5%。SVM 的拟合结果还是比较理想的。

测试数据[①]:上证指数(1990.12.19—2009.08.19)

整体数据存储在 chapter_sh.mat,数据是一个 4 579×6 的 double 型矩阵,记录的是从 1990 年 12 月 19 日开始到 2009 年 8 月 19 日这期间内 4 579 个交易日每日上证综合指数的各种指标,4 579 行表示每一天的上证指数的各种指标,6 列分别表示当天上证指数的开盘指数、指数最高值、指数最低值、收盘指数、当日交易量、当日交易额。上证指数每日的开盘指数如图 16-1 所示。

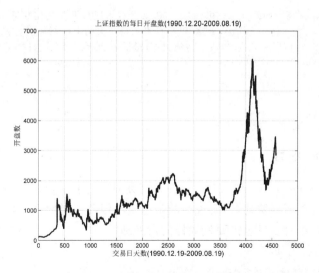

图 16-1 上证指数每日的开盘指数

---

① 数据来源:大智慧证券软件 http://www.gw.com.cn/。

16.2 模型建立

模型目的:利用 SVM 建立的回归模型对上证指数每日的开盘数进行回归拟合。

模型假设:假设上证指数每日的开盘数与前一日的开盘指数、指数最高值、指数最低值、收盘指数、交易量、交易额相关,即把前一日的开盘指数、指数最高值、指数最低值、收盘指数、交易量、交易额作为当日开盘指数的自变量,当日的开盘指数为因变量。

算法流程如图 16-2 所示。

图 16-2 模型整体流程

16.3 MATLAB 实现

SVM 的实现使用的是 LISBVM 工具箱,有关 LISBVM 工具箱的介绍和使用请参见第 12 章相关内容。

16.3.1 根据模型假设选定自变量和因变量

选取第 1~4 578 个交易日内每日的开盘指数、指数最高值、指数最低值、收盘指数、交易量、交易额作为自变量,选取第 2~4 579 个交易日内每日的开盘数作为因变量。

MATLAB 实现代码如下:

```
% 载入测试数据上证指数(1990.12.19-2009.08.19),载入后数据存储在变量 sh 中
% 数据是一个 4 579×6 的 double 型矩阵,每一行表示每一天的上证指数的各种指标 6 列分别
% 表示当日上证指数的开盘指数、指数最高值、指数最低值、收盘指数、当日交易量、当日交易额
load chapter_sh.mat;
% 提取数据
[m,n] = size(sh);
ts = sh(2:m,1);
tsx = sh(1:m-1,:);
```

16.3.2 数据预处理

数据归一化预处理的方式与第 14 章所讲案例类似,使用 mapminmax 函数来实现。关于数据预处理的介绍这里不再赘述,需要说明的是这里不但需要对因变量(上证指数每日的开盘数)做归一化处理,对于自变量也需要做同样的预处理。

MATLAB 实现代码如下:

```
% 数据预处理,将原始数据进行归一化
ts = ts';
tsx = tsx';
% mapminmax 为 MATLAB 自带的映射函数
% 对 ts 进行归一化
```

```
[TS,TSps] = mapminmax(ts,1,2);
TS = TS';
% mapminmax 为 matlab 自带的映射函数
% 对 tsx 进行归一化
[TSX,TSXps] = mapminmax(tsx,1,2);
% 对 TSX 进行转置,以符合 libsvm 工具箱的数据格式要求
TSX = TSX';
```

对于上证指数每日的开盘数归一化的结果如图 16-3 所示(这里将其归一到[1,2]区间)。

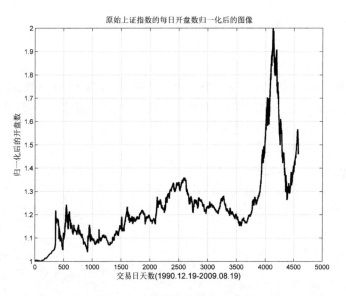

图 16-3 上证指数每日的开盘数归一化的结果图

16.3.3 参数选择

关于 SVM 参数优化方法的详细介绍请参见第 15 章所讲案例。第 15 章中的 SVMcgForClass.m 实现的是对于分类寻找最佳的参数 c 和 g；对于回归问题,对 SVMcgForClass.m 稍作修改就可以用来寻找回归的最佳参数 c 和 g,由 SVMcgForRegress.m 实现,其函数接口为：

```
[mse,bestc,bestg] = ...
SVMcgForRegress(train_label,train,cmin,cmax,gmin,gmax,
v,cstep,gstep,msestep)
```

输入：

train_label：训练集标签(待回归的变量),要求与 libsvm 工具箱中要求一致。

train：训练集(自变量)。要求与 libsvm 工具箱中要求一致。

cmin：惩罚参数 c 的变化范围的最小值(取以 2 为底的幂指数后),即 c_min = $2^{\text{(cmin)}}$,默认值为 -5。

cmax：惩罚参数 c 的变化范围的最大值(取以 2 为底的幂指数后),即 c_max = $2^{\text{(cmax)}}$,默认值为 5。

gmin：参数 g 的变化范围的最小值(取以 2 为底的幂指数后),即 g_min = $2^{\text{(gmin)}}$,默认值为 -5。

gmax：参数 g 的变化范围的最小值（取以 2 为底的幂指数后），即 g_min = 2^(gmax)，默认值为 5。

v：CV 的参数，即给测试集分为几部分进行 CV，默认值为 5。

cstep：参数 c 步进的大小，默认值为 1。

gstep：参数 g 步进的大小，默认值为 1。

msestep：最后显示 MSE 图时的步进大小，默认值为 0.1。

输出：

mse：CV 过程中的最低的均方误差。

bestc：最佳的参数 c。

bestg：最佳的参数 g。

关于 SVMcgForRegress.m 的详细代码这里不再赘述，与第 15 章中的 SVMcgForClass.m 类似。利用 SVMcgForRegress.m 寻找回归的最佳参数，首先进行粗略的寻找（见图 16-4），观察粗略寻找的结果后再进行精细选择（见图 16-5）。

MATLAB 实现代码如下：

```
% 首先进行粗略选择
[bestmse,bestc,bestg] = ...
SVMcgForRegress(TS,TSX,-8,8,-8,8);

% 打印粗略选择结果
disp('打印粗略选择结果');
str = ...
sprintf('Best Cross Validation MSE = %g
Best c = %g Best g = %g',bestmse,bestc,bestg);
disp(str);

% 根据粗略选择的结果图再进行精细选择
[bestmse,bestc,bestg] = ...
SVMcgForRegress(TS,TSX,-4,4,-4,4,3,0.5,0.5,0.05);

% 打印精细选择结果
disp('打印精细选择结果');
str = ...
sprintf('Best Cross Validation MSE = %g
Best c = %g Best g = %g',bestmse,bestc,bestg);
disp(str);
```

运行结果：

```
打印粗略选择结果
Best Cross Validation MSE = 0.000961388
Best c = 0.25 Best g = 2
打印精细选择结果
Best Cross Validation MSE = 0.000948821
Best c = 1 Best g = 1.6245
```

16.3.4 训练与回归预测

利用上面得到的最佳参数 c 和 g 对 SVM 进行训练，然后再对原始数据进行回归预测。

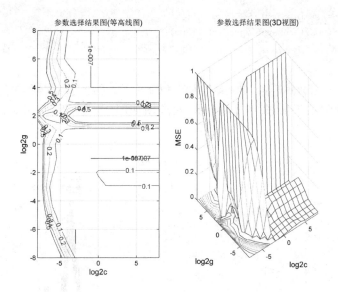

图 16-4 参数粗略选择结果图

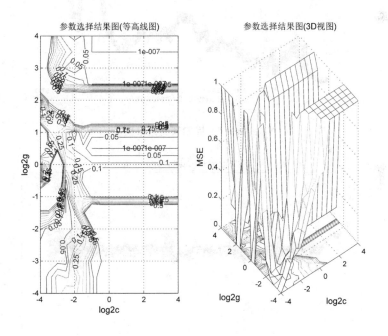

图 16-5 参数精细选择结果图

MATLAB 实现代码如下：

```
%% 利用回归预测分析最佳的参数进行 SVM 网络训练
cmd = ...
['-c',num2str(bestc),' -g',...
num2str(bestg) ,' -s 3 -p 0.01'];
model = svmtrain(TS,TSX,cmd);

%% SVM 网络回归预测
```

```
[predict,mse] = svmpredict(TS,TSX,model);
predict = mapminmax('reverse',predict',TSps);
predict = predict';
```

运行结果：

均方误差 MSE = 2.35705e-005 相关系数 R = 99.9195%

最终的回归预测结果如图 16-6 所示，误差图如图 16-7 所示，相对误差图如图 16-8 所示。

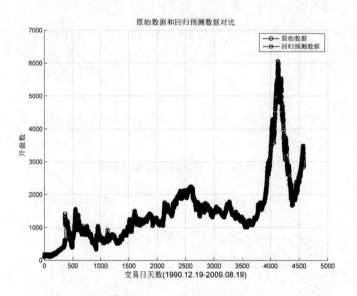

图 16-6 回归预测结果图

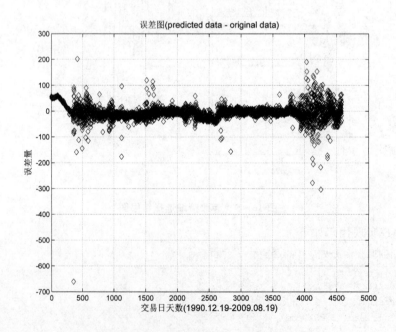

图 16-7 误差可视化图

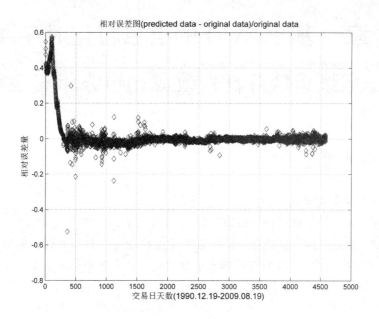

图 16-8 相对误差可视化图

16.4 案例扩展

对于股票指数来说,大多数时候无法对其进行精确预测,对投资最有参考意义的是:能否预测它未来 3~5 天的趋势和变化空间?本章介绍了 SVM 在回归中的应用,在第 17 章中,首先用模糊信息粒化处理原始数据,然后再用 SVM 来进行回归预测,进而对上证指数未来 5 天内的变化趋势和变化空间进行预测,实例验证表明预测的结果是可靠的。

更多关于 SVM 理论和应用方面的知识,请参阅本章所列参考文献和其他相关文献。

参考文献

[1] Vapnik V. Statistical Learning Theory[M]. New York:Wiley,1998.

[2] Cortes C,Vapnik V. Support-Vector network[J]. Machine Learning,1995,20:273-297.

[3] Boser B,Guyon I,Vapnik V. A training algorithm for optimal margin classifiers[J]. ACM press:In Proceedings of the Fifth Annual Workshop on Computetional Learning Theory,1992.

[4] Hsu C W,Lin C J. A comparsion of methods for multi-class support vector machines[J]. IEEE Transactions on Neural Network,2002,13(2):415-425.

[5] Lin C J. Formulations of support vector machines:a note from an optimization point of view[J]. Neural Computation,2001,13(2):307-317.

[6] 冯振华,杨杰明. SVM 回归的参数探讨. 机械工程与自动化,2007,3:17-22.

[7] 王晓红,吴德会. 基于 WLS-SVM 回归模型的电力负荷预测. 微计算机信息. 2008,24(2-1):312-314.

[8] 滕卫平,俞善贤,胡波,等. SVM 回归法在汛期旱涝预测中的应用. 浙江大学学报(理学版). 2008,35(3):343-354.

[9] Mitchell T M. 机器学习[M]. 曾华军,张银奎,等译. 北京:机械工业出版社,2008.

[10] 海金(Haykin S). 神经网络原理[M]. 叶世伟,史忠植,译. 北京:机械工业出版社,2004.

第 17 章　基于 SVM 的信息粒化时序回归预测

——上证指数开盘指数变化趋势和变化空间预测

17.1 案例背景

关于 SVM 的相关背景知识请参见第 12 章。

在第 16 章中对上证指数进行了回归预测，但是往往有时候或者大多数时候无法对上证指数进行精确的预测，这时候如果能对上证指数开盘指数变化趋势和变化空间进行预测就显得尤为重要。本案例将利用 SVM 对进行模糊信息粒化后的上证指数每日的开盘指数进行变化趋势和变化空间的预测，通过实际检验会看到这种方法是可行的并且结果可靠，从而可以看到将 SVM 与其他工具方法结合后强有力的效果。本章的测试数据与第 16 章相同，关于测试数据的具体介绍请参见第 16 章。

17.1.1 信息粒化基本知识

由于本案例中会用到信息粒化相关知识，下面做简要介绍。

信息粒化(Information Granulation,IG)是粒化计算和词语计算的主要方面，其主要研究信息粒的形成、表示、粗细、语义解释等。从本质上讲，信息颗粒是通过不可区分性、功能相近性、相似性、函数性等来划分的对象的集合。粒化计算(Granular Compution,GrC)是信息处理的一种新的概念和计算范式，覆盖了所有有关粒化的理论、方法、技术和工具的研究。它是词计算理论、粗糙集理论、商空间理论、区间计算等的超集，也是软计算科学的一个分支，已成为粗糙及海量信息处理的重要工具和人工智能研究领域的热点之一。

17.1.2 信息粒化简介

信息粒化这一概念最早是由 L. A. Zadeh 教授提出的。信息粒化就是将一个整体分解为一个个的部分进行研究，每个部分为一个信息粒。Zadeh 教授指出：信息粒就是一些元素的集合，这些元素由于难以区别、或相似、或接近或某种功能而结合在一起。

信息粒作为信息的表现形式在我们的周围是无所不在的，它是人类认识世界的一个基本概念。人类在认识世界时往往将一部分相似的事物放在一起作为一个整体研究它们所具有的性质或特点，实际上，这种处理事物的方式就是信息粒化。例如：时间信息粒有年、月、日、时等。从时间信息粒中可以看出信息粒在本质上是分层次的，每种信息粒可以细化为更"低"一层次的信息粒。

信息粒化中，粒为非模糊的粒化方式(c-粒化)，在众多方法技术中起着重要的作用，但是在几乎所有人的推理及概念形成中，粒都是模糊的(f-粒化)，非模糊的粒化没有反映这一事实。模糊信息粒化正是受人类粒化信息方式启发并据此进行推理的。

信息粒化的三种主要模型：基于模糊集理论的模型、基于粗糙集理论的模型、基于商空间理论的模型。三种模型之间存在着密切的联系与区别。模糊集理论与粗糙集理论有很强的互补性,这两个理论优化、整合在处理知识的不确定性和不完全性时已显示出更强的功能。商空间理论与粗糙集理论都是利用等价类来描述粒化,再用粒化来描述概念,但是,它们讨论的出发点有所不同。粗糙集理论的论域只是对象的点集,元素之间拓扑关系不在考虑之内;商空间理论是着重研究空间关系的理论,其是在论域元素之间存在有拓扑关系的前提下进行研究的,即论域是一个拓扑空间。

本案例采用的是基于模糊集理论的模型。

20 世纪 60 年代,美国著名数学家 L. A. Zadeh 提出模糊集合论,在此基础上,于 1979 年首次提出并讨论了模糊信息粒化问题,并给出了一种数据粒的命题刻画:

$$g \triangleq (x \text{ is } G) \text{ is } \lambda$$

其中,x 是论域 U 中取值的变量;G 是 U 的模糊子集,由隶属函数 μ_G 来刻画;λ 表示可能性概率。一般假设 U 为实数集合 $\mathbf{R}(\mathbf{R}^n)$,G 是 U 的凸模糊子集,λ 是单位区间的模糊子集。

例如:

$$g \triangleq (x \text{ 是小的}) \text{ 是可能的}$$
$$g \triangleq (x \text{ 不是很大}) \text{ 是很不可能的}$$
$$g \triangleq (x \text{ 比 } y \text{ 大得多}) \text{ 是不可能的}$$

另外,模糊信息粒也可以由如下命题刻画:

$$g \triangleq x \text{ is } G$$

L. A. Zadeh 认为人类在进行思考、判断、推理时主要是用语言进行的,而语言是一个很粗的粒化,如何利用语言进行推理判断,这就要进行词计算。狭义的模糊词计算理论是指利用通常意义下的数学概念和运算,诸如加、减、乘、除等构造的带有不确定或模糊值的词计算的数学体系。它借助模糊逻辑概念和经典的群、环、域代数结构,构造出以词为定义域的类似结构。

17.1.3 模糊信息粒化方法模型

非模糊的信息粒化有许多方法,比如区间信息粒化、相空间信息粒化、基于信息密度的信息粒化等,在许多领域,非模糊的信息粒化方法也起着重要的作用,但许多情况下非模糊的信息粒不能明确地反映所描述事物的特性,因此建立模糊信息粒是必要的。

模糊信息粒就是以模糊集形式表示的信息粒。用模糊集方法对时间序列进行模糊粒化,主要分为两个步骤:划分窗口和模糊化。划分窗口就是将时间序列分割成若干小子序列,作为操作窗口;模糊化则是将产生的每一个窗口进行模糊化,生成一个个模糊集也就是模糊信息粒。这两种广义模式结合在一起就是模糊信息粒化,称为 f-粒化。在 f-粒化中,最为关键的是模糊化的过程,也就是在所给的窗口上建立一个合理的模糊集,使其能够取代原来窗口中的数据,表示相关的人们所关心的信息。本案例重点采用的是 W. Pedrycz 的粒化方法。

对于给定的时间序列,考虑单窗口问题,即把整个时序 X 看成是一个窗口进行模糊化。模糊化的任务是在 X 上建立一个模糊粒子 P,即一个能够合理描述 X 的模糊概念 G(以 X 为论域的模糊集合),确定了 G 也就确定了模糊粒子 P:

$$g \triangleq x \text{ is } G$$

所以模糊化过程本质上就是确定一个函数 A 的过程,A 是模糊概念 G 的隶属函数,即 $A = \mu_G$。通常粒化时首先确定模糊概念的基本形式,然后确定具体的隶属函数 A。

在后面的论述中,在不做特别声明的情况下,模糊粒子 P 可以代替模糊概念 G,即 P 可简单描述为

$$P = A(x)$$

常用的模糊粒子有以下几种基本形式:三角型、梯型、高斯型、抛物型,等。其中三角型模糊粒子为本案例所采用的,其隶属函数如下,图像如图 17-1 所示。

$$A(x,a,m,b) = \begin{cases} 0, x < a \\ \dfrac{x-a}{m-a}, a \leqslant x \leqslant m \\ \dfrac{b-x}{b-m}, m < x \leqslant b \\ 0, x > b \end{cases} \quad (17-1)$$

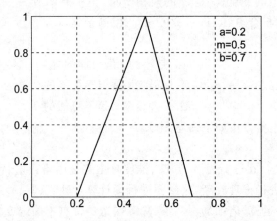

图 17-1　一个三角型模糊粒子的隶属函数例子

17.1.4　本案例采用的模糊粒化模型(W. Pedrycz 模糊粒化方法)

建立模糊粒子的基本思想:
① 模糊粒子能够合理地代表原始数据;
② 模糊粒子要有一定的特殊性。

即无论使用哪种形式的模糊集来建立模糊粒子,都要满足上面建立模糊粒子的基本思想。为满足上述的两个要求,找到两者的最佳平衡,可考虑建立如下的关于 A 的一个函数:

$$Q_A = \frac{M_A}{N_A}$$

其中,M_A 满足建立模糊粒子的基本思想①;N_A 满足建立模糊粒子的基本思想②。

例如,当取 $M_A = \sum\limits_{x \in X} A(x)$、$N_A = \text{measure}(\text{supp}(A))$ 时,有

$$Q_A = \frac{\sum\limits_{x \in X} A(x)}{\text{measure}(\text{supp}(A))}$$

则为满足建立模糊粒子的基本思想,只需 Q_A 越大越好。

以上模型算法由 FIG_D.m 实现,在 17.3 中会有介绍。

17.2 模型建立

模型目的:利用1990年12月19日到2009年8月19日期间上证指数每日的开盘数,预测接下来的五个交易日,即2009年8月20,21,24,25,26这五个交易日内上证指数的变化趋势(整体变大或变小)和变化的范围空间。

模型假设:假设上证指数每日的开盘数与时间相关,即把时间点作为影响上证指数变化的自变量。

算法流程如图17-2所示。

图17-2 模型整体流程

17.3 MATLAB实现

SVM的实现使用的是LIBSVM工具箱,有关LIBSVM工具箱的介绍和使用方法请参见第12章。

17.3.1 原始数据提取

将第1~4 579个交易日内每日的上证指数的开盘数从原始数据中提取出来。
MATLAB实现代码如下:

```
% 载入测试数据上证指数(1990.12.19 - 2009.08.19)
% 载入后上证指数每日开盘数存储在变量 sh_open 中
% 数据是一个 4579×6 的 double 型的矩阵,每一行表示每一天的上证指数的各种指标
% 6 列分别表示当日上证指数的开盘指数、指数最高值、指数最低值、
% 收盘指数、当日交易量、当日交易额
load chapter15_sh.mat;
% 提取数据
ts = sh_open;
time = length(ts);
```

17.3.2 FIG(Fuzzy Information Granulation,模糊信息粒化)

采用案例背景中介绍的模糊粒化模型对原始数据进行模糊信息粒化,由FIG_D.m实现,其函数接口如下:

```
[low,R,up] = FIG_D(XX,MFkind,win_num)
```

输入:

XX:待粒化的时间序列。

MFkind:隶属函数种类,即所采用的模糊粒子类型,本案例采用的是三角型的模糊粒子,MFkind = 'triangle'。

win_num:粒化的窗口数目,即将原始数据划分为多个窗口,每一个窗口将生成一个模糊

粒子,这里将五个交易日作为一个窗口的大小,则窗口数目为原始数据的长度除以5后取整。

输出:

low,R,up 分别为模糊粒子的三个参数,对于三角型模糊数而言,low,R,up 即为 a,m,b 三个参数,其中对于单个模糊粒子而言,low 参数描述的是相应的原始数据变化的最小值,R 参数描述的是相应的原始数据变化的平均水平,up 参数描述的是相应的原始数据变化的最大值。

MATLAB 实现代码如下:

```
%% 对原始数据进行模糊信息粒化
win_num = floor(time/5);
tsx = 1:win_num;
tsx = tsx';
[Low,R,Up] = FIG_D(ts','triangle',win_num);
```

最终粒化的结果如图 17-3 所示。

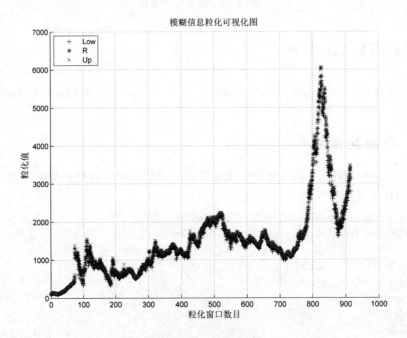

图 17-3　粒化结果图

17.3.3　利用 SVM 对粒化数据进行回归预测

利用 SVM 对 Low,R,Up 三个模糊粒子的参数进行回归预测的过程类似,这里仅就 Low 来详细说明。

对于 Low 进行回归预测的过程与第 16 章中的过程类似,需要先进行数据预处理(归一化,这里将其归一化到[100,500]),然后利用 SVMcgForRegress.m 函数来寻找最佳的参数 c 和 g,最后再进行训练和预测。这里仅给出数据预处理和寻参的结果(见图 17-4、17-5、17-6)。

打印粗略选择结果:

第 17 章 基于 SVM 的信息粒化时序回归预测——上证指数开盘指数变化趋势和变化空间预测

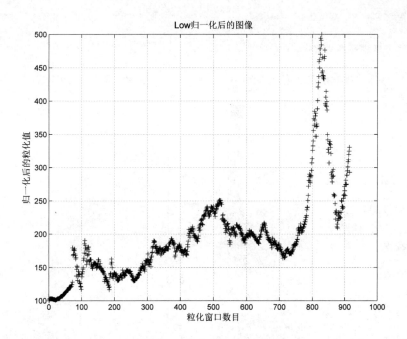

图 17-4 Low 归一化后图像

```
SVM parameters for Low:
Best Cross Validation MSE = 35.0879
Best c = 256 Best g = 0.03125
```

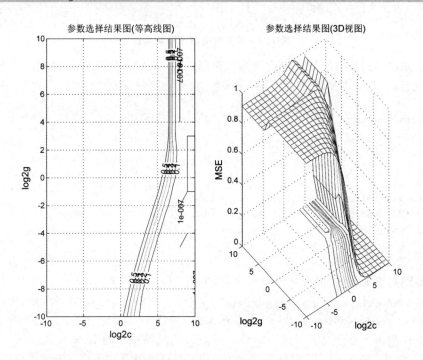

图 17-5 参数粗略选择结果图

打印精细选择结果:

```
SVM parameters for Low:
Best Cross Validation MSE = 35.0177
Best c = 256 Best g = 0.0220971
```

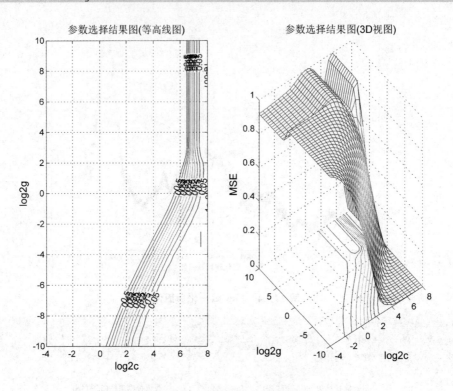

图 17-6 参数精细选择结果图

利用上面得到的最佳参数来进行训练和预测。MATLAB 实现代码如下:

```
% 训练 SVM
cmd = ...
['-c',num2str(bestc),' -g',...
num2str(bestg),' -s 3 -p 0.1'];
low_model = svmtrain(low,tsx,cmd);

% 预测
[low_predict,low_mse] = svmpredict(low,tsx,low_model);
low_predict = mapminmax('reverse',low_predict,low_ps);
predict_low = svmpredict(1,win_num + 1,low_model);
predict_low = mapminmax('reverse',predict_low,low_ps);
predict_low
```

可以得到对于 Low 的拟合结果以及误差(见图 17-7、图 17-8):

```
Mean squared error = 22.0054 (regression)
Squared correlation coefficient = 0.995366 (regression)
```

还可以预测出下五个交易日(20,21,24,25,26)内模糊粒子的 Low 参数:

```
predict_low = 2796.8
```

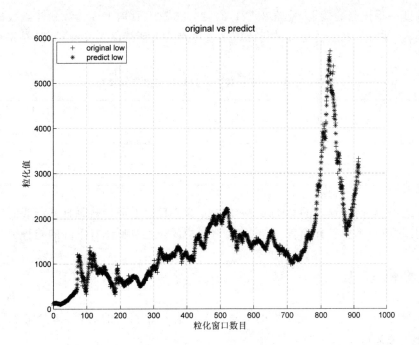

图 17-7 Low 的拟合结果图

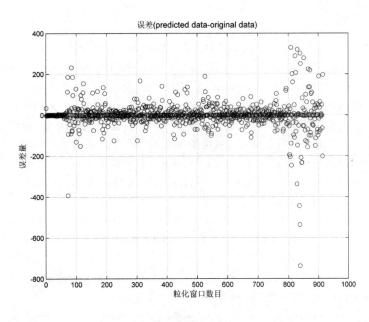

图 17-8 误差

17.3.4 给出上证指数的变化趋势和变化空间及预测效果验证

对于 R 和 Up 也进行回归预测,最终可以得到五个交易日内(20,21,24,25,26)模糊粒子的 R、Up 参数分别为

```
predict_r = 2950.0,predict_up = 3267.3
```

下面验证一下预测的效果，检验 20,21,24,25,26 这五日内上证指数的开盘数是否在上述预测的范围内，并与上五个交易日进行比较来整体看待上证指数的变化趋势，结果如表 17-1 所列。

表 17-1　上证指数变化趋势和变化空间预测

日期	13	14	17	18	19	实际变化范围（由模糊粒子描述）
实际开盘数	3 112.6	3 138.2	2 994.9	2 845.3	2 916.1	[Low,R,Up]=[2 796.3,3 138.2,3 380.2]
日期	20	21	24	25	26	预测变化范围（由模糊粒子描述）
实际开盘数	2 798.4	2 905.05	2 982.19	2 980.10	2 889.74	[Low,R,Up]=[2 796.8,2 950.0,3 267.3]

通过上表可以看到，预测的 20,21,24,25,26 这五日内上证指数每日开盘数的变化范围是准确的，并且较前五个交易日而言，这五日内上证指数开盘数整体有下降的趋势。

17.4　案例扩展

更多关于 SVM 理论和应用方面的资料以及信息粒化相关的资料，请参阅本章所列参考文献和其他相关文献。

参考文献

[1] Vapnik V. Statistical Learning Theory[M]. New York：Wiley，1998.

[2] Cortes C，Vapnik V. Support-Vector network[J]. Machine Learning，20：273-297，1995.

[3] Boser B，Guyon I，Vapnik V，A training algorithm for optimal margin classifiers[J]. ACM press：In Proceedings of the Fifth Annual Workshop on Computetional Learning Theory，1992.

[4] Mitchell T M. 机器学习[M]. 曾华军，张银奎，等译. 北京：机械工业出版社，2008.

[5] 海金（Haykin S）. 神经网络原理[M]. 叶世伟，史忠植，译. 北京：机械工业出版社，2004.

[6] 罗承忠. 模糊集引论（上下册）[M]. 北京：北京师范大学出版社，2005.

[7] Witold Pedrycz. Knowledge-Based Clustering—From Data to Information Granules[M]. New Jersey：John Wiley & Sons，Inc，2005.

[8] 李洋. 基于信息粒化的机器学习分类及回归预测分析[D]. 北京：北京师范大学数学科学学院，2009.

[9] A. Bargiela，W. Pedrycz. Granular Computing：An introduction[M]. Dodrecht：Kluwer Academic Publishers，2003.

[10] Y. Y. Yao. Granular computing using neighborhood systems，Advances in soft computing：Engineering design and manufacturing[M]. London：Springer-Verlag Company，1999.

[11] Yao，Y. Y. On Modeling data mining with granular computing[J]，Proceedings of COMPSAC，2001，638-643.

第 18 章 基于 SVM 的图像分割
——真彩色图像分割

18.1 案例背景

关于 SVM 的相关背景知识请参见第 12 章。

数字图像处理是一个跨学科的领域。随着计算机科学技术的不断发展，图像处理和分析逐渐形成了自己的科学体系，新的处理方法层出不穷，尽管其发展历史不长，但却引起各界人士的广泛关注。首先，视觉是人类最重要的感知手段，图像又是视觉的基础，因此，数字图像成为心理学、生理学、计算机科学等诸多领域内的学者们研究视觉感知的有效工具。其次，图像处理在军事、遥感、气象等大型应用中有不断增长的需求。

图像分割就是把图像分成若干个特定的、具有独特性质的区域并提出感兴趣目标的技术和过程。它是由图像处理到图像分析的关键步骤。现有的图像分割方法主要分为以下几类：基于阈值的分割方法、基于区域的分割方法、基于边缘的分割方法以及基于特定理论的分割方法等。近年来，研究人员不断改进原有的图像分割方法并把其他学科的一些新理论和新方法用于图像分割，提出了不少新的分割方法。

图像分割的应用包括：医学影像的处理；在卫星图像中定位物体（道路、森林等）；人脸识别；指纹识别；交通控制；机器视觉，等。

现已有许多各种用途的图像分割算法。图像分割问题没有统一的解决方法，通常要与相关领域的知识结合起来，这样才能更有效地解决。

图像分割的本质是对图像中的每个像素加标签（分类），这一过程使得具有相同标签的像素具有某种共同的视觉特性。本章将使用 SVM 对真彩色图像进行图像分割，测试表明 SVM 可以对图像进行有效分割。

18.2 MATLAB 实现

测试使用的真彩色图像如图 18-1 所示，一只可爱的黄色小鸭子在水面上捕食一只苍蝇。小鸭子及其在水中的倒影是偏黄色的，背景是偏蓝色的，该图片文件名为 littleduck.jpg。现利用 SVM 将小鸭子从背景中分离出来。

利用支持向量机进行图像分割，本质就是进行分类。首先需要找到区分不同像素点的特征，由于这幅图片的颜色对比鲜明，因此可以直接选取像素点的 RGB 值作为特征。偏黄色的点作为鸭子的特征点，偏蓝色的点作为湖水的特征点，另外

图 18-1 测试图像展示

考虑鸭子的眼睛是黑色的,因此也可以适当选取一两个黑色的像素点作为鸭子的特征。

下面来讲解具体操作和实现过程。

18.2.1 读入图像

将文件 littleduck.jpg 放到 MATLAB 当前工作目录(路径)(Current Folder)下,使用 imread 函数读取图像数据。

```matlab
%% 读取图像数据

% 读入图像,放在矩阵 pic
pic = imread('littleduck.jpg');
% 查看矩阵 pic 的大小和类型
whos pic;

scrsz = get(0,'ScreenSize');
figure('Position',[scrsz(3)*1/4 scrsz(4)*1/6  scrsz(3)*4/5 scrsz(4)]*3/4);
imshow(pic);
```

运行结果:

```
  Name       Size              Bytes  Class    Attributes

  pic        439x600x3         790200  uint8
```

读入的图像数据 pic 是一个 439 行、600 列、3 页的三维矩阵,数据类型为 8 位无符号整型。

18.2.2 选取前景(鸭子)和背景(湖水)样本点确定训练集

利用 ginput 函数来提取背景(湖水)的样本点和前景(鸭子)(待分割出来的目标)的样本点作为训练样本,实现过程和代码如下:

```matlab
%% 确定训练集

TrainData_background = zeros(20,3,'double');
TrainData_foreground = zeros(20,3,'double');

%% 背景(湖水)采样
msgbox('Please get 20 background samples(单击 OK 后再按任意键继续)',...
    'Background Samples','help');
pause;
for run = 1:20
    [x,y] = ginput(1);
    hold on;
    plot(x,y,'r*');
    x = uint8(x);
    y = uint8(y);
    TrainData_background(run,1) = pic(x,y,1);
    TrainData_background(run,2) = pic(x,y,2);
    TrainData_background(run,3) = pic(x,y,3);
end
```

```
%% 待分割出来的前景(鸭子)采样
msgbox('Please get 20 foreground samples which is the part to be segmented(单击 OK 后再按任意键继续)',...
    'Foreground Samples','help');
pause;
for run = 1:20
    [x,y] = ginput(1);
    hold on;
    plot(x,y,'ro');
    x = uint8(x);
    y = uint8(y);
    TrainData_foreground(run,1) = pic(x,y,1);
    TrainData_foreground(run,2) = pic(x,y,2);
    TrainData_foreground(run,3) = pic(x,y,3);
end
```

运行结果截图如图 18-2、18-3、18-4 所示。

图 18-2 选取背景(湖水)的样本点

需要说明的是,选取样本点(训练点)时有一个技巧,就是可以选取比较有代表性的一些点作为训练点,比如选取鸭子边缘附近和眼睛里的点作为样本点,最初选取的训练点可能导致图片分割得不是很完美,例如鸭子后面溅起的水花被分割成鸭子区域,这时候可以对错分的水花区域添加一两个典型点到湖面区域,一般尝试几次后就可以将鸭子图像从整个图像中分割出来了。

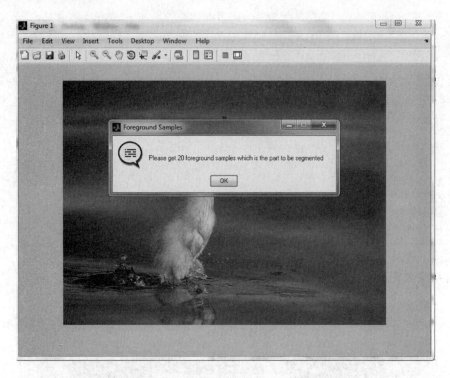

图 18-3　选取前景(鸭子)的样本点

图 18-4　前景(鸭子)和背景(湖水)的样本点选取完毕

18.2.3　建立支持向量机并进行图像分割

利用上面选取的样本点作为训练样本,将背景(湖水)的标签设为 0,前景(鸭子)的标签设为 1,进行训练和预测。这里采用了一次多项式核函数(LIBSVM 参数'-t 1 -d 1'):

```matlab
%% 建立支持向量机

% let background be 0 & foreground 1
% 即 属于背景(湖水)的点为 0,属于前景(鸭子)的点位 1
TrainLabel = [zeros(length(TrainData_background),1);...
    ones(length(TrainData_foreground),1)];

TrainData = [TrainData_background;TrainData_foreground];

model = svmtrain(TrainLabel, TrainData,'-t 1 -d 1');
%% 进行预测 i.e.进行图像分割
preTrainLabel = svmpredict(TrainLabel, TrainData, model);
% 求三维矩阵 pic 的行数 m,列数 n,页数 k
[m,n,k] = size(pic);
% 将三维矩阵 pic 转成 m×n 行,k 列的双精度二维矩阵
TestData = double(reshape(pic,m*n,k));
% 查看矩阵 TestData 的大小和类型
whos TestData;
% 预测前景(鸭子)和背景(湖水)的标签
TestLabal = svmpredict(zeros(length(TestData),1), TestData, model);
%% 展示分割后的图像

% 根据预测得到的前景(鸭子)和背景(湖水)标签对整个图像的像素点进行分类,进而达到图像分割
% 目的
ind = reshape([TestLabal,TestLabal,TestLabal],m,n,k);
ind = logical(ind);
pic_seg = pic;
pic_seg(~ind) = 0;

% 展示分割后的图像
scrsz = get(0,'ScreenSize');
figure('Position',[scrsz(3)*1/4 scrsz(4)*1/6  scrsz(3)*4/5 scrsz(4)]*3/4);
imshow(pic_seg);
% 分割前和分割后图像对比查看
scrsz = get(0,'ScreenSize');
figure('Position',[scrsz(3)*1/4 scrsz(4)*1/6  scrsz(3)*4/5 scrsz(4)]*3/4);
subplot(1,2,1);
imshow(pic);
subplot(1,2,2);
imshow(pic_seg);
```

运行结果如图 18-5 所示。

从图 18-5 可以看出,前景(鸭子)图像已经被完整地分割出来了,效果非常好。当然,并不是所有的图像都适合用支持向量机进行分割,影响支持向量机分割效果的关键是特征点的选取,选取的特征点需要能够对前景和背景有明显的区分效果,在实际操作中可以尝试使用多种分割方法进行对比。

图 18-5 分割后的前景(鸭子)图像

18.3 案例扩展

常见的图像分割方法有以下几种：
1. 基于阈值的分割方法

灰度阈值分割法是一种最常用的并行区域技术，它是图像分割中应用数量最多的一类。阈值分割方法实际上是输入图像 f 到输出图像 g 的如下变换：

$$g(i,j) = \begin{cases} 1, f(i,j) \geqslant T \\ 0, f(i,j) < T \end{cases}$$

其中，T 为阈值；对于物体的图像元素，$g(i,j)=1$，对于背景的图像元素，$g(i,j)=0$。

由此可见，阈值分割算法的关键是确定阈值，如果能确定一个合适的阈值就可准确地将图像分割开来。阈值确定后，阈值与像素点的灰度值比较和像素分割可对各像素并行地进行，分割的结果直接给出图像区域。

阈值分割的优点是计算简单、运算效率较高、速度快。在重视运算效率的应用场合(如用于硬件实现)，它得到了广泛应用。

2. 基于区域的分割方法

区域生长和分裂合并法是两种典型的串行区域技术，其分割过程后续步骤的处理要根据前面步骤的结果进行判断而确定。

(1) 区域生长

区域生长的基本思想是将具有相似性质的像素集合起来构成区域。具体先对每个需要分割的区域找一个种子像素作为生长的起点，然后将种子像素周围邻域中与种子像素有相同或相似性质的像素(根据某种事先确定的生长或相似准则来判定)合并到种子像素所在的区域中。将这些新像素当作新的种子像素继续进行上面的过程，直到再没有满足条件的像素可被包括进来。这样一个区域就长成了。

(2) 区域分裂合并

区域生长是从某个或者某些像素点出发，最后得到整个区域，进而实现目标提取。分裂合并差不多是区域生长的逆过程:从整个图像出发,不断分裂得到各个子区域,然后再把前景区域合并,实现目标提取。分裂合并的假设是对于一幅图像,前景区域是由一些相互连通的像素组成的,因此,如果把一幅图像分裂到像素级,那么就可以判定该像素是否为前景像素。当所有像素点或者子区域完成判断以后,把前景区域或者像素合并就可得到前景目标。

3. 基于边缘的分割方法

基于边缘的分割方法是指通过边缘检测,即检测灰度级或者结构具有突变的地方,确定一个区域的终结,即另一个区域开始的地方。不同的图像灰度不同,边界处一般有明显的边缘,利用此特征可以分割图像。

4. 基于特定理论的分割方法

图像分割至今尚无通用的自身理论。随着各学科新理论和新方法的提出,出现了与一些特定理论、方法相结合的图像分割方法,主要有:基于聚类分析的图像分割方法、基于模糊集理论的分割方法,等。

5. 基于基因编码的分割方法

基于基因编码的分割方法是指把图像背景和目标像素用不同的基因编码表示,通过区域性的划分,把图像背景和目标分离出来的方法。该方法具有处理速度快的优点,但算法实现起来比较难。

6. 基于小波变换的分割方法

小波变换是近年来得到广泛应用的数学工具,它在时域和频域都具有良好的局部化性质,而且小波变换具有多尺度特性,能够在不同尺度上对信号进行分析,因此在图像处理和分析等许多方面得到应用。

基于小波变换的阈值图像分割方法的基本思想是首先由二进小波变换将图像的直方图分解为不同层次的小波系数,然后依据给定的分割准则和小波系数选择阈值门限,最后利用阈值标出图像分割的区域。整个分割过程是从粗到细,由尺度变化来控制,即起始分割由粗略的$L2(R)$子空间上投影的直方图来实现,如果分割不理想,则利用直方图在精细的子空间上的小波系数逐步细化图像分割。分割算法的计算会与图像尺寸大小呈线性变化。

7. 基于神经网络的分割方法

近年来,人工神经网络识别技术已经引起了广泛的关注,并应用于图像分割。基于神经网络的分割方法的基本思想是通过训练多层感知机来得到线性决策函数,然后用决策函数对像素进行分类来达到分割的目的。这种方法需要大量的训练数据。神经网络存在巨量的连接,容易引入空间信息,能较好地解决图像中的噪声和不均匀问题。选择何种网络结构是这种方法要解决的主要问题。

参考文献

[1] 李洋,王小川,郁磊,等. MATLAB神经网络30个案例分析. 北京:北京航空航天大学出版社,2010.

[2] 吴鹏. MATLAB高效编程技巧与应用:25个案例分析[M]. 北京:北京航空航天大学出版社,2010.

[3] 谢中华. MATLAB统计分析与应用:40个案例分析[M]. 北京:北京航空航天大学出版社,2010.

第 19 章

基于 SVM 的手写字体识别

19.1 案例背景

关于 SVM 的相关背景知识请参见第 12 章。

手写体数字的识别在社会经济生活中的许多方面都有着广泛的应用,其识别方法也有许多种,如神经网络、Bayes 判别法等。由于手写体人为因素随意性大,手写字体识别的难度远高于印刷字体的识别。本章仅介绍利用支持向量机进行手写体数字识别。

选取的训练样本为 50 幅手写体数字,每个数字均有 5 幅图片,每幅图片大小为 50×50 像素,如图 19-1 所示。

图 19-1 训练样本图片

另选取 30 幅手写体数字图片作为测试样本,每个数字有 3 幅测试图片,每幅图片大小为 50×50 像素,如图 19-2 所示。

图 19-2 测试样本图片

下面利用支持向量机进行手写体数字的识别。

19.2 MATLAB 实现

19.2.1 图片预处理

由于图片中数字的大小和位置不尽相同,为了消除这些影响,首先对每幅图片做标准化预处理:把每幅图片做反色处理,并转为二值图像,然后截取二值图像中包含数字的最大区域,最后将截取的区域转化成标准的 16×16 像素的图像。此时数字上像素点灰度值为 1,背景像素点灰度值为 0,也就是说标准化处理后的图像为黑底白字的图像,处理前后的图片如图 19-3 所示。

图 19-3 原始图片(左)与预处理图片(右)对比

对图像进行标准化预处理的子函数 pic_preprocess 代码为:

```
%% sub function of pre-processing pic
function pic_preprocess = pic_preprocess(pic)
% 图片预处理子函数
% 图像反色处理
pic = 255 - pic;
% 设定阈值,将反色图像转成二值图像
pic = im2bw(pic,0.4);
% 查找数字上所有像素点的行标 y 和列标 x
[y,x] = find(pic == 1);
% 截取包含完整数字的最小区域
pic_preprocess = pic(min(y):max(y), min(x):max(x));
% 将截取的包含完整数字的最小区域图像转成 16×16 的标准化图像
pic_preprocess = imresize(pic_preprocess,[16,16]);
```

利用上述函数可以对样本图片进行批量预处理,实现过程和代码如下:

```
%% 载入训练数据

% 利用 uigetfile 函数交互式选取训练样本
[FileName,PathName,FilterIndex] = uigetfile( ...
    {'*.jpg';'*.bmp'},'请导入训练图片','*.jpg','MultiSelect','on');
if ~FilterIndex
    return;
end
num_train = length(FileName);
TrainData = zeros(num_train,16*16);
TrainLabel = zeros(num_train,1);
for k = 1:num_train
```

```
    pic = imread([PathName,FileName{k}]);
    pic = pic_preprocess(pic);

    % 将标准化图像按列拉成一个向量并转置,生成 50×256 的训练样本矩阵
    TrainData(k,:) = double(pic(:)');
    % 样本标签为样本所对应的数字
    TrainLabel(k) = str2double(FileName{k}(4));
end
```

运行上述代码,TrainData 为一个 50×256 的训练样本的属性矩阵,TrainLabel 为 50×1 的列向量为训练样本的标签。

19.2.2 建立支持向量机

下面利用训练样本建立支持向量机。这里采用 RBF 核函数并利用遗传算法(GA)进行参数寻优:

```
%% 建立支持向量机

% 设置 GA 相关参数
    ga_option.maxgen = 100;
    ga_option.sizepop = 20;
    ga_option.cbound = [0,100];
    ga_option.gbound = [0,100];
    ga_option.v = 10;
    ga_option.ggap = 0.9;
% 利用 GA 进行参数寻优
    [bestCVaccuracy,bestc,bestg] = ...
    gaSVMcgForClass(TrainLabel,TrainData,ga_option)

% 训练
cmd = ['-c',num2str(bestc),' -g',num2str(bestg)];
model = svmtrain(TrainLabel, TrainData, cmd);
% 在训练集上查看识别能力
preTrainLabel = svmpredict(TrainLabel, TrainData, model);
```

运行结果如下(见图 19-4):

```
bestCVaccuracy =
    98
bestc =
    3.4933
bestg =
    9.1004
Accuracy = 100% (50/50) (classification)
```

可以看到最佳参数为(3.4933,9.1004),建立的支持向量机在训练集上的识别率是 100%。

需要说明的是,上面的 gaSVMcgForClass 函数来自 LIBSVM-FarutoUltimate 工具箱。关于 gaSVMcgForClass 函数的使用和 LIBSVM-FarutoUltimate 工具箱的详细介绍详见第 20 章。

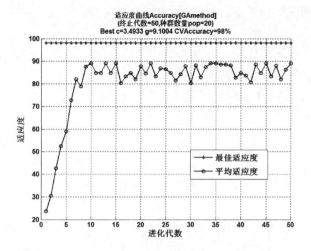

图 19-4 启发式遗传算法(GA)参数优化

19.2.3 对测试样本进行识别

利用建立的支持向量机可以对测试样本中的 30 个手写体数字进行识别,由于训练样本进行过预处理,测试样本也需要进行同样的预处理。

```
%% 载入测试样本
[FileName,PathName,FilterIndex] = uigetfile( ...
    {'*.jpg';'*.bmp'},'请导入测试图片','*.bmp','MultiSelect','on');
if ~FilterIndex
    return;
end
num_train = length(FileName);
TestData = zeros(num_train,16 * 16);
TestLabel = zeros(num_train,1);
for k = 1:num_train
    pic = imread([PathName,FileName{k}]);
    pic = pic_preprocess(pic);
    
    TestData(k,:) = double(pic(:)');
    TestLabel(k) = str2double(FileName{k}(4));
end
%% 对测试样本进行分类
preTestLabel = svmpredict(TestLabel, TestData, model);
assignin('base','TestLabel',TestLabel);
assignin('base','preTestLabel',preTestLabel);
TestLabel'
preTestLabel'
```

运行结果:

```
Accuracy = 93.3333% (28/30) (classification)
ans =
  Columns 1 through 22
    0    0    0    1    1    1    2    2    2    3    3    3    4    4    4    5
    5    5    6    6    6    7
```

```
        Columns 23 through 30
            7     7     8     8     8     9     9     9
    ans =
        Columns 1 through 22
            0     0     0     1     1     7     2     2     2     3     3     3     4     4     4     5
    5     5     6     6     6     7
        Columns 23 through 30
            7     7     8     8     8     7     9     9
```

可以看到在测试样本上的识别率为 93.3333％ (28/30), 即有两个样本被错分: 一个"1"被误判成"7", 还有一个"9"被误判成"7"。在每个数字只有 5 个训练样本情况下, 这样的识别效果是可以接受的。增加训练样本的数量可以有效提高识别率。

参考文献

[1] 李洋, 王小川, 郁磊, 等. MATLAB 神经网络 30 个案例分析. 北京: 北京航空航天大学出版社, 2010.
[2] 吴鹏. MATLAB 高效编程技巧与应用: 25 个案例分析[M]. 北京: 北京航空航天大学出版社, 2010.
[3] 谢中华. MATLAB 统计分析与应用: 40 个案例分析[M]. 北京: 北京航空航天大学出版社, 2010.

第 20 章

LIBSVM - FarutoUltimate 工具箱及 GUI 版本介绍与使用

20.1 案例背景

关于 SVM 的相关背景知识请参见第 12 章。

LIBSVM - FarutoUltimate 工具箱是本书的作者之一李洋(faruto)在 LIBSVM 工具箱的基础上经过完善,添加了一些辅助函数(各种参数寻优方法、数据归一化和降维、图形展示等)后得到的,其 GUI 版本 SVM_GUI 工具箱是在 LIBSVM - FarutoUltimate 工具箱基础上的一个图形使用界面。

LIBSVM - FarutoUltimate 工具箱的最新版本为 3.1(截至 2013 年 1 月 1 日),下载地址:http://www.matlabsky.com/thread - 17936 - 1 - 1.html。

SVM_GUI 工具箱的最新版本为 3.1(截至 2013 年 1 月 1 日),下载地址:http://www.matlabsky.com/thread - 9333 - 1 - 1.html(使用 SVM_GUI 工具箱前需要事先安装 LIBSVM - FarutoUltimate 工具箱)。

在这里要感谢 LIBSVM 的原始作者台湾大学的林智仁先生,没有他的 LIBSVM 工具箱,这些在 MATLAB 环境里面的 SVM 的辅助函数也就没有存在意义,在此给出 LIBSVM 的官方原始引用注明:

"Chih - Chung Chang and Chih - Jen Lin,LIBSVM:a library for support vector machines,2001. Software available at http://www.csie.ntu.edu.tw/~cjlin/libsvm"

在此希望大家在使用 LIBSVM—FarutoUltimate 工具箱或转载相关辅助函数时给出如下的引用注明:

"Li Yang(Faruto),LIBSVM - FarutoUltimate:a toolbox with implements for support vector machines based on libsvm,2011. Software available at http://www.matlabsky.com"

下面详细介绍 LIBSVM - FarutoUltimate 工具箱和 SVM_GUI 工具箱的使用。

20.2 LIBSVM - FarutoUltimate 工具箱使用介绍

LIBSVM - FarutoUltimate 工具箱提供了针对分类和回归的过程模板、网格参数寻优、启发式参数寻优、归一化预处理、降维预处理、结果可视化等一系列的辅助函数方便大家使用,提升 LIBSVM 工具箱在分类和回归中的强大作用。

20.2.1 LIBSVM - FarutoUltimate 工具箱辅助函数内容列表

LIBSVM - FarutoUltimate 工具箱主要有以下函数(或脚本):

a_template_flow_usingSVM_class.m
脚本代码,一个利用SVM来分类的过程模板。

a_template_flow_usingSVM_regress.m
脚本代码,一个利用SVM来回归的过程模板。

gaSVMcgForClass.m
对于分类问题利用GA来进行参数优化(c,g),针对RBF核函数(参数'-t 2')。

gaSVMcgForRegress.m
对于回归问题利用GA来进行参数优化(c,g),针对RBF核函数(参数'-t 2')。

gaSVMcgpForRegress.m
对于回归问题利用GA来进行参数优化(c,g,p),针对epsilon-SVR模型和RBF核函数(参数'-s 3 -t 2')。

pcaForSVM.m
pca降维预处理函数

psoSVMcgForClass.m
对于分类问题利用PSO来进行参数优化(c,g),针对RBF核函数(参数'-t 2')。

psoSVMcgForRegress.m
对于回归问题利用PSO来进行参数优化(c,g),针对RBF核函数(参数'-t 2')。

scaleForSVM.m
归一化预处理函数

SVMcgForClass.m
对于分类问题网格参数优化(c,g),针对RBF核函数(参数'-t 2')。

SVMcgForRegress.m
对于回归问题网格参数优化(c,g),针对RBF核函数(参数'-t 2')。

svmplot.m
分类问题的可视化图(分类超平面绘制仅对二维问题分类标签为-1和+1的可用)。

VF.m
对于分类问题的一些评价指标(如准确率,正类准确率,负类准确率等)。

SVC.m
对于分类问题各种函数插件的一个整合接口

SVR.m
对于回归问题各种函数插件的一个整合接口

下面详细介绍这些函数的用法。

20.2.2 LIBSVM-FarutoUltimate工具箱辅助函数语法介绍以及测试

1. scaleForSVM.m

scaleForSVM.m为归一化预处理函数,其调用格式如下:

```
[train_scale,test_scale,ps] = scaleForSVM(train_data,test_data,ymin,ymax)
```

输入:

train_data:训练集。

test_data:测试集。

ymin:归一化范围下限(可不输入,默认为0)。

ymax:归一化范围上限(可不输入,默认为1)。

输出:

train_scale:归一化后的训练集。

test_scale:归一化后的测试集。

ps:归一化映射。

测试代码:

```
train_data = [1 12;3 4;7 8]
test_data = [9 10;6 2]

[train_scale,test_scale,ps] = scaleForSVM(train_data,test_data,0,1)
```

运行结果:

```
train_data =
     1    12
     3     4
     7     8
test_data =
     9    10
     6     2
train_scale =
         0    1.0000
    0.2500    0.2000
    0.7500    0.6000
test_scale =
    1.0000    0.8000
    0.6250         0
ps =
      name: 'mapminmax'
     xrows: 2
      xmax: [2×1 double]
      xmin: [2×1 double]
    xrange: [2×1 double]
     yrows: 2
      ymax: 1
      ymin: 0
    yrange: 1
```

2. pcaForSVM.m

pcaForSVM.m 为 pca 降维预处理函数,其调用格式如下:

```
[train_pca,test_pca] = pcaForSVM(train,test,threshold)
```

输入:

train_data:训练集,格式要求与 svmtrain 相同。

test_data：测试集，格式要求与 svmtrain 相同。

threshold：对原始变量的解释程度（[0,100]之间的一个数），通过该阈值可以选取出主成分，该参数可以不输入，默认为 90，即选取的主成分默认可以达到对原始变量 90% 的解释程度。

输出：

train_pca：进行 pca 降维预处理后的训练集。

test_pca：进行 pca 降维预处理后的测试集。

测试代码：

```
load wine_test
whos train_data
[train_scale,test_scale,ps] = scaleForSVM(train_data,test_data,0,1);
[train_pca,test_pca] = pcaForSVM(train_scale,test_scale,95);
whos train_pca
```

运行结果如图 20-1 所示：

Name	Size	Bytes	Class	Attributes
train_data	89×13	9256	double	
Name	Size	Bytes	Class	Attributes
train_pca	89×10	7120	double	

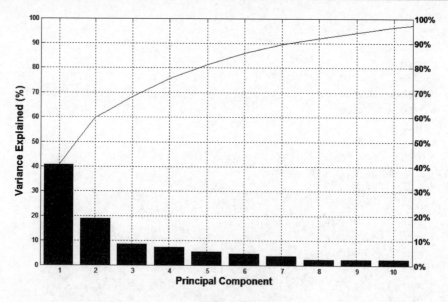

图 20-1　pca 降维预处理

3. SVMcgForClass.m

SVMcgForClass.m 是参数寻优函数，其调用格式如下：

[bestacc,bestc,bestg] = SVMcgForClass(train_label,train,cmin,cmax,gmin,gmax,v,cstep,gstep,accstep)

输入:

train_label:训练集的标签,格式要求与 svmtrain 相同。

train:训练集,格式要求与 svmtrain 相同。

cmin,cmax:惩罚参数 c 的变化范围,即在[2^cmin,2^cmax]范围内寻找最佳的参数 c,默认值为 cmin=-8,cmax=8,即默认惩罚参数 c 的范围是[2^(-8),2^8]。

gmin,gmax:RBF 核参数 g 的变化范围,即在[2^gmin,2^gmax]范围内寻找最佳的 RBF 核参数 g,默认值为 gmin=-8,gmax=8,即默认 RBF 核参数 g 的范围是[2^(-8),2^8]。

v:进行 CV 过程中的参数,即对训练集进行 v-fold Cross Validation,默认为 3,即默认进行 3 折 CV 过程。

cstep,gstep:进行参数寻优的 c 和 g 的步进大小,即 c 的取值为 2^cmin,2^(cmin+cstep),…,2^cmax,g 的取值为 2^gmin,2^(gmin+gstep),…,2^gmax,默认取值为 cstep=1,gstep=1。

accstep:最后参数选择结果图中准确率离散化显示的步进间隔大小([0,100]之间的一个数),默认值为 4.5。

输出:

bestCVaccuracy:最终 CV 意义下的最佳分类准确率。

bestc:最佳的参数 c。

bestg:最佳的参数 g。

测试代码:

```
load wine_test
[train_scale,test_scale,ps] = scaleForSVM(train_data,test_data,0,1);
[bestacc,bestc,bestg] = SVMcgForClass(train_data_labels,train_scale,-10,10,-10,10,5,0.5,0.5,4.5);
```

运行结果如图 20-2、图 20-3 所示。

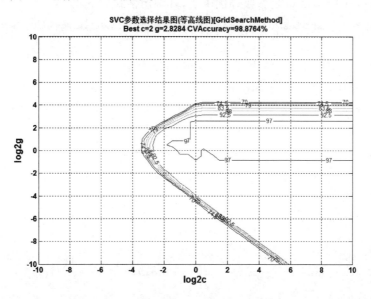

图 20-2 网格参数寻优等高线图

```
bestacc =
    98.8764
bestc =
    2
bestg =
2.8284
```

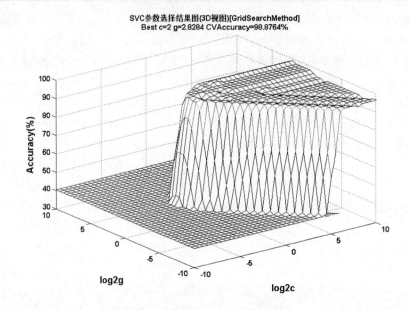

图 20-3 网格参数寻优 3D 视图

4. psoSVMcgForClass.m

psoSVMcgForClass.m 也是参数寻优函数,其调用格式如下:

```
[bestCVaccuracy,bestc,bestg,pso_option]= psoSVMcgForClass(train_label,train,pso_option)
```

输入:

train_label:训练集的标签,格式要求与 svmtrain 相同。

train:训练集,格式要求与 svmtrain 相同。

pso_option:PSO 中的一些参数设置,可不输入,有默认值,详细请看代码的帮助说明。

输出:

bestCVaccuracy:最终 CV 意义下的最佳分类准确率。

bestc:最佳的参数 c。

bestg:最佳的参数 g。

pso_option:记录 PSO 中的一些参数。

测试代码:

```
load wine_test
[train_scale,test_scale,ps] = scaleForSVM(train_data,test_data,0,1);

    pso_option.c1 = 1.5;
    pso_option.c2 = 1.7;
    pso_option.maxgen = 100;
```

```
        pso_option.sizepop = 20;
        pso_option.k = 0.6;
        pso_option.wV = 1;
        pso_option.wP = 1;
        pso_option.v = 3;
        pso_option.popcmax = 100;
        pso_option.popcmin = 0.1;
        pso_option.popgmax = 100;
        pso_option.popgmin = 0.1;
[bestacc,bestc,bestg] = psoSVMcgForClass(train_data_labels,train_scale,pso_option)
```

运行结果如下(见图 20-4):

```
bestacc =
    98.8764
bestc =
    1.3314
bestg =
1.8008
```

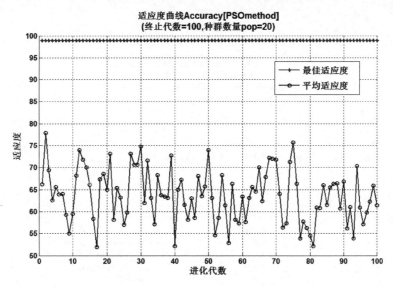

图 20-4 启发式算法 PSO 参数寻优

5. gaSVMcgForClass. m

gaSVMcgForClass. m 的功能为参数优化,其调用格式如下:

`[bestCVaccuracy,bestc,bestg,ga_option] = gaSVMcgForClass(train_label,train,ga_option)`

输入:

train_label:训练集的标签,格式要求与 svmtrain 相同。

train:训练集,格式要求与 svmtrain 相同。

ga_option:GA 中的一些参数设置,可不输入,有默认值,详细请看代码的帮助说明。

输出:

bestCVaccuracy:最终 CV 意义下的最佳分类准确率。

bestc:最佳的参数 c。

bestg：最佳的参数 g。
ga_option：记录 GA 中的一些参数。
测试代码：

```
load wine_test
[train_scale,test_scale,ps] = scaleForSVM(train_data,test_data,0,1);
    ga_option.maxgen = 100;
    ga_option.sizepop = 20;
    ga_option.cbound = [0,100];
    ga_option.gbound = [0,100];
    ga_option.v = 10;
    ga_option.ggap = 0.9;
[bestacc,bestc,bestg] = gaSVMcgForClass(train_data_labels,train_scale,ga_option)
```

运行结果如下（见图 20-5）：

```
bestacc =
    98.8764
bestc =
    1.7599
bestg =
3.7673
```

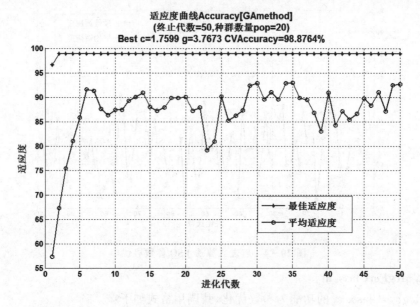

图 20-5　启发式算法 GA 参数寻优

6. svmplot.m

svmplot.m 主要用于生成分类问题的可视化图形展示（分类超平面绘制仅对二维问题分类标签为-1 和+1 的可用），其调用格式如下：

```
svmplot(labels,dataset,model)
```

测试代码：

```
load fisheriris;
data = [meas(:,1), meas(:,2)];
groups = ismember(species,'setosa');
```

```
[train, test] = crossvalind('holdOut',groups);
dataset = data(train,:);
labels = double(groups(train));
model = svmtrain(labels,dataset,'-c 2 -g 0.1');
figure;
grid on;
svmplot(labels,dataset,model);
```

运行结果如图 20-6 所示。

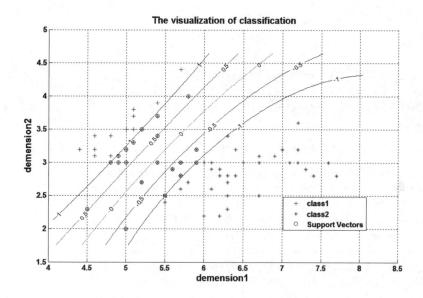

图 20-6 分类问题的可视化图

7. SVC.m

SVC.m 是对于分类问题各种函数插件的一个整合函数,其调用格式如下：

```
[predict_label,accuracy] = SVC(train_label,train_data,test_label,test_data,Method_option)
% ====================input====================
1 表示 是 0 表示 否
% Method_option.plotOriginal = 0 or 1  表示是否画出原始数据
% Method_option.scale = 0 or 1  表示是否进行归一化
% Method_option.plotScale = 0 or 1  表示是否画出归一化后的图像
% Method_option.pca = 0 or 1  表示是否进行 pca 降维预处理
% Method_option.type = 1[grid] or 2[ga] or 3[pso]  表示采用何种寻参方法
```

测试代码：

```
load wine_test;
train_label = train_data_labels;
train_data = train_data;
test_label = test_data_labels;
test_data = test_data;

Method_option.plotOriginal = 0;
Method_option.scale = 1;
Method_option.plotScale = 0;
```

```
Method_option.pca = 1;
Method_option.type = 1;

[predict_label,accuracy] = SVC(train_label,train_data,test_label,test_data,Method_option);
```

运行结果:

```
bestCVaccuracy =
    97.7528
bestc =
    1.7411
bestg =
    5.2780
Accuracy = 100% (89/89) (classification)
Accuracy = 97.7528% (87/89) (classification)
accuracy =
   100.0000   97.7528
```

8. SVR.m

SVR.m 是对于回归问题各种函数插件的一个整合函数,其调用格式如下:

```
[predict_Y,mse,r] = SVR(train_y,train_x,test_y,test_x,Method_option)
% ========================input====================
1 表示 是 0 表示 否
% Method_option.plotOriginal = 0 or 1   是否画出原始数据
% Method_option.xscale = 0 or 1   是否对自变量归一化
% Method_option.yscale = 0 or 1   是否对因变量归一化
% Method_option.plotScale = 0 or 1   是否画出归一化后的因变量
% Method_option.pca = 0 or 1   是否进行 pca 降维预处理
% Method_option.type = 1[grid cg] or 2[ga cg] or 3[pso cg] or 4[pso cgp] or 5[ga cgp]
表示采用何种寻参方法
```

测试代码:

```
load x123;
train_y = x1(1:17,:);
train_x = [1:17]';
test_y = x1(18:end,:);
test_x = [18:20]';

Method_option.plotOriginal = 0;
Method_option.xscale = 1;
Method_option.yscale = 1;
Method_option.plotScale = 0;
Method_option.pca = 0;
Method_option.type = 5;

[predict_Y,mse,r] = SVR(train_y,train_x,test_y,test_x,Method_option);
```

运行结果如下(见图 20-7、20-8):

```
bestCVmse =
    0.0234
bestc =
   58.8300
bestg =
```

```
       47.2991
bestp = 
        0.0989
Mean squared error = 0.00700163 (regression)
Squared correlation coefficient = 0.946016 (regression)
Mean squared error = 0.00292977 (regression)
Squared correlation coefficient = 0.991936 (regression)
mse =
      0.0070    0.0029
r =
      0.9460    0.9919
```

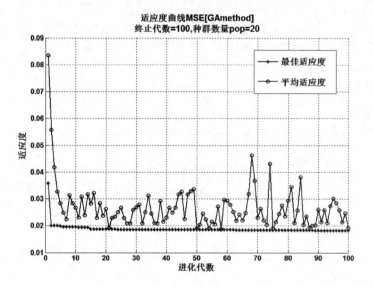

图 20-7　GA 参数寻优

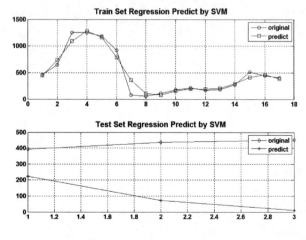

图 20-8　回归拟合预测结果

9. VF.m

VF.m 可以生成对于分类问题的一些评价指标（如准确率、正类准确率、负类准确率等），其调用格式如下：

```
[score,str] = VF(true_labels,predict_labels,type)
% VF : validation_function
% Note:This tool is designed only for binary-class C-SVM with labels
% {1,-1}. Multi-class,regression and probability estimation are not supported.
% type : 1,2,3,4,5
% 1:Accuracy = #true / #total
% 2:Precision = true_positive / (true_positive + false_positive)
% 3:Recall = true_positive / (true_positive + false_negative)
% 4:F-score = 2 * Precision * Recall / (Precision + Recall)
% 5:
% BAC (Ballanced ACcuracy) = (Sensitivity + Specificity) / 2,
% where Sensitivity = true_positive / (true_positive + false_negative)
% and    Specificity = true_negative / (true_negative + false_positive)
```

测试代码：

```
load wine_test
[train_scale,test_scale,ps] = scaleForSVM(train_data,test_data,0,1);
model = svmtrain(train_data_labels,train_scale,'-c 2 -g 0.1');
[pre,acc] = svmpredict(train_data_labels,train_scale,model);
[score,str] = VF(train_data_labels,pre,1)
[score,str] = VF(train_data_labels,pre,2)
[score,str] = VF(train_data_labels,pre,3)
[score,str] = VF(train_data_labels,pre,4)
[score,str] = VF(train_data_labels,pre,5)
```

运行结果：

```
score =
   96.6292
str =
Accuracy = 96.6292% (86/89) [Accuracy = #true / #total]
score =
   96.7742
str =
Precision = 96.7742% (30/31) [Precision = true_positive / (true_positive + false_positive)]
score =
   100
str =
Recall = 100% (30/30) [Recall = true_positive / (true_positive + false_negative)]
score =
   98.3607
str =
F-score = 98.3607% [F-score = 2 * Precision * Recall / (Precision + Recall)]
score =
    50
str =
BAC = 50% [BAC (Ballanced ACcuracy) = (Sensitivity + Specificity) / 2]
```

20.3 SVM_GUI 工具箱使用介绍

SVM_GUI 工具箱是建立在 LIBSVM – FarutoUltimate 工具箱基础上的一个图形使用界面，使用 SVM_GUI 工具箱前需要事先安装 LIBSVM – FarutoUltimate 工具箱。

安装了 LIBSVM – FarutoUltimate 工具箱和 SVM_GUI 工具箱后，在 MATLAB 的命令窗口（Command Window）键入 SVM_GUI 命令可以直接启动 SVM_GUI 工具箱，如图 20 – 9 所示。

图 20 – 9　SVM_GUI 工具箱启动后界面

单击"SVC"、"SVR"按钮可以分别启动分类和回归的界面，如图 20 – 10、图 20 – 11 所示。

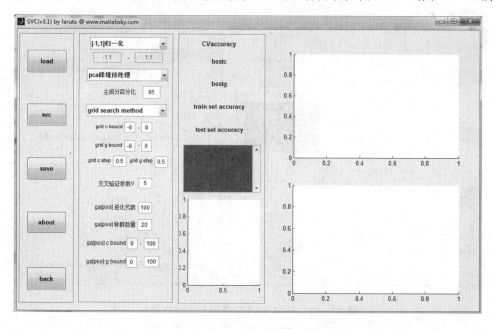

图 20 – 10　SVM_GUI 工具箱分类界面

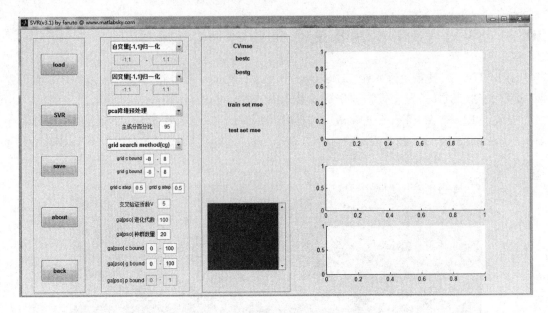

图 20-11 SVM_GUI 工具箱回归界面

SVM_GUI 工具箱是图形操作界面,只需单击鼠标就可以完成数据载入、数据归一化处理、数据降维处理、参数寻优方式选择、结果输出等一系列操作。如图 20-12、图 20-13 所示为分类和回归运行展示。

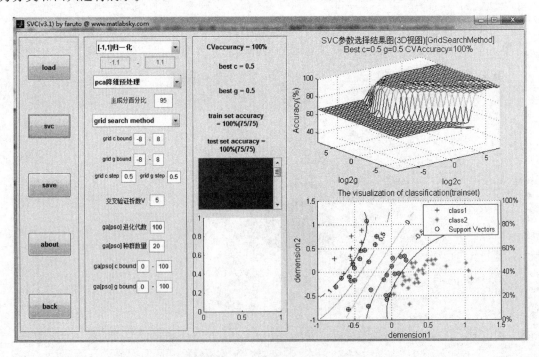

图 20-12 SVM_GUI 工具箱分类运行展示

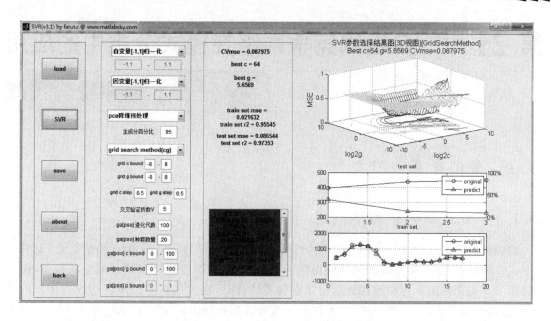

图 20-13 SVM_GUI 工具箱回归运行展示

20.4 案例扩展

以下的这个帖子是本书的作者之一李洋（faruto）多年整理并持续更新的一个有关 SVM 的帖子，涉及 SVM 理论和应用相关的内容，可以方便大家后续更加系统地学习 SVM。大家有 SVM 相关的问题可以直接回复该帖子或者留言和作者"面对面"进行交流。帖子名称和地址为："关于 SVM 的那点破事"，http://www.matlabsky.com/thread-10966-1-1.html。

第 21 章 自组织竞争网络在模式分类中的应用
——患者癌症发病预测

21.1 案例背景

21.1.1 自组织竞争网络概述

前面案例中讲述的都是在训练过程中采用有导师监督学习方式的神经网络模型。这种学习方式在训练过程中，需要预先给网络提供期望输出，根据期望输出来调整网络的权重，使得实际输出和期望输出尽可能地接近。但是在很多情况下，在人们认知的过程中没有预知的正确模式，也就是常说的"无师自通"。在这种无监督无期望输出的情况下，基于有导师学习的神经网络往往是无能为力的。自组织神经网络可以通过对客观事件的反复观察、分析与比较，自行提示其内在规律，并对具有共同特征的事物进行正确的分类。此种网络更与人脑中生物神经网络的学习模式类似，即可以通过自动寻找样本中的内在规律和本质属性，自组织、自适应地改变网络参数与结构，这也是自组织名称的由来。自组织神经网络的学习规则大都采用竞争型的学习规则，详见 21.1.2 中的讲解。

竞争型神经网络的基本思想是网络竞争层的各个神经元通过竞争来获得对输入模式的响应机会，最后仅有一个神经元成为竞争的胜利者，并将与获胜神经元有关的各连接权值向着更有利于其竞争的方向调整。自组织竞争网络自组织、自适应的学习能力进一步拓宽了神经网络在模式分类和识别方面的应用。

21.1.2 竞争网络结构和学习算法

竞争型神经网络有很多具体形式和不同的学习算法，本案例只介绍一种比较简单的网络结构和学习算法，其网络结构如图 21-1 所示。

竞争网络可分为输入层和竞争层。假定输入层由 N 个神经元构成，竞争层有 M 个神经元。网络的连接权值为 $w_{ij}(i=1,2,\cdots,N;j=1,2,\cdots,M)$ 且满足约束条件 $\sum_{i=1}^{N} w_{ij} = 1$。

在竞争层中，神经元之间相互竞争，最终只有一个神经元获胜，以适应当前的输入样本。竞争胜利的神经元就代表着当前输入样本的分类模式。竞争型网络的输入样本为二值向量，各元素取值 0 或者 1。竞争层神经元 j 的状态的计算方式如下：

$$S_j = \sum_{i=1}^{N} w_{ij} x_i \qquad (21-1)$$

式(21-1)中，x_i 为输入样本向量的第 i 个元素。根据竞争机制，竞争层中具有最大加权值的神经元 k 赢得竞争胜利，输出为

$$a_k = \begin{cases} 1, & S_k > S_j, \forall j, k \neq j \\ 0, & \text{else} \end{cases}$$

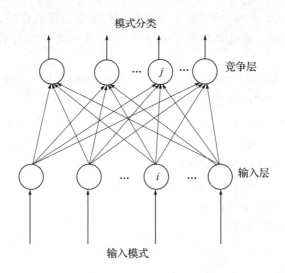

图 21-1 基本竞争型神经网络结构

竞争后的权值按照如下方式进行修正,对于所有的输入层神经元 i,有

$$w_{ij} = w_{ij} + a\left(\frac{x_i}{m} - w_{ij}\right) \tag{21-2}$$

式中,a 为学习参数,$0 < a \ll 1$,一般取为 $0.01 \sim 0.03$;m 为输入层中输出为 1 的神经元个数,即 $m = \sum_{i=1}^{N} x_i$。

权值调整公式中的 $\frac{x_i}{m}$ 项表示当 x_i 为 1 时,权值增加;而当 x_i 为 0 时,权值减小。也就是说,当 x_i 活跃时,对应的第 i 个权值就增加,否则就减小。由于所有权值的和为 1,所以当第 i 个权值增加或减小时,对应的其他权值就可能减小或增加。此外,式(21-2)还保证了权值的调整能够满足所有的权值调整量之和为 0。

21.1.3 癌症和基因理论概述

癌症(cancer),医学上称之为恶性肿瘤(malignant neoplasm),是机体在环境污染、化学污染(化学毒素)、电离辐射、自由基毒素、微生物(细菌、真菌、病毒等)及其代谢毒素、遗传特性、内分泌失衡、免疫功能紊乱等各种致癌物质、致癌因素的作用下导致身体正常细胞发生癌变的结果,常表现为:局部组织的细胞异常增生而形成的局部肿块。癌症是机体正常细胞在多原因、多阶段与多次突变所引起的一大类疾病。癌细胞的特点是:无限制、无止境地增生,使患者体内的营养物质被大量消耗;癌细胞释放出多种毒素,使人体产生一系列症状;癌细胞还可转移到全身各处生长繁殖,导致人体消瘦、无力、贫血、食欲不振、发热以及严重的脏器功能受损等。与恶性肿瘤相对的良性肿瘤容易清除干净,一般不转移、不复发,对器官、组织只有挤压和阻塞作用,但癌症(恶性肿瘤)却会破坏组织、器官的结构和功能,引起坏死出血合并感染,患者最终由于器官功能衰竭而死亡。

人体基因组图谱好比是一张能说明构成每一个人体细胞脱氧核糖核酸(DNA)的 30 亿个碱基对精确排列的"地图"。科学家们认为,通过对每一个基因的测定,人们将能够找到新的方法来治疗和预防许多疾病,如癌症和心脏病等。基因有两个特点,一是能忠实地复制自己,以保持生物的基本特征；二是基因能够"突变"，突变绝大多数会导致疾病，另外的一小部分是非致病突变。非致病突变给自然选择带来了原始材料，使生物可以在自然选择中被选择出最适合自然的个体。

通过使用基因芯片分析人类基因组，可找出致病的遗传基因。癌症、糖尿病等，都是遗传基因缺陷引起的疾病。医学和生物学研究人员将能在数秒钟内鉴定出最终会导致癌症等的突变基因。借助一小滴测试液，医生们能预测药物对病人的功效，可诊断出药物在治疗过程中的不良反应，还能当场鉴别出病人受到了何种细菌、病毒或其他微生物的感染。利用基因芯片分析遗传基因，将使10年后对糖尿病的确诊率达到50%以上。

未来人们在体检时，由搭载基因芯片的诊断机器人对受检者取血，转瞬间体检结果便可以显示在计算机屏幕上。利用基因诊断，医疗将从千篇一律的"大众医疗"时代，进步到依据个人遗传基因而异的"定制医疗"时代。

21.2 模型建立

本案例中给出了一个含有60个个体基因表达水平的样本。每个样本中测量了114个基因特征，其中前20个样本是癌症病人的基因表达水平的样本(其中还可能有子类)，中间的20个样本是正常人的基因表达信息样本，余下的20个样本是待检测的样本(未知它们是否正常)。以下将设法找出癌症与正常样本在基因表达水平上的区别，建立竞争网络模型去预测待检测样本是癌症还是正常样本。

本案例程序中使用的 gene.mat 是一个 60×114 的矩阵，即共有60组样本数据，每个样本中包括114个元素。利用 newc() 函数创建一个自竞争网络。由于需要区分的类别数目为2，因此，竞争层神经元的数目也为2。为了加快学习速度，将学习速率设置为0.1。具体函数使用方法和 MATLAB 实现见 21.3。

21.3 MATLAB 实现

本例中用到的关键函数为建立一个竞争层网络函数 net()，其调用格式如下：

```
net = newc(PR,S,KLR,CLR)
```

其中，PR 为 R 个输入元素的最大值和最小值的设定值；S 为神经元的数目；KLS 为 Kohonen 学习速率，默认为0.01；CLR 为 Conscience 学习速率，默认为0.001；net 为函数返回值，一个新的竞争层。

由于原始数据是60个个体的集合，本案例中将样本分为训练和预测样本，既前40个为训练样本，后20个为预测样本，代码实现如下：

```
%% 清空环境变量
clc
clear
%% 录入输入数据
% 载入数据并将数据分成训练和预测两类
load gene.mat;
data = gene;
P = data(1:40,:);
```

第21章 自组织竞争网络在模式分类中的应用——患者癌症发病预测

```
T = data(41:60,:);

% 转置后符合神经网络的输入格式
P = P';
T = T';
% 取输入元素的最大值和最小值Q
Q = minmax(P);

%% 网络建立和训练
% 利用newc( )命令建立竞争网络;2代表竞争层的神经元个数,也就是要分类的个数;0.1代表学习速率
net = newc(Q,2,0.1);

% 初始化网络及设定网络参数
net = init(net);
net.trainparam.epochs = 20;
% 训练网络
net = train(net,P);

%% 网络的效果验证

% 将原数据回代,测试网络效果
a = sim(net,P);
ac = vec2ind(a)

% 这里使用了变换函数vec2ind(),用于将单值向量组变换成下标向量。其调用的格式为
%    ind = vec2ind(vec)
% 其中,vec为m行n列的向量矩阵x,x中的每个列向量i,除包含一个1外,其余元素均为0;ind为
% n个元素值为1所在的行下标值构成的一个行向量

%% 网络作分类的预测
% 下面将后20个数据带入神经网络模型中,观察网络输出
% sim( )来做网络仿真
Y = sim(net,T);
yc = vec2ind(Y)
```

结果如下:

```
ac =

  Columns 1 through 18

    1    1    1    1    1    1    1    1    1    1    1    2
    1    1    1    2    1

  Columns 19 through 36

    1    2    2    2    2    2    2    2    1    1    2    2
    1    1    2    2    2

  Columns 37 through 40

    2    1    2    1

yc =

  Columns 1 through 18
```

```
            2     2     1     1     1     1     1     1     1     1     1     1
     1      1     1     1     2     1
         Columns 19 through 20
     1      1
```

预测结果如表 21-1、表 21-2 所列。

表 21-1 训练数据的分类结果

编号	1	2	3	4	5	6	7	8	9	10	11	12	13	14	15	16	17	18	19	20
真实	1	1	1	1	1	1	1	1	1	1	1	1	1	1	1	1	1	1	1	1
分类	1	1	1	1	1	1	1	1	1	1	1	2	1	1	1	2	1	1	1	2
编号	21	22	23	24	25	26	27	28	29	30	31	32	33	34	35	36	37	38	39	40
真实	2	2	2	2	2	2	2	2	2	2	2	2	2	2	2	2	2	2	2	2
分类	2	2	2	2	2	2	2	2	2	2	2	2	2	2	2	2	2	2	2	1

表 21-2 待分类数据的分类结果

编号	1	2	3	4	5	6	7	8	9	10	11	12	13	14	15	16	17	18	19	20
分类	2	2	1	1	1	1	1	1	1	1	1	1	1	1	1	1	2	1	1	1

由表 21-1 可知,自竞争网络成功地对 40 个训练样本进行了聚类,对数据分类的错误率为 9/40=22.5%,此模型基本达到了预期的精度要求,并可判断出:癌症输入样本的激活神经元编号为 1,正常输入样本的激活神经元编号为 2。也就是说,激活了编号为 1 的神经元的样本属于癌症患者样本,激活了编号为 2 的神经元的样本属于正常样本。从表 21-2 可以看出,在 20 个待检测样本中,1 号、2 号、17 号样本被划分为正常样本,其余 17 个待检测样本都划分为癌症样本。

由以上例子,我们可以看出,自组织竞争网络可以看做一个模式识别器,其竞争层每个神经元都代表一个类别。再输入一个新的输入向量时,可以应用 sim() 函数进行仿真。

21.4 案例扩展

从本案例可以拓展的方面如下:

① 利用基本竞争型网络进行分类,需要首先设定输入向量的类别总数,再由此确定神经元的个数。但是如果利用 SOM 网络进行分类却不需要这样,SOM 网络会自动将差别很小的样本归为一类,差别不大的样本激发的神经元位置也是相邻的。

② 本案例需要注意的是,重新运行上述代码,可能结果就会不一致,这里因为每次激发的神经元不一样,但是,相似的类激发的神经元总是临近的,差别很大的类激发的神经元相差也比较远。

③ 经过训练,可以看到自竞争网络在很少的训练次数下就能达到较好的效果,并且在处理无监督的数据时,可以指定网络输出的分类。

④ 本例中的预测效果经对患者的随访发现,预测率较高。这对癌症预防有很积极的意义。

参考文献

[1] 飞思科技产品研发中心.神经网络与 MATLAB 7 实现[M].北京:电子工业出版社,2005.

[2] 张德丰.MATLAB 神经网络应用设计[M].北京:机械工业出版社,2008.

[3] 王家华,李志勇,周冠武.基于 Matlab 的自组织神经网络在油气层识别中的应用研究[J].电脑知识与技术,2006,(35).

[4] 艾林,周焯华.基于模糊逻辑的自组织竞争网络对操作风险强度的识别[J].中国软科学,2007,(01).

第 22 章 SOM 神经网络的数据分类
——柴油机故障诊断

22.1 案例背景

22.1.1 SOM 神经网络概述

自组织特征映射网络(Self-Organizing Feature Map,SOM)也称 Kohonen 网络,它是由荷兰学者 Teuvo Kohonen 于 1981 年提出的。该网络是一个由全连接的神经元阵列组成的无教师、自组织、自学习网络。Kohonen 认为,处于空间中不同区域的神经元有着不同的分工,当一个神经网络接受外界输入模式时,将会分为不同的反应区域,各区域对输入模式具有不同的响应特性。

自组织特征映射神经网络根据输入空间中输入向量的分组进行学习和分类,其与第 21 章案例中的自组织网络(竞争层网络)的区别在于:在 SOM 网络中,竞争层中的神经元会尝试识别输入空间临近该神经元的部分,也就是说,SOM 神经网络既可以学习训练数据输入向量的分布特征,也可以学习训练数据输入向量的拓扑结构。与 SOM 拓扑排序特征有关的重要特点是每个神经元与其近邻的神经元也是相关联的。在权值更新过程中,不仅获胜神经元的权值向量得到更新,而且其近邻神经元的权值向量也按照某个"近邻函数"进行更新。这样在开始时移动量很大,权值向量大致地可按它们的最终位置来排序;最后,只移动单个权值向量(微调)。这样就形成了一种特殊的分类法,权值向量按照这样一种方式变为有序,即它们在某个"弹性"网格上代表着输入向量。如果网格的某个位置有变化,那么这种变化将影响到此神经元的近邻。但是,离该神经元越远,这种影响就越小。因此,在竞争层的神经元位置演变的过程中,每个区域代表一类输入向量。换句话说,要用若干个权值向量来表示一个数据集(输入向量),每个权值向量表示某一类输入向量的均值。

通过训练,可以建立起这样一种布局,它使得每个权值向量都位于输入向量聚类的中心。一旦 SOM 完成训练,就可以用于对训练数据或其他数据进行聚类。

22.1.2 SOM 神经网络结构

典型的 SOM 网络结构如图 22-1 所示,由输入层和竞争层(有些书上也称为映射层)组成。输入层神经元个数为 m,竞争层是由 $a \times b$ 个神经元组成的二维平面阵列,输入层与竞争层各神经元之间实现全连接。

SOM 网络的一个典型特征就是可以在一维或者二维的处理单元阵列上,形成输入信号的特征拓扑分布,因此 SOM 网络具有抽取输入信号模式特征的能力。SOM 网络一般只包含有一维阵列和二维阵列,但也可以推广到多维处理单元阵列中去。SOM 网络模型由以下 4 个部分组成。

① 处理单元阵列。用于接收事件输入,并且形成对这些信号的"判别函数"。

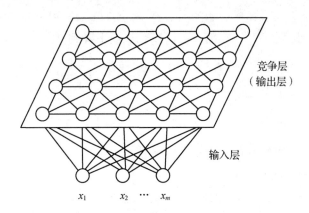

图 22-1 二维阵列 SOM 神经网络模型

② 比较选择机制。用于比较"判别函数",并选择一个具有最大函数输出值的处理单元。

③ 局部互联作用。用于同时激励被选择的处理单元及其最邻近的处理单元。

④ 自适应过程。用于修正被激励的处理单元的参数,以增加其对应于特定输入"判别函数"的输出值。

22.1.3 SOM 神经网络学习算法

Kohonen 自组织特征映射算法能够自动找出输入数据之间的类似度,将相似的输入在网络上就近配置,因此是一种可以构成对输入数据有选择地给予反应的网络。Kohonen 的自组织特征映射的学习算法步骤如下:

(1) 网络初始化

用随机数设定输入层和映射层之间权值的初始值。对 m 个输入神经元到输出神经元的连接权值赋予较小的权值。选取输出神经元 j 个"邻接神经元"的集合 S_j。其中,$S_j(0)$ 表示时刻 $t=0$ 的神经元 j 的"邻接神经元"的集合,$S_j(t)$ 表示时刻 t 的"邻接神经元"的集合。区域 $S_j(t)$ 随着时间的增长而不断缩小。

(2) 输入向量的输入

把输入向量 $\boldsymbol{X}=(x_1, x_2, x_3, \cdots, x_m)^T$ 输入给输入层。

(3) 计算映射层的权值向量和输入向量的距离(欧式距离)

在映射层,计算各神经元的权值向量和输入向量的欧式距离。映射层的第 j 个神经元和输入向量的距离,计算如下:

$$d_j = \| \boldsymbol{X} - \boldsymbol{W}_j \| = \sqrt{\sum_{i=1}^{m}(x_i(t) - w_{ij}(t))^2} \tag{22-1}$$

式中,w_{ij} 为输入层的 i 神经元和映射层的 j 神经元之间的权值。通过计算,得到一个具有最小距离的神经元,将其称为胜出神经元,记为 j^*,即确定出某个单元 k,使得对于任意的 j,都有 $d_k = \min_j(d_j)$,并给出其邻接神经元集合。

(4) 权值的学习

修正输出神经元 j^* 及其"邻接神经元"的权值:

$$\Delta w_{ij} = w_{ij}(t+1) - w_{ij}(t) = \eta(t)(x_i(t) - w_{ij}(t)) \qquad (22-2)$$

式中，η 为一个大于 0 小于 1 的常数，随着时间变化逐渐下降到 0。

$$\eta(t) = \frac{1}{t} \text{ 或 } \eta(t) = 0.2\left(1 - \frac{t}{10\,000}\right) \qquad (22-3)$$

(5) 计算输出 o_k

$$o_k = f(\min_j \| \boldsymbol{X} - \boldsymbol{W}_j \|)$$

式中，$f(*)$ 一般为 0~1 函数或者其他非线性函数。

(6) 是否达到预先设定的要求

如达到要求则算法结束；否则，则返回步骤(2)，进入下一轮学习。

SOM 网络的结构和映射算法研究表明，脑皮层的信息具有两个明显的特点：其一，拓扑映射结构不是通过神经元的运动重新组织实现的，而是由各个神经元在不同兴奋状态下构成一个整体；其二，这种拓扑映射结构的形成具有自组织的特点。SOM 网络中神经元的拓扑组织就是它最根本的特征。对于拓扑相关而形成的神经元子集，权重的更新是相似的。且在这个学习过程中，这样选出的子集将包含不同的神经元。

22.1.4 柴油机故障诊断概述

随着科学与生产技术的发展，现代设备大多数集机电液于一体，结构越来越复杂，自动化程度越来越高。在工作过程中，故障发生的概率相对提高，出现故障后不仅会造成经济损失，甚至会导致整个设备遭受灾难性的毁坏。柴油机由于其本身的结构异常复杂，加之系统的输入输出不明显，难以用比较完备准确的模型对其机构、功能以及状态等进行有效的描述，因而给故障诊断带来了很大麻烦。近年来，随着模式识别和神经网络理论的引入，柴油机故障诊断技术有了较快发展。神经网络技术的出现，为故障诊断问题提供了一种新的解决途径，特别是对于柴油机这类复杂系统。神经网络的输入输出非线性映射特性、信息的分布存储、并行处理和全局集体应用，特别是其高度的自组织和自学习能力，使其成为故障诊断的一种有效方法和手段。

对于燃油压力波形(见图 22-2)来说，最大压力(P_1)、次最大压力(P_2)、波形幅度(P_3)、上升沿宽度(P_4)、波形宽度(P_5)、最大余波的宽度(P_6)、波形的面积(P_7)、起喷压力(P_8)等特征最能体现柴油机运行的状况。

燃油系统常见的故障有供油量不足、针阀门卡死致油孔阻塞、针阀泄露、出油阀失效等几种故障。本例里诊断的故障也是基于上述故障，主要有 100% 供油量(T_1)、75% 供油量(T_2)、25% 供油量(T_3)、急速油量(T_4)、针阀卡死(小油量 T_5)、针阀卡死(标定油量 T_6)、针阀泄露(T_7)、出油阀失效(T_8)8 种故障。

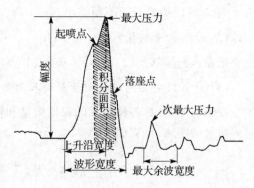

图 22-2 燃油压力波形

22.2 模型建立

本案例中给出了一个含有 8 个故障样本的数据集。每个故障样本中有 8 个特征,分别是前面提过的:最大压力(P_1)、次最大压力(P_2)、波形幅度(P_3)、上升沿宽度(P_4)、波形宽度(P_5)、最大余波的宽度(P_6)、波形的面积(P_7)、起喷压力(P_8),使用 SOM 网络进行故障诊断。故障样本如表 22-1 所列(数据已归一化)。

表 22-1 常见的 8 种故障特征

故障原因	输入样本							
	P_1	P_2	P_3	P_4	P_5	P_2	P_7	P_8
T_1	0.9325	1.0000	1.0000	-0.4526	0.3895	1.0000	1.0000	1.0000
T_2	-0.4571	-0.2854	-0.9024	-0.9121	-0.0841	1.0000	-0.2871	0.5647
T_3	0.5134	0.9413	0.9711	-0.4187	0.2855	0.8546	0.9478	0.9512
T_4	0.1545	0.1564	-0.5000	-0.6571	-0.3333	-0.6667	-0.3333	-0.5000
T_5	0.1765	0.7648	0.4259	-0.6472	-0.0567	0.1726	0.5151	0.4212
T_6	-0.6744	-0.4541	-0.8454	1.0000	-0.8614	-0.6714	-0.6279	-0.6785
T_7	0.4647	0.5710	0.0712	-0.7845	-0.2871	0.8915	0.6553	0.6152
T_8	0.6818	1.0000	-0.6250	-0.8426	-0.6215	-0.1574	1.0000	0.7782

应用 SOM 神经网络诊断柴油机故障的步骤如下:
① 选取标准故障样本;
② 对每一种标准故障样本进行学习,学习结束后,对具有最大输出的神经元标以该故障的记号;
③ 将待检样本输入到 SOM 神经网络中;
④ 若输出神经元在输出层的位置与某标准故障样本的位置相同,说明待检样本发生了相应的故障;若输出神经元在输出层的位置介于很多标准故障之间,说明这几种标准故障都有可能发生,且各故障的程度由该位置与相应标准故障样本位置的欧氏距离确定。

22.3 MATLAB 实现

代码中使用到的相关函数介绍如下。

1. SOM 的创建函数

newsom()函数用于创建一个自组织特征映射。其调用格式为:

```
net = newsom(PR,[d1,d1,...],tfcn,dfcd,olr,osteps,tlr,tns)
```

其中,PR 为 R 个输入元素的最大值和最小值的设定值,为 R×2 维矩阵;di 为第 i 层的维数,默认值为[5,8];tfcn 为拓扑函数(即结构函数),默认值为"hextop";dfcn 为距离函数,默认值为"linkdist";olr 为分类阶段学习速率,默认值为 0.9;osteps 为分类阶段学习的步长,默认值为 1 000;tlr 为调谐阶段的学习速率,默认值为 0.02;tns 为调谐阶段的邻域距离,默认值为 1。

函数返回一个自组织特征映射。

2. SOM 距离函数

(1) boxdist()

该函数为 Box 距离函数。在给定神经网络竞争层神经元的位置后,可利用该函数计算神经元之间的距离。该函数通常用于结构函数 gridtop 的神经网络层。其调用格式为:

```
d = boxdist(pos)
```

其中,pos 为神经元位置的 N*S 维矩阵;d 为函数返回值,神经元距离的 S*S 维矩阵。

函数的运算原理为 $d(i,j) = \max \| P_i - P_j \|$。其中,$d(i,j)$ 表示距离矩阵中的元素;P_i 表示位置矩阵的第 i 列向量。

(2) dist()

该函数为欧式距离函数,通过对输入进行加权得到加权后的输入。其调用格式为:

```
Z = dist(W,P)
```

其中,W 为 S*R 维的权值矩阵;P 为 Q 组输入(列)向量的 R*Q 维矩阵。

函数的运行原理为 $D = \text{sqrt}(\text{sum}((x-y)^2))$,其中 x 和 y 分别为列向量。

(3) linkdist()

该函数为连接距离函数。在给定神经元的位置后,该函数可用于计算神经元之间的距离。其调用格式为:

```
d = linkdist(pos)
```

其中,pos 为 N*S 维的神经元位置矩阵;d 为 S*S 维的距离矩阵。

函数的运行原理为:

$$d(i,j) = \begin{cases} 0 & i = j \\ 1 & \text{sum}((P_i - P_j)^2)^{1/2} \leqslant 1 \\ 2 & 存在\ k, 使得\ d(i,k) = d(k,j) = 1 \\ 3 & 存在\ k_1, k_2, 使得\ d(i,k_1) = d(k_1,k_2) = d(k_2,j) = 1 \\ N & 存在\ k_1, k_2, \cdots, k_n, 使得\ d(i,k_1) = d(k_1,k_2) = \cdots = d(k_N,j) = 1 \\ S & 其他 \end{cases}$$

(4) mandist()

该函数为 Manhattan 距离函数,其调用格式为:

```
Z = mandist(W,P)
```

各参数含义请参见 dist,函数的运行原理为 $d = \text{sum}(\text{abs}(X-Y))$,其中 X 和 Y 为两个向量。

3. SOM 结构函数

(1) hextop()

该函数为六角结构函数,其调用格式为:

```
pos = hextop(dim1,dim2,…,dimN)
```

其中,dimN 为维数为 N 层的长度;pos 为由 N 个并列向量组成的 N*S 维矩阵,其中,S = dim1 * dim2 * … * dimN。

(2) gridtop()

该函数为网格层结构函数,其调用格式为:

```
pos = gridtop(dim1,dim2,…,dimN)
```

各参数含义请参考 hextop()。

(3) randtop()

该函数为随机层结构函数,其调用格式为:

```
pos = randtop(dim1,dim2,…,dimN)
```

各参数含义请参考 hextop()。

MATLAB 实现代码如下:

```matlab
%% 清空环境变量
clc
clear

%% 录入输入数据
% 载入数据
load p;

% 转置后符合神经网络的输入格式
P = P';

%% 网络建立和训练
% newsom 建立 SOM 网络。Minmax(P)取输入的最大最小值。竞争层为 6×6 = 36 个神经元
net = newsom(minmax(P),[6 6]);
plotsom(net.layers{1}.positions)
% 7 次训练的次数
a = [10 30 50 100 200 500 1000];
% 随机初始化一个 1×10 向量
yc = rands(7,8);
%% 进行训练
% 训练次数为 10 次
net.trainparam.epochs = a(1);
% 训练网络和查看分类
net = train(net,P);
y = sim(net,P);
yc(1,:) = vec2ind(y);
plotsom(net.IW{1,1},net.layers{1}.distances)

% 训练次数为 30 次
net.trainparam.epochs = a(2);
% 训练网络和查看分类
net = train(net,P);
y = sim(net,P);
yc(2,:) = vec2ind(y);
plotsom(net.IW{1,1},net.layers{1}.distances)

% 训练次数为 50 次
net.trainparam.epochs = a(3);
```

```matlab
% 训练网络和查看分类
net = train(net,P);
y = sim(net,P);
yc(3,:) = vec2ind(y);
plotsom(net.IW{1,1},net.layers{1}.distances)


% 训练次数为 100 次
net.trainparam.epochs = a(4);
% 训练网络和查看分类
net = train(net,P);
y = sim(net,P);
yc(4,:) = vec2ind(y);
plotsom(net.IW{1,1},net.layers{1}.distances)


% 训练次数为 200 次
net.trainparam.epochs = a(5);
% 训练网络和查看分类
net = train(net,P);
y = sim(net,P);
yc(5,:) = vec2ind(y);
plotsom(net.IW{1,1},net.layers{1}.distances)

% 训练次数为 500 次
net.trainparam.epochs = a(6);
% 训练网络和查看分类
net = train(net,P);
y = sim(net,P);
yc(6,:) = vec2ind(y);
plotsom(net.IW{1,1},net.layers{1}.distances)

% 训练次数为 1 000 次
net.trainparam.epochs = a(7);
% 训练网络和查看分类
net = train(net,P);
y = sim(net,P);
yc(7,:) = vec2ind(y);
plotsom(net.IW{1,1},net.layers{1}.distances)
yc
%% 网络作分类的预测
% 测试样本输入
t = [0.9512 1.0000 0.9458 -0.4215 0.4218 0.9511 0.9645 0.8941]';
% sim( )来做网络仿真
r = sim(net,t);
% 变换函数 将单值向量转变成下标向量
rr = vec2ind(r);
%% 网络神经元分布情况
% 查看网络拓扑学结构
plotsomtop(net)
% 查看临近神经元直接的距离情况
```

```
plotsomnd(net)
%  查看每个神经元的分类情况
plotsomhits(net,P)
```

结果如下:

```
yc =

     1    36     1    36     4    36     2     4
    36     1    36     1     3     1     5     7
    36     7    36    13    29     1    12    29
    36     2    36    32    28    25    22    12
    36    25    24     3    21     1    33     6
    36    31    24     3    17    13    28     6
    12     1    11    33    23    31     4    35

rr =

    12
```

注:代码中涉及网络拓扑学结构、临近神经元直接的距离情况、每个神经元的分类情况的部分将在 MATLAB 技术论坛(www.matlabsky.com)该书相应版块介绍讲解。

聚类的结果如表 22-2 所列,当训练步数为 10 时,故障原因 1、3 分为一类,2、4、6 分为一类,5、8 分为一类,7 单独分为一类。可见,网络已经对样本进行了初步的分类,这种分类不够精准。

表 22-2　网络在不同训练次数下的分类结果

训练步数	聚类结果							
10	1	36	1	36	4	36	2	4
30	36	1	36	1	3	1	5	7
50	36	7	36	13	29	1	12	29
100	36	2	36	32	28	25	22	12
200	36	25	24	3	21	1	33	6
500	36	31	24	3	17	13	28	6
1 000	12	1	11	33	23	31	4	35

当训练步数为 200 时,每个样本都被划分为一类。这种分类结果更加细化了。当训练步数为 500 或者 1 000 时,同样是每个样本都被划分为一类。这时如果再提高训练步数,已经没有实际意义了。网络拓扑学结构如图 22-3 所示。

临近神经元直接的距离情况如图 22-4 所示。

每个神经元的分类情况如图 22-5 所示。

由图 22-3 可知:竞争层神经元有 6×6=36 个;在图 22-4 中,蓝色代表神经元,红色线代表神经元直接的连接,每个菱形中的颜色表示神经元之间距离的远近,从黄色到黑色,颜色越深说明神经元之间的距离越远。图 22-5 中蓝色神经元表示竞争胜利的神经元。

注:代码中涉及网络拓扑学结构、临近神经元之间的距离情况、每个神经元的分类情况的部分将在 MATLAB 技术论坛(www.matlabsky.com)该书相应版块介绍讲解。

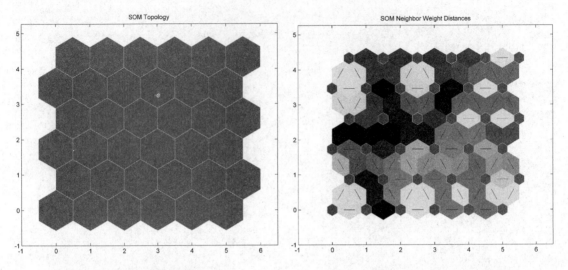

图 22-3 SOM 网络拓扑学结构　　　　图 22-4 临近神经元之间的距离情况

使用 SOM 网络预测结果如下：

r = 12

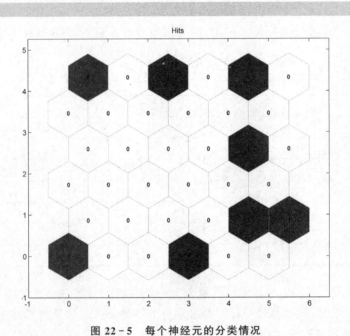

图 22-5 每个神经元的分类情况

从图 22-5 可以看出，SOM 网络将未知故障样本分到了第一类故障里。

22.4 案例扩展

22.4.1 SOM 网络分类优势

SOM 网络的训练步数影响网络的聚类性能，本例选择了 10、100、500 次分别进行训练，观察其性能。发现 500 次就可以将样本完全分开，这样的话，就没有必要训练更多次了。另外，

SOM 网络在 100 次就可以很快地将样本进行精确的分类,这比一般方法的聚类速度快。

22.4.2 SOM 结果分析上需要注意的问题

SOM 程序执行时,每次执行后的结果不一样,原因是每次的激发神经元可能不一样,但是无论激活哪个神经元,最后分类的结果不会改变。

22.4.3 SOM 神经网络的缺点与不足

自组织竞争神经网络算法能够进行有效的自适应分类,但它仍存在一些问题。第一个问题就是学习速度的选择使其不得不在学习速度和最终权值向量的稳定性之间进行折中。第二个问题是有时一个神经元的初始权值向量里输入向量太远以致它从未在竞争中获胜,因而也从未得到学习,这将形成毫无用处的"死"神经元。

参考文献

[1] 飞思科技产品研发中心. 神经网络与 MATLAB7 实现[M]. 北京:电子工业出版社,2005.

[2] 张德丰. MATLAB 神经网络应用设计[M]. 北京:机械工业出版社,2008.

[3] 周开利,康耀红. 神经网络模型及其 MATLAB 仿真程序设计[M]. 北京:清华大学出版社,2005.

[4] 余金宝,谷立臣,孙颖宏. 利用 SOM 网络可视化方法诊断液压系统故障[J]. 工程机械,2007,38(12).

[5] 沈海峰,李东升,李群霞,等. 基于 Kohonen 自组织特征映射神经元网络图像分割方法的研究[J]. 计算机应用与软件,2004,(09).

第 23 章 Elman 神经网络的数据预测
——电力负荷预测模型研究

23.1 案例背景

23.1.1 Elman 神经网络概述

根据神经网络运行过程中的信息流向,可将神经网络可分为前馈式和反馈式两种基本类型。前馈式网络通过引入隐藏层以及非线性转移函数可以实现复杂的非线性映射功能。但前馈式网络的输出仅由当前输入和权矩阵决定,而与网络先前的输出结果无关。反馈型神经网络也称递归网络或回归网络。反馈神经网络的输入包括有延迟的输入或者输出数据的反馈,由于存在有反馈的输入,所以它是一种反馈动力学系统;这种系统的学习过程就是它的神经元状态的变化过程,这个过程最终会达到一个神经元状态不变的稳定态,也标志着学习过程的结束。

反馈网络的动态学习特征,主要由网络的反馈形式决定。反馈网络的反馈形式是比较多样化的,有输入延迟、单层输出反馈、神经元自反馈、两层之间互相反馈等类型。常见的反馈型神经网络有 Elman 神经网络、Hopfield 神经网络和与离散 Hopfield 结构相似的 Boltzmann 神经网络等。Elman 神经网络是 Elman 于 1990 年提出的,该模型在前馈式网络的隐含层中增加了一个承接层,作为一步延时的算子,以达到记忆的目的,从而使系统具有适应时变特性的能力,能直接动态反映动态过程系统的特性。

23.1.2 Elman 神经网络结构

Elman 型神经网络一般分为四层:输入层、隐含层(中间层)、承接层和输出层。如图 23-1 所示,输入层、隐含层、输出层的连接类似于前馈式网络,输入层的单元仅起信号传输作用,输

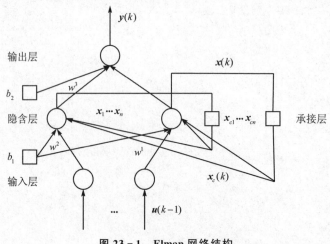

图 23-1 Elman 网络结构

出层单元起线性加权作用。隐含层单元的传递函数可采用线性或非线性函数,承接层又称上下文层或状态层,它用来记忆隐含层单元前一时刻的输出值并返回给网络的输入,可以认为是一个一步延时算子。

  Elman 神经网络的特点是隐含层的输出通过承接层的延迟与存储,自联到隐含层的输入。这种自联方式使其对历史状态的数据具有敏感性,内部反馈网络的加入增强了网络本身处理动态信息的能力,从而达到动态建模的目的。此外,Elman 神经网络能够以任意精度逼近任意非线性映射,可以不考虑外部噪声对系统影响的具体形式,如果给出系统的输入输出数据对,就可以对系统进行建模。

23.1.3 Elman 神经网络学习过程

以图 23-1 为例,Elman 网络的非线性状态空间表达式为

$$y(k) = g(w^3 x(k))$$
$$x(k) = f(w^1 x_c(k) + w^2(u(k-1)))$$
$$x_c(k) = x(k-1)$$

式中,y 为 m 维输出结点向量;x 为 n 维中间层结点单元向量;u 为 r 维输入向量;x_c 为 n 维反馈状态向量;w^3 为中间层到输出层连接权值;w^2 为输入层到中间层连接权值;w^1 为承接层到中间层的连接权值;$g(*)$ 为输出神经元的传递函数,是中间层输出的线性组合;$f(*)$ 为中间层神经元的传递函数,常采用 S 函数。

  Elman 神经网络也采用 BP 算法进行权值修正,学习指标函数采用误差平方和函数。

$$E(w) = \sum_{k=1}^{n}(y_k(w) - \tilde{y}_k(w))^2$$

式中,$\tilde{y}_k(w)$ 为目标输入向量。

23.1.4 电力负荷预测概述

  电力系统由电力网、电力用户共同组成,其任务是给广大用户不间断地提供经济、可靠、符合质量标准的电能,满足各类负荷的需求,为社会发展提供动力。由于电力的生产与使用具有特殊性,即电能难以大量储存,而且各类用户对电力的需求是时刻变化的,这就要求系统发电出力应随时与系统负荷的变化动态平衡,即系统要最大限度地发挥出设备能力,使整个系统保持稳定且高效地运行,以满足用户的需求。否则,就会影响供用电的质量,甚至危及系统的安全与稳定。因此,电力系统负荷预测技术发展了起来,并且是这一切得以顺利进行的前提和基础。

  负荷预测的核心问题是预测的技术问题,或者说是预测的数学模型。传统的数学模型是用现成的数学表达式加以描述,具有计算量小、速度快的优点,但同时也存在很多的缺陷和局限性,比如不具备自学习、自适应能力、预测系统的鲁棒性没有保障等。特别是随着我国经济的发展,电力系统的结构日趋复杂,电力负荷变化的非线性、时变性和不确定性的特点更加明显,很难建立一个合适的数学模型来清晰地表达负荷和影响负荷的变量之间的关系。而基于神经网络的非数学模型预测法,为解决数学模型法的不足提供了新的思路。

23.2 模型建立

  利用人工神经网络对电力系统负荷进行预测,实际上是利用人工神经网络可以以任意精

度逼近任一非线性函数的特性及通过学习历史数据建模的优点。而在各种人工神经网络中，反馈式神经网络又因为其具有输入延迟，进而适合应用于电力系统负荷预测。根据负荷的历史数据，选定反馈神经网络的输入、输出节点，来反映电力系统负荷运行的内在规律，从而达到预测未来时段负荷的目的。因此，用人工神经网络对电力系统负荷进行预测，首要的问题是确定神经网络的输入、输出节点，使其能反映电力负荷的运行规律。

一般来说，电力系统的负荷高峰通常出现在每天的 9~19 时之间，出于篇幅的原因，本案例只对每天上午的逐时负荷进行预测，即预测每天 9~11 时共 3 小时的负荷数据。电力系统负荷数据如表 23-1 所列，表中数据为真实数据，已经经过归一化。

表 23-1 电力系统负荷数据

时间	负荷数据			时间	负荷数据		
2008.10.10	0.129 1	0.484 2	0.797 6	2008.10.15	0.171 9	0.601 1	0.754
2008.10.11	0.108 4	0.457 9	0.818 7	2008.10.16	0.123 7	0.442 5	0.803 1
2008.10.12	0.182 8	0.797 7	0.743	2008.10.17	0.172 1	0.615 2	0.762 6
2008.10.13	0.122	0.546 8	0.804 8	2008.10.18	0.143 2	0.584 5	0.794 2
2008.10.14	0.113	0.363 6	0.814				

利用前 8 天的数据作为网络的训练样本，每 3 天的负荷作为输入向量，第 4 天的负荷作为目标向量。这样可以得到 5 组训练样本。第 9 天的数据作为网络的测试样本，验证网络能否合理地预测出当天的负荷数据。

23.3　MATLAB 实现

本例中用到的关键函数为 newelm()，其作用为创建一个 Elman 网络，其调用格式如下：

net = newelm(PR,[S1 S2…SN1],{TF1 TF2…TFN1},BTF,BLF,PF,IPF,OPF)

其中，PR 为 R 组输入元素的最小值和最大值的设定值，R*2 维的矩阵；T 为 SN*Q2 的具有 SN 个元素的输出矩阵；Si 为第 i 层的长度；TFi 为第 i 层的传递函数，默认值：隐藏层为'tansig'，输出层为'purelin'；BTF 为反向传播神经网络训练函数，默认值为'trainlm'；BLF 为反向传播神经网络权值/阈值学习函数，默认值为'learngdm'；PF 为性能函数，默认值为'mse'；IPF 为输入处理函数，默认值为'{'fixunknowns','removeconstantrows','mapminmax'}'；OPF 为输出处理函数，默认值为'{'removeconstantrows','mapminmax'}'。

MATLAB 实现代码如下：

```
%% 清空环境变量
clc;
clear all
close all
nntwarn off;
%% 数据载入
load data;
a = data;
```

```matlab
%% 选取训练数据和测试数据
for i = 1:6
    p(i,:) = [a(i,:),a(i+1,:),a(i+2,:)];
end
% 训练数据输入
p_train = p(1:5,:);
% 训练数据输出
t_train = a(4:8,:);
% 测试数据输入
p_test = p(6,:);
% 测试数据输出
t_test = a(9,:);
% 为适应网络结构 做转置
p_train = p_train';
t_train = t_train';
p_test = p_test';
%% 网络的建立和训练
% 利用循环,设置不同的隐藏层神经元个数
nn = [7 11 14 18];
for i = 1:4
    threshold = [0 1;0 1;0 1;0 1;0 1;0 1;0 1;0 1;0 1];
    % 建立 Elman 神经网络 隐藏层为 nn(i)个神经元
    net = newelm(threshold,[nn(i),3],{'tansig','purelin'});
    % 设置网络训练参数
    net.trainparam.epochs = 1000;
    net.trainparam.show = 20;
    % 初始化网络
    net = init(net);
    % Elman 网络训练
    net = train(net,p_train,t_train);
    % 预测数据
    y = sim(net,p_test);
    % 计算误差
    error(i,:) = y' - t_test;
end
%% 通过作图 观察不同隐藏层神经元个数时,网络的预测效果
plot(1:1:3,error(1,:),'-ro','linewidth',2);
hold on;
plot(1:1:3,error(2,:),'b:x','linewidth',2);
hold on;
plot(1:1:3,error(3,:),'k-.s','linewidth',2);
hold on;
plot(1:1:3,error(4,:),'c--d','linewidth',2);
title('Elman 预测误差图')
set(gca,'Xtick',[1:3])
legend('7','11','14','18','location','best')
xlabel('时间点')
ylabel('误差')
hold off;
```

预测的结果如图 23-2 所示。

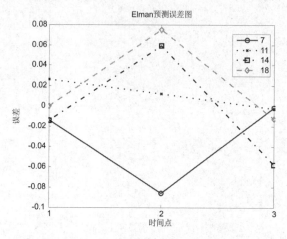

图 23-2　Elman 神经网络预测误差图

由图 23-2 可知：网络预测误差还是比较小的，但是，中间神经元为 14 时出现了较大的误差。这可能是训练样本太小导致的。当中间神经元为 11 个时，网络的预测误差最小，也就是预测性能最好。因此，对于本例，中间层神经元的最佳数目应该是 11 个。

23.4　案例扩展

目前，电力系统的负荷预测仍然是一个难点，这主要是由于电力系统的复杂性造成的。

本案例为时间序列类型数据预测提供了依据和思路。但对于电力负荷预测来说，只考虑历史数据是不够的，即建模不仅仅取决于历史数据，同时也受许多突变因素影响，如基础数据信息的局限、天气信息数据的缺乏等。另外，由于工作日和节假日的负荷不同，还要考虑时间特征值。本例由于篇幅有限，对预测模型做了简单化处理，但这并不影响 Elman 预测功能的演示。

Elman 神经网络是一种典型的动态神经网络，它是在 BP 网络基本结构的基础上，通过存储内部状态使其具备映射动态特征的功能，从而使系统具有适应时变特性的能力。

由于训练样本较少，预测时出现相对较大误差的情况是可能的，可以通过加大样本量、事先剔除错误数据等避免。

参考文献

[1] 任丽娜.基于 Elman 神经网络的中期电力负荷预测模型研究[D].兰州：兰州理工大学，2007.

[2] 飞思科技产品研发中心.神经网络与 MATLAB 7 实现[M].北京：电子工业出版社，2005.

[3] 张德丰.MATLAB 神经网络应用设计[M].北京：机械工业出版社，2008.

[4] 王雪松，程玉虎，易建强，等.基于 Elman 网络的非线性系统增强式学习控制[J].中国矿业大学学报，2006，35(05)：653-657.

[5] 吴微，徐东坡，李正学.Elman 网络梯度学习法的收敛性[J].应用数学和力学，2008，29(09)：1117-1123.

[6] 王艳，秦玉平，张志强，等.一种改进的 Elman 神经网络算法[J].渤海大学学报：自然科学版，2007，28(04)：377-380.

第 24 章 概率神经网络的分类预测
——基于 PNN 的变压器故障诊断

24.1 案例背景

24.1.1 PNN 概述

概率神经网络(probabilistic neural networks,PNN)是 D. F. Specht 博士在 1989 年首先提出的,是一种基于 Bayes 分类规则与 Parzen 窗的概率密度函数估计方法发展而来的并行算法。它是一类结构简单、训练简洁、应用广泛的人工神经网络。在实际应用中,尤其是在解决分类问题的应用中,PNN 的优势在于用线性学习算法来完成非线性学习算法所做的工作,同时保持非线性算法的高精度等特性;这种网络对应的权值就是模式样本的分布,网络不需要训练,因而能够满足训练上实时处理的要求。

PNN 网络是由径向基函数网络发展而来的一种前馈型神经网络,其理论依据是贝叶斯最小风险准则(即贝叶斯决策理论),PNN 作为径向基网络的一种,适合于模式分类。当分布密度 SPREAD 的值接近于 0 时,它构成最邻分类器;当 SPREAD 的值较大时,它构成对几个训练样本的临近分类器。PNN 的层次模型,由输入层、模式层、求和层、输出层共 4 层组成,其基本结构如图 24-1 所示。

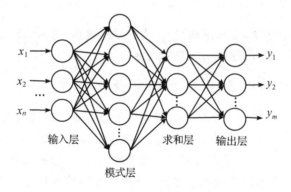

图 24-1 概率神经网络基本结构

输入层接收来自训练样本的值,将特征向量传递给网络,其神经元数目和样本矢量的维数相等。模式层计算输入特征向量与训练集中各个模式的匹配关系,模式层神经元的个数等于各个类别训练样本数之和,该层每个模式单元的输出为

$$f(\boldsymbol{X}, W_i) = \exp\left[-\frac{(\boldsymbol{X} - W_i)^{\mathrm{T}}(\boldsymbol{X} - W_i)}{2\delta^2}\right] \qquad (24-1)$$

式中,W_i 为输入层到模式层连接的权值;δ 为平滑因子,它对分类起着至关重要的作用。

第 3 层是求和层,是将属于某类的概率累计,按式(24-1)计算,从而得到故障模式的估计概率密度函数。每一类只有一个求和层单元,求和层单元与只属于自己类的模式层单元相连接,而与模式层中的其他单元没有连接。因此求和层单元简单地将属于自己类的模式层单元的输出相加,而与属于其他类别的模式层单元的输出无关。求和层单元的输出与各类基于内核的概率密度的估计成比例,通过输出层的归一化处理,就能得到各类的概率估计。网络的输出决策层由简单的阈值辨别器组成,其作用是在各个故障模式的估计概率密度中选择一个具有最大后验概率密度的神经元作为整个系统的输出。输出层神经元是一种竞争神经元,每个神经元分别对应于一个数据类型即故障模式,输出层神经元个数等于训练样本数据的种类个数,它接收从求和层输出的各类概率密度函数,概率密度函数最大的那个神经元输出为1,即所对应的那一类为待识别的样本模式类别,其他神经元的输出全为0。

基于PNN的故障诊断方法是概率统计学中被广泛接受的一种决策方法,可描述为:假设有两种已知的故障模式θ_A、θ_B,对于要判断的故障特征样本$X=(x_1,x_2,\cdots,x_n)$:

若$h_A l_A f_A(X) > h_B l_B f_B(X)$,则$X \in \theta_A$;

若$h_A l_A f_A(X) < h_B l_B f_B(X)$,则$X \in \theta_B$;

式中,h_A、h_B为故障模式的θ_A、θ_B先验概率($h_A = N_A/N, h_B = N_B/N$);N_A、N_B为故障模式的θ_A、θ_B的训练样本数;N为训练样本总数;l_A为将本属于θ_A的故障特征样本X错误地划分到模式θ_B的代价因子;l_B为将本属于θ_B的故障特征样本X错误地划分到模式θ_A的代价因子;f_A、f_B为故障模式$\theta_A\theta_B$的概率密度函数(Probability Density Function,PDF),通常PDF不能精确地获得,只能根据现有的故障特征样本求其统计值。

1962年Parzen提出了一种从已知随机样本中估计概率密度函数的方法,只要样本数目足够多,该方法所获得的函数可以连续平滑地逼近原概率密度函数。由Parzen方法得到的PDF估计式如下:

$$f_A(\boldsymbol{X}) = \frac{1}{(2\pi)^{P/2}\delta^P} \frac{1}{m} \sum \exp\left[-\frac{(\boldsymbol{X}-\boldsymbol{X}_{ai})^{\mathrm{T}}(\boldsymbol{X}-\boldsymbol{X}_{ai})}{2\delta^2}\right] \qquad (24-2)$$

式中,$\boldsymbol{X}_{ai}$为故障模式θ_A的第i个训练向量;m为故障模式θ_A的训练样本数目;δ为平滑参数,其取值确定了以样本点为中心的钟状曲线的宽度。

24.1.2 变压器故障诊断系统相关背景

故障诊断(Fault Diagnosis,FD)始于机械设备故障诊断。现代设备技术水平和复杂度不断提高,设备故障对生产的影响也显著增加,因此要保证设备可靠、有效地运行,充分发挥其效益,必须发展故障诊断技术。故障诊断技术借助于现代测试、监控和计算机分析等手段,研究设备在运行中或相对静止条件下的状态信息,分析设备的技术状态,诊断其故障的性质和起因,并预测故障趋势,进而确定必要的对策。利用故障诊断技术可以早发现故障征兆和原因,有利于及早排除故障和安全隐患,避免不必要的损失,因而具有很高的经济和社会效益。

运行中的变压器发生不同程度的故障时,会产生异常现象或信息。故障分析就是搜集变压器的异常现象或信息,根据这些现象或信息进行分析,从而判断故障的类型、严重程度和故障部位。因此,变压器故障诊断的目的首先是准确判断运行设备当前处于正常状态还是异常状态。若变压器处于异常状态有故障,则判断故障的性质、类型和原因。如是绝缘故障、过热故障还是机械故障;若是绝缘故障,则是绝缘老化、受潮,还是放电性故障;若是放电性故障又是哪种类型的放电等。变压器故障诊断还要根据故障信息或根据信息处理结果,预测故障的可能发展即对故障的严重程度、发展趋势做出诊断;提出控制故障的措施,防止和消除故障;提出设备维修的合理方法和相应的反事故措施;对设备的设计、制造、装配等提出改进意见,为设备现代化管理提供科学依据和建议。

对变压器油中溶解气体进行分析是变压器内部故障诊断的重要手段。我国当前大量应用的是改良三比值法,但利用三比值法作为变压器故障诊断的判据存在两方面的不足,即所谓编码缺损和临界值判据缺损。人工神经网络以其分布式并行处理、自适应、自学习、联想记忆以及非线性映射等优点,为解决这一问题开辟了新途径。当前变压器故障诊断系统大多数都是采用 BP 网络模型,但由于 BP 网络自身结构的特点,在训练样本较大且要求精度较高时,网络常常不收敛且容易陷入局部最优。

24.2 模型建立

任何神经网络建模中,选取的输入特征向量,必须能够正确地反映问题的特征。如果所基于的故障特征没有包括足够的待识别信息或未能提取反映故障特征的信息,则诊断结果往往会受到很大的影响。油中溶解气体分析的方法能很好地反映变压器的潜伏性故障,且在各种诊断方法中以改良三比值法的判断准确率最高,所以选择油中溶解气体含量的三对比值作为神经网络的输入特征向量,而输出特征向量则选用变压器的故障类型。

图 24-2 PNN 网络设计流程

在此思路的基础上,经过以下几个步骤设计 PNN 网络模型,流程图如图 24-2 所示。

概率神经网络结构简单、训练简洁,利用概率神经网络模型的强大的非线性分类能力,将故障样本空间映射到故障模式空间中,可形成一个具有较强容错能力和结构自适应能力的诊断网络系统,从而提高故障诊断的准确率。本案例在对油中溶解气体分析法进行深入分析后,以改良三比值法为基础,建立基于概率神经网络的故障诊断模型。案例数据中的 data.mat 是 33×4 维的矩阵,前 3 列为改良三比值法数值,第 4 列为分类的输出,也就是故障的类别。使用前 23 个样本作为 PNN 训练样本,后 10 个样本作为验证样本。

24.3 MATLAB 实现

newpnn( )函数用于创建 PNN。PNN 是一种适用于分类问题的径向基网络,其调用格式为:

```
net = newpnn(P,T,SPREAD)
```

各参数含义请参见第 7 章中的 newrb( )。

MATLAB 实现代码如下:

```
%% 清空环境变量
clc;
clear all
close all
```

```matlab
nntwarn off;
warning off;
%% 数据载入
load data
%% 选取训练数据和测试数据

Train = data(1:23,:);
Test = data(24:end,:);
p_train = Train(:,1:3)';
t_train = Train(:,4)';
p_test = Test(:,1:3)';
t_test = Test(:,4)';

%% 将期望类别转换为向量
t_train = ind2vec(t_train);
t_train_temp = Train(:,4)';
%% 使用 newpnn 函数建立 PNN SPREAD 选取为 1.5
Spread = 1.5;
net = newpnn(p_train,t_train,Spread)

%% 训练数据回代 查看网络的分类效果

% Sim 函数进行网络预测
Y = sim(net,p_train);
% 将网络输出向量转换为指针
Yc = vec2ind(Y);

%% 通过作图 观察网络对训练数据分类效果
figure(1)
subplot(1,2,1)
stem(1:length(Yc),Yc,'bo')
hold on
stem(1:length(Yc),t_train_temp,'r*')
title('PNN 网络训练后的效果')
xlabel('样本编号')
ylabel('分类结果')
set(gca,'Ytick',[1:5])
subplot(1,2,2)
H = Yc - t_train_temp;
stem(H)
title('PNN 网络训练后的误差图')
xlabel('样本编号')

%% 网络预测未知数据效果
Y2 = sim(net,p_test);
Y2c = vec2ind(Y2)
figure(2)
stem(1:length(Y2c),Y2c,'b')
hold on
stem(1:length(Y2c),t_test,'r*')
title('PNN 网络的预测效果')
```

```
xlabel('预测样本编号')
ylabel('分类结果')
set(gca,'Ytick',[1:5])
```

程序运行的结果如图 24-3、图 24-4 所示。

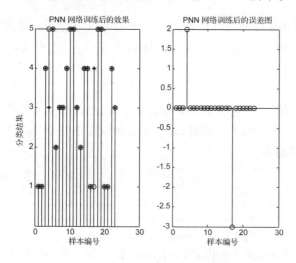
图 24-3 训练后训练数据网络的分类效果图

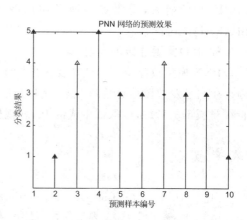
图 24-4 预测数据网络的分类效果图

由图 24-3 和图 24-4 可见,在训练后,将训练数据作为输入代入已经训练好的 PNN 网络中,只有两个样本判断错误,并且用预测样本进行验证时候,也只有两个样本即两种变压器的故障类型判断错误。最后得到的 PNN 网络可以用来进行更多样本的预测。

24.4 案例扩展

1. 与 BP 网络相比,PNN 的优势

① PNN 过程简单,收敛速度快。BP 网络的输入输出和 PNN 相同,但其隐藏层单元的选取没有确定性法则,需要根据经验反复试算得到。而 PNN 需调节的参数少,不需确定隐藏层数、隐藏层中的神经元个数等网络结构,比较容易使用。BP 网络的学习算法收敛速度慢,而且易陷入局部最优值。PNN 的训练过程一步到位,训练样本可直接赋值给网络,其训练时间仅仅略大于数据读取的时间,且不存在局部最优值。

② PNN 总收敛于 Bayes 优化解,稳定性高。BP 网络的分类规则是没有确定解释的,缺乏透明度。PNN 是基于贝叶斯最小风险准则对对象进行分类的,可以最大限度地利用故障先验知识,无论分类问题多么复杂,只要有足够多的训练样本,概率神经网络能够保证获得贝叶斯准则下的最优解,而 BP 神经网络却可能在一个局部最优值处中断,无法保证得到一个全局最优值。

③ 样本的追加能力强,且可以容忍个别错误的样本。如果在故障诊断过程中有新的训练样本加入或需要除去某些旧的训练样本,PNN 只需增加或减少相应的模式层单元,新增加的输入层至模式层的连接权值只需将新样本直接赋值。而对于 BP 网络,修改训练样本后则需要重新进行训练,网络的连接权值全部需要重新赋值,相当于重新建立整个网络。

在实际应用中,需要建立变压器故障样本库,其内容会随着变压器故障的增加、变化而产生变化，此时 PNN 样本追加能力强的优越性就可得到充分的体现。综上所述，PNN 变压器故障诊断系统在诊断速度、追加样本的能力以及在实际应用中的诊断准确率等几个方面的性能都要优于 BP 变压器故障诊断系统。

2. SPREAD 的作用

如果 SPREAD 值接近于 0，则创建的概率神经网络可以作为一个最近邻域分类器。随着 SPREAD 的增大，需要更多地考虑该网络附近的设计向量。具体请参见 7.4.2 中关于 SPREAD 的讨论。

3. 其他需要注意的问题

PNN 模型故障特征的选择要使得故障特征样本包含最大故障信息量，因此要深入分析故障产生机理及故障信息传递关系，选择最能反映故障的特征量，对一些无关或关系较小的故障特征量应不予考虑，以保证生成的 PNN 规模最小。

参考文献

[1] Specht D F. Probabilistic neural networks[J]. Neural Networks,1990,3(1):109-118.

[2] 石敏,吴正国,徐袭. 基于概率神经网络和双小波的电能质量扰动自动识别[J]. 电力自动化设备,2006,26(3):5-8.

[3] 万怡骏. 基于概率神经网络的变压器故障诊断[D]. 南昌:南昌大学,2007.

[4] 沈水福. 设备故障诊断技术[M]. 北京:科学出版社,1990.

[5] 翟季青,刘志清. 变压器故障诊断的综述[J]. 电力设备,2003,4(6):60-61.

[6] 侯建敏. 基于神经网络的变压器故障诊断研究[D]. 南京:南京气象学院,2003.

第 25 章 基于 MIV 的神经网络变量筛选
——基于 BP 的神经网络变量筛选

25.1 案例背景

前面各个章节讨论的神经网络中所包含的网络输入数据是研究者根据专业知识和经验预先选择好的,然而在许多实际应用中,由于没有清晰的理论依据,神经网络所包含的自变量即网络输入特征难以预先确定,如果将一些不重要的自变量也引入神经网络,会降低模型的精度,因此选择有意义的自变量特征作为网络输入数据常常是应用神经网络分析预测问题中很关键一步。选择神经网络输入的方法有多种,其基本思路是:尽可能将作用效果显著的自变量选入神经网络模型中,将作用不显著的自变量排除在外。本例将结合 BP 神经网络应用平均影响值(Mean Impact Value,MIV)算法来说明如何使用神经网络来筛选变量,找到对结果有较大影响的输入项,继而实现使用神经网络进行变量筛选。

BP(back propagation)神经网络是一种神经网络学习算法,其全称为基于误差反向传播算法的人工神经网络。图 25-1 所示为单隐藏层前馈网络拓扑结构,一般称为三层前馈网或三层感知器,即输入层、中间层(也称隐藏层)和输出层。输入层各神经元负责接收来自外界的输入信息,并传递给中间层各神经元;中间层是内部信息处理层,可以设计为单隐层或者多隐层结构;最后一个隐层传递到输出层各神经元的信息,经进一步处理后,完成一次学习的正向传播处理过程,由输出层向外界输出信息处理结果。BP 神经网络的特点是:各层神经元仅与相邻层神经元之间相互全连接,同层内神经元之间无连接,各层神经元之间无反馈连接,构成具有层次结构的前馈型神经网络系统。单层前馈神经网络只能求解线性可分问题,能够求解非线性问题的网络必须是具有隐层的多层神经网络。当实际输出与期望输出不符时,进入误差的反向传播阶段。误差通过输出层,按误差梯度下降的方式修正各层权值,向隐层、输入层逐层反传。周而复始的信息正向传播和误差反向传播过程,是各层权值不断调整的过程,也是神经网络学习训练的过程,此过程一直进行到网络输出的误差减少到可以接受的程度,或者预先设定的学习次数为止。

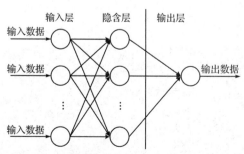

图 25-1 BP 神经网络结构

Dombi等人提出用MIV来反映神经网络中权重矩阵的变化情况，MIV被认为是在神经网络中评价变量相关性最好的指标之一，也为解决此类问题开创了新思路。因此探索此类型的评价指标在实际工作中的运用以及寻找新的评价指标是值得研究的课题。

本例选择MIV作为评价各个自变量对于因变量影响的重要性大小指标。MIV是用于确定输入神经元对输出神经元影响大小的一个指标，其符号代表相关的方向，绝对值大小代表影响的相对重要性。具体计算过程：在网络训练终止后，将训练样本P中每一自变量特征在其原值的基础上分别加和减10%构成两个新的训练样本P_1和P_2，将P_1和P_2分别作为仿真样本利用已建成的网络进行仿真，得到两个仿真结果A_1和A_2，求出A_1和A_2的差值，即为变动该自变量后对输出产生的影响变化值(Impact Value, IV)，最后将IV按观测例数平均得出该自变量对于应变量——网络输出的MIV。按照上面步骤依次算出各个自变量的MIV值，最后根据MIV绝对值的大小为各自变量排序，得到各自变量对网络输出影响相对重要性的位次表，从而判断出输入特征对于网络结果的影响程度，即实现了变量筛选。

25.2 模型建立

本例产生网络训练数据的方法如下：

$$F = 20 + x_1^2 - 10\cos(2\pi x_1) + x_2^2 - 10\cos(2\pi x_2) \quad (25-1)$$

随机产生的x_1和x_2和由它们决定的F作为BP神经网络的训练样本，同时加入x_3、x_4噪声，通过MIV方法，筛选对网络结果有主要影响的变量。相关流程如图25-2所示。

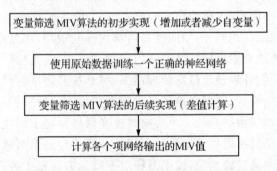

图25-2 基于BP神经网络的变量筛选流程图

25.3 MATLAB实现

本例程序如下：

```
%% 清空环境变量
clc
clear
%% 产生输入 输出数据

% 设置步长
interval = 0.01;
```

```matlab
% 产生 x1 x2
x1 = -1.5:interval:1.5;
x2 = -1.5:interval:1.5;

% 产生 x3 x4(噪声)
x = rand(1,301);
x3 = (x - 0.5) * 1.5 * 2;
x4 = (x - 0.5) * 1.5 * 2;

% 按照函数先求得相应的函数值,作为网络的输出
F = 20 + x1.^2 - 10 * cos(2 * pi * x1) + x2.^2 - 10 * cos(2 * pi * x2);

% 设置网络输入输出值
p = [x1;x2;x3;x4];
t = F;


%% 变量筛选 MIV 算法的初步实现(增加或者减少自变量)
p = p';
[m,n] = size(p);
yy_temp = p;

% p_increase 为增加 10% 的矩阵 p_decrease 为减少 10% 的矩阵
for i = 1:n
    p = yy_temp;
    pX = p(:,i);
    pa = pX * 1.1;
    p(:,i) = pa;
    aa = ['p_increase' int2str(i) '= p'];
    eval(aa);
end


for i = 1:n
    p = yy_temp;
    pX = p(:,i);
    pa = pX * 0.9;
    p(:,i) = pa;
    aa = ['p_decrease' int2str(i) '= p'];
    eval(aa);
end
%% 利用原始数据训练一个正确的神经网络
nntwarn off;
p = yy_temp
p = p';
% bp 网络建立
net = newff(minmax(p),[8,1],{'tansig','purelin'},'traingdm');
% 初始化 bp 网络
net = init(net);
```

```matlab
% 网络训练参数设置
net.trainParam.show = 50;
net.trainParam.lr = 0.05;
net.trainParam.mc = 0.9;
net.trainParam.epochs = 2000;

% bp 网络训练
net = train(net,p,t);


%% 变量筛选 MIV 算法的后续实现(差值计算)

% 转置后 sim

for i = 1:n
    eval(['p_increase',num2str(i),'= transpose(p_increase',num2str(i),')'])
end

for i = 1:n
    eval(['p_decrease',num2str(i),'= transpose(p_decrease',num2str(i),')'])
end


% result_in 为增加 10% 后的输出 result_de 为减少 10% 后的输出
for i = 1:n
    eval(['result_in',num2str(i),'= sim(net,','p_increase',num2str(i),')'])
end

for i = 1:n
    eval(['result_de',num2str(i),'= sim(net,','p_decrease',num2str(i),')'])
end

for i = 1:n
    eval(['result_in',num2str(i),'= transpose(result_in',num2str(i),')'])
end

for i = 1:n
    eval(['result_de',num2str(i),'= transpose(result_de',num2str(i),')'])
end

%% MIV_n 的值为各个项网络输出的 MIV 值 MIV 被认为是在神经网络中评价变量相关的最好指标
%% 之一,其符号代表相关的方向,绝对值大小代表影响的相对重要性


for i = 1:n
    IV = ['result_in',num2str(i),'- result_de',num2str(i)];
    eval(['MIV_',num2str(i) ,'= mean(',IV,')'])
end
```

本例的结果为:

```
MIV_1 =

    1.2553
MIV_2 =

    1.2896
MIV_3 =

    0.0685
MIV_4 =

   -0.7430
```

MIV_n 的值为各项网络输出的 MIV 值，MIV 被认为是在神经网络应用中评价变量对结果影响大小的最好指标之一，其符号代表相关的方向，绝对值大小代表影响的相对重要性。

由此可见：第一、二个变量得出的 MIV 值较大；因为 F 值是靠 x_1、x_2 计算出来的，与 x_3、x_4 无关，所以 MIV 筛选出的对结果有重要影响的自变量同真实情况一致。神经网络使用 MIV 方法对变量进行筛选是可行的。

25.4 案例扩展

神经网络模型本身可以应用于多重共线性的数据，所谓多重共线性（multicollinearity）是指回归模型中的自变量之间由于存在精确相关关系或高度相关关系而使模型估计失真或难以估计准确。为了网络的训练效果更佳，使用了 MIV 算法来寻找对结果影响大的变量。不只是 BP 神经网络，其他很多神经网络在进行拟合、回归、分类的条件下，都可以应用 MIV 算法进行变量筛选并且建立自变量更少、效果更好的神经网络模型。

第 26 章 LVQ 神经网络的分类
——乳腺肿瘤诊断

26.1 案例背景

26.1.1 LVQ神经网络概述

学习向量量化(Learning Vector Quantization,LVQ)神经网络是一种用于训练竞争层的有监督学习(supervised learning)方法的输入前向神经网络,其算法是从Kohonen竞争算法演化而来的。LVQ神经网络在模式识别和优化领域有着广泛的应用。

1. LVQ神经网络的结构

LVQ神经网络由3层神经元组成,即输入层、竞争层和线性输出层,如图26-1所示。输入层与竞争层之间采用全连接的方式,竞争层与线性输出层之间采用部分连接的方式。竞争层神经元个数总是大于线性输出层神经元个数,每个竞争层神经元只与一个线性输出层神经元相连接且连接权值恒为1。但是,每个线性输出层神经元可以与多个竞争层神经元相连接。竞争层神经元与线性输出层神经元的值只能是1或0。当某个输入模式被送至网络时,与输入模式距离最近的竞争层神经元被激活,神经元的状态为"1",而其他竞争层神经元的状态均为"0"。因此,与被激活神经元相连接的线性输出层神经元状态也为"1",而其他线性输出层神经元的状态均为"0"。

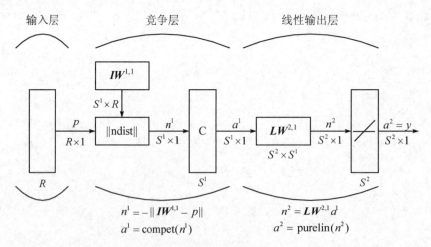

图 26-1 学习向量量化网络

图 26-1 中,p 为 R 维的输入模式;S^1 为竞争层神经元个数;$IW^{1,1}$ 为输入层与竞争层之间的连接权系数矩阵;n^1 为竞争层神经元的输入;a^1 为竞争层神经元的输出;$LW^{2,1}$ 为竞争层与线性输出层之间的连接权系数矩阵;n^2 为线性输出层神经元的输入;a^2 为线性输出层神经

元的输出。

2. LVQ 神经网络的学习算法

LVQ 神经网络算法是在有教师状态下对竞争层进行训练的一种学习算法，因此 LVQ 算法可以认为是把自组织特征映射算法改良成有教师学习的算法。LVQ 神经网络算法可分为 LVQ 1 算法和 LVQ 2 算法两种。

(1) LVQ 1 算法

向量量化是利用输入向量的固有结构进行数据压缩的技术，学习向量量化是在向量量化基础上能将输入向量分类的监督学习技术。Kohonen 把自组织特征映射算法改良成有教师学习算法，首先设计了 LVQ 1 算法。LVQ 1 的训练过程开始于随机地自"标定"训练集合选择一个输入向量以及该向量的正确类别。

LVQ 1 算法的基本思想是：计算距离输入向量最近的竞争层神经元，从而找到与之相连接的线性输出层神经元，若输入向量的类别与线性输出层神经元所对应的类别一致，则对应的竞争层神经元权值沿着输入向量的方向移动；反之，若两者的类别不一致，则对应的竞争层神经元权值沿着输入向量的反方向移动。基本的 LVQ1 算法的步骤为：

步骤 1：初始化输入层与竞争层之间的权值 w_{ij} 及学习率 $\eta(\eta>0)$。

步骤 2：将输入向量 $\boldsymbol{x}=(x_1,x_2,\cdots,x_R)^\mathrm{T}$ 送入到输入层，并计算竞争层神经元与输入向量的距离：

$$d_i = \sqrt{\sum_{j=1}^{R}(x_j - w_{ij})^2} \quad i=1,2,\cdots,S^1 \tag{26-1}$$

式中，w_{ij} 为输入层的神经元 j 与竞争层的神经元 i 之间的权值。

步骤 3：选择与输入向量距离最小的竞争层神经元，若 d_i 最小，则记与之连接的线性输出层神经元的类标签为 C_i。

步骤 4：记输入向量对应的类标签为 C_x，若 $C_i = C_x$，则用如下方法调整权值：

$$w_{ij\_\mathrm{new}} = w_{ij\_\mathrm{old}} + \eta(x - w_{ij\_\mathrm{old}}) \tag{26-2}$$

否则，按如下方法进行权值更新：

$$w_{ij\_\mathrm{new}} = w_{ij\_\mathrm{old}} - \eta(x - w_{ij\_\mathrm{old}}) \tag{26-3}$$

(2) LVQ 2 算法

在 LVQ 1 算法中，只有一个神经元可以获胜，即只有一个神经元的权值可以得到更新调整。为了提高分类的正确率，Kohonen 改进了 LVQ 1，并且被称为新版本 LVQ 2。LVQ 2 算法基于光滑的移动决策边界逼近 Bayes 极限。LVQ 2 版本接着被修改，产生 LVQ 2.1，并且最终发展为 LVQ 3。这些后来的 LVQ 版本的共同特点是引入了"次获胜"神经元，获胜神经元的权值向量和"次获胜"神经元的权值向量都被更新。具体计算步骤如下：

步骤 1：利用 LVQ 1 算法对所有输入模式进行学习。

步骤 2：将输入向量 $\boldsymbol{x}=(x_1,x_2,\cdots,x_R)^\mathrm{T}$ 送入到输入层，并根据式(26-1)计算竞争层与输入向量的距离。

步骤 3：选择与输入向量距离最小的两个竞争层神经元 i,j。

步骤 4：如果神经元 i 和神经元 j 满足以下两个条件：

① 神经元 i 和神经元 j 对应于不同的类别；

② 神经元 i 和神经元 j 与当前输入向量的距离 d_i 和 d_j 满足式(26-4)：

$$\min\left\{\frac{d_i}{d_j}, \frac{d_j}{d_i}\right\} > \rho \qquad (26-4)$$

其中，ρ 为输入向量可能落进的接近于两个向量中段平面的窗口宽度，一般取 2/3 左右。则有

① 若神经元 i 对应的类别 C_i 与输入向量对应的类别 C_x 一致，即 $C_i = C_x$，则神经元 i 和神经元 j 的权值按如下方法进行修正。

$$\left.\begin{aligned} w_i^{\text{new}} &= w_i^{\text{old}} + \alpha(x - w_i^{\text{old}}) \\ w_j^{\text{new}} &= w_j^{\text{old}} - \alpha(x - w_j^{\text{old}}) \end{aligned}\right\} \qquad (26-5)$$

② 若神经元 j 对应的类别 C_j 与输入向量对应的类别 C_x 一致，即 $C_j = C_x$，则神经元 i 和神经元 j 的权值按如下方法进行修正。

$$\left.\begin{aligned} w_i^{\text{new}} &= w_i^{\text{old}} - \alpha(x - w_i^{\text{old}}) \\ w_j^{\text{new}} &= w_j^{\text{old}} + \alpha(x - w_j^{\text{old}}) \end{aligned}\right\} \qquad (26-6)$$

步骤 5：若神经元 i 和神经元 j 不满足步骤 4 中的条件，则只更新距离输入向量最近的神经元权值，更新公式与 LVQ 1 算法中步骤 4 相同。

3. LVQ 神经网络特点

竞争层神经网络可以自动学习对输入向量模式的分类，但是竞争层进行的分类只取决于输入向量之间的距离，当两个输入向量非常接近时，竞争层就可能将它们归为一类。在竞争层的设计中没有这样的机制，即严格地判断任意的两个输入向量是属于同一类还是属于不同类。而对于 LVQ 网络用户指定目标分类结果，网络可以通过监督学习完成对输入向量模式的准确分类。

与其他模式识别和映射方式相比，LVQ 神经网络的优点在于网络结构简单，只通过内部单元的相互作用就可以完成十分复杂的分类处理，也很容易将设计域中的各种繁杂分散的设计条件收敛到结论上来。而且它不需要对输入向量进行归一化、正交化处理，只需要直接计算输入向量与竞争层之间的距离，从而实现模式识别，因此简单易行。

26.1.2 乳腺肿瘤诊断概述

目前，乳腺癌已成为世界上妇女发病率最高的癌症。近年来在中国，尤其在相对比较发达的东部地区，乳腺癌的发病率及死亡率呈明显的增长趋势。研究表明，乳腺恶性肿瘤若能早期发现、早期诊断、早期治疗，可取得良好的效果。过去的 20 年里，人们在分析和诊断各种乳腺肿瘤方面发现了很多方法，尤其是针对乳腺图像的分析已日趋成熟。医学研究发现，乳腺肿瘤病灶组织的细胞核显微图像与正常组织的细胞核显微图像不同，但是用一般的图像处理方法很难对其进行区分。因此，运用科学的方法，根据乳腺肿瘤病灶组织的细胞核显微图像对乳腺肿瘤属于良性或恶性进行诊断显得尤为重要。

26.1.3 问题描述

威斯康辛大学医学院经过多年的收集和整理，建立了一个乳腺肿瘤病灶组织的细胞核显微图像数据库。数据库中包含了细胞核图像的 10 个量化特征(细胞核半径、质地、周长、面积、光滑性、紧密度、凹陷度、凹陷点数、对称度、断裂度)，这些特征与肿瘤的性质有密切的关系。因此，需要建立一个确定的模型来描述数据库中各个量化特征与肿瘤性质的关系，从而可以根

据细胞核显微图像的量化特征诊断乳腺肿瘤是良性还是恶性的。

26.2 模型建立

26.2.1 设计思路

将乳腺肿瘤病灶组织的细胞核显微图像的 10 个量化特征作为网络的输入,良性乳腺肿瘤和恶性乳腺肿瘤作为网络的输出。用训练集数据对设计的 LVQ 神经网络进行训练,然后对测试集数据进行测试并对测试结果进行分析。

26.2.2 设计步骤

根据上述设计思路,设计步骤主要包括以下几个,如图 26-2 所示。

图 26-2 设计步骤流程图

1. 数据采集

威斯康辛大学医学院的乳腺癌数据集共包括 569 个病例,其中,良性 357 例,恶性 212 例。本书随机选取 500 组数据作为训练集,剩余 69 组作为测试集。

每个病例的一组数据包括采样组织中各细胞核的 10 个特征量的平均值、标准差和最坏值(各特征的 3 个最大数据的平均值)共 30 个数据。数据文件中每组数据共分 32 个字段,第 1 个字段为病例编号;第 2 个字段为确诊结果,B 为良性,M 为恶性;第 3~12 个字段是该病例肿瘤病灶组织的各细胞核显微图像的 10 个量化特征的平均值;第 13~22 个字段是相应的标准差;第 23~32 个字段是相应的最坏值。

2. 网络创建

数据采集完成后,利用 MATLAB 自带的神经网络工具箱中的函数 newlvq( )可以构建一个 LVQ 神经网络,函数具体用法将在 26.3 节中详细介绍。

3. 网络训练

网络创建完毕后,若需要,还可以对神经网络的参数进行设置和修改。将训练集 500 个病例的数据输入网络,便可以对网络进行训练。

4. 网络仿真

网络通过训练后,将测试集 69 组的 10 个量化特征数据输入网络,便可以得到对应的输出(即分类)。

5. 结果分析

通过对网络仿真结果的分析,可以得到误诊率(包括良性被误诊为恶性及恶性被误诊为良性),从而可以对该方法的可行性进行评价。同时,可以与其他方法进行比较,探讨该方法的有效性。

26.3 LVQ网络的神经网络工具箱函数

MATLAB 的神经网络工具箱为 LVQ 神经网络提供了大量的函数工具,本节将详细介绍这些函数的功能、调用格式和注意事项等问题。

26.3.1 LVQ 网络创建函数

newlvq()函数用于创建一个学习向量量化 LVQ 网络,其调用格式为:

```
net = newlvq(PR,S1,PC,LR,LF)
```

其中,PR 为输入向量的范围,size(PR)=[R 2],R 为输入向量的维数;S1 为竞争层神经元的个数;PC 为线性输出层期望类别各自所占的比重;LR 为学习速率,默认值为 0.01;LF 为学习函数,默认为"learnlv1"。

26.3.2 LVQ 网络学习函数

1. LVQ 1 学习算法

learnlv1 是 LVQ 1 算法对应的权值学习函数,其调用格式为:

```
[dW,LS] = learnlv1(W,P,Z,N,A,T,E,gW,gA,D,LP,LS)
```

其中,dW 为权值(或阈值)变化矩阵;LS 为当前学习状态(可省略);W 为权值矩阵或者是阈值矢量;P 为输入矢量或者是全为 1 的矢量;Z 为输入层的权值矢量(可省略);N 为网络的输入矢量(可省略);A 为网络的输出矢量;T 为目标输出矢量(可省略);E 为误差矢量(可省略);gW 为与性能相关的权值梯度矩阵(可省略);gA 为与性能相关的输出梯度矩阵;D 为神经元的距离矩阵;LP 为学习参数,默认值为 0.01;LS 为初始学习状态。

2. LVQ 2 学习算法

learnlv2 是 LVQ 2 算法对应的权值学习函数,其调用格式为:

```
[dW,LS] = learnlv2(W,P,Z,N,A,T,E,gW,gA,D,LP,LS)
```

其参数意义与 learnlv1 中的参数意义相同,只是权值调整的方法不同,在 26.1.1 节中已详细描述,此处不再赘述。

26.4 MATLAB 实现

利用 MATLAB 神经网络工具箱提供的函数可以方便地在 MATLAB 环境下实现上述步骤。

26.4.1 清空环境变量

程序运行之前,清除工作空间(workspace)中的变量及命令窗口(command window)中的命令。具体程序为:

```
%% 清空环境变量
clear all
clc
warning off
```

26.4.2 导入数据

数据保存在 data.mat 文件中,共 569 组数据,为不失一般性,随机选取 500 组数据作为训练集,剩余 69 组数据作为测试集。如前文所述,输入神经元个数为 30,分别代表 30 个细胞核的形态特征。输出神经元个数为 2,分别表示良性乳腺肿瘤和恶性乳腺肿瘤。本书中以数字 "1" 与良性乳腺肿瘤对应,数字 "2" 与恶性乳腺肿瘤对应。具体程序如下:

```
%% 导入数据
load data.mat
a = randperm(569);
Train = data(a(1:500),:);
Test = data(a(501:end),:);
% 训练数据
P_train = Train(:,3:end)';
Tc_train = Train(:,2)';
T_train = ind2vec(Tc_train);
% 测试数据
P_test = Test(:,3:end)';
Tc_test = Test(:,2)';
```

说明:ind2vec() 函数用于将代表类别的下标矩阵转换成对应的目标向量,例如,在命令窗口输入:

```
a = [1 2 1 3];
b = ind2vec(a);
c = [1 0 1 0;0 1 0 0;0 0 0 1]
flag = isequal(b,c)
```

运行结果为:

```
b =
   (1,1)        1
   (2,2)        1
   (1,3)        1
   (3,4)        1
c =
     1     0     1     0
     0     1     0     0
     0     0     0     1
flag =
     1
```

从运行结果可以看出,行向量 *a* 经过 ind2vec() 函数转换后的结果 *b* 与矩阵 *c* 相等。

26.4.3 创建 LVQ 网络

利用 newlvq() 函数可以创建 LVQ 神经网络,将隐含层神经元个数设为 20,由于训练集是随机产生的,所以参数 PC 需要事先计算一下。具体程序为:

```
%% 创建网络
count_B = length(find(Tc_train == 1));
count_M = length(find(Tc_train == 2));
rate_B = count_B/500;
```

```
rate_M = count_M/500;
net = newlvq(minmax(P_train),10,[rate_B rate_M]);
% 设置网络参数
net.trainParam.epochs = 1000;
net.trainParam.show = 10;
net.trainParam.lr = 0.1;
net.trainParam.goal = 0.1;
```

26.4.4 训练 LVQ 网络

网络创建完成及相关参数设置完成后,利用 MATLAB 自带的网络训练函数 train() 可以方便地对网络进行训练学习,具体程序为:

```
%% 网络训练
net = train(net,P_train,T_train);
```

26.4.5 仿真测试

利用 sim() 函数将测试集输入数据送入训练好的神经网络便可以得到对应的测试集输出仿真数据,详细程序如下:

```
%% 仿真测试
T_sim = sim(net,P_test);
Tc_sim = vec2ind(T_sim);
result = [Tc_sim;Tc_test];
```

说明:

① vec2ind() 函数的作用与 ind2vec() 函数的作用相反,目的是将目标向量转换为对应的代表类别的下标矩阵;

② result 第 1 行为测试集的仿真结果,第 2 行为测试集的真实结果。

26.4.6 结　果

1. 结果显示

为了使读者更为直观地对仿真结果进行分析,本案例用 disp() 函数将结果显示在命令窗口中,具体程序为:

```
%% 结果显示
total_B = length(find(data(:,2) == 1));
total_M = length(find(data(:,2) == 2));
number_B = length(find(Tc_test == 1));
number_M = length(find(Tc_test == 2));
number_B_sim = length(find(Tc_sim == 1 & Tc_test == 1));
number_M_sim = length(find(Tc_sim == 2 &Tc_test == 2));
disp(['病例总数:' num2str(569)...
    '  良性:' num2str(total_B)...
    '  恶性:' num2str(total_M)]);
disp(['训练集病例总数:' num2str(500)...
    '  良性:' num2str(count_B)...
    '  恶性:' num2str(count_M)]);
```

```
disp(['测试集病例总数:' num2str(69)...
    '  良性:' num2str(number_B)...
    '  恶性:' num2str(number_M)]);
disp(['良性乳腺肿瘤确诊:' num2str(number_B_sim)...
    '  误诊:' num2str(number_B - number_B_sim)...
    '  确诊率 p1 = ' num2str(number_B_sim/number_B * 100) '%']);
disp(['恶性乳腺肿瘤确诊:' num2str(number_M_sim)...
    '  误诊:' num2str(number_M - number_M_sim)...
    '  确诊率 p2 = ' num2str(number_M_sim/number_M * 100) '%']);
```

2. 结果分析

某次运行神经网络训练测试的结果如下:

```
病例总数:569     良性:357   恶性:212
训练集病例总数:500  良性:312   恶性:188
测试集病例总数:69   良性:45    恶性:24
良性乳腺肿瘤确诊:43   误诊:2    确诊率 p1 = 95.5556%
恶性乳腺肿瘤确诊:20   误诊:4    确诊率 p2 = 83.3333%
```

从上述结果可以看出,在 69 组测试集数据中,有 6 组数据误诊断(2 组将良性乳腺肿瘤误诊为恶性乳腺肿瘤,4 组将恶性乳腺肿瘤误诊为良性乳腺肿瘤),平均诊断正确率达 91.3%(63/69)。实验结果表明,将 LVQ 神经网络应用于模式识别是可行的。

26.5 案例扩展

26.5.1 对比分析

本小节将对比上述 LVQ 神经网络与 BP 神经网络两种模型的效果,BP 神经网络模型的程序如下:

```
%% 创建 BP 网络
net = newff(minmax(P_train),[50 1],{'tansig','purelin'},'trainlm');
%% 设置网络参数
net.trainParam.epochs = 1000;
net.trainParam.show = 10;
net.trainParam.lr = 0.1;
net.trainParam.goal = 0.1;
%% 训练网络
net = train(net,P_train,Tc_train);
%% 仿真测试
T_sim = sim(net,P_test);
for i = 1:length(T_sim)
    if T_sim(i)<= 1.5
        T_sim(i) = 1;
    else
        T_sim(i) = 2;
    end
end
result = [T_sim;Tc_test]
number_B = length(find(Tc_test == 1));
number_M = length(find(Tc_test == 2));
```

```
number_B_sim = length(find(T_sim(1:number_B) == 1));
number_M_sim = length(find(T_sim(number_B + 1:end) == 2));
disp(['病例总数:'num2str(569)...
      ' 良性:'num2str(total_B)...
      ' 恶性:'num2str(total_M)]);
disp(['训练集病例总数:'num2str(500)...
      ' 良性:'num2str(count_B)...
      ' 恶性:'num2str(count_M)]);
disp(['测试集病例总数:'num2str(69)...
      ' 良性:'num2str(number_B)...
      ' 恶性:'num2str(number_M)]);
disp(['良性乳腺肿瘤确诊:'num2str(number_B_sim)...
      ' 误诊:'num2str(number_B - number_B_sim)...
      ' 确诊率 p1 = 'num2str(number_B_sim/number_B * 100)'%']);
disp(['恶性乳腺肿瘤确诊:'num2str(number_M_sim)...
      ' 误诊:'num2str(number_M - number_M_sim)...
      ' 确诊率 p2 = 'num2str(number_M_sim/number_M * 100)'%']);
```

说明：由于 BP 网络输出非二值结果，因此程序中进行了四舍五入处理，即若输出小于 1.5 则认为属于良性肿瘤，输出大于 1.5 则表示属于恶性肿瘤。

在训练集和测试集与 LVQ 神经网络相同的情况下，程序运行结果为：

```
病例总数:569    良性:357    恶性:212
训练集病例总数:500    良性:312    恶性:188
测试集病例总数:69    良性:45    恶性:24
良性乳腺肿瘤确诊:35    误诊:10    确诊率 p1 = 77.7778 %
恶性乳腺肿瘤确诊:16    误诊:8    确诊率 p2 = 66.6667 %
```

从上述结果可以看出，在 69 组测试集数据中，有 18 组数据误诊断（10 组将良性乳腺肿瘤误诊为恶性乳腺肿瘤，8 组将恶性乳腺肿瘤误诊为良性乳腺肿瘤），平均诊断正确率达 73.9%（51/69）。

对比 LVQ 神经网络及 BP 神经网络的仿真结果，可以看出，LVQ 神经网络的效果比 BP 神经网络要好很多，这也表明 LVQ 神经网络用于模式识别是有效的。

26.5.2 案例扩展

LVQ 神经网络无需对数据进行预处理，这使得相比于其他神经网络，LVQ 神经网络更简单、有效。LVQ 神经网络已经应用到各行各业中，如故障诊断、性能评价、风险预测等。近年来，许多人致力于研究 LVQ 神经网络的特点，提出了很多改进的算法以解决"死"神经元问题、改善权值调整规则等，具体请参考本章所列文献[7]~[10]。

参考文献

[1] 飞思科技产品研发中心.神经网络与 MATLAB 7 实现[M].北京:电子工业出版社,2005.

[2] 董长虹. Matlab 神经网络与应用[M].2 版.北京:国防工业出版社,2007.

[3] 张良均,曹晶,蒋世忠.神经网络实用教程[M].北京:机械工业出版社,2008.

[4] 史忠植.神经网络[M].北京:高等教育出版社,2009.

[5] FREDRIC M. HAM, IVICA K. 神经计算原理[M].叶世伟,王海娟,译.北京:机械工业出版

社,2007.

[6] 董妍慧.基于LVQ神经网络模型的企业财务危机预警[J].大连海事大学学报:社会科学版,2008,7(1):92-94.

[7] 程剑锋,徐俊艳.学习矢量量化的推广及其典型形式的比较[J].计算机工程与应用,2006(17):82-85.

[8] 冯乃勤,南书坡,郭战杰.对学习矢量量化神经网络中"死"点问题的研究[J].计算机工程与应用,2009,45:64-66.

[9] 朱策,厉力华,王太君,等.学习矢量量化算法的性能分析[J].电子学报,1995,23(7):59-63.

[10] 周水生,周利华.修正的广义学习向量量化算法[J].计算机工程,2003,29(13):34-36.

第 27 章 LVQ 神经网络的预测
——人脸朝向识别

27.1 案例背景

27.1.1 人脸识别概述

人脸识别作为一个复杂的模式识别问题,近年来受到了广泛的关注,识别领域的各种方法在这个问题上各显所长,而且发展出了许多新方法,大大丰富和拓宽了模式识别的方向。人脸识别、检测、跟踪、特征定位等技术近年来一直是研究的热点。人脸识别是人脸应用研究中重要的第一步,目的是从图像中分割出不包括背景的人脸区域。由于人脸形状的不规则性以及光线和背景条件多样性,现有的人脸研究算法都是在试图解决某些特定实验环境下的一些具体问题,对人脸位置和状态都有一定的要求。而在实际应用中,大量图像和视频源中人脸的位置、朝向和旋转角度都不是固定的,这就大大增加了人脸识别的难度。

在人脸识别领域的众多研究方向中,人脸朝向分析一直是一个少有人涉及的领域。在以往的研究成果中,一些研究者谈及了人脸朝向问题,但其中绝大多数都是希望在人脸识别过程中去除人脸水平旋转对识别过程的不良影响。但是,实际问题要复杂得多,人脸朝向是一个无法回避的问题。因此,对于人脸朝向的判断和识别,将会是一件非常有意义的工作。

27.1.2 问题描述

现采集到一组人脸朝向不同角度时的图像,图像来自不同的 10 个人,每人 5 幅图像,人脸的朝向分别为:左方、左前方、前方、右前方和右方,如图 27-1 所示。试创建一个 LVQ 神经网络,对任意给出的人脸图像进行朝向预测和识别。

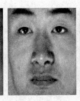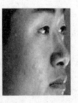

图 27-1 人脸识别图像

27.2 模型建立

27.2.1 设计思路

通过观察不难发现,当人脸面朝不同方向时,眼睛在图像中的位置差别较大。因此,可以考虑将图片中描述眼睛位置的特征信息提取出来作为 LVQ 神经网络的输入,5 个朝向分别用 1,2,3,4,5 表示,作为 LVQ 神经网络的输出。通过对训练集的图像进行训练,得到具有预测功能的网络,便可以对任意给出的人脸图像进行朝向判断和识别。

27.2.2 设计步骤

根据上述设计思路,设计步骤主要包括以下几个部分,如图 27-2 所示。

图 27-2 设计步骤流程图

1. 人脸特征向量提取

如设计思路中所述,当人脸朝向不同时,眼睛在图像中的位置会有明显的差别。因此,只需要将描述人眼位置信息的特征向量提取出来即可。方法是将整幅图像划分成 6 行 8 列,人眼的位置信息可以用第 2 行的 8 个子矩阵来描述(注意:针对不同大小的图像,划分的网格需稍作修改),边缘检测后 8 个子矩阵中的值为"1"的像素点个数与人脸朝向有直接关系,只要分别统计出第 2 行的 8 个子矩阵中的值为"1"的像素点个数即可。

2. 训练集/测试集产生

为了保证训练集数据的随机性,随机选取图像库中的 30 幅人脸图像提取出的特征向量作为训练集数据,剩余的 20 幅人脸图像提取出来的特征向量作为测试集数据。

3. LVQ 网络创建

LVQ 神经网络的优点是不需要将输入向量进行归一化、正交化,利用 MATLAB 自带的神经网络工具箱函数 newlvq() 可以构建一个 LVQ 神经网络,关于该函数的用法及说明在第 26 章中已作详细说明,此处不再赘述。

4. LVQ 网络训练

网络创建完毕后,便可以将训练集输入向量送入到网络中,利用 LVQ1 或 LVQ2 算法对网络的权值进行调整,直到满足训练要求迭代终止。

5. 人脸识别测试

网络训练收敛后,便可以对测试集数据进行预测,即对测试集的图像进行人脸朝向识别。对于任意给出的图像,只需要将其特征向量提取出来,便可对其进行识别。

27.3 MATLAB 实现

利用 MATLAB 神经网络工具箱提供的函数可以方便地在 MATLAB 环境下实现上述设计步骤。

27.3.1 清空环境变量

程序运行之前,清除工作空间(workspace)中的变量及命令窗口(command window)中的命令。具体程序为:

```
%% 清空环境变量
clear all
clc
```

27.3.2 人脸特征向量提取

如设计步骤中所述，人脸特征向量提取的任务是将图像中描述人眼位置的信息提取出来，即统计出划分网格第2行的8个子矩阵中的值为"1"的像素点个数。具体实现程序如下：

```
%% 人脸特征向量提取
% 人数
M = 10;
% 人脸朝向类别数
N = 5;
% 特征向量提取
pixel_value = feature_extraction(M,N);
```

其中，feature_extraction为人脸特征向量提取子函数，feature_extraction.m的程序代码为：

```
function pixel_value = feature_extraction(m,n)
pixel_value = zeros(50,8);
sample_number = 0;
for i = 1:m
    for j = 1:n
        str = strcat('Images\',num2str(i),'_',num2str(j),'.bmp');
        img = imread(str);
        [rows cols] = size(img);
        img_edge = edge(img,'Sobel');
        sub_rows = floor(rows/6);
        sub_cols = floor(cols/8);
        sample_number = sample_number + 1;
        for subblock_i = 1:8
            for ii = sub_rows + 1:2 * sub_rows
                for jj = (subblock_i - 1) * sub_cols + 1:subblock_i * sub_cols
                    pixel_value(sample_number,subblock_i) = ...
                        pixel_value(sample_number,subblock_i) + img_edge(ii,jj);
                end
            end
        end
    end
end
end
```

说明：

① 人脸图像库的图片放在文件名为Images的文件夹中，图片的命名规则为"i_j.bmp"，其中，i表示人的编号，j表示人脸朝向的编号，这里，i=1,2,…,10;j=1,2,…,5。

② 函数strcat()的作用是将字符串进行水平连接，具体用法可以查看Help帮助文档。

③ 函数imread()用于将图片转换成对应的矩阵。

④ edge()是边缘提取函数，其参数"Sobel"是边缘提取算子。

27.3.3 训练集/测试集产生

图像库中所有图片的特征向量提取出来以后,随机将其分成两组,分别作为训练集和测试集。其中,训练集包含 30 个不同人脸朝向的图片的特征向量,测试集为剩余的 20 个不同人脸朝向的图片的特征向量。具体程序如下:

```
%% 训练集/测试集产生
% 产生图像序号的随机序列
rand_label = randperm(M * N);
% 人脸朝向标号
direction_label = repmat(1:N,1,M);
% 训练集
train_label = rand_label(1:30);
P_train = pixel_value(train_label,:)';
Tc_train = direction_label(train_label);
T_train = ind2vec(Tc_train);
% 测试集
test_label = rand_label(31:end);
P_test = pixel_value(test_label,:)';
Tc_test = direction_label(test_label);
```

说明:

① 函数 randperm(n) 用于产生一个从整数 1 到 n 的随机排列。

② 函数 repmat() 用于矩阵复制。

③ 函数 ind2vec() 及 vec2ind() 的用法见第 26 章。

27.3.4 创建 LVQ 网络

利用 newlvq() 函数可以方便地创建一个 LVQ 神经网络。这里,隐含层神经元个数设置为 20。由于训练集数据是随机产生的,所以参数 PC 的设置需要事先计算得出,具体的程序为:

```
%% 创建 LVQ 网络
for i = 1:5
    rate{i} = length(find(Tc_train == i))/30;
end
net = newlvq(minmax(P_train),20,cell2mat(rate));
% 设置训练参数
net.trainParam.epochs = 100;
net.trainParam.goal = 0.001;
net.trainParam.lr = 0.1;
```

27.3.5 训练 LVQ 网络

网络创建及相关参数设置完成后,利用 MATLAB 自带的网络训练函数 train() 可以方便地对网络进行训练学习,具体程序为:

```
%% 训练网络
net = train(net,P_train,T_train);
```

27.3.6 人脸识别测试

利用 sim() 函数将测试集输入数据送入训练好的神经网络,便可以得到测试集的输出仿

真数据,即测试集图像的人脸朝向识别结果。详细程序如下:

```
%% 仿真测试
T_sim = sim(net,P_test);
Tc_sim = vec2ind(T_sim);
result = [Tc_test;Tc_sim]
```

说明:result 第 1 行为测试集图像的标准人脸朝向类别,第 2 行为测试集图像的预测人脸朝向类别。

27.3.7 结果显示

本案例将识别的结果以更加直观的形式呈现给读者,具体程序如下:

```
%% 结果显示
% 训练集人脸标号
strain_label = sort(train_label);
htrain_label = ceil(strain_label/N);
% 训练集人脸朝向类别
dtrain_label = strain_label - floor(strain_label/N) * N;
dtrain_label(dtrain_label == 0) = N;
% 显示训练集图像序号:
disp('训练集图像为:');
for i = 1:30
    str_train = [num2str(htrain_label(i)) '_'...
                num2str(dtrain_label(i)) ' '];
    fprintf('%s',str_train)
    if mod(i,5) == 0
        fprintf('\n');
    end
end
% 测试集人脸标号
stest_label = sort(test_label);
htest_label = ceil(stest_label/N);
% 测试集人脸朝向标号
dtest_label = stest_label - floor(stest_label/N) * N;
dtest_label(dtest_label == 0) = N;
% 显示测试集图像序号
disp('测试集图像为:');
for i = 1:20
    str_test = [num2str(htest_label(i)) '_'...
                num2str(dtest_label(i)) ' '];
    fprintf('%s',str_test)
    if mod(i,5) == 0
        fprintf('\n');
    end
end
% 显示识别出错图像
error = Tc_sim - Tc_test;
location = {'左方' '左前方' '前方' '右前方' '右方'};
for i = 1:length(error)
    if error(i) ~= 0
```

```
        % 识别出错图像人脸标号
        herror_label = ceil(test_label(i)/N);
        % 识别出错图像人脸朝向标号
        derror_label = test_label(i) - floor(test_label(i)/N) * N;
        derror_label(derror_label == 0) = N;
        % 图像原始朝向
        standard = location{Tc_test(i)};
        % 图像识别结果朝向
        identify = location{Tc_sim(i)};
        str_err = strcat(['图像' num2str(herror_label) '_'...
                          num2str(derror_label) '识别出错.']);
        disp([str_err '正确结果:朝向' standard...
                     ';识别结果:朝向' identify ')']);
    end
end
% 显示识别率
disp(['识别率为:' num2str(length(find(error == 0))/20 * 100) '%']);
```

27.3.8 结果分析

程序某次运行的结果为：

```
result =
  Columns 1 through 12
     5     5     3     4     2     4     2     4     2     3     4     2
     5     5     3     4     2     4     2     4     2     3     1     2
  Columns 13 through 20
     5     3     1     4     3     1     3     1
     5     3     1     1     3     1     3     1
训练集图像为:
1_4    2_1    2_2    2_3    2_5
3_1    3_2    3_4    4_4    4_5
5_2    5_3    5_4    5_5    6_1
6_2    6_3    6_4    7_1    7_5
8_1    8_3    8_5    9_1    9_2
9_5   10_1   10_2   10_3   10_5
测试集图像为:
1_1    1_2    1_3    1_5    2_4
3_3    3_5    4_1    4_2    4_3
5_1    6_5    7_2    7_3    7_4
8_2    8_4    9_3    9_4   10_4
图像9_4识别出错.(正确结果:朝向右前方;识别结果:朝向左方)
图像7_4识别出错.(正确结果:朝向右前方;识别结果:朝向左方)
识别率为:90%
```

从以上结果可以看出，当训练目标 net.trainParam.goal 设为 0.001 时，识别率在 90% 以上，甚至可以达到 100%。因此，利用 LVQ 神经网络对人脸作识别是可行且有效的。

需要注意的一点是，当训练集较少时，比如说只取 1～2 个人脸的图像特征向量参与训练，识别率会相对较低些。因此，在防止出现过拟合的同时，应尽量增加训练集的样本数目。

27.4 案例扩展

27.4.1 对比分析

本节将利用 BP 神经网络、支持向量机 SVM 对该问题进行建模分析,同时比较三种方法的结果并分析优缺点。

1. LVQ 神经网络与 BP 神经网络对比

在 BP 神经网络中,特征向量提取的程序与 LVQ 神经网络相同,此处不再赘述。BP 神经网络的具体程序如下:

```
%% 训练集/测试集产生
% 产生图像序号的随机序列
rand_label = randperm(M * N);
% 人脸朝向标号
direction_label = [1 0 0;1 1 0;0 1 0;0 1 1;0 0 1];
% 训练集
train_label = rand_label(1:30);
P_train = pixel_value(train_label,:)';
dtrain_label = train_label - floor(train_label/N) * N;
dtrain_label(dtrain_label == 0) = N;
T_train = direction_label(dtrain_label,:)';
% 测试集
test_label = rand_label(31:end);
P_test = pixel_value(test_label,:)';
dtest_label = test_label - floor(test_label/N) * N;
dtest_label(dtest_label == 0) = N;
T_test = direction_label(dtest_label,:)'
%% 创建 BP 网络
net = newff(minmax(P_train),[10,3],{'tansig','purelin'},'trainlm');
% 设置训练参数
net.trainParam.epochs = 1000;
net.trainParam.show = 10;
net.trainParam.goal = 1e - 3;
net.trainParam.lr = 0.1;
%% 训练 BP 网络
net = train(net,P_train,T_train);
%% 仿真测试
T_sim = sim(net,P_test)
for i = 1:3
    for j = 1:20
        if T_sim(i,j)<0.5
            T_sim(i,j) = 0;
        else
            T_sim(i,j) = 1;
        end
    end
end
```

说明: 由于 BP 神经网络的输出并非二值数据,因此这里采用了四舍五入的方法,即若网络的输出小于 0.5,则认为是 0;否则认为是 1。

如程序中所示,在设计网络时,由于输出只有 5 种状态,因此可以用三位二进制数进行描述,具体对应规则如表 27-1 所列。

表 27-1　BP 神经网络输出与 5 个朝向对应关系

左方	左前方	前方	右前方	右方
1	1	0	0	0
0	1	1	1	0
0	0	0	1	1

BP 神经网络一次仿真的结果如下:

```
T_sim =
  Columns 1 through 10
    0    0    0    1    0    0    1    0    0    0
    1    1    0    0    0    1    1    1    1    1
    0    0    1    0    0    0    0    0    1    0
  Columns 11 through 20
    1    0    1    0    1    1    1    0    1    0
    0    0    1    0    1    1    0    1    0    0
    0    1    0    1    0    0    0    0    0    1
T_test =
  Columns 1 through 10
    0    0    0    1    0    0    1    0    0    0
    1    1    0    0    1    0    1    1    1    1
    0    0    1    0    1    0    0    0    1    0
  Columns 11 through 20
    1    0    1    0    1    1    1    0    1    0
    0    0    1    0    0    1    0    1    0    0
    0    1    0    1    0    0    0    0    0    1
```

从上述结果可以看出识别率为 85%。但是值得注意的是,第 5 组数据的预测值为[0;0;0],不属于表 27-1 中的任何一类,从结果判断不出该图像的朝向,而 LVQ 神经网络可以很好地规避这一缺点。

2. LVQ 神经网络与 SVM 对比

与 BP 神经网络相同,SVM 程序中的特征向量提取方法与 LVQ 神经网络相同。关于 SVM 的相关知识,可以参考第 12 章相应章节,此处不再赘述,仅列出利用 SVM 进行仿真预测的过程,详细程序如下:

```
%% 训练集/测试集产生
% 产生图像序号的随机序列
rand_label = randperm(M * N);
% 人脸朝向标号
direction_label = repmat(1:N,1,M);
% 训练集
rand_train = rand_label(1:30);
Train = pixel_value(rand_train,:);
Train_label = direction_label(rand_train)';
```

```
% 测试集
rand_test = rand_label(31:end);
Test = pixel_value(rand_test,:);
Test_label = direction_label(rand_test)';
% SVM模型
model = svmtrain(Train_label,Train,'-c 2 -g 0.05');
% 仿真测试
[predict_label,accuracy] = svmpredict(Test_label,Test,model);
```

当提取出来的特征向量 pixel_value 没有进行归一化时,程序运行的结果为:

```
Accuracy = 30% (6/20) (classification)
```

当特征向量 pixel_value 归一化后,程序运行的结果为:

```
Accuracy = 100% (20/20) (classification)
```

从 SVM 的结果可以看出,数据是否进行归一化对结果影响相当大。相比于此,LVQ 神经网络最大的特点便是无需对数据进行归一化,只需要计算输入向量与隐含层神经元间的距离即可进行模式识别。

27.4.2 案例扩展

由于无需对数据进行预处理、可以处理复杂模型且对噪声干扰有一定的抑制,LVQ 神经网络的应用也越来越广泛。近年来,许多专家学者将 LVQ 神经网络与其他方法相结合,成功地解决了很多现实问题。例如,由于传统 LVQ 神经网络存在神经元未被充分利用以及算法对初值敏感的问题,利用遗传算法优化网络的初始值可以迅速得到最佳的神经网络初始权值向量,从而使得分析速度和精度都有较大的提高,具体请参考本章所列文献[3]~[7]。

参考文献

[1] 张勇,李辉,侯义斌,等.一种基于人脸识别与脸部朝向估计的新型交互式环绕智能显示技术[J].电子器件,2008,31(1):359-364.

[2] 陈锐,李辉,侯义斌,等.由人脸朝向驱动的多方向投影交互系统[J].小型微型计算机系统,2007,28(4):706-709.

[3] 唐秋华,刘保华,陈永奇,等.结合遗传算法的 LVQ 神经网络在声学底质分类中的应用[J].地球物理学报,2007,50(1):313-319.

[4] 张小英,王宝发,刘铁军.基于 PCA-LVQ 的雷达目标一维距离像识别[J].系统工程与电子技术,2005,27(8):1373-1375.

[5] 胡明慧,陈震,黎明.基于自组织与 LVQ 神经网络的足球机器人协作策略学习[J].南昌航空工业学院学报:自然科学版,2004,18(3):16-20.

[6] 姚谦,郭子祺,袁泉,等.遗传算法的 LVQ 神经网络在遥感图像分类中的应用[J].遥感信息,2008,5:21-24.

[7] 罗玮,严正.基于广义学习矢量量化和支持向量机的混合短期负荷预测方法[J].电网技术,2008,32(13):62-68.

第 28 章 决策树分类器的应用研究
——乳腺癌诊断

决策树(Decision Tree)学习是以实例为基础的归纳学习算法。算法从一组无序、无规则的事例中推理出决策树表示形式的分类规则,决策树也能表示为多个If—Then规则。一般在决策树中采用"自顶向下、分而治之"的递归方式,将搜索空间分为若干个互不相交的子集,在决策树的内部节点(非叶子节点)进行属性值的比较,并根据不同的属性值判断从该节点向下的分支,在树的叶节点得到结论。

数据挖掘中的分类常用决策树实现。到目前为止,决策树有很多实现算法,例如1986年由 Quinlan 提出的 ID 3 算法和1993年提出的 C 4.5 算法,以及 CART,C 5.0(C 4.5 的商业版本)、SLIQ 和 SPRINT 等。

本章将详细讲解 ID 3 算法和 C 4.5 算法的基本思想,并结合实例讲解在 MATLAB 环境下利用决策树解决分类问题。

28.1 案例背景

28.1.1 决策树分类器概述

1. 决策树分类器的基本思想及其表示

决策树通过把样本实例从根节点排列到某个叶子节点来对其进行分类。树上的每个非叶子节点代表对一个属性取值的测试,其分支就代表测试的每个结果;而树上的每个叶子节点均代表一个分类的类别,树的最高层节点是根节点。

简单地说,决策树就是一个类似流程图的树形结构,采用自顶向下的递归方式,从树的根节点开始,在它的内部节点上进行属性值的测试比较,然后按照给定实例的属性值确定对应的分支,最后在决策树的叶子节点得到结论。这个过程在以新的节点为根的子树上重复。

图 28-1 所示为决策树的结构示意图。在图上,每个非叶子节点代表训练集数据的输入属性,Attribute Value 代表属性对应的值,叶子节点代表目标类别属性的值。图中的"Yes"、"No"分别代表实例集中的正例和反例。

2. ID 3 算法

到目前为止,已经有很多种决策树生成算法,但在国际上最有影响力的示例学习算法首推 J. R. Quinlan 的 ID 3(Iterative Dichotomic version 3)算法。Quinlan 的首创性工作主要是在决策树的学习算法中引入信息论中互信息的概念,他将其称作信息增益(information gain),以之作为属性选择的标准。

为了精确地定义信息增益,这里先定义信息论中广泛使用的一个度量标准,称为熵(entropy),它刻画了任意样例集的纯度(purity)。

如果目标属性具有 c 个不同的值,那么集合 S 相对于 c 个状态的分类的熵定义为

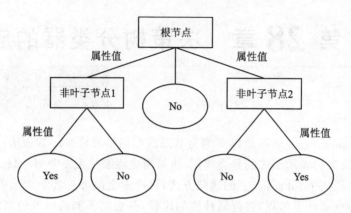

图 28-1 决策树结构示意图

$$\text{Entropy}(S) = \sum_{i=1}^{c} - p_i \log_2 p_i \qquad (28-1)$$

其中,p_i 为子集合中第 i 个属性值的样本数所占的比例。

由上式可以得到:若集合 S 中的所有样本均属于同一类,则 Entropy$(S)=0$;若两个类别的样本数不相等,则 Entropy$(S) \in (0,1)$。

特殊地,若集合 S 为布尔型集合,即集合 S 中的所有样本属于两个不同的类别,则若两个类别的样本数相等,有 Entropy$(S)=1$。图 28-2 描述了布尔型集合的熵与 p_i 的关系。

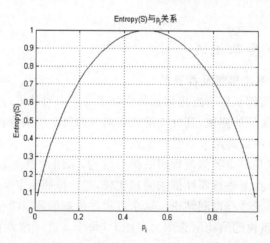

图 28-2 布尔型集合熵与 p_i 的关系

已经有了熵作为衡量训练样例集合纯度的标准,信息增益 Gain(S,A) 的定义为

$$\text{Gain}(S,A) = \text{Entropy}(S) - \sum_{v \in V(A)} \frac{|S_v|}{|S|} \text{Entropy}(S_v) \qquad (28-2)$$

其中,$V(A)$ 是属性 A 的值域;S_v 是集合 S 中在属性 A 上值等于 v 的子集。

引入信息增益的概念后,下面将详细介绍 ID3 算法的基本流程。不妨设 Examples 为训练样本集合,Attribute list 为候选属性集合。

① 创建决策树的根节点 N;

② 若所有样本均属于同一类别 C,则返回 N 作为一个叶子节点,并标志为 C 类别;

③ 若 Attribute list 为空,则返回 N 作为一个叶子节点,并标志为该节点所含样本中类别最多的类别;

④ 计算 Attribute list 中各个候选属性的信息增益,选择最大的信息增益对应的属性 Attribute*,标记为根节点 N;

⑤ 根据属性 Attribute* 值域中的每个值 V_i,从根节点 N 产生相应的一个分支,并记 S_i 为 Examples 集合中满足 Attribute* $=V_i$ 条件的样本子集合;

⑥ 若 S_i 为空,则将相应的叶子节点标志为 Examples 样本集合中类别最多的类别;否则,将属性 Attribute* 从 Attribute list 中删除,返回①,递归创建子树。

3. C 4.5 算法

针对 ID 3 算法存在的一些缺点,许多学者包括 Quinlan 都做了大量的研究。C 4.5 算法便是 ID 3 算法的改进算法,其相比于 ID 3 改进的地方主要有:

(1) 用信息增益率(gain ratio)来选择属性

信息增益率是用信息增益和分裂信息量(split information)共同定义的,关系如下:

$$\text{GainRatio}(S,A) = \frac{\text{Gain}(S,A)}{\text{SplitInformation}(S,A)} \quad (28-3)$$

其中,分裂信息量的定义为

$$\text{SplitInformation}(S,A) = \sum_{i=1}^{c} \frac{|S_i|}{|S|} \log_2 \frac{|S_i|}{|S|} \quad (28-4)$$

采用信息增益率作为选择分支属性的标准,克服了 ID 3 算法中信息增益选择属性时偏向选择取值多的属性的不足。

(2) 树的剪枝

剪枝方法是用来处理过拟合问题而提出的,一般分为先剪枝和后剪枝两种方法。

先剪枝方法通过提前停止树的构造,比如决定在某个节点不再分裂,而对树进行剪枝。一旦停止,该节点就变为叶子节点,该叶子节点可以取它所包含的子集中类别最多的类作为节点的类别。

后剪枝的基本思路是对完全成长的树进行剪枝,通过删除节点的分支,并用叶子节点进行替换,叶子节点一般用子集中最频繁的类别进行标记。

C 4.5 算法采用的悲观剪枝法(Pessimistic Pruning)是 Quinlan 在 1987 年提出的,属于后剪枝方法的一种。它使用训练集生成决策树,并用训练集进行剪枝,不需要独立的剪枝集。悲观剪枝法的基本思路是:若使用叶子节点代替原来的子树后,误差率能够下降,则就用该叶子节点代替原来的子树。关于树的剪枝详尽算法,请参考本章的参考文献,此处不再赘述。

4. 决策树分类器的优缺点

相对于其他数据挖掘算法,决策树在以下几个方面拥有优势:

① 决策树易于理解和实现。人们在通过解释后都有能力去理解决策树所表达的意义。

② 对于决策树,数据的准备往往是简单或者是不必要的。其他的技术往往要求先把数据归一化,比如去掉多余的或者空白的属性。

③ 能够同时处理数据型和常规型属性。其他的技术往往要求数据属性单一。

④ 是一个白盒模型。如果给定一个观察的模型,那么根据所产生的决策树很容易推出相应的逻辑表达式。

同时，决策树的缺点也是明显的，主要表现为：

① 对于各类别样本数量不一致的数据，在决策树当中信息增益的结果偏向于那些具有更多数值的特征。

② 决策树内部节点的判别具有明确性，这种明确性可能会带来误导。

28.1.2 问题描述

问题描述与第 26 章相同，为了便于读者阅读，此处重新给出。

威斯康辛大学医学院经过多年的收集和整理，建立了一个乳腺肿瘤病灶组织的细胞核显微图像数据库。数据库中包含了细胞核图像的 10 个量化特征（细胞核半径、质地、周长、面积、光滑性、紧密度、凹陷度、凹陷点数、对称度、断裂度），这些特征与肿瘤的性质有密切的关系。因此，需要建立一个确定的模型来描述数据库中各个量化特征与肿瘤性质的关系，从而可以根据细胞核显微图像的量化特征诊断乳腺肿瘤是良性还是恶性的。

28.2 模型建立

28.2.1 设计思路

与第 26 章的设计思路类似，将乳腺肿瘤病灶组织的细胞核显微图像的 10 个量化特征作为模型的输入，良性乳腺肿瘤和恶性乳腺肿瘤作为模型的输出。用训练集数据进行决策树分类器的创建，然后对测试集数据进行仿真测试，最后对测试结果进行分析。

28.2.2 设计步骤

根据上述设计思路，设计步骤主要包括以下几个部分，如图 28-3 所示。

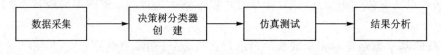

图 28-3 设计步骤流程图

1. 数据采集

与第 26 章相同，数据来源于威斯康辛大学医学院的乳腺癌数据集，共包括 569 个病例，其中，良性 357 例，恶性 212 例。本书随机选取 500 组数据作为训练集，剩余 69 组作为测试集。

每个病例的一组数据包括采样组织中各细胞核的这 10 个特征量的平均值、标准差和最坏值（各特征的 3 个最大数据的平均值）共 30 个数据。数据文件中每组数据共分 32 个字段；第 1 个字段为病例编号；第 2 个字段为确诊结果，B 为良性，M 为恶性；第 3～12 个字段是该病例肿瘤病灶组织的各细胞核显微图像的 10 个量化特征的平均值；第 13～22 个字段是相应的标准差；第 23～32 个字段是相应的最坏值。

2. 决策树分类器创建

数据采集完成后，利用 MATLAB 自带的统计工具箱函数 ClassificationTree.fit（MATLAB R2012b）或 classregtree（MATLAB R2009a），即可基于训练集数据创建一个决策树分类器。函数具体用法将在 28.3 节中详细介绍。

3. 仿真测试

决策树分类器创建好后,利用 MATLAB 自带的统计工具箱函数 predict(MATLAB R2012b)或 eval(MATLAB R2009a),即可对测试集数据进行仿真预测。函数具体用法将在 28.3 节中详细介绍。

4. 结果分析

通过对决策树分类器的仿真结果进行分析,可以得到误诊率(包括良性被误诊为恶性、恶性被误诊为良性),从而可以对该方法的可行性进行评价。同时,可以与其他方法进行比较,探讨该方法的有效性。

28.3 决策树分类器工具箱函数

MATLAB 的统计工具箱为决策树分类器提供了大量的函数,由于 MATLAB R2012b 和 MATLAB R2009a 版本下函数有所变化,本节将分别详细介绍这些函数的功能、调用格式、参数含义和注意事项等问题。

28.3.1 MATLAB R2012b 版本函数

1. 决策树分类器创建函数

函数 ClassificationTree.fit 用于创建一个决策树分类器,其调用格式为:

```
tree = ClassificationTree.fit(X,Y)
tree = ClassificationTree.fit(X,Y,Name,Value)
```

其中,X 为训练集的输入样本矩阵,其每一列表示一个变量(属性),每一行表示一个样本;Y 为训练集的输出样本向量,其每一行表示 X 中对应的样本所属的类别;Name 和 Value 为可选的参数对,具体的参数对及用法详见帮助文档;tree 为创建好的决策树分类器。

2. 决策树分类器查看函数

函数 view 用于查看创建好的决策树分类器,其调用格式为:

```
view(tree)
view(tree,Name,Value)
```

其中,tree 为创建好的决策树分类器;Name,Value 为可选的参数对,Name 可选值为'mode',Value 可选值为'graph'或'text'(默认值):当 Value 值为'graph'时,将会弹出一个 GUI 框,可以显示、控制、查询创建好的决策树分类器;当 Value 值为'text'时,将在 command window 中显示创建好的决策树分类器。

3. 决策树分类器预测函数

函数 predict 用于对创建好的决策树分类器进行仿真预测,其调用格式为:

```
label = predict(tree,X)
[label,score] = predict(tree,X)
[label,score,node] = predict(tree,X)
[label,score,node,cnum] = predict(tree,X)
[label,...] = predict(tree,X,Name,Value)
```

其中,tree 为创建好的决策树分类器;X 为待预测样本的输入矩阵,其每一列表示一个变量(属性),每一行表示一个样本;Name 和 Value 为可选的参数对,具体的参数对及用法详见帮助文档;label 为待预测样本对应的所属类别标签;score 为得分矩阵,表征带预测样本属于各个类别的可能性;node 为待预测样本在决策树分类器中的叶节点序号;cnum 为与 label 对应的数值型类别向量。

28.3.2 MATLAB R2009a 版本函数

1. 决策树分类器创建函数

函数 classregtree 用于创建一个决策树分类器,其调用格式为:

```
t = classregtree(X,y)
t = classregtree(X,y,param1,val1,param2,val2)
```

其中,X 为训练集的输入样本矩阵,其每一列表示一个变量(属性),每一行表示一个样本;y 为训练集的输出样本向量,其每一行表示 X 中对应的样本所属的类别;param 和 val 为可选的参数对,具体的参数对及用法详见帮助文档;t 为创建好的决策树分类器。

2. 决策树分类器查看函数

函数 view 用于图形窗口查看创建好的决策树分类器,其调用格式为:

```
view(t)
view(t,param1,val1,param2,val2,...)
```

其中,t 为创建好的决策树分类器;param 和 val 为可选的参数对,具体的参数对及用法详见帮助文档。

3. 决策树分类器预测函数

函数 eval 用于利用创建好的决策树分类器进行仿真预测,其调用格式为:

```
yfit = eval(t,X)
yfit = eval(t,X,s)
[yfit,nodes] = eval(...)
[yfit,nodes,cnums] = eval(...)
[...] = t(X)
[...] = t(X,s)
```

其中,t 为创建好的决策树分类器;X 为待预测样本的输入矩阵,其每一列表示一个变量(属性),每一行表示一个样本;s 为由 classregtree 函数或 prune 函数返回的裁剪序列;yfit 为待预测样本对应的所属类别标签;nodes 为待预测样本在决策树分类器中的叶节点序号;cnums 为与 yfit 对应的数值型类别向量。

28.4 MATLAB 实现

28.4.1 MATLAB R2012b 版本程序实现

1. 清空环境变量

程序运行之前,清除工作空间 workspace 中的变量及 command window 中的命令。具体程序为:

```
%% 清空环境变量
clear all
clc
warning off
```

2. 导入数据

数据与第 26 章中的数据相同，保存在 data.mat 文件中，共 569 组数据，为不失一般性，随机选取 500 组数据作为训练集，剩余 69 组数据作为测试集。具体程序如下：

```
%% 导入数据
load data.mat
% 随机产生训练集/测试集
a = randperm(569);
Train = data(a(1:500),:);
Test = data(a(501:end),:);
% 训练数据
P_train = Train(:,3:end);
T_train = Train(:,2);
% 测试数据
P_test = Test(:,3:end);
T_test = Test(:,2);
```

3. 创建决策树分类器

利用 28.3.1 节介绍的 ClassificationTree.fit() 函数，可以方便地创建一个决策树分类器，具体程序如下：

```
%% 创建决策树分类器
ctree = ClassificationTree.fit(P_train,T_train);
% 查看决策树视图
view(ctree,'mode','graph');
```

某次运行的结果如下，创建的决策树如图 28-4 所示。

```
Decision tree for classification
 1   if x21<16.795 then node 2 elseif x21>=16.795 then node 3 else 1
 2   if x28<0.14235 then node 4 elseif x28>=0.14235 then node 5 else 1
 3   if x2<14.99 then node 6 elseif x2>=14.99 then node 7 else 2
 4   if x11<1.04755 then node 8 elseif x11>=1.04755 then node 9 else 1
 5   if x22<25.5 then node 10 elseif x22>=25.5 then node 11 else 2
 6   class = 1
 7   class = 2
 8   if x28<0.1358 then node 12 elseif x28>=0.1358 then node 13 else 1
 9   class = 2
10   class = 1
11   if x29<0.2692 then node 14 elseif x29>=0.2692 then node 15 else 2
12   if x14<38.605 then node 16 elseif x14>=38.605 then node 17 else 1
13   if x20<0.003167 then node 18 elseif x20>=0.003167 then node 19 else 1
14   class = 1
15   class = 2
16   if x15<0.003294 then node 20 elseif x15>=0.003294 then node 21 else 1
17   if x6<0.05957 then node 22 elseif x6>=0.05957 then node 23 else 1
18   class = 2
19   class = 1
20   class = 1
21   if x22<33.105 then node 24 elseif x22>=33.105 then node 25 else 1
22   class = 2
23   if x11<0.4212 then node 26 elseif x11>=0.4212 then node 27 else 1
```

```
24  class = 1
25  if x22<33.56 then node 28 elseif x22>= 33.56 then node 29 else 1
26  class = 2
27  class = 1
28  class = 2
29  class = 1
```

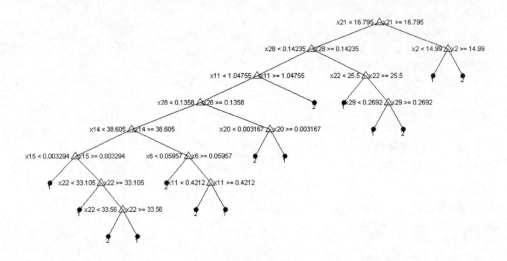

图 28-4　创建的决策树分类器

4. 仿真测试

利用 28.3.1 节介绍的 predict() 函数,可以方便地利用创建好的决策树分类器进行仿真测试,具体程序如下:

```
%% 仿真测试
T_sim = predict(ctree,P_test);
```

5. 结果分析

为了便于读者直观地对仿真结果进行分析,这里采用与第 26 章相同的方法,即将结果用 disp() 函数显示在命令行窗口,具体程序为:

```
%% 结果分析
count_B = length(find(T_train == 1));
count_M = length(find(T_train == 2));
total_B = length(find(data(:,2) == 1));
total_M = length(find(data(:,2) == 2));
number_B = length(find(T_test == 1));
number_M = length(find(T_test == 2));
number_B_sim = length(find(T_sim == 1 &T_test == 1));
number_M_sim = length(find(T_sim == 2 &T_test == 2));
disp(['病例总数:' num2str(569)...
     '  良性:' num2str(total_B)...
     '  恶性:' num2str(total_M)]);
disp(['训练集病例总数:' num2str(500)...
     '  良性:' num2str(count_B)...
```

```
            '恶性:'num2str(count_M)]);
disp(['测试集病例总数:'num2str(69)...
            '良性:'num2str(number_B)...
            '恶性:'num2str(number_M)]);
disp(['良性乳腺肿瘤确诊:'num2str(number_B_sim)...
            '误诊:'num2str(number_B - number_B_sim)...
            '确诊率 p1 = 'num2str(number_B_sim/number_B * 100)'%']);
disp(['恶性乳腺肿瘤确诊:'num2str(number_M_sim)...
            '误诊:'num2str(number_M - number_M_sim)...
            '确诊率 p2 = 'num2str(number_M_sim/number_M * 100)'%']);
```

某次运行的结果如下:

```
病例总数:569      良性:357      恶性:212
训练集病例总数:500      良性:322      恶性:178
测试集病例总数:69      良性:35      恶性:34
良性乳腺肿瘤确诊:31      误诊:4      确诊率 p1 = 88.5714 %
恶性乳腺肿瘤确诊:31      误诊:3      确诊率 p2 = 91.1765 %
```

从结果可以看出,在测试集的 69 个样本中,共有 7 个样本被预测错误(其中,4 个良性乳腺肿瘤样本被错分为恶性乳腺肿瘤,3 个恶性乳腺肿瘤样本被错分为良性乳腺肿瘤),平均确诊率约为 90%(62/69),表明所创建的决策树分类器可以应用于乳腺肿瘤的诊断中。

28.4.2　MATLAB R2009a 版本程序实现

这里仅给出 MATLAB R2009a 版本下的"创建决策树分类器"和"仿真测试"部分的程序,而"导入数据"、"结果分析"部分程序与 MATLAB R2012b 版本完全相同,此处不再赘述。

1. 创建决策树分类器

利用 28.3.2 节介绍的 classregtree() 函数,可以方便地创建一个决策树分类器,具体程序如下:

```
%% 创建决策树分类器
ctree = classregtree(P_train,T_train);
% 查看决策树视图
view(ctree);
```

2. 仿真测试

利用 28.3.2 节介绍的 eval() 函数,可以方便地利用创建好的决策树分类器进行仿真测试,具体程序如下:

```
%% 仿真测试
T_sim = eval(ctree,P_test);
```

28.5　案例扩展

28.5.1　提升决策树的性能

一般而言,对于一个"枝繁叶茂"的决策树,训练集样本的分类正确率通常较高。然而,并不能保证对于独立的测试集也有近似的分类正确率。这是因为,"枝繁叶茂"的决策树往往是过拟合的。相反,对于一个结构简单(分叉少、叶子节点少)的决策树,训练集样本的分类正确率并非特别高,但是可以保证测试集的分类正确率。

1. 叶子节点所含的最小样本数对决策树性能的影响

首先,讨论一下最小叶子节点所包含的样本数对决策树性能的影响。为了节约篇幅,本章只给出 MATLAB R2012b 版本下的程序,感兴趣的读者可以尝试在 MATLAB R2009a 版本下编写相应的程序。

```
%% 叶子节点含有的最小样本数对决策树性能的影响
leafs = logspace(1,2,10);

N = numel(leafs);

err = zeros(N,1);
for n = 1:N
    t = ClassificationTree.fit(P_train,T_train,'crossval','on','minleaf',leafs(n));
err(n) = kfoldLoss(t);
end
plot(leafs,err);
xlabel('叶子节点含有的最小样本数');
ylabel('交叉验证误差');
title('叶子节点含有的最小样本数对决策树性能的影响')
```

某次运行的结果如图 28-5 所示。从图中可以看出,每个叶子节点包含的最佳样本数在 [20,50] 这个范围内比较合适。

将叶子节点所包含的最小样本数(minleaf)设置为 28 后,生成优化决策树,将其性能与原始决策树的性能进行对比,具体程序如下:

```
%% 设置 minleaf 为 28,产生优化决策树
OptimalTree = ClassificationTree.fit(P_train,T_train,'minleaf',28);
view(OptimalTree,'mode','graph')

% 计算优化后决策树的重代入误差和交叉验证误差
resubOpt = resubLoss(OptimalTree)
lossOpt = kfoldLoss(crossval(OptimalTree))
% 计算优化前决策树的重代入误差和交叉验证误差
resubDefault = resubLoss(ctree)
lossDefault = kfoldLoss(crossval(ctree))
```

运行的结果如下(见图 28-6):

```
resubOpt =
    0.0680
lossOpt =
    0.0840
resubDefault =
    0.0140
lossDefault =
    0.0880
```

对比图 28-6 与图 28-4,不难发现,优化后的决策树分类器简单了许多。虽然优化后的决策树分类器重代入误差高于优化前的决策树分类器(resubOpt = 0.068 0 > resubDefault = 0.014 0),但是交叉验证误差是相当的(lossOpt = 0.084 0 ≈ lossDefault = 0.088 0)。

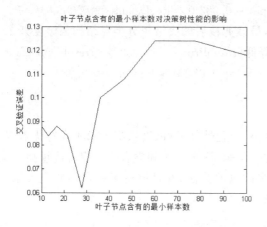 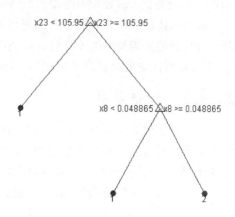

图28-5 叶子节点含有的最小样本数对决策树性能的影响　　图28-6 优化后的决策树分类器

2. 剪　枝

剪枝同样可以起到简化决策树的作用，MATLAB R2012b 版本下的剪枝程序如下：

```
%% 剪枝
[~,~,~,bestlevel] = cvLoss(ctree,'subtrees','all','treesize','min')
cptree = prune(ctree,'Level',bestlevel);
view(cptree,'mode','graph')

% 计算剪枝后决策树的重代入误差和交叉验证误差
resubPrune = resubLoss(cptree)
lossPrune = kfoldLoss(crossval(cptree))
```

剪枝后的决策树分类器如图 28-7 所示，运行的结果如下：

```
resubPrune =
    0.0320
lossPrune =
    0.0820
```

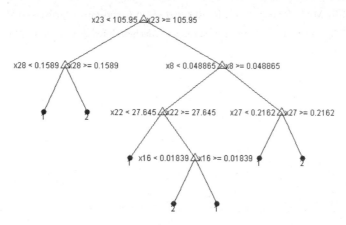

图28-7 剪枝后的决策树分类器

通过对比图 28-7 与图 28-4，可以发现，剪枝后的决策树分类器结构简化了很多，剪枝后的决策树分类器重代入误差高于剪枝前的决策树分类器（resubPrune = 0.032 0 > resubDefault =

0.014 0),但是交叉验证误差是相当的(lossPrune = 0.082 0 ≈ lossDefault = 0.088 0)。

通过对比图 28-7 与图 28-6,可以发现,虽然剪枝后的决策树分类器结构稍微复杂了些,但是剪枝后的决策树分类器重代入误差明显降低(resubPrune = 0.032 0 < resubOptDefault = 0.068 0),而且交叉验证误差是相当的(lossPrune = 0.082 0 ≈ lossOpt = 0.084 0)。

28.5.2 知识扩展

由于决策树分类器具有原理简单、计算量小、泛化性能较好、对数据要求不高等优点,故被广泛应用在各行各业的数据挖掘中。同时,近些年来,许多专家和学者为了提升决策树分类器的性能,弥补决策树分类器的缺点,提出了很多改进的算法,并且取得了一定的研究成果。读者欲深入学习决策树分类器,请参考相关文献。

参考文献

[1] QUINLAN J R. Induction of Decision Tree[J]. Machine Learning,1986,1(1):81-106.

[2] QUINLAN J R. C4.5:Programs for Machine Learning[M]. Morgan Kaufman Publisher,San Mateo,CA,1993:27-48.

[3] QUINLAN J R. Improved Use of Continuous attributes in C4.5[J]. Journal of Artificial Intelligence Research,1996,18(4):77-90.

[4] QUINLAN J R. Simplifying Decision Trees[J]. International Journal of Man-Machine Studies,1987,27(3):221-234.

[5] 邵峰晶,于忠清. 数据挖掘原理与算法[M]. 北京:电子工业出版社,2003.

[6] 王黎明. 决策树学习及其剪枝算法研究[D]. 武汉:武汉理工大学,2007.

[7] RUGGIERI S. Efficient C4.5[J]. IEEE Transactions on Knowledge and Data Engineering,2002,14(3):438-444.

[8] OLARU C,WEHENKEL L. A Complete Fuzzy Decision Tree Technique[J]. Fuzzy Sets and Systems,2003,138(2):221-254.

[9] ESPOSITO F,MALERBAD,SEMERAROG,et al. A Comparative Analysis of Methods for Pruning Decision Trees[J]. IEEE Transactions on Pattern Analysis and Machine Intelligence,1997,19(5):476-491.

第 29 章 极限学习机在回归拟合及分类问题中的应用研究
——对比实验

单隐含层前馈神经网络(Single-hidden Layer Feedforward Neural Network,SLFN)以其良好的学习能力在许多领域得到了广泛的应用。然而,传统的学习算法(如 BP 算法等)固有的一些缺点,成为制约其发展的主要瓶颈。前馈神经网络大多采用梯度下降方法,该方法主要存在以下几个方面的缺点和不足:

① 训练速度慢。由于梯度下降法需要多次迭代,从而达到修正权值和阈值的目的,因此训练过程耗时较长。

② 容易陷入局部极小点,无法达到全局最小。

③ 学习率 η 的选择敏感。学习率 η 对神经网络的性能影响较大,必须选择合适的 η,才能获得较为理想的网络。若 η 太小,则算法收敛速度很慢,训练过程耗时较长;若 η 太大,则训练过程可能不稳定(收敛)。

因此,探索一种训练速度快、获得全局最优解且具有良好的泛化性能的训练算法是提升前馈神经网络性能的主要目标,也是近年来的研究热点和难点。

本章将介绍一个针对 SLFN 的新算法——极限学习机(Extreme Learning Machine,ELM),该算法随机产生输入层与隐含层间的连接权值及隐含层神经元的阈值,且在训练过程中无需调整,只需要设置隐含层神经元的个数,便可以获得唯一的最优解。与传统的训练方法相比,该方法具有学习速度快、泛化性能好等优点。

同时,在介绍 ELM 算法的基础上,本章以实例的形式将该算法分别应用于回归拟合(如第 2 章)和分类(如第 26 章)中。

29.1 案例背景

29.1.1 极限学习机概述

典型的单隐含层前馈神经网络结构如图 29-1 所示,由输入层、隐含层和输出层组成,输入层与隐含层、隐含层与输出层神经元间全连接。其中,输入层有 n 个神经元,对应 n 个输入变量;隐含层有 l 个神经元;输出层有 m 个神经元,对应 m 个输出变量。为不失一般性,设输入层与隐含层间的连接权值 w 为

$$w = \begin{bmatrix} w_{11} & w_{12} & \cdots & w_{1n} \\ w_{21} & w_{22} & \cdots & w_{2n} \\ \vdots & \vdots & & \vdots \\ w_{l1} & w_{l2} & \cdots & w_{ln} \end{bmatrix}_{l \times n} \tag{29-1}$$

其中，w_{ji} 表示输入层第 i 个神经元与隐含层第 j 个神经元间的连接权值。

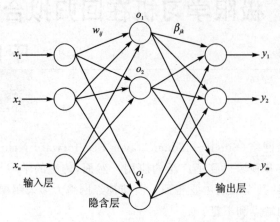

图 29-1 典型的单隐含层前馈神经网络结构

设隐含层与输出层间的连接权值 $\boldsymbol{\beta}$ 为

$$\boldsymbol{\beta} = \begin{bmatrix} \beta_{11} & \beta_{12} & \cdots & \beta_{1m} \\ \beta_{21} & \beta_{22} & \cdots & \beta_{2m} \\ \vdots & \vdots & & \vdots \\ \beta_{l1} & \beta_{l2} & \cdots & \beta_{lm} \end{bmatrix}_{l \times m} \tag{29-2}$$

其中，β_{jk} 表示隐含层第 j 个神经元与输出层第 k 个神经元间的连接权值。

设隐含层神经元的阈值 $\boldsymbol{b}$ 为

$$\boldsymbol{b} = \begin{bmatrix} b_1 \\ b_2 \\ \vdots \\ b_l \end{bmatrix}_{l \times 1} \tag{29-3}$$

设具有 Q 个样本的训练集输入矩阵 $\boldsymbol{X}$ 和输出矩阵 $\boldsymbol{Y}$ 分别为

$$\boldsymbol{X} = \begin{bmatrix} x_{11} & x_{12} & \cdots & x_{1Q} \\ x_{21} & x_{22} & \cdots & x_{2Q} \\ \vdots & \vdots & & \vdots \\ x_{n1} & x_{n2} & \cdots & x_{nQ} \end{bmatrix}_{n \times Q} \quad \boldsymbol{Y} = \begin{bmatrix} y_{11} & y_{12} & \cdots & y_{1Q} \\ y_{21} & y_{22} & \cdots & y_{2Q} \\ \vdots & \vdots & & \vdots \\ y_{m1} & y_{m2} & \cdots & y_{mQ} \end{bmatrix}_{m \times Q} \tag{29-4}$$

设隐含层神经元的激活函数为 $g(x)$，则由图 29-1 可得，网络的输出 $\boldsymbol{T}$ 为

$$\boldsymbol{T} = [\boldsymbol{t}_1, \boldsymbol{t}_2, \cdots, \boldsymbol{t}_Q]_{m \times Q}, \boldsymbol{t}_j = \begin{bmatrix} t_{1j} \\ t_{2j} \\ \vdots \\ t_{mj} \end{bmatrix}_{m \times 1} = \begin{bmatrix} \sum_{i=1}^{l} \beta_{i1} g(\boldsymbol{w}_i \boldsymbol{x}_j + b_i) \\ \sum_{i=1}^{l} \beta_{i2} g(\boldsymbol{w}_i \boldsymbol{x}_j + b_i) \\ \vdots \\ \sum_{i=1}^{l} \beta_{im} g(\boldsymbol{w}_i \boldsymbol{x}_j + b_i) \end{bmatrix}_{m \times 1} \quad (j = 1, 2, \cdots, Q)$$

$$\tag{29-5}$$

其中，$w_i = [w_{i1}, w_{i2}, \cdots, w_{in}]$；$x_j = [x_{1j}, x_{2j}, \cdots, x_{nj}]^T$。

式(29-5)可表示为

$$H\beta = T' \tag{29-6}$$

其中，T' 为矩阵 T 的转置；H 称为神经网络的隐含层输出矩阵，具体形式如下：

$$H(w_1, w_2, \cdots, w_l, b_1, b_2, \cdots, b_l, x_1, x_2, \cdots, x_Q) = \begin{bmatrix} g(w_1 \cdot x_1 + b_1) & g(w_2 \cdot x_1 + b_2) & g(w_l \cdot x_1 + b_l) \\ g(w_1 \cdot x_2 + b_1) & g(w_2 \cdot x_2 + b_2) & g(w_l \cdot x_2 + b_l) \\ & \vdots & \\ g(w_1 \cdot x_Q + b_1) & g(w_2 \cdot x_Q + b_2) & g(w_l \cdot x_Q + b_l) \end{bmatrix}_{Q \times l} \tag{29-7}$$

在前人的基础上，Huang 等人提出了以下两个定理(具体的定理证明过程请参考本章的参考文献，此处仅给出定理内容)：

定理1 给定任意 Q 个不同样本 (x_i, t_i)，其中，$x_i = [x_{i1}, x_{i2}, \cdots, x_{in}]^T \in \mathbf{R}^n$，$t_i = [t_{i1}, t_{i2}, \cdots, t_{im}] \in \mathbf{R}^m$，一个任意区间无限可微的激活函数 $g: R \to \mathbf{R}$，则对于具有 Q 个隐含层神经元的 SLFN，在任意赋值 $w_i \in \mathbf{R}^n$ 和 $b_i \in \mathbf{R}$ 的情况下，其隐含层输出矩阵 H 可逆且有 $\|H\beta - T'\| = 0$。

定理2 给定任意 Q 个不同样本 (x_i, t_i)，其中，$x_i = [x_{i1}, x_{i2}, \cdots, x_{in}]^T \in \mathbf{R}^n$，$t_i = [t_{i1}, t_{i2}, \cdots, t_{im}] \in \mathbf{R}^m$，给定任意小误差 $\varepsilon > 0$，和一个任意区间无限可微的激活函数 $g: R \to \mathbf{R}$，则总存在一个含有 $K(K \leqslant Q)$ 个隐含层神经元的 SLFN，在任意赋值 $w_i \in \mathbf{R}^n$ 和 $b_i \in \mathbf{R}$ 的情况下，有 $\|H_{N \times M}\beta_{M \times m} - T'\| < \varepsilon$。

由定理1可知，若隐含层神经元个数与训练集样本个数相等，则对于任意的 w 和 b，SLFN 都可以零误差逼近训练样本，即

$$\sum_{j=1}^{Q} \|t_j - y_j\| = 0 \tag{29-8}$$

其中，$y_j = [y_{1j}, y_{2j}, \cdots, y_{mj}]^T (j=1, 2, \cdots, Q)$。

然而，当训练集样本个数 Q 较大时，为了减少计算量，隐含层神经元个数 K 通常取比 Q 小的数，由定理2可知，SLFN 的训练误差可以逼近一个任意 $\varepsilon > 0$，即

$$\sum_{j=1}^{Q} \|t_j - y_j\| < \varepsilon \tag{29-9}$$

因此，当激活函数 $g(x)$ 无限可微时，SLFN 的参数并不需要全部进行调整，w 和 b 在训练前可以随机选择，且在训练过程中保持不变。而隐含层与输出层间的连接权值 β 可以通过求解以下方程组的最小二乘解获得：

$$\min_{\beta} \|H\beta - T'\| \tag{29-10}$$

其解为

$$\hat{\beta} = H^+ T' \tag{29-11}$$

其中，H^+ 为隐含层输出矩阵 H 的 Moore-Penrose 广义逆。

29.1.2 ELM 的学习算法

由前文分析可知，ELM 在训练之前可以随机产生 w 和 b，只需确定隐含层神经元个数及隐含层神经元的激活函数(无限可微)，即可计算出 β。具体地，ELM 的学习算法主要有以下

几个步骤：

① 确定隐含层神经元个数，随机设定输入层与隐含层间的连接权值 w 和隐含层神经元的偏置 b；

② 选择一个无限可微的函数作为隐含层神经元的激活函数，进而计算隐含层输出矩阵 H；

③ 计算输出层权值 $\hat{\boldsymbol{\beta}}$：$\hat{\boldsymbol{\beta}} = H^+ T'$。

值得一提的是，相关研究结果表明，在 ELM 中不仅许多非线性激活函数都可以使用（如 S 型函数、正弦函数和复合函数等），还可以使用不可微函数，甚至可以使用不连续的函数作为激活函数。

29.1.3 问题描述

ELM 以其学习速度快、泛化性能好等优点，引起了国内外许多专家和学者的研究与关注。ELM 不仅适用于回归、拟合问题，亦适用于分类、模式识别等领域，因此，其在各个领域均得到广泛的应用。同时，不少改进的方法与策略也被不断提及，ELM 的性能也得到了很大的提升，其应用的范围亦愈来愈广，其重要性亦日益体现出来。

为了评价 ELM 的性能，试分别将 ELM 应用于非线性函数拟合和乳腺肿瘤诊断两个问题中，并将其结果与其他方法的性能和运行速度进行比较，并探讨隐含层神经元个数对 ELM 性能的影响。

29.2 模型建立

29.2.1 设计思路

依据问题描述中的要求，实现 ELM 的创建、训练及仿真测试，大体上可以分为以下几个步骤，如图 29-2 所示。

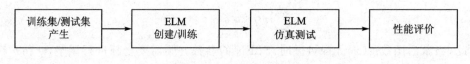

图 29-2 模型建立步骤

29.2.2 设计步骤

1. 训练集/测试集产生

与传统前馈神经网络相同，为了使得建立的模型具有良好的泛化性能，ELM 要求具有足够多的训练样本且具有较好的代表性。同时，训练集和测试集的格式应符合 ELM 训练和预测函数的要求。

2. ELM 创建/训练

利用 elmtrain( ) 函数可以方便地创建、训练 ELM，具体用法请参考 29.3 节。值得一提的是，如前文所述，隐含层神经元个数对 ELM 的性能影响较大，因此，需要选择一个合适的隐含层神经元个数,具体讨论见 29.5 节。

3. ELM 仿真测试

利用 elmpredict() 函数可以方便地进行 ELM 的仿真测试,具体用法请参考 29.3 节。

4. 性能评价

通过计算测试集预测值与真实值间的误差(均方误差、决定系数、正确率等),可以对模型的泛化能力进行评价。同时,可以对比 ELM 与传统前馈神经网络的运行时间,从而对 ELM 的运算速度进行评价。

29.3 极限学习机训练与预测函数

ELM 的学习算法及步骤可以方便地在 MATLAB 环境下实现。为了方便读者学习、使用 ELM,笔者尝试编写了 ELM 的训练和预测函数,下面详细介绍它们的调用格式和具体函数内容。

29.3.1 ELM 训练函数——elmtrain()

elmtrain() 函数为 ELM 的创建、训练函数,其调用格式为:

```
[IW,B,LW,TF,TYPE] = elmtrain(P,T,N,TF,TYPE)
```

其中,P 为训练集的输入矩阵;T 为训练集的输出矩阵;N 为隐含层神经元的个数(默认为训练集的样本数);TF 为隐含层神经元的激活函数,其取值可以为'sig'(默认)、'sin'、'hardlim';TYPE 为 ELM 的应用类型,其取值可以为 0(默认,表示回归、拟合)和 1(表示分类);IW 为输入层与隐含层间的连接权值;B 为隐含层神经元的阈值;LW 为隐含层与输出层的连接权值。

elmtrain.m 函数文件具体内容如下:

```
function [IW,B,LW,TF,TYPE] = elmtrain(P,T,N,TF,TYPE)
% ELMTRAIN Create and Train a Extreme Learning Machine
% Syntax
% [IW,B,LW,TF,TYPE] = elmtrain(P,T,N,TF,TYPE)
% Description
% Input
% P     - Input Matrix of Training Set   (R * Q)
% T     - Output Matrix of Training Set  (S * Q)
% N     - Number of Hidden Neurons (default = Q)
% TF    - Transfer Function:
%           'sig' for Sigmoidal function (default)
%           'sin' for Sine function
%           'hardlim' for Hardlim function
% TYPE  - Regression (0,default) or Classification (1)
% Output
% IW    - Input Weight Matrix (N * R)
% B     - Bias Matrix   (N * 1)
% LW    - Layer Weight Matrix (N * S)
% Example
% Regression:
% [IW,B,LW,TF,TYPE] = elmtrain(P,T,20,'sig',0)
```

```
% Y = elmtrain(P,IW,B,LW,TF,TYPE)
% Classification
% [IW,B,LW,TF,TYPE] = elmtrain(P,T,20,'sig',1)
% Y = elmtrain(P,IW,B,LW,TF,TYPE)
% See also ELMPREDICT
% Yu Lei,11-7-2010
% Copyright www.matlabsky.com
% $ Revision:1.0 $
ifnargin< 2
error('ELM:Arguments','Not enough input arguments.');
end
ifnargin< 3
    N = size(P,2);
end
ifnargin< 4
    TF = 'sig';
end
ifnargin< 5
    TYPE = 0;
end
if size(P,2) ~= size(T,2)
error('ELM:Arguments','The columns of P and T must be same.');
end
[R,Q] = size(P);
if TYPE == 1
T = ind2vec(T);
end
[S,Q] = size(T);
% Randomly Generate the Input Weight Matrix
IW = rand(N,R) * 2 - 1;
% Randomly Generate the Bias Matrix
B = rand(N,1);
BiasMatrix = repmat(B,1,Q);
% Calculate the Layer Output Matrix H
tempH = IW * P + BiasMatrix;
switch TF
case 'sig'
        H = 1 ./ (1 + exp(-tempH));
case 'sin'
        H = sin(tempH);
case 'hardlim'
        H = hardlim(tempH);
end
% Calculate the Output Weight Matrix
LW = pinv(H') * T';
```

29.3.2 ELM 预测函数——elmpredict( )

elmpredict( )函数为 ELM 的预测函数,其调用格式为

```
Y = elmpredict(P,IW,B,LW,TF,TYPE)
```

其中,P 为测试集的输入矩阵;IW 为 elmtrain( )函数返回的输入层与隐含层间的连接权值;B

为 elmtrain()函数返回的隐含层神经元的阈值;LW 为 elmtrain()函数返回隐含层与输出层的连接权值;TF 为与 elmtrain()函数中一致的激活函数类型;TYPE 为与 elmtrain()函数中一致的 ELM 应用类型;Y 为测试集对应的输出预测值矩阵。

elmpredict.m 函数文件具体内容如下:

```matlab
function Y = elmpredict(P,IW,B,LW,TF,TYPE)
% ELMPREDICT Simulate a Extreme Learning Machine
% Syntax
% Y = elmpredict(P,IW,B,LW,TF,TYPE)
% Description
% Input
% P    - Input Matrix of Training Set  (R*Q)
% IW   - Input Weight Matrix (N*R)
% B    - Bias Matrix   (N*1)
% LW   - Layer Weight Matrix (N*S)
% TF   - Transfer Function:
%        'sig' for Sigmoidal function (default)
%        'sin' for Sine function
%        'hardlim' for Hardlim function
% TYPE - Regression (0,default) or Classification (1)
% Output
% Y    - Simulate Output Matrix (S*Q)
% Example
% Regression:
% [IW,B,LW,TF,TYPE] = elmtrain(P,T,20,'sig',0)
% Y = elmtrain(P,IW,B,LW,TF,TYPE)
% Classification
% [IW,B,LW,TF,TYPE] = elmtrain(P,T,20,'sig',1)
% Y = elmtrain(P,IW,B,LW,TF,TYPE)
% See also ELMTRAIN
% Yu Lei,11 - 7 - 2010
% Copyright www.matlabsky.com
% $ Revision:1.0 $
if nargin < 6
error('ELM:Arguments','Not enough input arguments.');
end
% Calculate the Layer Output Matrix H
Q = size(P,2);
BiasMatrix = repmat(B,1,Q);
tempH = IW * P + BiasMatrix;
switch TF
case 'sig'
        H = 1./(1 + exp(-tempH));
case 'sin'
        H = sin(tempH);
case 'hardlim'
        H = hardlim(tempH);
end
% Calculate the Simulate Output
Y = (H' * LW)';
```

```
if TYPE == 1
    temp_Y = zeros(size(Y));
    for i = 1:size(Y,2)
        [max_Y,index] = max(Y(:,i));
        temp_Y(index,i) = 1;
    end
        Y = vec2ind(temp_Y);
end
```

29.4 MATLAB 实现

利用 MATLAB 及 29.3 节中自定义的函数,可以方便地在 MATLAB 环境下将上述步骤实现。

29.4.1 ELM 的回归拟合——非线性函数拟合

1. 清空环境变量

程序运行之前,清除工作空间(workspace)中的变量及 command window 中的命令。具体程序为:

```
%% 清空环境变量
clear all
clc
```

2. 训练集/测试集产生

与第 2 章中的方法相同,采用随机法产生训练集和测试集,其中训练集包含 1 900 个样本,测试集包含 100 个样本,具体程序如下:

```
%% 导入数据
load data.mat
% 随机生成训练集、测试集
k = randperm(size(input,1));
% 训练集——1900个样本
P_train = input(k(1:1900),:)';
T_train = output(k(1:1900));
% 测试集——100个样本
P_test = input(k(1901:2000),:)';
T_test = output(k(1901:2000));
```

3. 数据归一化

为了减少变量差异较大对模型性能的影响,在建立模型之前先对数据进行归一化,具体程序如下:

```
%% 归一化
% 训练集
[Pn_train,inputps] = mapminmax(P_train);
Pn_test = mapminmax('apply',P_test,inputps);
% 测试集
[Tn_train,outputps] = mapminmax(T_train);
Tn_test = mapminmax('apply',T_test,outputps);
```

4. ELM 创建/训练

利用 elmtrain() 函数可以创建并训练 ELM,由于非线性函数的拟合属于回归、拟合问题,因此,这里将参数 TYPE 设为 0(默认即可)。同时,还需设定隐含层神经元个数及激活函数类型,具体程序如下:

```
%% ELM 创建/训练
[IW,B,LW,TF,TYPE] = elmtrain(Pn_train,Tn_train,20,'sig',0);
```

5. ELM 仿真测试

当 ELM 训练完成后,利用 elmpredict() 函数便可以对测试集进行仿真测试。需要说明的是,参数 TF 及 TYPE 需与 elmtrain() 函数中设定的参数保持一致。具体程序如下:

```
%% ELM 仿真测试
Tn_sim = elmpredict(Pn_test,IW,B,LW,TF,TYPE);
% 反归一化
T_sim = mapminmax('reverse',Tn_sim,outputps);
```

6. 结果对比

ELM 仿真测试结束后,通过计算均方误差 E 及决定系数 R^2,便可以对 ELM 的性能进行评价。具体程序如下:

```
%% 结果对比
result = [T_test' T_sim'];
% 均方误差
E = mse(T_sim - T_test);
% 决定系数
N = length(T_test);
R2 = (N*sum(T_sim.*T_test)-sum(T_sim)*sum(T_test))^2/((N*sum((T_sim).^2)-(sum(T_sim))^2)*(N*sum((T_test).^2)-(sum(T_test))^2));
```

7. 绘 图

为了便于直观地对结果进行分析、比较,这里以图形的形式给出最终的结果。具体程序如下:

```
%% 绘图
figure
plot(1:length(T_test),T_test,'r*')
hold on
plot(1:length(T_sim),T_sim,'b:o')
xlabel('测试集样本编号')
ylabel('测试集输出')
title('ELM 测试集输出')
legend('期望输出','预测输出')
figure
plot(1:length(T_test),T_test-T_sim,'r-*')
xlabel('测试集样本编号')
ylabel('绝对误差')
title('ELM 测试集预测误差')
```

由于训练集和测试集是随机产生的,因此每次运行的结果都会有所不同。某次运行的结果如图 29-3 和图 29-4 所示,与第 2 章中的结果对比后不难发现,ELM 的均方误差要小于 BP 神经网络($2.180\ 3 \times 10^{-4} < 0.033\ 6$),且运行速度要快很多($0.044\ 854$ s $< 2.056\ 952$ s)。

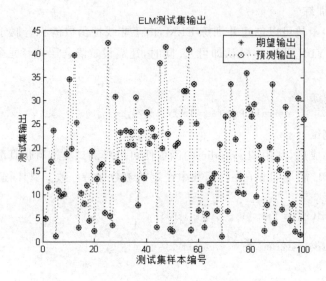

图 29-3 测试集输出预测结果对比(ELM)

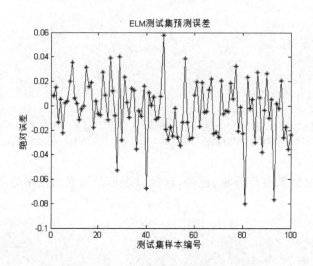

图 29-4 测试集输出预测误差(ELM)

29.4.2 ELM 的分类——乳腺肿瘤识别

1. 清空环境变量

程序运行之前,清除工作空间(workspace)中的变量及 command window 中的命令。具体程序为

```
%% 清空环境变量
clear all
clc
```

2. 训练集/测试集产生

与第 26 章中的方法相同,采用随机法产生训练集和测试集,其中训练集包含 500 个样本,测试集包含 69 个样本。为了满足 elmtrain 和 elmpredict 函数的参数要求,P_train、T_train、

P_test、T_test 需要作转置处理,具体程序如下:

```
%% 导入数据
load data.mat
% 随机产生训练集/测试集
a = randperm(569);
Train = data(a(1:500),:);
Test = data(a(501:end),:);
% 训练数据
P_train = Train(:,3:end)';
T_train = Train(:,2)';
% 测试数据
P_test = Test(:,3:end)';
T_test = Test(:,2)';
```

3. ELM 创建/训练

利用 elmtrain()函数可以创建并训练 ELM,由于乳腺肿瘤识别属于分类问题,因此,这里将参数 TYPE 设为 1(默认即可)。同时,还需设定隐含层神经元个数及激活函数类型,具体程序如下:

```
%% ELM 创建/训练
[IW,B,LW,TF,TYPE] = elmtrain(P_train,T_train,200,'sig',1);
```

4. ELM 仿真测试

当 ELM 训练完成后,利用 elmpredict()函数便可以对测试集进行仿真测试。如前文所述,参数 TF 及 TYPE 需与 elmtrain()函数中设定的参数保持一致。具体程序如下:

```
%% ELM 仿真测试
T_sim_1 = elmpredict(P_train,IW,B,LW,TF,TYPE);
T_sim_2 = elmpredict(P_test,IW,B,LW,TF,TYPE);
```

5. 结果对比

ELM 仿真测试结束后,通过计算训练集和测试集的正确率,从而对 ELM 的性能进行评价。具体程序如下:

```
%% 结果对比
result_1 = [T_train' T_sim_1'];
result_2 = [T_test' T_sim_2'];
% 训练集正确率
k1 = length(find(T_train == T_sim_1));
n1 = length(T_train);
Accuracy_1 = k1 / n1 * 100;
disp(['训练集正确率 Accuracy = ' num2str(Accuracy_1) '%(' num2str(k1) '/' num2str(n1) ')'])
% 测试集正确率
k2 = length(find(T_test == T_sim_2));
n2 = length(T_test);
Accuracy_2 = k2 / n2 * 100;
disp(['测试集正确率 Accuracy = ' num2str(Accuracy_2) '%(' num2str(k2) '/' num2str(n2) ')'])
```

由于训练集和测试集是随机产生的,因此每次运行的结果都会有所不同。某次运行的结果为:

```
训练集正确率 Accuracy = 91.2%(456/500)
测试集正确率 Accuracy = 95.6522%(66/69)
```

6. 打印详细分类结果

为了便于直观地对结果进行分析、比较，这里以在 command window 显示的方式呈现详细的结果。具体程序如下：

```
%% 显示
count_B = length(find(T_train == 1));
count_M = length(find(T_train == 2));
total_B = length(find(data(:,2) == 1));
total_M = length(find(data(:,2) == 2));
number_B = length(find(T_test == 1));
number_M = length(find(T_test == 2));
number_B_sim = length(find(T_sim_2 == 1 &T_test == 1));
number_M_sim = length(find(T_sim_2 == 2 &T_test == 2));
disp(['病例总数:' num2str(569)...
      '  良性:' num2str(total_B)...
      '  恶性:' num2str(total_M)]);
disp(['训练集病例总数:' num2str(500)...
      '  良性:' num2str(count_B)...
      '  恶性:' num2str(count_M)]);
disp(['测试集病例总数:' num2str(69)...
      '  良性:' num2str(number_B)...
      '  恶性:' num2str(number_M)]);
disp(['良性乳腺肿瘤确诊:' num2str(number_B_sim)...
      '  误诊:' num2str(number_B - number_B_sim)...
      '  确诊率 p1 =' num2str(number_B_sim/number_B * 100) '%']);
disp(['恶性乳腺肿瘤确诊:' num2str(number_M_sim)...
      '  误诊:' num2str(number_M - number_M_sim)...
      '  确诊率 p2 =' num2str(number_M_sim/number_M * 100) '%']);
```

Command window 中打印出的详细分类结果如下：

```
病例总数:569       良性:357       恶性:212
训练集病例总数:500   良性:310       恶性:190
测试集病例总数:69    良性:47        恶性:22
良性乳腺肿瘤确诊:45   误诊:2         确诊率 p1 = 95.7447%
恶性乳腺肿瘤确诊:21   误诊:1         确诊率 p2 = 95.4545%
```

与第 26 章、第 28 章中的结果作对比后不难发现：

① ELM 的预测正确率比 LVQ 和决策树的预测正确率稍高（分别为 95.74%、91.33% 和 89.85%），这表明 ELM 用于分类及模式识别问题中具有较好的性能；

② ELM、LVQ 及决策树的运行时间分别为 0.12s、0.22s 和 0.19s，这表明 ELM 与 LVQ 和决策树的运行速度相当，较传统 BP 神经网络有很大的提升。

29.5 案例扩展

29.5.1 隐含层神经元个数的影响

以乳腺肿瘤识别为例，探讨隐含层神经元个数的影响。图 29-5 所示为隐含层神经元个数对 ELM 性能的影响，由图可知，并非隐含层神经元个数越多越好，从测试集的预测正确率可以看出，当隐含层神经元个数逐渐增加时，测试集的预测正确率呈逐渐减小的趋势。因此，需要综合考虑测试集的预测正确率和隐含层神经元的个数,进行折中选择。

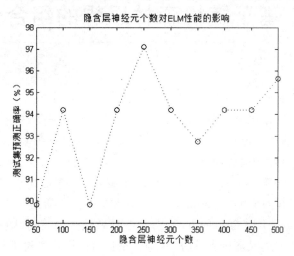

图 29-5　隐含层神经元个数对 ELM 性能的影响

29.5.2　知识扩展

ELM 以其学习速度快、泛化性能好、调节参数少等优点,在各个领域得到了广泛的应用。随着研究的深入,一些专家提出了许多改进的方法,如在线学习 ELM、进化 ELM 等,同时,一些学者将其他算法中的思想(如 SVM 中的结构风险最小等)引入到 ELM 中,取得了不错的效果。

参考文献

[1] Feng G R, HUANG G B, LIN Q P, et al. Error Minimized Extreme Learning Machine With Growth of Hidden Nodes and Incremental Learning[J]. IEEE Transactions on Neural Networks,2009,20(8):1352-1357.

[2] ZHU Q Y, QIN A K, SUGANTHAN P N, et al. Evolutionary Extreme Learning Machine[J]. Pattern Recognition,2005,38:1759-1763.

[3] HUANG G B, ZHU Q Y, SIEW C K. Extreme Learning Machine:Theory and Applications[J]. Neurocomputing,2006,70:489-501.

[4] HUANG G B, CHEN L, SIEW C K. Universal Approximation Using Incremental Constructive Feedforward Networks With Random Hidden Nodes[J]. IEEE Transactions on Neural Networks,2006,17(4):879-892.

[5] HUANG G B, ZHU Q Y, SIEW C K. Extreme Learning Machine:A New Learning Scheme of Feedford Neural Networks[C]. Proceedings of International Joint Conference on Neural Networks,25-29 July,2004,Budapest,Hungary.

[6] HUANG G B,SIEW C K. Extreme Learning Machine with Randomly Assigned RBF Kernels[J]. International Journal of Information Technology,2005,11(1):16-24.

[7] HUANG G B, LIANG N Y, RONG H J, et al. On-Line Sequential Extreme Learning Machine[C]. The IASTED International Conference on Computational Intelligence,July 4-6,2005,Calgary,Canada.

第 30 章 基于随机森林思想的组合分类器设计
——乳腺癌诊断

在当今的现实生活中存在着很多种微信息量的数据,如何采集这些数据中的信息并进行利用,成了数据分析领域里一个新的研究热点。随机森林以它自身固有的特点和优良的分类效果在众多的机器学习算法中脱颖而出。

随机森林算法由 Leo Breiman 和 Adele Cutler 提出,该算法结合了 Breimans 的 "Bootstrap aggregating" 思想和 Ho 的 "random subspace" 方法。其实质是一个包含多个决策树的分类器,这些决策树的形成采用了随机的方法,因此也叫做随机决策树,随机森林中的树之间是没有关联的。当测试数据进入随机森林时,其实就是让每一棵决策树进行分类,最后取所有决策树中分类结果最多的那类为最终的结果。因此随机森林是一个包含多个决策树的分类器,并且其输出的类别是由个别树输出的类别的众数而定。

本章将详细介绍随机森林的思想与算法原理,并结合实例讲解随机森林算法的 MATLAB 实现。

30.1 案例背景

30.1.1 随机森林概述

1. Bootstrap 法重采样

设集合 S 中含有 n 个不同的样本 $\{x_1, x_2, \cdots, x_n\}$,若每次有放回地从集合 S 中抽取一个样本,一共抽取 n 次,形成新的集合 S^*,则集合 S^* 中不包含某个样本 $x_i (i=1,2,\cdots,n)$ 的概率为

$$p = \left(1 - \frac{1}{n}\right)^n \tag{30-1}$$

当 $n \to \infty$ 时,有

$$\lim_{n \to \infty} p = \lim_{n \to \infty} \left(1 - \frac{1}{n}\right)^n = e^{-1} \approx 0.368 \tag{30-2}$$

因此,虽然新集合 S^* 的样本总数与原集合 S 的样本总数相等(都为 n),但是新集合 S^* 中可能包含了重复的样本(有放回抽取),若除去重复的样本,新集合 S^* 中仅包含了原集合 S 中约 $1 - 0.368 \times 100\% = 63.2\%$ 的样本。

2. Bagging 算法概述

Bagging(Bootstrap aggregating 的缩写)算法是最早的集成学习算法,其基本思路如图 30-1 所示。具体的步骤可以描述为:

① 利用 Bootstrap 方法重采样,随机产生 T 个训练集 $S_1, S_2, \cdots, S_T$;
② 利用每个训练集,生成对应的决策树 $C_1, C_2, \cdots, C_T$;
③ 对于测试集样本 X,利用每个决策树进行测试,得到对应的类别 $C_1(X), C_2(X), \cdots,$

$C_T(X)$；

④ 采用投票的方法，将 T 个决策树中输出最多的类别作为测试集样本 X 所属的类别。

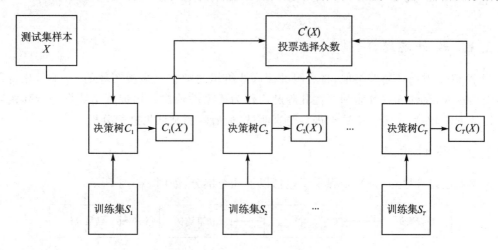

图 30-1 Bagging 算法基本思路

3. 随机森林的算法流程

随机森林算法与 Bagging 算法类似，均是基于 Bootstrap 方法重采样，产生多个训练集。不同的是，随机森林算法在构建决策树的时候，采用了随机选取分裂属性集的方法。详细的随机森林算法流程如下所示（不妨设样本的属性个数为 M，m 为大于零且小于 M 的整数）：

① 利用 Bootstrap 方法重采样，随机产生 T 个训练集 $S_1, S_2, \cdots, S_T$。

② 利用每个训练集，生成对应的决策树 $C_1, C_2, \cdots, C_T$；在每个非叶子节点（内部节点）上选择属性前，从 M 个属性中随机抽取 m 个属性作为当前节点的分裂属性集，并以这 m 个属性中最好的分裂方式对该节点进行分裂（一般而言，在整个森林的生长过程中，m 的值维持不变）。

③ 每棵树都完整成长，而不进行剪枝。

④ 对于测试集样本 X，利用每个决策树进行测试，得到对应的类别 $C_1(X), C_2(X), \cdots, C_T(X)$。

⑤ 采用投票的方法，将 T 个决策树中输出最多的类别作为测试集样本 X 所属的类别。

30.1.2 问题描述

问题描述与第 26 章相同，为了便于读者阅读，此处重新给出。

威斯康辛大学医学院经过多年的收集和整理，建立了一个乳腺肿瘤病灶组织的细胞核显微图像数据库。数据库中包含了细胞核图像的 10 个量化特征（细胞核半径、质地、周长、面积、光滑性、紧密度、凹陷度、凹陷点数、对称度、断裂度），这些特征与肿瘤的性质有密切的关系。因此，需要建立一个确定的模型来描述数据库中各个量化特征与肿瘤性质的关系，从而可以根据细胞核显微图像的量化特征诊断乳腺肿瘤是良性还是恶性的。

30.2 模型建立

30.2.1 设计思路

与第 28 章的设计思路类似,将乳腺肿瘤病灶组织的细胞核显微图像的 10 个量化特征作为模型的输入,良性乳腺肿瘤和恶性乳腺肿瘤作为模型的输出。用训练集数据进行随机森林分类器的创建,然后对测试集数据进行仿真测试,最后对测试结果进行分析。

30.2.2 设计步骤

根据上述设计思路,设计步骤主要包括以下几个部分,如图 30-2 所示。

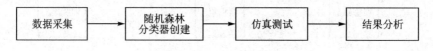

图 30-2 设计步骤流程图

1. 数据采集

与第 28 章相同,数据来源于威斯康辛大学医学院的乳腺癌数据集,共包括 569 个病例,其中,良性 357 例,恶性 212 例。本书随机选取 500 组数据作为训练集,剩余 69 组作为测试集。

每个病例的一组数据包括采样组织中各细胞核的这 10 个特征量的平均值、标准差和最坏值(各特征的 3 个最大数据的平均值)共 30 个数据。数据文件中每组数据共分 32 个字段:第 1 个字段为病例编号;第 2 个字段为确诊结果,B 为良性,M 为恶性;第 3~12 个字段是该病例肿瘤病灶组织的各细胞核显微图像的 10 个量化特征的平均值;第 13~22 个字段是相应的标准差;第 23~32 个字段是相应的最坏值。

2. 随机森林分类器创建

数据采集完成后,利用随机森林工具箱函数 classRF_train(),即可基于训练集数据创建一个随机森林分类器,该函数的具体用法将在下一节中详细介绍。

4. 仿真测试

随机森林分类器创建好后,利用随机森林工具箱函数 classRF_predict(),即可对测试集数据进行仿真预测,该函数的具体用法将在下一节中详细介绍。

5. 结果分析

通过对随机森林分类器的仿真结果进行分析,可以得到误诊率(包括良性被误诊为恶性、恶性被误诊为良性),从而可以对该方法的可行性进行评价。同时,也可以与其他方法进行比较,探讨该方法的有效性。

30.3 随机森林工具箱

MATLAB 自带的工具箱中没有随机森林工具箱,此处采用科罗拉多大学博尔德分校 Abhishek Jaiantilal 开发的 randomforest-matlab 开源工具箱(下载地址:https://code.google.com/p/randomforest-matlab/)。下面将详细介绍该工具箱中的一些重要函数的调用格式及使用注意事项。

30.3.1 随机森林分类器创建函数

函数 classRF_train() 用于创建一个随机森林分类器,其调用格式为:

```
model = classRF_train(X,Y,ntree,mtry, extra_options)
```

其中,X 为训练集的输入样本矩阵,其每一列表示一个变量(属性),其每一行表示一个样本;Y 为训练集的输出样本向量,其每一行表示 X 中对应的样本所属的类别;ntree 为随机森林中决策树的个数(默认值为 500);mtry 为分裂属性集中的属性个数(默认值 $m=\lfloor \sqrt{M} \rfloor$,$M$ 为总的属性个数,符号 $\lfloor \cdot \rfloor$ 表示向下取整);extra_options 为可选的参数;model 为创建好的随机森林分类器。

30.3.2 随机森林分类器仿真预测函数

函数 classRF_predict() 用于利用创建好的随机森林分类器进行仿真预测,其调用格式为:

```
[Y_hat votes] = classRF_predict(X,model, extra_options)
```

其中,X 为待预测样本的输入矩阵,其每一列表示一个变量(属性),其每一行表示一个样本;model 为创建好的随机森林分类器;extra_options 为可选的参数;Y_hat 为待预测样本对应的所属类别;votes 为未格式化的待预测样本输出类别权重,即将待预测样本预测为各个类别的决策树个数。

30.4 MATLAB 实现

30.4.1 清空环境变量

程序运行之前,清除工作空间(workspace)中的变量及 command window 中的命令。具体程序为:

```
%% 清空环境变量
clear all
clc
warning off
```

30.4.2 导入数据

数据保存在 data.mat 文件中。共 569 组数据,为不失一般性,随机选取 500 组数据作为训练集,剩余 69 组数据作为测试集。如前文所述,输入神经元个数为 30,分别代表 30 个细胞核的形态特征。输出神经元个数为 2,分别表示良性乳腺肿瘤和恶性乳腺肿瘤。本书中以数字"1"与良性乳腺肿瘤对应,数字"2"与恶性乳腺肿瘤对应。具体程序如下:

```
%% 导入数据
load data.mat
a = randperm(569);
Train = data(a(1:500),:);
Test = data(a(501:end),:);
% 训练数据
```

```
P_train = Train(:,3:end)';
Tc_train = Train(:,2)';
T_train = ind2vec(Tc_train);
% 测试数据
P_test = Test(:,3:end)';
Tc_test = Test(:,2)';
```

30.4.3 创建随机森林分类器

利用 30.3.1 节介绍的 classRF_train() 函数,可以方便地创建一个随机森林分类器,具体程序如下:

```
%% 创建随机森林分类器
model = classRF_train(P_train,T_train);
```

30.4.4 仿真测试

利用 30.3.2 节介绍的 classRF_predict() 函数,可以方便地利用创建好的随机森林分类器进行仿真测试,具体程序如下:

```
%% 仿真测试
[T_sim,votes] = classRF_predict(P_test,model);
```

30.4.5 结果分析

结果分析部分,与第 28 章相同,为了便于读者阅读,此处再次给出,具体程序如下:

```
%% 结果分析
count_B = length(find(T_train == 1));
count_M = length(find(T_train == 2));
total_B = length(find(data(:,2) == 1));
total_M = length(find(data(:,2) == 2));
number_B = length(find(T_test == 1));
number_M = length(find(T_test == 2));
number_B_sim = length(find(T_sim == 1 &T_test == 1));
number_M_sim = length(find(T_sim == 2 &T_test == 2));
disp(['病例总数:' num2str(569)...
    '  良性:' num2str(total_B)...
    '  恶性:' num2str(total_M)]);
disp(['训练集病例总数:' num2str(500)...
    '  良性:' num2str(count_B)...
    '  恶性:' num2str(count_M)]);
disp(['测试集病例总数:' num2str(69)...
    '  良性:' num2str(number_B)...
    '  恶性:' num2str(number_M)]);
disp(['良性乳腺肿瘤确诊:' num2str(number_B_sim)...
    '  误诊:' num2str(number_B - number_B_sim)...
    '  确诊率 p1 =' num2str(number_B_sim/number_B * 100) '%']);
disp(['恶性乳腺肿瘤确诊:' num2str(number_M_sim)...
    '  误诊:' num2str(number_M - number_M_sim)...
    '  确诊率 p2 =' num2str(number_M_sim/number_M * 100) '%']);
```

某次运行的结果如下:

```
Setting to defaults 500 trees and mtry = 5
```

病例总数:569   良性:357   恶性:212
训练集病例总数:500   良性:312 恶性:188
测试集病例总数:69   良性:45   恶性:24
良性乳腺肿瘤确诊:45   误诊:0   确诊率 p1 = 100 %
恶性乳腺肿瘤确诊:23   误诊:1   确诊率 p2 = 95.8333 %

从结果中可以看出,在测试集的 69 个样本中,共有 1 个样本被预测错误(1 个恶性乳腺肿瘤样本被错分为良性乳腺肿瘤),平均确诊率为 98.55%(68/69)。同时,与第 26 章、第 28 章、第 29 章中的结果对比后不难发现:随机森林的预测正确率比 ELM、LVQ 和决策树的预测正确率稍高(分别为 98.55%、95.74%、91.33% 和 89.85%),这表明随机森林用于分类及模式识别问题中具有较好的性能。

30.5 案例扩展

30.5.1 随机森林分类器性能分析方法

为了读者直观地对创建的随机森林分类器的性能进行分析,下面给出一种图形显示的方法。这里仅在默认的决策树棵树(500)情况下进行分析讨论,其他情况可以做类似的分析。具体程序如下:

```
%% 绘图
figure

index = find(T_sim ~= T_test);
plot(votes(index,1),votes(index,2),'r*')
hold on

index = find(T_sim == T_test);
plot(votes(index,1),votes(index,2),'bo')
hold on

legend('错误分类样本','正确分类样本')

plot(0:500,500:-1:0,'r-.')
hold on

plot(0:500,0:500,'r-.')
hold on

line([100 400 400 100 100],[100 100 400 400 100])

xlabel('输出为类别 1 的决策树棵树')
ylabel('输出为类别 2 的决策树棵树')
title('决策树棵树与分类准确率关系')
```

某次运行的结果如图 30-3 所示。因为乳腺肿瘤诊断是一个布尔型(二分类)问题,因此随机森林中的决策树的输出类别只有两种(1:良性,2:恶性)。图 30-3 的横坐标表示,在随机森林的所有决策树(500 棵)中,输出为类别 1 的决策树棵数;纵坐标表示,输出为类别 2 的决策树棵数。可以发现,对于某一个样本而言,其在图 30-3 上的坐标 $P(x,y)$ 总是满足以下关系:

$$x + y = 500 \tag{30-3}$$

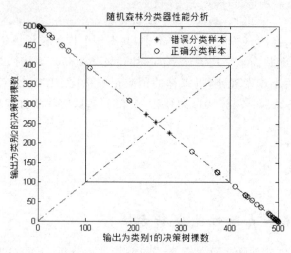

图 30-3 随机森林分类器性能分析

同时,如果随机森林对该样本的预测类别与真实的类别一致,则在图中以"o"标记;反之,则以"*"标记。

从图中不难总结出,对于一个随机森林分类器而言,若想评价其泛化性能,可以从以下两个角度进行分析讨论:

1. 错误分类样本个数

一个具有较好泛化性能的随机森林分类器,其错误分类的样本数应该越少越好;若一个随机森林分类器对于很多个样本都不能正确地分类,显然这个随机森林分类器的泛化性能是值得商榷的。

2. 错误分类样本的位置

从理论上分析,若被错误分类的样本靠近图的中心(即直线 $y=x$ 与 $x+y=500$ 的交点 $P(250,250)$),即整个随机森林中,输出为类别 1 与类别 2 的决策树棵数相当,在这种情况下,样本被错分被认为是可以接受的,即随机森林的泛化性能是可以接受的(在实际生活中也有类似的道理,投票时,1∶1 的情况下总是比较棘手)。

相反,若被错误分类的样本偏离图的中心,如图 30-4 所示,则表明在整个随机森林中,输出为类别 1 与输出为类别 2 的决策树棵树存在一定的差距,但是,样本被错误分类。这种情况认为是不合常理的,不能被接受,即随机森林的泛化性能较差(对应实际生活中也有类似的情况,比如"真理总是掌握在少数人的手里")。

30.5.2 随机森林中决策树棵数对性能的影响

随机森林中包含的决策树棵数的不同,对其泛化性能也有一定的影响,下文将作详细讨论。为了减少随机性的影响,作以下处理:当决策树棵数确定后,建立 100 个随机森林模型,然

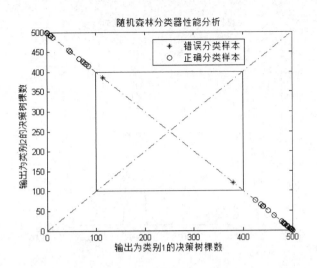

图 30-4 错误分类样本偏离图形中心

后取其准确率的平均值,作为当前决策树棵数下的分类准确率。具体程序如下:

```
%% 随机森林中决策树棵数对性能的影响
Accuracy = zeros(1,20);
for i = 50:50:1000
    i
    % 每种情况,运行100次,取平均值
    accuracy = zeros(1,100);
    for k = 1:100
        % 创建随机森林
model = classRF_train(P_train,T_train,i);
        % 仿真测试
        T_sim = classRF_predict(P_test,model);
accuracy(k) = length(find(T_sim == T_test)) / length(T_test);
end
Accuracy(i/50) = mean(accuracy);
end
% 绘图
figure
plot(50:50:1000,Accuracy)
xlabel('随机森林中决策树棵数')
ylabel('分类正确率')
title('随机森林中决策树棵数对性能的影响')
```

某次运行结果如图 30-5 所示。从图中可以看出,针对本章的乳腺肿瘤诊断数据集而言,综合考虑随机森林中包含的决策树棵数与建模的速度,选择随机森林中包含 50~150 棵决策树是比较理想的。对于其他数据集,读者可以用类似的方法进行折中选择。

30.5.3 知识扩展

随机森林以其良好的泛化性能,已被广泛应用到许多领域中。同时,不少专家对随机森林做了不少改进和完善,取得了丰硕的研究成果。也有一些学者尝试将随机森林思想与其他分类器相结合,也取得了不错的进展,感兴趣的读者,也可以做一些尝试和深入研究。

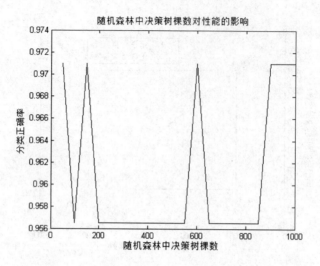

图 30-5 随机森林中决策树棵数对性能的影响

参考文献

[1] BREIMAN L. Random Forests[J]. Machine Learning, 2001, 45(1): 5-32.

[2] HO T K. Random Decision Forest[C]. Proceedings of the 3rd International Conference on Document Analysis and Recognition, Montreal, QC, 14-16 August 1995, 278-282.

[3] HO T K. The Random Subspace Method for Constructing Decision Forests[J]. IEEE Transactions on Pattern Analysis and Machine Intelligence, 1998, 20(8): 832-844.

[4] BREIMAN L. Bagging Predictors[J]. Machine Learning, 1996, 24(2): 123-140.

[5] ERIC B, RON K. An Empirical Comparison of Voting Classification Algorithms: Bagging, Boosting, and Variants[J]. Machine Learning, 1999, 36(1), 105-139.

[6] ANDY L, MATTHEW W. Classification and Regression by Random Forest[J]. R news, 2002, 2(3):18-22.

第 31 章 思维进化算法优化 BP 神经网络
——非线性函数拟合

随着计算机科学的发展，人们借助适者生存这一进化规则，将计算机科学和生物进化结合起来，逐渐发展形成一类启发式随机搜索算法，这类算法被称为进化算法（Evolutionary Computation，EC）。最著名的进化算法有：遗传算法、进化策略、进化规划。

与传统算法相比，进化算法的特点是群体搜索。进化算法已经被成功地应用于解决复杂的组合优化问题、图像处理、人工智能、机器学习等领域。但是进化算法存在的问题和缺陷也不能忽视，如早熟、收敛速度慢等。

针对 EC 存在的问题，孙承意等人于 1998 年提出了思维进化算法（Mind Evolutionary Algorithm，MEA）。本章将详细介绍思维进化算法的基本思想，并结合非线性函数拟合实例，在 MATLAB 环境下实现思维进化算法。

31.1 案例背景

31.1.1 思维进化算法概述

思维进化算法沿袭了遗传算法的一些基本概念，如"群体"、"个体"、"环境"等，其主要系统框架如图 31-1 所示。

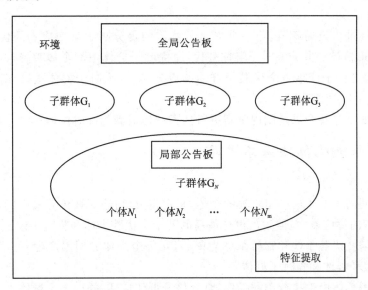

图 31-1 思维进化算法系统结构图

与遗传算法不同，思维进化算法的一些新的概念解释如下：

1. 群体和子群体

MEA 是一种通过迭代进行优化的学习方法,进化过程的每一代中的所有个体的集合成为一个群体。一个群体分为若干个子群体。子群体包括两类:优胜子群体(superior group)和临时子群体(temporary group)。优胜子群体记录全局竞争中的优胜者的信息,临时子群体记录全局竞争的过程。

2. 公告板

公告板相当于一个信息平台,为个体之间和子群体之间的信息交流提供了机会。公告板记录三个有效的信息:个体或子群体的序号、动作(action)和得分(score)。利用个体或子群体的序号,可以方便地区分不同个体或子群体;动作的描述根据研究领域不同而不同,例如本文是研究利用思维进化如何优化参数的问题,那么动作记录的就是个体和子群体的具体位置;得分是环境对个体动作的评价,在利用思维进化算法优化过程中,只有时刻记录每个个体和子群体的得分,才能快速地找到优化的个体和子群体。子群体内的个体在局部公告板(local billboard)张贴各自的信息,全局公告板(global billboard)用于张贴各子群体的信息。

3. 趋 同

趋同(similartaxis)是 MEA 中的两个重要概念之一,下面给出它的定义。

定义 1 在子群体范围内,个体为成为胜者而竞争的过程叫做趋同。

定义 2 一个子群体在趋同过程中,若不再产生新的胜者,则称该子群体已经成熟。当子群体成熟时,该子群体的趋同过程结束。子群体从诞生到成熟的期间叫做生命期。

4. 异 化

MEA 中的另一个重要概念是异化(dissimilation),它的定义是:

定义 3 在整个解空间中,各子群体为成为胜者而竞争,不断地探测解空间中新的点,这个过程叫做异化。

异化有两个含义:

① 各子群体进行全局竞争,若一个临时子群体的得分高于某个成熟的优胜子群体的得分,则该优胜子群体被获胜的临时子群体替代,原优胜子群体中的个体被释放;若一个成熟的临时子群体的得分低于任意一个优胜子群体的得分,则该临时子群体被废弃,其中的个体被释放。

② 被释放的个体在全局范围内重新进行搜索并形成新的临时群体。

31.1.2 思维进化算法基本思路

MEA 的基本思路是:

① 在解空间内随机生成一定规模的个体,根据得分(对应于遗传算法中的适应度函数值,表征个体对环境的适应能力)搜索出得分最高的若干个优胜个体和临时个体。

② 分别以这些优胜个体和临时个体为中心,在每个个体的周围产生一些新的个体,从而得到若干个优胜子群体和临时子群体。

③ 在各个子群体内部执行趋同操作,直至该子群体成熟,并以该子群体中最优个体(即中心)的得分作为该子群体的得分。

④ 子群体成熟后,将各个子群体的得分在全局公告板上张贴,子群体之间执行异化操作,完成优胜子群体与临时子群体间的替换、废弃、子群体中个体释放的过程,从而计算全局最优

个体及其得分。

值得一提的是,异化操作完成后,需要在解空间内产生新的临时子群体,以保证临时子群体的个数保持不变。

31.1.3 思维进化算法特点

与遗传算法相比,思维进化算法具有许多自身的特点:

① 把群体划分为优胜子群体和临时子群体,在此基础上定义的趋同和异化操作分别进行探测和开发,这两种功能相互协调且保持一定的独立性,便于分别提高效率,任一方面的改进都对提高算法的整体搜索效率有利。

② MEA 可以记忆不止一代的进化信息,这些信息可以指导趋同与异化向着有利的方向进行。

③ 结构上固有的并行性。

④ 遗传算法中的交叉与变异算子均具有双重性,即可能产生好的基因,也可能破坏原有的基因,而 MEA 中的趋同和异化操作可以避免这个问题。

31.1.4 问题描述

与第 3 章所描述的问题相同,利用 BP 神经网络建立非线性函数的回归模型。在训练 BP 神经网络前,利用思维进化算法对 BP 神经网络的初始权值和阈值进行优化。

31.2 模型建立

31.2.1 设计思路

利用思维进化算法对 BP 神经网络的初始权值和阈值进行优化。首先,根据 BP 神经网络的拓扑结构,将解空间映射到编码空间,每个编码对应问题的一个解(即个体)。这里,选择 BP 神经网络拓扑结构为 2—5—1(与第 3 章相同),编码长度为 21。然后,选取训练集的均方误差的倒数作为各个个体与种群的得分函数,利用思维进化算法,经过不断迭代,输出最优个体,并以此作为初始权值和阈值,训练 BP 神经网络。

31.2.2 设计步骤

根据上述设计思路,设计步骤主要包括以下几个部分,如图 31-2 所示。

1. 训练集/测试集产生

与传统前馈神经网络相同,为了使得建立的模型具有良好的泛化性能,要求具有足够多的训练样本且具有较好的代表性。

2. 初始种群产生

利用初始种群产生函数 initpop_generate(),可以方便地产生初始种群。利用子种群产生函数 subpop_generate(),可以方便地产生优胜子种群和临时子种群。具体用法请参考 31.3.1 和 31.3.2 节,此处不再赘述。

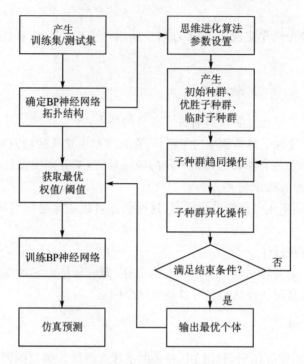

图 31-2 设计步骤流程图

3. 子种群趋同操作

优胜子种群和临时子种群产生后，各个子种群首先需要执行趋同操作，利用种群成熟判别函数 ismature()，可以方便地判断各个子种群趋同操作是否完成，具体用法请参考 31.3.3 节，此处不再赘述。

4. 子种群异化操作

各个优胜子群体和临时子群体趋同操作完成后，便可以执行异化操作，并根据异化操作的结果，补充新的子群体，具体程序详见 31.4 节。

5. 解析最优个体

当满足迭代停止条件时，思维进化算法结束优化过程。此时，根据编码规则，对寻找到的最优个体进行解析，从而得到对应的 BP 神经网络的权值和阈值。

6. 训练 BP 神经网络

将优化得到的权值和阈值作为 BP 神经网络的初始权值和阈值，并利用训练集样本对 BP 神经网络进行训练、学习。

7. 仿真预测、结果分析

与传统 BP 神经网络相同，训练完成后，便可输入测试集样本，进行仿真预测，并可以进行结果分析和讨论。

31.3 思维进化算法函数

为了方便读者学习、使用思维进化算法，笔者按照思维进化算法的基本思路，尝试编写了思维进化算法中的一些重要函数，下面将详细介绍它们的调用格式和具体函数内容。

31.3.1 初始种群产生函数

initpop_generate()函数为初始种群产生函数,其调用格式为:

```
initpop = initpop_generate(popsize,S1,S2,S3,P,T)
```

其中,popsize 为种群规模大小;S1 为 BP 神经网络输入层神经元个数;S2 为 BP 神经网络隐含层神经元个数;S3 为 BP 神经网络输出层神经元个数;P 为训练集样本输入矩阵;T 为训练集样本输出矩阵;initpop 为产生的初始种群。

initpop_generate.m 函数文件的具体内容如下:

```matlab
functioninitpop = initpop_generate(popsize,S1,S2,S3,P,T)

% 编码长度(权值/阈值总个数)
S = S1 * S2 + S2 * S3 + S2 + S3;

% 预分配初始种群数组
initpop = zeros(popsize,S + 1);

for i = 1:popsize
    % 随机产生一个个体[-1,1]
    x = rand(1,S) * 2 - 1;
    
    % 前 S1 * S2 个编码为 W1(输入层与隐含层间权值)
    temp = x(1:S1 * S2);
    W1 = reshape(temp,S2,S1);
    
    % 接着的 S2 * S3 个编码为 W2(隐含层与输出层间权值)
    temp = x(S1 * S2 + 1:S1 * S2 + S2 * S3);
    W2 = reshape(temp,S3,S2);
    
    % 接着的 S2 个编码为 B1(隐含层神经元阈值)
    temp = x(S1 * S2 + S2 * S3 + 1:S1 * S2 + S2 * S3 + S2);
    B1 = reshape(temp,S2,1);
    
    % 接着的 S3 个编码 B2(输出层神经元阈值)
    temp = x(S1 * S2 + S2 * S3 + S2 + 1:end);
    B2 = reshape(temp,S3,1);
    
    % 计算隐含层神经元的输出
    A1 = tansig(W1 * P,B1);
    % 计算输出层神经元的输出
    A2 = purelin(W2 * A1,B2);
    % 计算均方误差
    SE = mse(T - A2);
    % 思维进化算法的得分
    val = 1 / SE;
    % 个体与得分合并
    initpop(i,:) = [x val];
end
```

31.3.2 子种群产生函数

subpop_generate()函数为子种群产生函数,其调用格式为:

```
subpop = subpop_generate(center,SG,S1,S2,S3,P,T)
```

其中,center 为子种群的中心;SG 为子种群的规模大小;S1 为 BP 神经网络输入层神经元个数;S2 为 BP 神经网络隐含层神经元个数;S3 为 BP 神经网络输出层神经元个数;P 为训练集样本输入矩阵;T 为训练集样本输出矩阵;subpop 为产生的子种群。

subpop_generate.m 函数文件的具体内容如下:

```
function subpop = subpop_generate(center,SG,S1,S2,S3,P,T)

% 编码长度(权值/阈值总个数)
S = S1 * S2 + S2 * S3 + S2 + S3;

% 预分配初始种群数组
subpop = zeros(SG,S + 1);
subpop(1,:) = center;

for i = 2:SG
    x = center(1:S) + 0.5 * (rand(1,S) * 2 - 1);
    
    % 前 S1 * S2 个编码为 W1(输入层与隐含层间权值)
    temp = x(1:S1 * S2);
    W1 = reshape(temp,S2,S1);
    
    % 接着的 S2 * S3 个编码为 W2(隐含层与输出层间权值)
    temp = x(S1 * S2 + 1:S1 * S2 + S2 * S3);
    W2 = reshape(temp,S3,S2);
    
    % 接着的 S2 个编码为 B1(隐含层神经元阈值)
    temp = x(S1 * S2 + S2 * S3 + 1:S1 * S2 + S2 * S3 + S2);
    B1 = reshape(temp,S2,1);
    
    %接着的 S3 个编码 B2(输出层神经元阈值)
    temp = x(S1 * S2 + S2 * S3 + S2 + 1:end);
    B2 = reshape(temp,S3,1);
    
    % 计算隐含层神经元的输出
    A1 = tansig(W1 * P,B1);
    % 计算输出层神经元的输出
    A2 = purelin(W2 * A1,B2);
    % 计算均方误差
    SE = mse(T - A2);
    % 思维进化算法的得分
    val = 1 / SE;
    % 个体与得分合并
    subpop(i,:) = [x val];
end
```

31.3.3 种群成熟判别函数

ismature()函数为种群成熟判别函数,其调用格式为:

```
[flag,index] = ismature(pop)
```

其中,pop 为待判别的子种群;flag 为种群成熟标志;若 flag = 0,则子种群不成熟,若 flag = 1,则子种群成熟;index 为子种群中得分最高的个体对应的索引号。

ismature.m 函数文件的具体内容如下:

```
function [flag,index] = ismature(pop)

[~,index] = max(pop(:,end));
if index == 1
    flag = 1;
else
    flag = 0;
end
```

31.4 MATLAB 实现

利用 MATLAB 及 31.3 节中自定义的函数,可以方便地在 MATLAB 环境下将上述步骤实现。

31.4.1 清空环境变量

程序运行之前,清除工作空间(workspace)中的变量及 command window 中的命令。具体程序为:

```
%% 清空环境变量
clear all
clc
warning off
```

31.4.2 导入数据、归一化

与第 3 章中的方法相同,采用随机法产生训练集和测试集,其中训练集包含 1 900 个样本,测试集包含 100 个样本。同时,为了减少变量差异较大对模型性能的影响,在建立模型之前先对数据进行归一化。具体程序如下:

```
%% 导入数据
load data.mat
% 随机生成训练集、测试集
k = randperm(size(input,1));
N = 1 900;
% 训练集——1 900 个样本
P_train = input(k(1:N),:)';
T_train = output(k(1:N));
% 测试集——100 个样本
P_test = input(k(N+1:end),:)';
```

```
T_test = output(k(N + 1:end));

%% 归一化
% 训练集
[Pn_train,inputps] = mapminmax(P_train);
Pn_test = mapminmax('apply',P_test,inputps);
% 测试集
[Tn_train,outputps] = mapminmax(T_train);
Tn_test = mapminmax('apply',T_test,outputps);
```

31.4.3 思维进化算法参数设置

在编写思维进化迭代算法前,需要对思维进化算法中涉及的相关参数进行设置,具体程序如下:

```
%% 参数设置
popsize = 200;                              % 种群大小
bestsize = 5;                               % 优胜子种群个数
tempsize = 5;                               % 临时子种群个数
SG = popsize / (bestsize + tempsize);       % 子群体大小
S1 = size(Pn_train,1);                      % 输入层神经元个数
S2 = 5;                                     % 隐含层神经元个数
S3 = size(Tn_train,1);                      % 输出层神经元个数
iter = 10;                                  % 迭代次数
```

31.4.4 产生初始种群、优胜子种群和临时子种群

如 31.3 节所述,利用 initpop_generate()函数和 subpop_generate()函数,可以方便地产生初始种群、优胜子种群和临时子种群,具体程序如下:

```
%% 随机产生初始种群
initpop = initpop_generate(popsize,S1,S2,S3,Pn_train,Tn_train);

%% 产生优胜子群体和临时子群体
% 得分排序
[sort_val,index_val] = sort(initpop(:,end),'descend');
% 产生优胜子种群和临时子种群的中心
bestcenter = initpop(index_val(1:bestsize),:);
tempcenter = initpop(index_val(bestsize + 1:bestsize + tempsize),:);
% 产生优胜子种群
bestpop = cell(bestsize,1);
for i = 1:bestsize
    center = bestcenter(i,:);
    bestpop{i} = subpop_generate(center,SG,S1,S2,S3,Pn_train,Tn_train);
end
% 产生临时子种群
temppop = cell(tempsize,1);
for i = 1:tempsize
    center = tempcenter(i,:);
    temppop{i} = subpop_generate(center,SG,S1,S2,S3,Pn_train,Tn_train);
end
```

31.4.5 迭代趋同、异化操作

优胜子种群和临时子种群产生后,首先对各个子种群执行趋同操作,为了便于读者学习,这里将同步绘制各个子种群的趋同过程图形。待各个子种群成熟后,判断是否满足异化的条件(即判断是否存在比优胜子种群得分高的临时子种群),如果满足且迭代次数未达到迭代最大值,则执行异化操作,同时补充新的子种群。具体程序如下:

```
whileiter> 0
    %% 优胜子群体趋同操作并计算各子群体得分
best_score = zeros(1,bestsize);
best_mature = cell(bestsize,1);
fori = 1:bestsize
best_mature{i} = bestpop{i}(1,:);
best_flag = 0;                     % 优胜子群体成熟标志(1表示成熟,0表示未成熟)
whilebest_flag == 0
        % 判断优胜子群体是否成熟
        [best_flag,best_index] = ismature(bestpop{i});
        % 若优胜子群体尚未成熟,则以新的中心产生子群群
ifbest_flag == 0
best_newcenter = bestpop{i}(best_index,:);
best_mature{i} = [best_mature{i};best_newcenter];
bestpop{i} = subpop_generate(best_newcenter,SG,S1,S2,S3,Pn_train,Tn_train);
end
end
    % 计算成熟优胜子群体的得分
best_score(i) = max(bestpop{i}(:,end));
end
    % 绘图(优胜子群体趋同过程)
figure
temp_x = 1:length(best_mature{1}(:,end))+5;
temp_y = [best_mature{1}(:,end);repmat(best_mature{1}(end),5,1)];
plot(temp_x,temp_y,'b-o')
hold on
temp_x = 1:length(best_mature{2}(:,end))+5;
temp_y = [best_mature{2}(:,end);repmat(best_mature{2}(end),5,1)];
plot(temp_x,temp_y,'r-^')
hold on
temp_x = 1:length(best_mature{3}(:,end))+5;
temp_y = [best_mature{3}(:,end);repmat(best_mature{3}(end),5,1)];
plot(temp_x,temp_y,'k-s')
hold on
temp_x = 1:length(best_mature{4}(:,end))+5;
temp_y = [best_mature{4}(:,end);repmat(best_mature{4}(end),5,1)];
plot(temp_x,temp_y,'g-d')
hold on
temp_x = 1:length(best_mature{5}(:,end))+5;
temp_y = [best_mature{5}(:,end);repmat(best_mature{5}(end),5,1)];
plot(temp_x,temp_y,'m-*')
    legend('group 1','group 2','group 3','group 4','group 5')
xlim([1 30])
```

```matlab
xlabel('Similartaxis Epochs')
ylabel('Score')
title('Similartaxis process of superior group')

%% 临时子群体趋同操作并计算各子群体得分
temp_score = zeros(1,tempsize);
temp_mature = cell(tempsize,1);
for i = 1:tempsize
    temp_mature{i} = temppop{i}(1,:);
    temp_flag = 0;                          % 临时子群体成熟标志(1表示成熟,0表示未成熟)
    while temp_flag == 0
                    % 判断临时子群体是否成熟
        [temp_flag,temp_index] = ismature(temppop{i});
                    % 若临时子群体尚未成熟,则以新的中心产生子种群
        if temp_flag == 0
            temp_newcenter = temppop{i}(temp_index,:);
            temp_mature{i} = [temp_mature{i};temp_newcenter];
            temppop{i} = subpop_generate(temp_newcenter,SG,S1,S2,S3,Pn_train,Tn_train);
        end
    end
            % 计算成熟临时子群体的得分
    temp_score(i) = max(temppop{i}(:,end));
end
        % 绘图(临时子群体趋同过程)
figure
temp_x = 1:length(temp_mature{1}(:,end)) + 5;
temp_y = [temp_mature{1}(:,end);repmat(temp_mature{1}(end),5,1)];
plot(temp_x,temp_y,'b-o')
hold on
temp_x = 1:length(temp_mature{2}(:,end)) + 5;
temp_y = [temp_mature{2}(:,end);repmat(temp_mature{2}(end),5,1)];
plot(temp_x,temp_y,'r-^')
hold on
temp_x = 1:length(temp_mature{3}(:,end)) + 5;
temp_y = [temp_mature{3}(:,end);repmat(temp_mature{3}(end),5,1)];
plot(temp_x,temp_y,'k-s')
hold on
temp_x = 1:length(temp_mature{4}(:,end)) + 5;
temp_y = [temp_mature{4}(:,end);repmat(temp_mature{4}(end),5,1)];
plot(temp_x,temp_y,'g-d')
hold on
temp_x = 1:length(temp_mature{5}(:,end)) + 5;
temp_y = [temp_mature{5}(:,end);repmat(temp_mature{5}(end),5,1)];
plot(temp_x,temp_y,'m-*')
    legend('group 1','group 2','group 3','group 4','group 5')
xlim([1 30])
xlabel('Similartaxis Epochs')
ylabel('Score')
title('Similartaxis process of temporary group')

%% 异化操作
```

```
    [score_all,index] = sort([best_score temp_score],'descend');
        % 寻找临时子群体得分高于优胜子群体的编号
rep_temp = index(find(index(1:bestsize)>bestsize)) - bestsize;
        % 寻找优胜子群体得分低于临时子群体的编号
rep_best = index(find(index(bestsize+1:end)<bestsize+1) + bestsize);

        % 若满足替换条件
if ~isempty(rep_temp)
            % 得分高的临时子群体替换优胜子群体
for i = 1:length(rep_best)
bestpop{rep_best(i)} = temppop{rep_temp(i)};
end
            % 补充临时子群体,以保证临时子群体的个数不变
for i = 1:length(rep_temp)
temppop{rep_temp(i)} = initpop_generate(SG,S1,S2,S3,Pn_train,Tn_train);
end
    else
        break;
    end

        %% 输出当前迭代获得的最佳个体及其得分
        if index(1) < 6
best_individual = bestpop{index(1)}(1,:);
else
best_individual = temppop{index(1) - 5}(1,:);
end

        iter = iter - 1;

end
```

31.4.6 解码最优个体

整个思维进化算法满足迭代停止条件后,便可将寻找到的最优个体输出,并按照编码规则进行解码,产生 BP 神经网络的初始权值和阈值,具体程序如下:

```
%% 解码最优个体
x = best_individual;

% 前 S1*S2 个编码为 W1
temp = x(1:S1*S2);
W1 = reshape(temp,S2,S1);

% 接着的 S2*S3 个编码为 W2
temp = x(S1*S2+1:S1*S2+S2*S3);
W2 = reshape(temp,S3,S2);

% 接着的 S2 个编码为 B1
temp = x(S1*S2+S2*S3+1:S1*S2+S2*S3+S2);
B1 = reshape(temp,S2,1);
```

```
% 接着的 S3 个编码 B2
temp = x(S1 * S2 + S2 * S3 + S2 + 1:end - 1);
B2 = reshape(temp,S3,1);
```

31.4.7　创建/训练 BP 神经网络

与传统 BP 神经网络相同,利用 MATLAB 自带的神经网络工具箱函数,便可创建 BP 神经网络,然后对网络的训练参数进行设置,并将优化得到的初始权值和阈值赋值给网络,再利用训练集样本进行训练。具体程序如下:

```
%% 创建/训练 BP 神经网络
net_optimized = newff(Pn_train,Tn_train,S2);
% 设置训练参数
net_optimized.trainParam.epochs = 100;
net_optimized.trainParam.show = 10;
net_optimized.trainParam.goal = 1e-4;
net_optimized.trainParam.lr = 0.1;
% 设置网络初始权值和阈值
net_optimized.IW{1,1} = W1;
net_optimized.LW{2,1} = W2;
net_optimized.b{1} = B1;
net_optimized.b{2} = B2;
% 利用新的权值和阈值进行训练
net_optimized = train(net_optimized,Pn_train,Tn_train);
```

31.4.8　仿真测试

BP 神经网络训练完成后,便可以对测试集样本进行仿真预测,由于对样本进行了归一化处理,所以这里需要将预测结果进行反归一化,具体程序如下:

```
%% 仿真测试
Tn_sim_optimized = sim(net_optimized,Pn_test);
% 反归一化
T_sim_optimized = mapminmax('reverse',Tn_sim_optimized,outputps);
```

31.4.9　结果分析

为了方便读者比较思维进化算法优化的效果,这里与未经过优化的 BP 神经网络进行对比,具体程序如下:

```
%% 结果对比
result_optimized = [T_test' T_sim_optimized'];
% 均方误差
E_optimized = mse(T_sim_optimized - T_test)

%% 未优化的 BP 神经网络
net = newff(Pn_train,Tn_train,S2);
% 设置训练参数
net.trainParam.epochs = 100;
net.trainParam.show = 10;
```

```
net.trainParam.goal = 1e-4;
net.trainParam.lr = 0.1;
% 利用新的权值和阈值进行训练
net = train(net,Pn_train,Tn_train);

%% 仿真测试
Tn_sim = sim(net,Pn_test);
% 反归一化
T_sim = mapminmax('reverse',Tn_sim,outputps);

%% 结果对比
result = [T_test' T_sim'];
% 均方误差
E = mse(T_sim - T_test)
```

由于训练集和测试集是随机产生的,因此每次运行的结果都会有所不同。某次运行的结果如下:

```
E_optimized =
    0.0331
E =
    0.0503
```

从结果中不难发现,利用思维进化算法优化后的初始权值和阈值,BP 神经网络的泛化性能更高,测试集的预测误差更低($E\_optimized = 0.033\ 1 < E = 0.050\ 3$)。

与上述过程对应的初始优胜子种群和临时子种群的趋同过程,分别如图 31-3 和图 31-4 所示。分别观察,不难发现:

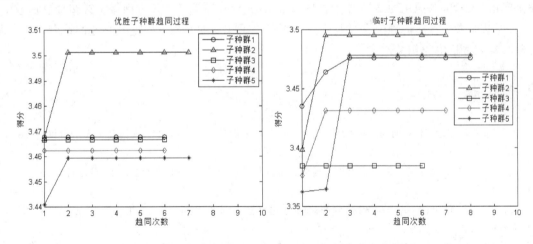

图 31-3　初始优胜子种群趋同过程　　　图 31-4　初始临时子种群趋同过程

① 经过若干次趋同操作,各个子种群均已成熟(得分不再增加);

② 允许存在这样一些子种群,如优胜子种群中的子种群 1、3、4 和临时子种群中的子种群 3,并没有执行趋同操作,因为在子种群中心周围,没有发现更好的个体。

对比图 31-3 和图 31-4,可以发现:待优胜子种群和临时子种群成熟后,临时子种群中存在一些子种群,其得分比优胜子种群中的一些子种群得分高,譬如,临时子种群中的子种群 1、2、5 与优胜子种群中的子种群 3、4、5,因此需要执行 3 次异化操作,同时需要补充 3 个新的子种群到临时子种群中。

31.5 案例扩展

31.5.1 得分函数的设计

得分函数,与遗传算法中的适应度函数概念一致,是评价个体性能的指标。本文选用的得分函数是训练集均方误差的倒数。为了方便读者学习,这里对得分函数的设计作简要讨论,当然,读者也可以自定义得分函数。

1. 回归拟合问题

对于回归拟合问题,一般的评价指标涵盖均方误差、误差平方和、决定系数和相对误差等。

2. 分类问题

对于分类问题,一般的评价指标涵盖整体正确率、正类正确率和负类正确率等。

3. 样本来源

从样本来源的角度来讲,一般有以下两个方案:
① 利用训练集的样本进行指标计算;
② 利用验证集的样本进行指标计算。

31.5.2 知识扩展

由于思维进化算法中的一些参数,比如种群规模、优胜子群体和临时子群体的个数,迭代进化停止条件等,对优化的结果均有影响,因此不少专家和学者在这方面做了许多卓有成效的研究,为思维进化算法的理论支撑及广泛应用奠定了扎实的基础。对此感兴趣的读者,可以深入学习参考文献中的相关论文。

参考文献

[1] 孙承意,谢克明,程明琦. 基于思维进化机器学习的框架及新进展[J]. 太原理工大学学报,1999,30(5):453-457.

[2] 王芳,刘军,谢克明. 利用子群体迁徙的思维进化算法设计[J]. 中北大学学报(自然科学版),2011,32(3):303-308.

[3] 谢克明,邱玉霞. 基于数列模型的思维进化算法收敛性分析[J]. 系统工程与电子技术,2007,29(2):308-311.

[4] 郭红戈,谢克明. 基于反思的思维进化算法[J]. 太原理工大学学报,2011,42(3):232-234.

[5] 何小娟,曾建潮,徐玉斌. 基于思维进化算法的神经网络权值与结构优化[J]. 计算机工程与科学,2004,26(5):38-42.

第32章 小波神经网络的时间序列预测
——短时交通流量预测

32.1 案例背景

32.1.1 小波理论

小波分析是针对傅里叶变换的不足发展而来的。傅里叶变换是信号处理领域中应用最广泛的一种分析手段,然而它有一个严重不足,就是变换时抛弃了时间信息,通过变换结果无法判断某个信号发生的时间,即傅里叶变换在时域中没有分辨能力。小波是一种长度有限、平均值为0的波形,它的特点包括:

① 时域都具有紧支集或近似紧支集;
② 直流分量为0。

小波函数是由一个母小波函数经过平移与尺寸伸缩得到,小波分析即把信号分解成一系列小波函数的叠加。

小波变换是指把某一基本小波函数$\psi(t)$平移τ后,再在不同尺度a下与待分析的信号$x(t)$做内积。

$$f_x(a,\tau) = \frac{1}{\sqrt{a}}\int_{-\infty}^{\infty} x(t)\psi\left(\frac{t-\tau}{a}\right)dt \quad a>0 \tag{32-1}$$

等效的时域表达式为

$$f_x(a,\tau) = \frac{1}{\sqrt{a}}\int_{-\infty}^{\infty} x(\omega)\psi(a\omega)e^{j\omega}dt \quad a>0 \tag{32-2}$$

式中,τ和a是里面的参数,τ相当于使镜头相对于目标平行移动,a相当于使镜头向目标推进或远离。

从式(32-1)与式(32-2)可以看出,小波分析能够通过小波基函数的变换分析信号的局部特征,并且在二维情况下具有信号方向选择性能力,因此,该方法作为一种数学理论和分析方法,引起了广泛关注。

32.1.2 小波神经网络

小波神经网络是一种以 BP 神经网络拓扑结构为基础,把小波基函数作为隐含层节点的传递函数,信号前向传播的同时误差反向传播的神经网络。小波神经网络的拓扑结构如图 32-1 所示。

图 32-1 中,$X_1, X_2, \cdots, X_k$是小波神经网络的输入参数,$Y_1, Y_2, \cdots, Y_m$是小波神经网络的预测输出,ω_{ij}和ω_{jk}为小波神经网络权值。

在输入信号序列为$x_i(i=1,2,\cdots,k)$时,隐含层输出计算公式为

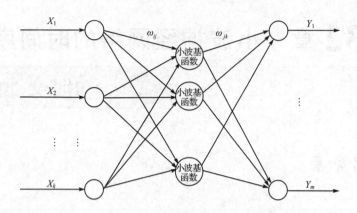

图 32-1 小波神经网络拓扑结构

$$h(j) = h_j\left(\frac{\sum_{i=1}^{k}\omega_{ij}x_i - b_j}{a_j}\right) \quad j = 1,2,\cdots,l \tag{32-3}$$

式中，$h(j)$ 为隐含层第 j 个节点输出值；ω_{ij} 为输入层和隐含层的连接权值；b_j 为小波基函数 h_j 的平移因子；a_j 为小波基函数 h_j 的伸缩因子；h_j 为小波基函数。

本案例采用的小波基函数为 Morlet 母小波基函数，数学公式为

$$y = \cos(1.75x)\mathrm{e}^{-x^2/2} \tag{32-4}$$

函数图形如图 32-2 所示。

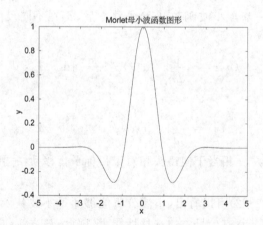

图 32-2 Morlet 母小波基函数

小波神经网络输出层计算公式为

$$y(k) = \sum_{i=1}^{l}\omega_{ik}h(i) \quad k = 1,2,\cdots,m \tag{32-5}$$

式中，ω_{ik} 为隐含层到输出层权值；$h(i)$ 为第 i 个隐含层节点的输出；l 为隐含层节点数；m 为输出层节点数。

小波神经网络权值参数修正算法类似于 BP 神经网络权值修正算法，采用梯度修正法修正网络的权值和小波基函数参数，从而使小波神经网络预测输出不断逼近期望输出。小波神经网络修正过程如下：

(1) 计算网络预测误差

$$e = \sum_{k=1}^{m} yn(k) - y(k) \quad (32-6)$$

式中，$yn(k)$ 为期望输出；$y(k)$ 为小波神经网络预测输出。

(2) 根据预测误差 e 修正小波神经网络权值和小波基函数系数

$$\omega_{n,k}^{(i+1)} = \omega_{n,k}^{i} + \Delta\omega_{n,k}^{(i+1)} \quad (32-7)$$

$$a_k^{(i+1)} = a_k^i + \Delta a_k^{(i+1)} \quad (32-8)$$

$$b_k^{(i+1)} = b_k^i + \Delta b_k^{(i+1)} \quad (32-9)$$

式中，$\Delta\omega_{n,k}^{(i+1)}$、$\Delta a_k^{(i+1)}$、$\Delta b_k^{(i+1)}$ 是根据网络预测误差计算得到：

$$\Delta\omega_{n,k}^{(i+1)} = -\eta \frac{\partial e}{\partial \omega_{n,k}^{(i)}} \quad (32-10)$$

$$\Delta a_k^{(i+1)} = -\eta \frac{\partial e}{\partial a_k^{(i)}} \quad (32-11)$$

$$\Delta b_k^{(i+1)} = -\eta \frac{\partial e}{\partial b_k^{(i)}} \quad (32-12)$$

式中，η 为学习速率。

小波神经网络算法训练步骤如下。

步骤1：网络初始化。随机初始化小波函数伸缩因子 a_k、平移因子 b_k 以及网络连接权重 ω_{ij}、ω_{jk}，设置网络学习速率 η。

步骤2：样本分类。把样本分为训练样本和测试样本，训练样本用于训练网络，测试样本用于测试网络预测精度。

步骤3：预测输出。把训练样本输入网络，计算网络预测输出并计算网络输出和期望输出的误差 e。

步骤4：权值修正。根据误差 e 修正网络权值和小波函数参数，使网络预测值逼近期望值。

步骤5：判断算法是否结束，若没有结束，返回步骤3。

32.1.3 交通流量预测

随着交通基础设置建设和智能运输系统的发展，交通规划和交通诱导已成为交通领域研究的热点。对于交通规划和交通诱导来说，准确的交通流量预测是其实现的前提和关键。交通流量预测根据时间跨度可以分为长期交通流量预测和短期交通流量预测；长期交通流量预测以小时、天、月甚至年为时间单位，是宏观意义上的预测；短时交通流量预测一般的时间跨度不超过15分钟，是微观意义上的预测。短时交通流量预测是智能运输系统的核心内容，智能运输系统中多个子系统的功能实现都以其为基础。短时交通流量预测具有高度非线性和不确定性等特点，并且同时间相关性较强，可以看成是时间序列预测问题，比较常用的方法包括多元线性回归预测、AR 模型预测、ARMA 模型预测、指数平滑预测等。

32.2 模型建立

研究表明，城市交通路网中交通路段上某时刻的交通流量与本路段前几个时段的交通流量有关,并且交通流量具有 24 小时内准周期的特性。根据交通流量的特性设计小波神经网络,该网络分为输入层、隐含层和输出层三层。其中,输入层输入为当前时间点的前 n 个时间点的交通流量;隐含层节点由小波函数构成;输出层输出当前时间点的预测交通流量。

首先采集 4 天的交通流量数据,每隔 15 分钟记录一次该段时间内的交通流量,一共记录 384 个时间点的数据,用 3 天共 288 个交通流量的数据训练小波神经网络,最后用训练好的小波神经网络预测第 4 天的交通流量。基于小波神经网络的短时交通流量预测算法流程如图 32-3 所示。

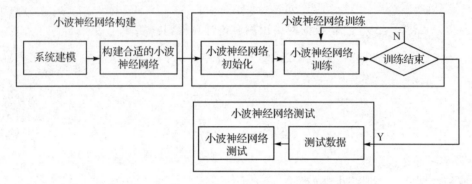

图 32-3 小波神经网络算法流程

小波神经网络的构建确定小波神经网络结构。本案例采用的小波神经网络结构为 4—6—1:输入层有 4 个节点,表示预测时间节点前 4 个时间点的交通流量;隐含层有 6 个节点;输出层有 1 个节点,为网络预测的交通流量。网络权值和小波基函数在参数初始化时随机得到。

小波神经网络训练:用训练数据训练小波神经网络,网络反复训练 100 次。

小波神经网络测试:用训练好的小波神经网络预测短时交通流量,并对预测结果进行分析。

32.3 编程实现

根据小波神经网络原理在 MATLAB 环境中编程实现基于小波神经网络的短时交通流量预测。

32.3.1 小波神经网络初始化

从数据库中下载训练数据和预测数据,初始化小波神经网络结构、权值和小波函数参数,并对训练数据进行归一化处理。其中,input、output 分别为训练输入和输出数据,input_test、output_test 分别为预测输入和输出数据。

```
% 从数据库中下载数据
load traffic_flux input output input_test output_test

% 网络结构初始化
M = 4;
N = 1;
n = 6;
```

```matlab
% 权值和参数学习率
lr1 = 0.01;
lr2 = 0.001;
maxgen = 100;   % 网络迭代学习次数

% 网络权值初始化
Wjk = randn(n,M);
Wij = randn(N,n);
a = randn(1,n);
b = randn(1,n);

% 权值学习增量初始化
d_Wjk = zeros(n,M);
d_Wij = zeros(N,n);
d_a = zeros(1,n);
d_b = zeros(1,n);

% 训练数据归一化
[inputn,inputps] = mapminmax(input');
[outputn,outputps] = mapminmax(output');
inputn = inputn';
outputn = outputn';
```

32.3.2 小波神经网络训练

用训练数据训练小波神经网络,使小波神经网络具有短时交通流量预测能力。

```matlab
% 网络训练
for i = 1:maxgen

    error(i) = 0;   % 记录每次误差
    % 网络训练
    for kk = 1:size(input,1)
        % 提取输入输出数据
        x = inputn(kk,:);
        yqw = outputn(kk,:);

        % 网络预测输出
        for j = 1:n
            for k = 1:M
                net(j) = net(j) + Wjk(j,k) * x(k);
                net_ab(j) = (net(j) - b(j))/a(j);
            end
            temp = mymorlet(net_ab(j));
            for k = 1:N
                y(k) = y(k) + Wij(k,j) * temp;
            end
        end

        % 误差累积
```

```matlab
            error(i) = error(i) + sum(abs(yqw - y));
            
            %权值修正
            for j = 1:n
                %计算 d_Wij(Wij 修正值)
                temp = mymorlet(net_ab(j));
                for k = 1:N
                    d_Wij(k,j) = d_Wij(k,j) - (yqw(k) - y(k)) * temp;
                end
                
                %计算 d_Wjk(Wjk 修正值)
                temp = d_mymorlet(net_ab(j));
                for k = 1:M
                    for l = 1:N
                        d_Wjk(j,k) = d_Wjk(j,k) + (yqw(l) - y(l)) * Wij(l,j);
                    end
                    d_Wjk(j,k) = - d_Wjk(j,k) * temp * x(k)/a(j);
                end
                
                %计算 d_b(b 修正值)
                for k = 1:N
                    d_b(j) = d_b(j) + (yqw(k) - y(k)) * Wij(k,j);
                end
                d_b(j) = d_b(j) * temp/a(j);
                
                %计算 d_a(a 修正值)
                for k = 1:N
                    d_a(j) = d_a(j) + (yqw(k) - y(k)) * Wij(k,j);
                end
                d_a(j) = d_a(j) * temp * ((net(j) - b(j))/b(j))/a(j);
            end
            
            %权值参数更新
            Wij = Wij - lr1 * d_Wij;
            Wjk = Wjk - lr1 * d_Wjk;
            b = b - lr2 * d_b;
            a = a - lr2 * d_a;
            
            d_Wjk = zeros(n,M);
            d_Wij = zeros(N,n);
            d_a = zeros(1,n);
            d_b = zeros(1,n);
            
            y = zeros(1,N);
            net = zeros(1,n);
            net_ab = zeros(1,n);
        end
    end
```

其中,程序中包含的小波函数 mymorlet 及小波函数偏导数 d_mymorlet 的形式如下:

第32章 小波神经网络的时间序列预测——短时交通流量预测

```
function y = mymorlet(t)
% 该函数计算小波函数输出
% t              input           输入变量
% y              output          输出变量

y = exp(-(t.^2)/2) * cos(1.75 * t);
function y = d_mymorlet(t)
% 该函数用于计算小波函数偏导数输出
% t              input           输入变量
% y              output          输出变量

y = -1.75 * sin(1.75 * t). * exp(-(t.^2)/2) - t * cos(1.75 * t). * exp(-(t.^2)/2);
```

32.3.3 小波神经网络预测

用训练好的小波神经网络预测短时交通流量,并以图形的形式表示小波神经网络预测结果。

```
% 预测输入归一化
x = mapminmax('apply',input_test',inputps);
x = x';

% 网络预测
for i = 1:92
    x_test = x(i,:);

    for j = 1:1:n
        for k = 1:1:M
            net(j) = net(j) + Wjk(j,k) * x_test(k);
            net_ab(j) = (net(j) - b(j))/a(j);
        end
        temp = mymorlet(net_ab(j));
        for k = 1:N
            y(k) = y(k) + Wij(k,j) * temp ;
        end
    end

    yuce(i) = y(k);              % 预测结果记录
    y = zeros(1,N);              % 输出节点初始化
    net = zeros(1,n);            % 隐含节点初始化
    net_ab = zeros(1,n);         % 隐含节点初始化
end

% 网络预测反归一化
ynn = mapminmax('reverse',yuce,outputps);

figure(1)
plot(ynn,'r:')
hold on
plot(output_test,'b - -')
title('预测交通流量','fontsize',12)
```

```
legend('预测交通流量','实际交通流量')
xlabel('时间点')
ylabel('交通流量')
```

32.3.4 结果分析

小波神经网络用训练数据进化100次,训练过程中神经网络预测误差变化趋势如图32-4所示。

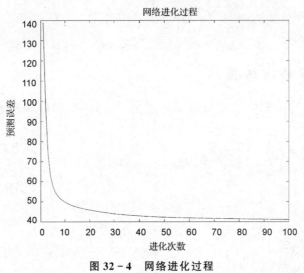

图 32-4 网络进化过程

用训练好的小波神经网络预测短时交通流量,预测结果与实际交通流量的比较如图32-5所示。

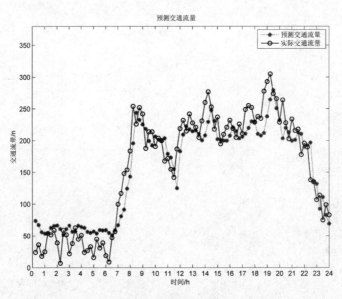

图 32-5 小波神经网络预测与实际情况的比较

从预测结果可以看出,小波神经网络能够比较精确地预测短时交通流量,网络预测值接近期望值。

32.4 案例扩展

小波神经网络的权值和参数修正采用梯度学习算法，进化缓慢并且容易陷入最小，可以采用增加动量项的方法提高网络学习效率，增加动量项的权值和参数修正公式为

$$\omega_{n,k}(i+1) = \omega_{n,k}^{(i)}(i) + \Delta\omega_{n,k}(i+1) + k*(\omega_{n,k}(i) - \omega_{n,k}(i-1)) \quad (32-13)$$

$$a_k(i+1) = a_k(i) + \Delta a_k(i+1) + k*(a_k(i) - a_k(i-1)) \quad (32-14)$$

$$b_k(i+1) = b_k(i) + \Delta b_k(i+1) + k*(b_k(i) - b_k(i-1)) \quad (32-15)$$

式中，k 为动量项学习速率。增加动量项的权值学习程序如下：

```
Wij = Wij - lr1 * d_Wij + k * (Wij_1 - Wij_2);
Wjk = Wjk - lr1 * d_Wjk + k * (Wjk_1 - Wjk_2);
b = b - lr2 * d_b + k * (b_1 - b_2);
a = a - lr2 * d_a + k * (a_1 - a_2);
```

参考文献

[1] 仲京臣. 基于小波神经网络的故障诊断研究[D]. 青岛：中国海洋大学，2004.

[2] 张正刚. 基于小波神经网络的故障诊断方法研究[D]. 大庆：大庆石油学院，2005.

[3] 葛文谦. 小波神经网络在旋转机械故障诊断中的应用[D]. 秦皇岛：燕山大学，2005.

[4] 周小勇，叶银忠. 小波分析在故障诊断中的应用[J]. 控制工程，2006，13(1)：70-73.

[5] 陈哲. 一种基于BP算法学习的小波神经网络[J]. 青岛海洋大学学报，2001，31(1)：122-128.

[6] 刘霞. 复杂非线性系统的小波神经网络建模及应用[D]. 大庆：大庆石油学院，2005.

[7] 张国彬. 小波神经网络算法的改进与应用[D]. 福州：福州大学，2005.

[8] 孟维伟. 基于神经网络的交通量预测技术研究[D]. 南京：南京理工大学，2006.

[9] 朱文兴，龙艳萍，贾磊. 基于RBF神经网络的交通流量预测算法[J]. 山东大学学报，2007，37(4)：24-27.

第 33 章 模糊神经网络的预测算法
——嘉陵江水质评价

33.1 案例背景

33.1.1 模糊数学简介

模糊数学是用来描述、研究和处理事物所具有的模糊特征的数学,"模糊"是指它的研究对象,而"数学"是指它的研究方法。

模糊数学中最基本的概念是隶属度和模糊隶属度函数。其中,隶属度是指元素 u 属于模糊子集 f 的隶属程度,用 $\mu_f(u)$ 表示,它是一个在 $[0,1]$ 之间的数。$\mu_f(u)$ 越接近于 0,表示 u 属于模糊子集 f 的程度越小;越靠近 1,表示 u 属于 f 的程度越大。

模糊隶属度函数是用于定量计算元素隶属度的函数,模糊隶属度函数一般包括三角函数、梯形函数和正态函数等。

33.1.2 T-S 模糊模型

T-S 模糊系统是一种自适应能力很强的模糊系统,该模型不仅能自动更新,而且能不断修正模糊子集的隶属函数。T-S 模糊系统用如下的"if-then"规则形式来定义,在规则为 R^i 的情况下,模糊推理如下:

$$R^i: \text{If}\quad x_1 \text{ is } A_1^i, x_2 \text{ is } A_2^i, \cdots, x_k \text{ is } A_k^i \text{ then } y_i = p_0^i + p_1^i x_1 + \cdots + p_k^i x_k$$

其中,A_j^i 为模糊系统的模糊集;$p_j^i(j=1,2,\cdots,k)$ 为模糊系统参数;y_i 为根据模糊规则得到的输出,输入部分(即 if 部分)是模糊的,输出部分(即 then 部分)是确定的,该模糊推理表示输出为输入的线性组合。

假设对于输入量 $x=[x_1, x_2, \cdots, x_k]$,首先根据模糊规则计算各输入变量 x_j 的隶属度:

$$\mu_{A_j^i} = \exp(-(x_j - c_j^i)^2 / b_j^i) \quad j = 1, 2, \cdots, k; i = 1, 2, \cdots, n \tag{33-1}$$

式中,c_j^i, b_j^i 分别为隶属度函数的中心和宽度;k 为输入参数数;n 为模糊子集数。

将各隶属度进行模糊计算,采用模糊算子为连乘算子:

$$\omega^i = u_{A_j^1}(x_1) * u_{A_j^2}(x_2) * \cdots * u_{A_j^k}(x_k) \quad i = 1, 2, \cdots, n \tag{33-2}$$

根据模糊计算结果计算模糊模型的输出值 y_i:

$$y_i = \sum_{i=1}^{n} \omega^i (p_0^i + p_1^i x_1 + \cdots + p_k^i x_k) / \sum_{i=1}^{n} \omega^i \tag{33-3}$$

33.1.3 T-S 模糊神经网络

T-S 模糊神经网络分为输入层、模糊化层、模糊规则计算层和输出层四层。输入层与输入向量 x_i 连接,节点数与输入向量的维数相同。模糊化层采用隶属度函数(33-1)对输入值进行模糊化得到模糊隶属度值 μ。模糊规则计算层采用模糊连乘公式(33-2)计算得到 ω。输出层采用公式(33-3)计算模糊神经网络的输出。

模糊神经网络的学习算法如下。

(1) 误差计算

$$e = \frac{1}{2}(y_d - y_c)^2 \qquad (33-4)$$

式中，y_d 是网络期望输出；y_c 是网络实际输出；e 为期望输出和实际输出的误差。

(2) 系数修正

$$p_j^i(k) = p_j^i(k-1) - \alpha \frac{\partial e}{\partial p_j^i} \qquad (33-5)$$

$$\frac{\partial e}{\partial p_j^i} = (y_d - y_c)\omega^i / \sum_{i=1}^{m} \omega^i \cdot x_j \qquad (33-6)$$

式中，p_j^i 为神经网络系数；α 为网络学习率；x_j 为网络输入参数；ω^i 为输入参数隶属度连乘积。

(3) 参数修正

$$c_j^i(k) = c_j^i(k-1) - \beta \frac{\partial e}{\partial c_j^i} \qquad (33-7)$$

$$b_j^i(k) = b_j^i(k-1) - \beta \frac{\partial e}{\partial b_j^i} \qquad (33-8)$$

式中，c_j^i、b_j^i 分别为隶属度函数的中心和宽度。

33.1.4　嘉陵江水质评价

水质评价是根据水质评价标准和采样水样本各项指标值，通过一定的数学模型计算确定采样水样本的水质等级。水质评价的目的是能够判断出采样水样本的污染等级，为污染防治和水源保护提供依据。

水体水质的分析指标有很多项，主要包括氨氮、溶解氧、化学需氧量、高锰酸盐指数、总磷和总氮六项指标。其中，氨氮是有机物有氧分解的产物，可导致水富营养化现象产生，是水体富营养化的指标。化学需氧量是采用强氧化剂铬酸钾处理水样，消耗的氧化剂量是水中还原性物质多少的指标。高锰酸钾指数同化学需氧量相似，也是反映有机污染的综合指标。溶解氧是溶解在水中的氧，是反映水体自净能力的指标。总磷是水体中磷的浓度含量，是衡量水体富营养化的指标。总氮是水体中氮的含量，也是衡量水体富营养化的指标。各项指标数值对应水质等级如表33-1(地表水环境质量标准)所列。

表33-1　地表水环境质量标准

分　类	Ⅰ类	Ⅱ类	Ⅲ类	Ⅳ类	Ⅴ类
氨氮/(mg·L^{-1})≤	0.15	0.50	1.0	1.5	2.0
溶解氧/(mg·L^{-1})≥	7.5	6.0	5.0	3.0	2.0
化学需氧量/(mg·L^{-1})≤	15	15	20	30	40
高锰酸盐指数/(mg·L^{-1})≤	2.0	4.0	6.0	10	15
总磷/(mg·L^{-1})≤	0.02	0.10	0.20	0.30	0.40
总氮/(mg·L^{-1})≤	0.20	0.50	1.0	1.5	2.0

采取嘉陵江水体样本对嘉陵江水质进行评价,采样取水口为重庆市嘉陵江上游红工水厂、中游高家花园水厂和下游大溪沟水厂,采样时间为 2003—2008 年,采样频率为每季度一次。采样水体各项指标变化趋势如图 33-1～图 33-6 所示。

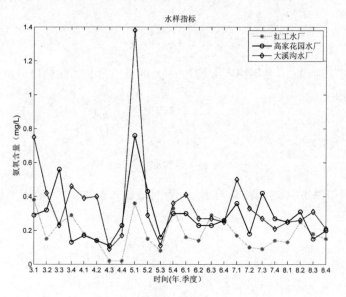

图 33-1 氨氧含量

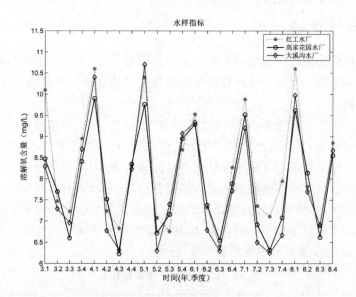

图 33-2 溶解氧含量

从图中可以看出,从 2003 年开始,嘉陵江上游、中游、下游各项水质分析指标有所好转,水污染情况得到改善。总体来说,上游红工水厂采样水质优于中游高家花园水厂采样水质,中游高家花园水厂采样水质优于下游大溪沟水厂采样水质。

第33章 模糊神经网络的预测算法——嘉陵江水质评价

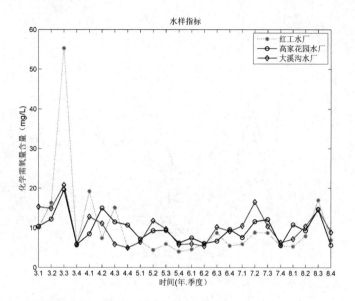

图 33-3 化学需氧量含量

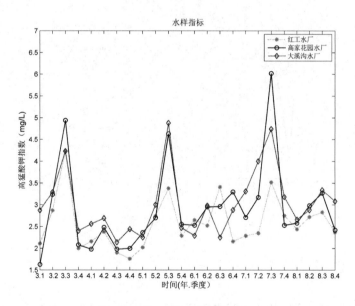

图 33-4 高锰酸钾指数

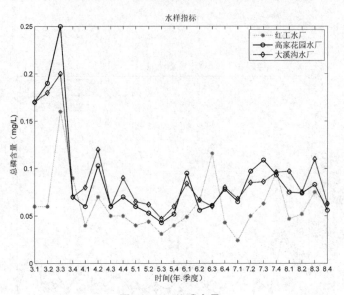

图 33-5 总磷含量

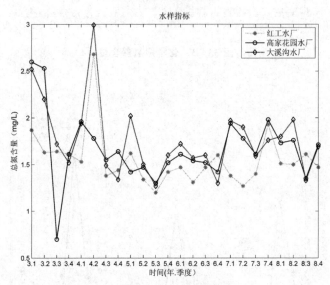

图 33-6 总氮含量

33.2 模型建立

基于 T-S 模糊神经网络的嘉陵江水质评价算法流程如图 33-7 所示。其中,模糊神经网络根据训练样本的输入、输出维数确定网络的输入和输出节点数,由于输入数据维数为 6,输出数据维数为 1,所以确定网络的输入节点个数为 6,输出节点个数为 1,根据网络输入输出节点个数,人为确定隶属度函数个数为 12,因此构建的网络结构为 6—12—1,随机初始化模糊隶属度函数中心 c,宽度 b 和系数 $p_0 \sim p_6$。

模糊神经网络训练用训练数据训练模糊神经网络,由于水质评价真实数据比较难找,所以采用了等隔均匀分布方式内插水质指标标准数据生成样本的方式来生成训练样本,采用的水

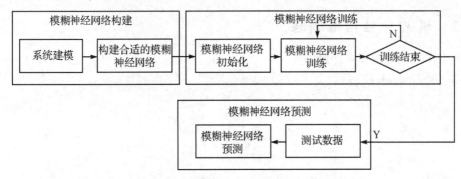

图 33-7 模糊神经网络水质评价算法流程

质指标标准数据来自表 33-1，网络反复训练 100 次。

模糊神经网络预测用训练好的模糊神经网络评价嘉陵江采样水水质等级。

33.3 编程实现

根据模糊神经网络原理，在 MATLAB 中编程实现基于模糊神经网络的水质评价算法。

33.3.1 网络初始化

根据训练输入/输出数据维数确定网络结构，初始化模糊神经网络隶属度函数参数和系数，归一化训练数据。从数据库文件 data1.mat 中下载训练数据，其中 input_train 和 output_train 为模糊神经网络训练数据，input_test 和 output_test 为模糊神经网络测试数据。

```
%下载数据
load data1 input_train output_train input_test output_test

%网络结构
I = 6;                    %输入节点
M = 12;                   %隐含节点
O = 1;                    %输出节点

maxgen = 100;             %迭代次数

%初始化模糊神经网络参数
p0 = 0.3 * ones(M,1);p0_1 = p0;p0_2 = p0_1;
p1 = 0.3 * ones(M,1);p1_1 = p1;p1_2 = p1_1;
p2 = 0.3 * ones(M,1);p2_1 = p2;p2_2 = p2_1;
p3 = 0.3 * ones(M,1);p3_1 = p3;p3_2 = p3_1;
p4 = 0.3 * ones(M,1);p4_1 = p4;p4_2 = p4_1;
p5 = 0.3 * ones(M,1);p5_1 = p5;p5_2 = p5_1;
p6 = 0.3 * ones(M,1);p6_1 = p6;p6_2 = p6_1;
%初始化模糊隶属度参数
c = 1 + rands(M,I);c_1 = c;c_2 = c_1;
b = 1 + rands(M,I);b_1 = b;b_2 = b_1;

%训练数据归一化
[inputn,inputps] = mapminmax(input_train);
[outputn,outputps] = mapminmax(output_train);
```

33.3.2 模糊神经网络训练

用训练样本训练模糊神经网络：

```
[n,m] = size(input_train);

% 开始迭代
for ii = 1:maxgen              % maxgen 最大迭代次数
    for k = 1:m                % m 样本个数
        % 提取训练样本
        x = inputn(:,k);

        % 输入参数模糊化
        for i = 1:I
            for j = 1:M
                u(i,j) = exp( - (x(i) - c(j,i))^2/b(j,i));
            end
        end

        % 模糊隶属度计算
        for i = 1:M
            w(i) = u(1,i) * u(2,i) * u(3,i) * u(4,i) * u(5,i) * u(6,i);
        end
        addw = sum(w);

        % 输出计算
        for i = 1:M
            yi(i) = p0_1(i) + p1_1(i) * x(1) + p2_1(i) * x(2) + p3_1(i) * x(3) + p4_1(i) * x(4) + p5_1(i) * x(5) + p6_1(i) * x(6);
        end
        addyw = 0;
        addyw = yi * w';
        yn(k) = addyw/addw;
        e(k) = outputn(k) - yn(k);

        % 系数 p 修正值计算
        d_p = zeros(M,1);
        for i = 1:M
            d_p(i) = xite * e(k) * w(i)/addw;
        end

        % b 的修正值计算
        d_b = 0 * b_1;
        for i = 1:M
            for j = 1:I
                d_b(i,j) = xite * e(k) * (yi(i) * addw - addyw) * (x(j) - c(i,j))^2 * w(i)/(b(i,j)^2 * addw^2);
            end
        end

        % c 的修正值计算
```

```
    for i = 1:M
        for j = 1:I
            d_c(i,j) = xite * e(k) * (yi(i) * addw - addyw) * 2 * (x(j) - c(i,j)) * w(i)/(b(i,j) * addw^2);
        end
    end

    % 系数修正
    p0 = p0_1 + d_p;
    p1 = p1_1 + d_p * x(1);
    p2 = p2_1 + d_p * x(2);
    p3 = p3_1 + d_p * x(3);
    p4 = p4_1 + d_p * x(4);
    p5 = p5_1 + d_p * x(5);
    p6 = p6_1 + d_p * x(6);

    % 隶属度参数修正
    b = b_1 + d_b;
    c = c_1 + d_c;
end
end
```

33.3.3 模糊神经网络水质评价

用训练好的模糊神经网络评价嘉陵江水质，各采样口水样指标值存储在 data2.mat 文件中，根据网络预测值得到水质等级指标。预测值小于 1.5 时水质等级为 1 级，预测值在 1.5～2.5 时水质等级为 2 级，预测值在 2.5～3.5 时水质等级为 3 级，预测值在 3.5～4.5 时水质等级为 4 级，预测值大于 4.5 时水质等级为 5 级。

```
% 下载数据,hgsc 为红工水厂水质指标,gjhy 为高家花园水质指标,dxg 为大溪沟水质指标
load data2 hgsc gjhy dxg
% ---------------------红工水厂水样指标评价---------------------
zssz = hgsc;

% 输入数据归一化
inputn_test = mapminmax('apply',zssz,inputps);
[n,m] = size(zssz);

% 网络预测
for k = 1:1:m
    x = inputn_test(:,k);

    % 输入参数模糊化
    for i = 1:I
        for j = 1:M
            u(i,j) = exp(-(x(i) - c(j,i))^2/b(j,i));
        end
    end

    for i = 1:M
```

```
            w(i) = u(1,i) * u(2,i) * u(3,i) * u(4,i) * u(5,i) * u(6,i);
        end

        addw = 0;

        for i = 1:M
            addw = addw + w(i);
        end

        % 计算输出
        for i = 1:M
            yi(i) = p0_1(i) + p1_1(i) * x(1) + p2_1(i) * x(2) + p3_1(i) * x(3) + p4_1(i) * x(4) + p5_1(i) * x(5) + p6_1(i) * x(6);
        end

        addyw = 0;
        for i = 1:M
            addyw = addyw + yi(i) * w(i);
        end

        % 网络预测值
        szzb(k) = addyw/addw;
end
% 预测值反归一化
szzbz1 = mapminmax('reverse',szzb,outputps);

% 根据预测值确定水质等级
for i = 1:m
    if szzbz1(i)<=1.5
        szpj1(i) = 1;
    elseif szzbz1(i)>1.5&&szzbz1(i)<=2.5
        szpj1(i) = 2;
    elseif szzbz1(i)>2.5&&szzbz1(i)<=3.5
        szpj1(i) = 3;
    elseif szzbz1(i)>3.5&&szzbz1(i)<=4.5
        szpj1(i) = 4;
    else
        szpj1(i) = 5;
    end
end
```

33.3.4 结果分析

用训练好的模糊神经网络评价嘉陵江各取水口2003—2008年每季度采样水水质等级,网络评价结果如图33-8所示。各取水口水样评价等级如表33-2所列。

从水质评价等级可以看出嘉陵江上、中、下游三个取水口水样水质在2003—2004年间有一定改善,近几年变化不大,基本维持在2、3级左右。总体来说,上游水质评价结果优于下游水质评价结果,网络评价水质等级变化趋势同真实指标数据变化趋势相符,说明了模糊神经网络评价的有效性。

表 33-2 水样评价等级

时间	2003.1	2003.2	2003.3	2003.4	2004.1	2004.2	2004.3	2004.4	2005.1	2005.2	2005.3	2005.4
红工水厂	3	3	5	3	4	3	2	2	3	2	2	3
高家花园水厂	4	4	3	3	3	3	2	3	3	2	2	3
大溪沟水厂	4	4	3	4	3	2	2	4	2	2	3	
时间	2006.1	2006.2	2006.3	2006.4	2007.1	2007.2	2007.3	2007.4	2008.1	2008.2	2008.3	2008.4
红工水厂	3	2	2	3	3	3	2	3	3	2	2	3
高家花园水厂	3	2	2	3	3	3	3	3	3	2	3	
大溪沟水厂	3	2	2	2	3	2	2	3	3	3	3	

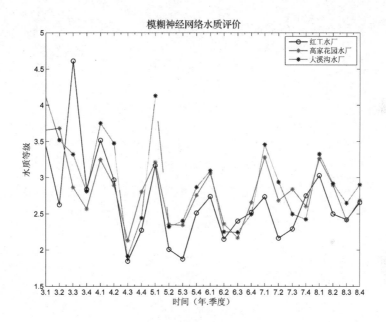

图 33-8 模糊神经网络水质评价

33.4 案例扩展

模糊神经网络是按照模糊系统原理建立的,网络中各个节点及其参数均有一定的物理含义,在网络初始化的时候,这些参数的初始值可以根据系统的模糊或定性的知识来确定,这样网络能够很快收敛。在本案例中,由于训练数据由《地表水评价标准》均匀线性内插得到,并且根据表达式可以看到,输入数据对网络输出的影响都是相同的,所以系数 P 的初始值都相同,隶属度函数 b、c 随机初始化得到。

参考文献

[1] 杜刚. 改进的 BP 神经网络在地下水质评价中的应用[D]. 上海:上海师范大学,2007.

[2] 邹美玲.基于人工神经网络的济南市北沙河水环境综合整治研究[D].济南:山东师范大学,2008.
[3] 张伟.基于人工神经网络吉林市地下水水质现状评价及预测研究[D].长春:吉林大学,2007.
[4] 杜伟.基于神经网络的水质评价与预测的探索[D].天津:天津大学,2007.
[5] 王海霞.模糊神经网络在水质评价中的作用[D].重庆:重庆大学,2002.
[6] 宋国浩.人工神经网络在水质模拟与水质评价中的应用研究[D].重庆:重庆大学,2002.
[7] 周忠寿.基于T-S模型的模糊神经网络在水质评价中的应用[D].南京:河海大学,2007.

第 34 章 广义神经网络的聚类算法
——网络入侵聚类

34.1 案例背景

34.1.1 FCM 聚类算法

聚类方法是数据挖掘中经常使用的方法,它将物理的或抽象的对象分为几个种群,每个种群内部个体间具有较高的相似性,不同群体内部间个体相似性较低。模糊 c 均值聚类算法(Fuzzy C-Mean,FCM)是用隶属度确定每个元素属于某个类别程度的一种聚类算法,FCM 算法把 n 个数据向量 $\boldsymbol{x}_k$ 分为 c 个模糊类,并求每类的聚类中心,从而使模糊目标函数最小,模糊聚类目标函数为

$$J = \sum_{i=1}^{n}\sum_{j=1}^{c}(u_{ij})^m \| x_i - v_j \| \tag{34-1}$$

式中,u_{ij} 为个体 x_i 属于第 j 类的模糊隶属度;m 为模糊权重指数;v_j 为第 j 类的聚类中心;u_{ij} 和 v_j 的计算公式为

$$u_{ij} = \begin{cases} \left[\sum_{k=1}^{c} \frac{\| x_i - v_j \|^{\frac{2}{m-1}}}{\| x_i - v_k \|^{\frac{2}{m-1}}}\right]^{-1} & \| x_i - v_k \| \neq 0 \\ 1 & \| x_i - v_k \| = 0 \text{ 且 } k = j \\ 0 & \| x_i - v_k \| = 0 \text{ 且 } k \neq j \end{cases} \tag{34-2}$$

$$v_j = \frac{\sum_{i=1}^{n} u_{ij}^m x_i}{\sum_{i=1}^{n} u_{ij}^m} \tag{34-3}$$

FCM 聚类算法迭代过程如下:
步骤 1:给定类别数 c,模糊权重指数 m。
步骤 2:初始聚类中心 v。
步骤 3:根据式(34-2)计算模糊隶属度矩阵 $\boldsymbol{u}$。
步骤 4:根据式(34-3)计算每类中心 v。
步骤 5:根据式(34-1)计算模糊聚类目标值,判断是否满足结束条件,满足则算法终止,否则返回步骤步骤 3。

FCM 算法最终得到了模糊隶属度矩阵 $\boldsymbol{u}$,个体根据隶属度矩阵每列最大元素位置判断个体所属类别。

34.1.2 广义神经网络

广义回归神经网络是径向基函数神经网络的一个分支,是一种基于非线性回归理论的前

馈式神经网络,广义神经网络的详细介绍参见第 8 章。

34.1.3 网络入侵检测

网络入侵是指试图破坏计算机和网络系统资源完整性、机密性或可用性的行为。其中,完整性是指数据未经授权不能改变的特性;机密性是指信息不泄露给非授权用户、实体或过程,或供其利用的特性;可用性是可被授权实体访问并按要求使用的特性。入侵检测是通过计算机网络或计算机系统中的若干关键点搜集信息并对其进行分析,从中发现网络或系统中是否有违反安全策略的行为或入侵现象。

常规的入侵检测方法可以按检测对象、检测方法和实时性等方面进行分类。其中,按检测对象可以分为基于主机的入侵检测系统、基于网络的入侵检测系统和混合型入侵检测系统;按检测方法可以分为误用检测和异常检测;按定时性可以分为定时系统和实时系统。近年来,研究人员又提出了一些新的入侵检测方法,比如基于归纳学习的入侵检测方法、基于数据挖掘的入侵检测方法、基于神经网络的入侵检测方法、基于免疫机理的入侵检测方法和基于代理的入侵检测方法等。其中,基于数据挖掘的入侵检测方法是采用数据挖掘中的关联分析、序列模式分析、分类分析或聚类分析来处理数据,从中抽取大量隐藏安全信息,抽象出用于判断和比较的模型,然后利用模式识别入侵行为。

34.2 模型建立

模糊聚类虽然能够对数据聚类挖掘,但是由于网络入侵特征数据维数较多,不同入侵类别间的数据差别较小,不少入侵模式不能被准确分类。本案例采用结合模糊聚类和广义神经网络回归的聚类算法对入侵数据进行分类,算法的流程如图 34-1 所示。

图 34-1 算法流程

算法流程中各个模块的作用如下:

模糊聚类模块用模糊聚类算法把入侵数据分为 n 类,并得到每类的聚类中心和个体模糊隶属度矩阵 u。

网络训练初始数据选择模块根据模糊聚类的结果选择最靠近每类中心的样本作为广义神经网络聚类训练样本。首先求每类的类内均值 $mean_i (i=1,2,\cdots,n)$,然后求解每类中所有样本 X 到中心值 $mean_i (i=1,2,\cdots,n)$ 的距离矩阵 $ecent_i (i=1,2,\cdots,n)$,从距离矩阵 $ecent_i (i=1,2,\cdots,n)$ 中选择距离最小的 m 个样本作为一组,设定其对应的网络输出为 i。这样就得到了 $n \times m$ 组训练数据,其输入数据为网络入侵特征数据,输出数据为该入侵行为所属入侵类别。

广义神经网络训练模块用训练数据训练广义神经网络。

广义神经网络预测模块用训练好的网络预测所有输入样本数据 X 的输出序列 Y。

网络训练数据选择模块根据预测输出把入侵数据重新分为 n 类,并从中找出最靠近每类中心值的样本作为训练样本。首先按照网络预测输出序列 Y 把样本数据 X 分为 n 类,然后求出每类内所有样本平均值 $\text{mean}_i(i=1,2,\cdots,n)$,求解出所有样本 X 到中心值 $\text{mean}_i(i=1,2,\cdots,n)$ 的距离矩阵 $\text{ecent}_i(i=1,2,\cdots,n)$,从距离矩阵 $\text{ecent}_i(i=1,2,\cdots,n)$ 选择距离最小的 m 个样本作为一组,设定其对应的网络输出为 i。这样再次得到了 $n \times m$ 组网络训练数据,其输入数据为网络入侵提取数据,输出数据为该个体所属入侵类别。

本案例的数据来自5种网络入侵数据,算法的目的是能够对这5种入侵数据进行有效聚类。

34.3 编程实现

根据 FCM 聚类算法和广义神经网络原理,在 MATLAB 中编程实现基于神经网络的聚类算法,用神经网络对5种网络入侵数据进行聚类,以达到分类5种网络入侵数据的目的。

34.3.1 MATLAB 函数介绍

本案例中使用了模糊聚类函数 fcm()、广义神经网络训练函数 newgrnn() 和预测函数 sim(),这3个函数的介绍如下。

1. fcm:模糊聚类函数

函数功能:对数据进行模糊聚类。

函数形式:[CENTER, U, OBJ_FCN] = fcm(DATA, N_CLUSTER)

其中,DATA 指待聚类数据;N_CLUSTER 指聚类类别数目;CENTER 指聚类中心;U 指样本隶属度矩阵;OBJ_FCN 指聚类目标函数值。

2. newgrnn:广义神经网络训练函数

函数功能:用训练数据训练广义神经网络。

函数形式:net = newgrnn(P,T,SPREAD)

其中,P 指训练输入数据;T 指训练输出数据;SPREAD 指网络节点密度;net 指训练好的广义神经网络。

3. sim:广义神经网络预测函数

函数功能:用训练好的广义神经网络预测输出。

函数形式:Y = sim(net,P)

其中,net 指训练好的网络;P 指网络输入;Y 指预测输出。

34.3.2 模糊聚类

用 MATLAB 中 FCM 函数聚类网络入侵数据,由于有5类入侵模式,所以把数据分为5类。入侵数据和入侵类别都存储在 netattack.mat 文件中,其中,入侵数据在1~38列,入侵类别在第39列。

```
% 数据下载
load netattack;

P1 = netattack;
T1 = P1(:,39)';              % 入侵模式类别
```

```
P1(:,39) = [];                    % 删除类别列

% 入侵数据维数
[R1,C1] = size(P1);
csum = 20;                        % 每类提取数据多少

% 模糊聚类
data = P1;

% data 为待聚类数据,center 为聚类中心,U 为模糊隶属度,obj_fcn 为模糊聚类目标
[center,U,obj_fcn] = fcm(data,5);

% 利用聚类结果对数据分类
for i = 1:R1
    [value,idx] = max(U(:,i));
    a1(i) = idx;
end

% 模糊聚类结果统计
Confusion_Matrix_FCM = zeros(6,6);
Confusion_Matrix_FCM(1,:) = [0:5];
Confusion_Matrix_FCM(:,1) = [0:5]';
for nf = 1:5
    for nc = 1:5
        Confusion_Matrix_FCM(nf + 1,nc + 1) = length(find(a1(find(T1 == nf)) == nc));
    end
end
```

34.3.3 训练数据初始选择

根据模糊聚类结果,从每一类中选择最靠近类内中心的 20 组数据作为神经网络训练数据。

```
% 根据聚类结果对数据分类,找出每类的均值中心
cent1 = P1(find(a1 == 1),:);cent1 = mean(cent1);
cent2 = P1(find(a1 == 2),:);cent2 = mean(cent2);
cent3 = P1(find(a1 == 3),:);cent3 = mean(cent3);
cent4 = P1(find(a1 == 4),:);cent4 = mean(cent4);
cent5 = P1(find(a1 == 5),:);cent5 = mean(cent5);

% 计算类内个体同均值中心距离
for n = 1:R1;
    ecent1(n) = norm(P1(n,:) - cent1);
    ecent2(n) = norm(P1(n,:) - cent2);
    ecent3(n) = norm(P1(n,:) - cent3);
    ecent4(n) = norm(P1(n,:) - cent4);
    ecent5(n) = norm(P1(n,:) - cent5);
end

% 从每类中选择20个离均值中心最近个体构成神经网络训练数据
for n = 1:csum
    [va me1] = min(ecent1);
```

```
        [va me2] = min(ecent2);
        [va me3] = min(ecent3);
        [va me4] = min(ecent4);
        [va me5] = min(ecent5);
        ecnt1(n,:) = P1(me1(1),:);ecent1(me1(1)) = [];tc1(n) = 1;
        ecnt2(n,:) = P1(me2(1),:);ecent2(me2(1)) = [];tc2(n) = 2;
        ecnt3(n,:) = P1(me3(1),:);ecent3(me3(1)) = [];tc3(n) = 3;
        ecnt4(n,:) = P1(me4(1),:);ecent4(me4(1)) = [];tc4(n) = 4;
        ecnt5(n,:) = P1(me5(1),:);ecent5(me5(1)) = [];tc5(n) = 5;
    end
    P2 = [ecnt1;ecnt2;ecnt3;ecnt4;ecnt5];T2 = [tc1,tc2,tc3,tc4,tc5];
```

34.3.4 广义神经网络聚类

先用训练数据训练广义神经网络，使网络具有入侵模式分类能力，然后用训练好的广义神经网络预测样本所属类别，并根据预测结果对样本重新分类，其中，预测结果小于 1.5 的为第 1 类，1.5~2.5 的为第 2 类，2.5~3.5 的为第 3 类，3.5~4.5 的为第 4 类，大于 4.5 的为第 5 类。最后根据样本重新分类结果计算每类中心，并重新选择离中心最近的数据作为网络训练数据。按上述步骤反复迭代聚类。

```
%迭代聚类
for nit = 1:10

    %------------------广义神经网络聚类------------------
    %网络训练
    net = newgrnn(P2',T2,50);

    %网络预测
    a2 = sim(net,P1');

    %根据预测结果分类
    a2(find(a2<=1.5)) = 1;
    a2(find(a2>1.5&a2<=2.5)) = 2;
    a2(find(a2>2.5&a2<=3.5)) = 3;
    a2(find(a2>3.5&a2<=4.5)) = 4;
    a2(find(a2>4.5)) = 5;

    %------------------训练样本重新选择------------------
    %计算每类中心
    cent1 = P1(find(a2 == 1),:);cent1 = mean(cent1);
    cent2 = P1(find(a2 == 2),:);cent2 = mean(cent2);
    cent3 = P1(find(a2 == 3),:);cent3 = mean(cent3);
    cent4 = P1(find(a2 == 4),:);cent4 = mean(cent4);
    cent5 = P1(find(a2 == 5),:);cent5 = mean(cent5);

    %计算类内样本到中心距离
    for n = 1:R1
        ecent1(n) = norm(P1(n,:) - cent1);
        ecent2(n) = norm(P1(n,:) - cent2);
```

```
        ecent3(n) = norm(P1(n,:) - cent3);
        ecent4(n) = norm(P1(n,:) - cent4);
        ecent5(n) = norm(P1(n,:) - cent5);
    end

    % 根据距离重新选择训练数据
    for n = 1:csum
        [va me1] = min(ecent1);
        [va me2] = min(ecent2);
        [va me3] = min(ecent3);
        [va me4] = min(ecent4);
        [va me5] = min(ecent5);
        ecnt1(n,:) = P1(me1(1),:);ecent1(me1(1)) = [];tc1(n) = 1;
        ecnt2(n,:) = P1(me2(1),:);ecent2(me2(1)) = [];tc2(n) = 2;
        ecnt3(n,:) = P1(me3(1),:);ecent3(me3(1)) = [];tc3(n) = 3;
        ecnt4(n,:) = P1(me4(1),:);ecent4(me4(1)) = [];tc4(n) = 4;
        ecnt5(n,:) = P1(me5(1),:);ecent5(me5(1)) = [];tc5(n) = 5;
    end
    p2 = [ecnt1;ecnt2;ecnt3;ecnt4;ecnt5];T2 = [tc1,tc2,tc3,tc4,tc5];
end
```

34.3.5 结果统计

统计广义神经网络聚类的每类样本在实际类别中的分布数量。

```
% 结果统计
Confusion_Matrix_GRNN = zeros(6,6);
Confusion_Matrix_GRNN(1,:) = [0:5];
Confusion_Matrix_GRNN(:,1) = [0:5]';
% a2 为网络预测分类,T1 是实际分类
for nf = 1:5
    for nc = 1:5
        Confusion_Matrix_GRNN(nf + 1,nc + 1) = length(find(a2(find(T1 == nf)) == nc));
    end
end
```

算法反复计算10次,最后得到的聚类结果及两种聚类方法的比较如表34-1所列。其中,每一行均表示聚类算法得到每类样本在实际各入侵类别中的分布数量。

表 34-1 聚类结果比较

入侵类别	模糊聚类					广义神经网络模糊聚类				
	聚类结果1	聚类结果2	聚类结果3	聚类结果4	聚类结果5	聚类结果1	聚类结果2	聚类结果3	聚类结果4	聚类结果5
实际入侵类别1	6	1 211	332	14	0	31	1 171	345	16	0
实际入侵类别2	0	0	0	0	2 097	0	0	0	0	2 097
实际入侵类别3	0	0	0	0	130	39	2	1	1	87
实际入侵类别4	0	0	0	0	658	658	0	0	0	0
实际入侵类别5	0	0	0	0	52	52	0	0	0	0

从表34-1中可以看出,对于网络入侵数据,模糊聚类没有实现对数据的有效分类,聚类结果没有把类别2到类别5的样本区分开来,广义神经网络模糊聚类有效分类了类别1和类别2的样本,类别3到类别5没有有效分类,但是同模糊聚类相比,聚类结果有所改善。

34.4 案例扩展

本案例结合了模糊聚类的无导师聚类和广义神经网络的有导师学习功能完成了对未知网络入侵数据的聚类,广义神经网络所起的作用为训练后分类所有入侵样本。除了广义神经网络以外,还可以选择BP神经网络、RBF神经网络等。虽然两种方法结合的分类效果比模糊聚类要好,但是还应该看到,该方法没有实现对所有样本有效分类,在第38章中将继续探讨网络入侵聚类问题。

参考文献

[1] 王敏.分类属性数据聚类算法研究[D].镇江:江苏大学,2008.

[2] 秦翠芒.基于RBF神经网络的入侵检测技术研究[D].太原:中北大学,2008.

[3] 曹金平.基于SOM神经网络和K-均值聚类的分类器设计[D].镇江:江苏大学,2007.

[4] 刘秀清,宇仁德,范东凯.基于广义回归神经网络的交通事故预测[J].山东理工大学学报:2007,21(2):28-31.

[5] 李钢.基于神经网络的入侵检测研究与实现[D].上海:华东师范大学,2008.

[6] 王小军.模糊聚类在入侵检测中的应用研究[D].南京:南京师范大学,2006.

[7] 马飞.数据挖掘中的聚类算法研究[D].南京:南京理工大学,2008.

第 35 章 粒子群优化算法的寻优算法

——非线性函数极值寻优

35.1 案例背景

35.1.1 PSO 算法介绍

粒子群优化算法(Particle Swarm Optimization，PSO)是计算智能领域，除了蚁群算法、鱼群算法之外的一种群体智能的优化算法，该算法最早是由 Kennedy 和 Eberhart 在 1995 年提出的。PSO 算法源于对鸟类捕食行为的研究,鸟类捕食时,每只鸟找到食物最简单有效的方法就是搜寻当前距离食物最近的鸟的周围区域。

PSO 算法是从这种生物种群行为特征中得到启发并用于求解优化问题的,算法中每个粒子都代表问题的一个潜在解,每个粒子对应一个由适应度函数决定的适应度值。粒子的速度决定了粒子移动的方向和距离,速度随自身及其他粒子的移动经验进行动态调整,从而实现个体在可解空间中的寻优。

PSO 算法首先在可解空间中初始化一群粒子,每个粒子都代表极值优化问题的一个潜在最优解,用位置、速度和适应度值三项指标表示该粒子特征,适应度值由适应函数计算得到,其值的好坏表示粒子的优劣。粒子在解空间中运动,通过跟踪个体极值 Pbest 和群体极值 Gbest 更新个体位置;个体极值 Pbest 是指个体所经历位置中计算得到的适应度值最优位置,群体极值 Gbest 是指种群中的所有粒子搜索到的适应度最优位置。粒子每更新一次位置,就计算一次适应度值,并且通过比较新粒子的适应度值和个体极值、群体极值的适应度值更新个体极值 Pbest 和群体极值 Gbest 位置。

假设在一个 D 维的搜索空间中,有 n 个粒子组成的种群 $\boldsymbol{X}=(\boldsymbol{X}_1,\boldsymbol{X}_2,\cdots,\boldsymbol{X}_n)$,其中第 i 个粒子表示为一个 D 维的向量 $\boldsymbol{X}_i=[x_{i1},x_{i2},\cdots,x_{iD}]^T$,代表第 i 个粒子在 D 维搜索空间中的位置,亦代表问题的一个潜在解。根据目标函数即可计算出每个粒子位置 $\boldsymbol{X}_i$ 对应的适应度值。第 i 个粒子的速度为 $\boldsymbol{V}_i=[V_{i1},V_{i2},\cdots,V_{iD}]^T$,其个体极值为 $\boldsymbol{P}_i=[P_{i1},P_{i2},\cdots,P_{iD}]^T$,种群的全局极值为 $\boldsymbol{P}_g=[P_{g1},P_{g2},\cdots,P_{gD}]^T$。

在每一次迭代过程中,粒子通过个体极值和全局极值更新自身的速度和位置,更新公式如下：

$$V_{id}^{k+1} = \omega V_{id}^k + c_1 r_1 (P_{id}^k - X_{id}^k) + c_2 r_2 (P_{gd}^k - X_{id}^k) \tag{35-1}$$

$$X_{id}^{k+1} = X_{id}^k + V_{id}^{k+1} \tag{35-2}$$

式中,ω 为惯性权重；$d=1,2,\cdots,D;i=1,2,\cdots,n;k$ 为当前迭代次数；V_{id} 为粒子的速度；c_1 和 c_2 为非负的常数,称为加速度因子；r_1 和 r_2 为分布于[0,1]之间的随机数。为防止粒子的盲目搜索,一般建议将其位置和速度限制在一定的区间$[-\boldsymbol{X}_{\max},\boldsymbol{X}_{\max}]$、$[-\boldsymbol{V}_{\max},\boldsymbol{V}_{\max}]$。

35.1.2 非线性函数

本案例寻优的非线性函数为

$$y = -c_1 \exp\left(-0.2\sqrt{\frac{1}{n}\sum_{j=1}^{n}x_j^2}\right) - \exp\left(\frac{1}{n}\sum_{j=1}^{n}\cos(2\pi x_j)\right) + c_1 + e \quad (35-3)$$

当 $c_1 = 20, e = 2.71282, n = 2$ 时，该函数为 Ackley 函数，函数图形如图 35-1 所示。

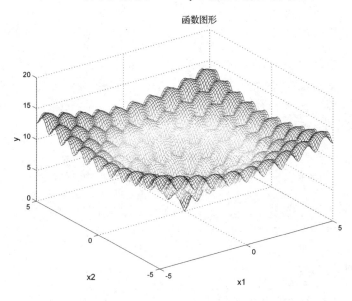

图 35-1 Ackley 函数图形

从函数图形可以看出，该函数有很多局部极小值点，最小值点为 0，最小值位置为 (0,0)。

35.2 模型建立

基于 PSO 算法的函数极值寻优算法流程图如图 35-2 所示。

图 35-2 算法流程

其中，粒子和速度初始化对初始粒子位置和粒子速度赋予随机值。根据式(35-3)计算粒子适应度值。根据初始粒子适应度值确定个体极值和群体极值。根据式(35-1)与式(35-2)更新粒子速度和位置。根据新种群中粒子适应度值更新个体极值和群体极值。

对于本案例来说，适应度函数为 Ackley 函数表达式，适应度值为函数值。种群粒子数为 20，每个粒子的维数为 2，算法迭代进化次数为 100。

35.3 编程实现

根据 PSO 算法原理，在 MATLAB 中编程实现基于 PSO 算法的函数极值寻优算法。

35.3.1 PSO 算法参数设置

设置 PSO 算法的运行参数。

```
%清空运行环境
clc
clear

%速度更新参数
c1 = 1.49445;
c2 = 1.49445;

maxgen = 100;      %迭代次数
sizepop = 20;      %种群规模

%个体和速度最大最小值
popmax = 5;popmin = -5;
Vmax = 1;Vmin = -1;
```

35.3.2 种群初始化

随机初始化粒子位置和粒子速度，并根据适应度函数计算粒子适应度值。

```
for i = 1:sizepop

    %随机产生一个种群
    pop(i,:) = 5 * rands(1,2);     %初始化粒子
    V(i,:) = rands(1,2);           %初始化速度

    %计算粒子适应度值
    fitness(i) = fun(pop(i,:));
end
```

适应度函数代码如下：

```
function y = fun(x)
%该函数计算粒子适应度值
% x           input         输入粒子位置
% y           output        粒子适应度值
y = -20 * exp(-0.2 * sqrt((x(1)^2 + x(2)^2)/2)) - exp((cos(2 * pi * x(1)) + cos(2 * pi * x(2)))/2)
   + 20 + exp(1);
```

35.3.3 寻找初始极值

根据初始粒子适应度值寻找个体极值和群体极值。

```matlab
[bestfitness bestindex] = min(fitness);
zbest = pop(bestindex,:);            % 群体极值位置
gbest = pop;                          % 个体极值位置
fitnessgbest = fitness;               % 个体极值适应度值
fitnesszbest = bestfitness;           % 群体极值适应度值
```

35.3.4 迭代寻优

根据公式(35-1)与式(35-2)更新粒子位置和速度,并且根据新粒子的适应度值更新个体极值和群体极值。

```matlab
% 迭代寻优
for i = 1:maxgen
    % 粒子位置和速度更新
    for j = 1:sizepop
        % 速度更新
        V(j,:) = V(j,:) + c1 * rand * (gbest(j,:) - pop(j,:)) + c2 * rand * (zbest - pop(j,:));
        V(j,find(V(j,:)>Vmax)) = Vmax;
        V(j,find(V(j,:)<Vmin)) = Vmin;
        
        % 粒子更新
        pop(j,:) = pop(j,:) + 0.5 * V(j,:);
        pop(j,find(pop(j,:)>popmax)) = popmax;
        pop(j,find(pop(j,:)<popmin)) = popmin;
        
        % 新粒子适应度值
        fitness(j) = fun(pop(j,:));
    end
    
    % 个体极值和群体极值更新
    for j = 1:sizepop
        % 个体极值更新
        if fitness(j) < fitnessgbest(j)
            gbest(j,:) = pop(j,:);
            fitnessgbest(j) = fitness(j);
        end
        
        % 群体极值更新
        if fitness(j) < fitnesszbest
            zbest = pop(j,:);
            fitnesszbest = fitness(j);
        end
    end
    
    % 每代最优值记录到yy数组中
    yy(i) = fitnesszbest;
end
```

35.3.5 结果分析

PSO算法反复迭代100次,画出每代最优个体适应度值变化图形。

```
% 画出每代最优个体适应度值
plot(yy)
title('最优个体适应度值','fontsize',12);
xlabel('进化次数','fontsize',12);ylabel('适应度值','fontsize',12);
```

最优个体适应度值变化如图35-3所示。

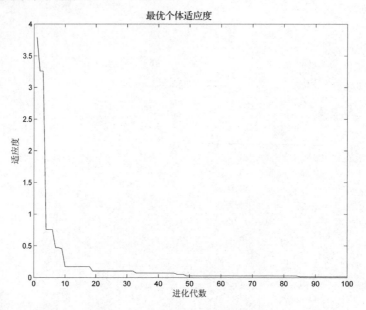

图 35-3 最优个体适应度值(一)

最终得到的最优个体适应度值为0.0328,对应的粒子位置为(0.0082,−0.0067),PSO算法寻优得到最优值接近函数实际最优值,说明PSO算法具有较强的函数极值寻优能力。

35.4 案例扩展

35.4.1 自适应变异

粒子群优化算法收敛快,具有很强的通用性,但同时存在着容易早熟收敛、搜索精度较低、后期迭代效率不高等缺点。借鉴遗传算法中的变异思想,在PSO算法中引入变异操作,即对某些变量以一定的概率重新初始化。变异操作拓展了在迭代中不断缩小的种群搜索空间,使粒子能够跳出先前搜索到的最优值位置,在更大的空间中开展搜索,同时保持了种群多样性,提高算法寻找到更优值的可能性。因此,在普通粒子群算法的基础上引入了简单变异算子,基本思想就是粒子每次更新之后,以一定概率重新初始化粒子,MATLAB代码如下:

```
if rand>0.9
    k = ceil(2 * rand);
    pop(j,k) = rand;
end
```

算法参数设置和上面的例子一样,进化过程中最优个体适应度值变化如图35-4所示。

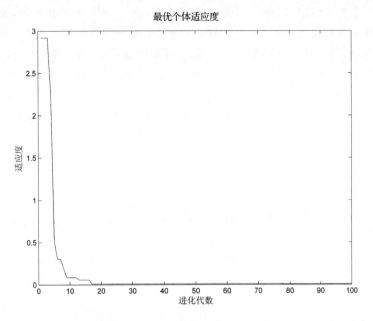

图 35-4　最优个体适应度值(二)

最终得到的最优个体适应度值为0.0063,对应的粒子位置为(0.0020,0.0008),从结果中可以看出,带变异算子的粒子群算法能够跳出局部极小值点,得到更优的结果。

35.4.2　惯性权重的选择

惯性权重ω体现的是粒子当前速度多大程度上继承先前的速度,Shi.Y 最先将惯性权重ω引入到PSO算法中,并分析指出一个较大的惯性权值有利于全局搜索,而一个较小的惯性权值则更利于局部搜索。为了更好地平衡算法的全局搜索与局部搜索能力,其提出了线性递减惯性权重(Linear Decreasing Inertia Weight,LDIW),即

$$\omega(k) = \omega_{start} - (\omega_{start} - \omega_{end}) * k/T_{max} \tag{35-4}$$

式中,ω_{start}为初始惯性权重;ω_{end}为迭代至最大次数时的惯性权重;k为当前迭代代数;T_{max}为最大迭代代数。一般来说,惯性权值取值为$\omega_{start}=0.9$,$\omega_{end}=0.4$时算法性能最好。这样,随着迭代的进行,惯性权重由0.9线性递减至0.4,迭代初期较大的惯性权重使算法保持了较强的全局搜索能力,而迭代后期较小的惯性权重有利于算法进行更精确的局部开发。线性惯性权重只是一种经验做法,常用的惯性权重的选择还包括如下几种:

$$\omega(k) = \omega_{start} - (\omega_{start} - \omega_{end})(k/T_{max})^2$$
$$\omega(k) = \omega_{start} + (\omega_{start} - \omega_{end})(2k/T_{max} - (k/T_{max})^2)$$
$$\omega(k) = \omega_{end}(\omega_{start}/\omega_{end})^{1/(1+ck/T_{max})}$$

35.4.3　动态粒子群算法

基本PSO算法在很多领域的静态优化问题中得到了广泛的应用,但是在实际环境中遇到的问题一般比较复杂,且往往随时间变化,也就是说问题最优解是动态改变的。例如,在物流配送过程中,由于受到客户优先级、交通状况等因素变化的影响,物流配送问题也相应地发生

变化。对于这种需要跟踪动态极值的问题,基本 PSO 算法难以解决。为了跟踪动态极值,最常用的方法是对基本 PSO 算法做两方面的关键改进:第一是引入探测机制,使种群或粒子获得感知外部环境变化的能力;第二是引入响应机制,在探测到环境的变化后,采取某种响应方式对种群进行更新,以适应动态环境。可以采用带敏感粒子的 PSO 算法实现动态环境寻优。带敏感粒子的 PSO 算法在环境中随机选择一个或若干个位置,这些位置称为敏感粒子,每次迭代中计算敏感粒子的适应度值,当发现适应度值变化时,认为环境已发生变化,敏感粒子适应度值变化超过一定阈值时 PSO 算法作出响应。响应的方式是按比例重新初始化粒子位置和粒子速度。

参考文献

[1] KENNEDY J, EBERHART R C. Particle Swarm Optimization[A]. Proceedings of IEEE International Conference on Neural Networks, 1995, 1942-1948.

[2] 梁军,程灿. 改进的粒子群算法[J]. 计算机工程与设计, 2008, 29(11): 2893-2896.

[3] 杨朝霞,方建文,李佳蓉,等. 粒子群优化算法在多参数拟合中的作用[J]. 浙江师范大学学报, 2008, 31(2): 173-177.

[4] 江宝钏,胡俊溟. 求解多峰函数的改进粒子群算法研究[J]. 宁波大学学报, 2008, 21(2): 150-154.

[5] 薛婷. 粒子群优化算法的研究与改进[D]. 大连: 大连海事大学, 2008.

[6] 杜玉平. 关于粒子群算法改进的研究[D]. 西安: 西北大学, 2008.

[7] 一种新的改进粒子群算法[D]. 大连: 大连海事大学, 2008.

[8] 冯翔,陈国龙,郭文忠. 粒子群优化算法中加速因子的设置与实验分析[J]. 集美大学学报, 2006, 11(2): 146-151.

[9] 张选平,杜玉平,秦国强. 一种动态改变惯性权的自适应粒子群算法[J]. 西安交通大学学报, 2005, 39(10): 1039-1042.

第 36 章 遗传算法优化计算
——建模自变量降维

36.1 案例背景

36.1.1 遗传算法概述

遗传算法是模拟达尔文生物进化论的自然选择和遗传学机理的生物进化过程的计算模型,是一种通过模拟自然进化过程搜索最优解的方法。它最初由美国 Michigan 大学的 J. Holland 教授提出,1967 年,Holland 教授的学生 Bagley 在其博士论文中首次提出了"遗传算法"一词,他发展了复制、交叉、变异、显性、倒位等遗传算子。Holland 教授用遗传算法的思想对自然和人工自适应系统进行了研究,提出了遗传算法的基本定理——模式定理(schema theorem)。20 世纪 80 年代,Holland 教授实现了第一个基于遗传算法的机器学习系统,开创了遗传算法机器学习的新概念。

遗传算法模拟了自然选择和遗传中发生的复制、交叉和变异等现象,从任一初始群体(population)出发,通过随机选择、交叉和变异操作,产生一群更适应环境的个体,使群体进化到搜索空间中越来越好的区域,这样一代一代地不断繁衍进化,最后收敛到一群最适应环境的个体(individual),求得问题的最优解。遗传算法的基本计算流程如图 36-1 所示。

遗传算法是从代表问题可能潜在的解集的一个种群(population)开始的,而一个种群则由经过基因(gene)编码的一定数目的个体组成。因此,第一步需要实现从表现型到基因型的映射,即编码工作。初代种群产生之后,按照适者生存和优胜劣汰的原理,逐代(generation)演化产生出越来越好的近似解,在每一代,根据问题域中个体的适应度(fitness)大小选择个体,并借助于自然遗传学的遗传算子(genetic operators)进行组合交叉和变异,产生出代表新的解集的种群。这个过程将导致种群像自然进化一样,后生代种群比前代更加适应环境,末代种群中的最优个体经过解码(decoding)可以作为问题近似最优解。

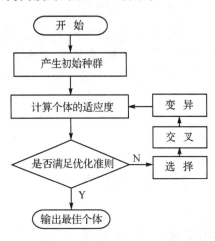

图 36-1 遗传算法基本计算流程

遗传算法有三个基本操作:选择(selection)、交叉(crossover)和变异(mutation)。

(1) 选 择

选择的目的是为了从当前群体中选出优良的个体,使它们有机会作为父代为下一代繁衍子孙。根据各个个体的适应度值,按照一定的规则或方法从上一代群体中选择出一些优良的个体遗传到下一代种群中。选择的依据是适应性强的个体为下一代贡献一个或多个后代的概率大。

(2) 交　叉

通过交叉操作可以得到新一代个体,新个体组合了父辈个体的特性。将群体中的各个个体随机搭配成对,对每一个个体,以交叉概率交换它们之间的部分染色体。

(3) 变　异

对种群中的每一个个体,以变异概率改变某一个或多个基因座上的基因值为其他的等位基因。同生物界中一样,变异发生的概率很低,变异为新个体的产生提供了机会。

36.1.2　自变量降维概述

在现实生活中,实际问题很难用线性模型进行描述。神经网络的出现大大降低了模型建立的难度和工作量。只需将神经网络看成是一个黑箱子,根据输入与输出数据,神经网络依据相关的学习规则,便可以建立相应的数学模型。但是,当数学模型的输入自变量(即影响因素)很多、输入自变量之间不是相互独立时,利用神经网络容易出现过拟合现象,从而导致所建立的模型精度低、建模时间长等问题。因此,在建立模型之前,有必要对输入自变量进行优化选择,将冗余的一些自变量去掉,选择最能反映输入与输出关系的自变量参与建模。

近年来,许多人对自变量压缩降维问题进行了深入的研究,取得了一定的成果。常用的变量压缩方法有多元回归与相关分析法、类逐步回归法、主成分分析法、独立成分分析法、主基底分析法、偏最小二乘法、遗传算法等,具体请参考本章文献[2]~[7]。

36.1.3　问题描述

在第 26 章中,建立模型时选用的每个样本(即病例)数据包括 10 个量化特征(细胞核半径、质地、周长、面积、光滑性、紧密度、凹陷度、凹陷点数、对称度、断裂度)的平均值、10 个量化特征的标准差和 10 个量化特征的最坏值(各特征的 3 个最大数据的平均值)共 30 个数据。显然,这 30 个输入自变量相互之间存在一定的关系,并非相互独立的,因此,为了缩短建模时间、提高建模精度,有必要将 30 个输入自变量中起主要影响因素的自变量筛选出来参与最终的建模。

36.2　模型建立

36.2.1　设计思路

利用遗传算法进行优化计算,需要将解空间映射到编码空间,每个编码对应问题的一个解(即为染色体或个体)。这里,将编码长度设计为 30,染色体的每一位对应一个输入自变量,每一位的基因取值只能是"1"和"0"两种情况,如果染色体某一位值为"1",表示该位对应的输入自变量参与最终的建模;反之,则表示"0"对应的输入自变量不作为最终的建模自变量。选取测试集数据均方误差的倒数作为遗传算法的适应度函数,这样,经过不断地迭代进化,最终筛选出最具代表性的输入自变量参与建模。

36.2.2 设计步骤

根据上述设计思路,设计步骤主要包括以下几个部分,如图 36-2 所示。

1. 单 BP 模型建立

为了比较遗传算法优化前后的预测效果,先利用全部的 30 个输入自变量建立 BP 模型,具体程序见 36.4 节。

2. 初始种群产生

随机产生 N 个初始串结构数据,每个串结构数据即为一个个体,N 个个体构成了一个种群。遗传算法以这 N 个串结构作为初始点开始迭代。如前文所述,这里每个个体的串结构数据只有"1"和"0"两种取值。

3. 适应度函数计算

遗传算法中使用适应度这个概念来度量群体中各个个体在优化计算中可能达到、接近或有助于找到最优解的优良程度。适应度较高的个体遗传到下一代的概率就相对较大。度量个体适应度的函数称为适应度函数。这里,选取测试集数据误差平方和的倒数作为适应度函数:

$$f(X) = \frac{1}{\text{SE}} = \frac{1}{\text{sse}(\hat{T} - T)} = \frac{1}{\sum_{i=1}^{n}(\hat{t}_i - t_i)^2} \quad (36-1)$$

式中,$\hat{T} = \{\hat{t}_1, \hat{t}_2, \cdots, \hat{t}_n\}$ 为测试集的预测值;$T = \{t_1, t_2, \cdots, t_n\}$ 为测试集的真实值;n 为测试集的样本数目。

为了避免初始权值和阈值的随机性对适应度函数计算的影响,针对每一个体计算适应度函数值时,均用遗传算法对所建立的 BP 神经网络的权值和阈值进行优化,优化步骤如图 36-3 所示。

4. 选择操作

选择操作选用比例选择算子,即个体被选中并遗传到下一代种群中的概率与该个体的适应度大小成正比,具体的操作过程如下:

① 计算种群中所有个体的适应度之和。

$$F = \sum_{k=1}^{n_r} f(X_k) \quad (36-2)$$

② 利用式(36-3)计算种群中各个个体的相对适应度,并以此作为该个体被选中并遗传到下一代种群中的概率。

$$p_k = \frac{f(X_k)}{F} \quad k = 1, 2, \cdots, n_r \quad (36-3)$$

③ 采用模拟轮盘赌操作,产生(0,1)之间的随机数,来确定各个个体被选中的次数。显然,适应度大的个体,其选择概率也大,能被多次选中,其遗传基因就会在种群中扩大。

5. 交叉操作

对于输入自变量的压缩降维,交叉操作采用最简单的单点交叉算子,交叉算子原理如图 36-4 所示。具体操作过程为:

① 先对种群中的个体进行两两随机配对,本案例中产生的初始种群大小为 20,故共有 10

对相互配对的个体组；

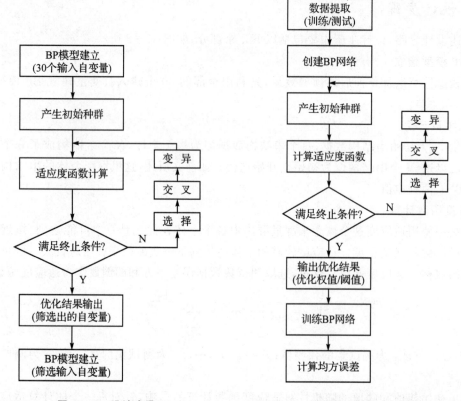

图 36-2　设计步骤　　　图 36-3　遗传算法优化 BP 网络权值/阈值

② 对每一对相互配对的个体，随机选取某一基因座之后的位置作为交叉点；

③ 对每一对相互配对的个体，根据②中所确定的交叉点位置，相互交换两个个体的部分染色体，产生出两个新个体。

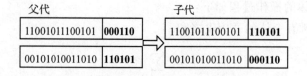

图 36-4　单点交叉算子操作示意图

对于 BP 神经网络初始权值和阈值的优化，交叉操作采用算术交叉算子，利用给定的概率重组一对个体而产生后代，具体计算过程为：

① 先对种群中的个体进行两两随机配对，与单点交叉算子中①相同；

② 对每一对相互配对的个体，根据式(36-4)与式(36-5)产生两个新个体。

$$c_1 = p_1 \times a + p_2 \times (1-a) \quad (36-4)$$
$$c_2 = p_1 \times (1-a) + p_2 \times a \quad (36-5)$$

式中，p_1，p_2 为一组配对的两个个体；c_1，c_2 为交叉操作后得到的新个体；a 为随机产生的位于 $(0,1)$ 区间的随机数，即交叉概率。

6. 变异操作

对于输入自变量的压缩降维,变异操作采用最简单的单点变异算子,变异算子原理如图 36-5 所示。具体操作过程如下:

① 随机产生变异点;

② 根据①中的变异点位置,改变其对应的基因座上的基因值,由于本案例中的基因值只能取"1"和"0",所以变异操作的结果即为"1"变为"0"或"0"变为"1"。

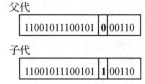

图 36-5 单点变异算子操作示意图

对于 BP 神经网络初始权值和阈值的优化,变异选用非均匀变异算子,具体实现过程见 36.4 节。

7. 优化结果输出

经过一次次的迭代进化,当满足迭代终止条件时,输出的末代种群对应的便是问题的最优解或近优解,即筛选出的最具代表性的输入自变量组合。

8. 优化 BP 模型建立

根据优化计算得到的结果,将选出的参与建模的输入自变量对应的训练集和测试集数据提取出来,利用 BP 神经网络重新建立模型进行仿真测试,从而进行结果分析。

36.3 遗传算法工具箱(GAOT)函数介绍

遗传算法工具箱 GAOT 中含有丰富的遗传算法函数,利用遗传算法工具箱可以很方便地实现遗传算法优化计算。本节将详细介绍遗传算法工具箱中几个核心函数的格式和使用方法。

36.3.1 种群初始化函数

种群的初始化可以利用工具箱中的 initializega() 函数来实现,其调用格式为:

pop = initializega(populationSize,variableBounds,evalFN,evalOps,options)

其中,各个参数的意义如表 36-1 所列。本章中对 BP 网络的权值和阈值进行优化时,初始化种群采用的便是这种方法。

表 36-1 initializega() 函数参数意义

参　数	意　义
pop	随机生成的初始种群
populationSize	种群大小即种群中个体的数目
variableBounds	变量边界的矩阵
evalFN	适应度函数的名称
evalOps	适应度函数的参数
options	精度及编码形式,1 为浮点编码,0 为二进制编码

36.3.2 遗传优化函数

初始种群产生后，可以利用 ga() 函数实现遗传算法的优化过程，包含选择、交叉、变异等。其调用格式为：

```
[x,endPop,bPop,traceInfo] = ga(bounds,evalFN,evalOps,startPop,opts,termFN,termOps,selectFN,
selectOps,xOverFNs,xOverOps,mutFNs,mutOps)
```

其中，输入和输出参数的意义分别如表 36-2 和表 36-3 所列。

表 36-2 ga() 函数输入参数的意义

参 数	意 义	参 数	意 义
bounds	变量上下界的矩阵	termOps	终止函数的参数
evalFN	适应度函数的名称	selectFN	选择函数的名称
evalOps	适应度函数的参数	selectOps	选择函数的参数
startPop	初始种群	xOverFNs	交叉函数的名称
opts	精度、编码形式及显示方式，1 为浮点编码，0 为二进制编码，默认为 [10^{-6} 1 0]	xOverOps	交叉函数的参数
		mutFNs	变异函数的名称
termFN	终止函数的名称	mutOps	变异函数的参数

表 36-3 ga() 函数输出参数的意义

参 数	意 义	参 数	意 义
x	优化计算得到的最优个体	bPop	最优种群的进化轨迹
endPop	优化终止时的最终种群	traceInfo	每代的最优适应度函数值和平均适应度函数值矩阵

36.4 MATLAB 实现

利用 MATLAB 神经网络工具箱及遗传算法工具箱提供的函数，可以方便地将上述设计步骤在 MATLAB 环境下一一实现。

36.4.1 清空环境变量、声明全局变量

1. 清空环境变量

程序运行之前，清除工作空间 (workspace) 中的变量及命令窗口 (command window) 中的命令。

```
%% 清空环境变量
clear all
clc
warning off
```

2. 声明全局变量

全局变量在使用之前需要声明，具体程序为：

```
%% 声明全局变量
global P_train T_train P_test T_test  mint maxt S s1
```

```
S = 30;
s1 = 50;
```

36.4.2 导入数据并归一化

1. 导入数据

数据与第 26 章中的数据相同,保存在 data.mat 文件中,具体请查看第 26 章相应部分,此处不再赘述。为不失一般性,随机选取 500 组样本作为训练集,剩余的 69 组样本作为测试集。具体程序如下:

```
%% 导入数据
load data.mat
a = randperm(569);
Train = data(a(1:500),:);
Test = data(a(501:end),:);
% 训练数据
P_train = Train(:,3:end)';
T_train = Train(:,2)';
% 测试数据
P_test = Test(:,3:end)';
T_test = Test(:,2)';
% 显示实验条件
total_B = length(find(data(:,2) == 1));
total_M = length(find(data(:,2) == 2));
count_B = length(find(T_train == 1));
count_M = length(find(T_train == 2));
number_B = length(find(T_test == 1));
number_M = length(find(T_test == 2));
disp(['实验条件为:']);
disp(['病例总数:' num2str(569)...
    '  良性:' num2str(total_B)...
    '  恶性:' num2str(total_M)]);
disp(['训练集病例总数:' num2str(500)...
    '  良性:' num2str(count_B)...
    '  恶性:' num2str(count_M)]);
disp(['测试集病例总数:' num2str(69)...
    '  良性:' num2str(number_B)...
    '  恶性:' num2str(number_M)]);
```

2. 数据归一化

由于各个输入自变量的量纲都不相同,因此,有必要在建立模型前将数据进行归一化处理,具体程序为:

```
%% 数据归一化
[P_train,minp,maxp,T_train,mint,maxt] = premnmx(P_train,T_train);
P_test = tramnmx(P_test,minp,maxp);
```

36.4.3 单 BP 网络创建、训练和仿真

1. 创建单 BP 网络

利用全部 30 个输入自变量参与建模,其 BP 网络创建程序为:

```matlab
%% 创建单 BP 网络
t = cputime;
net_bp = newff(minmax(P_train),[s1,1],{'tansig','purelin'},'trainlm');
% 设置训练参数
net_bp.trainParam.epochs = 1000;
net_bp.trainParam.show = 10;
net_bp.trainParam.goal = 0.1;
net_bp.trainParam.lr = 0.1;
```

2. 训练单 BP 网络

网络创建及相关参数设置完成后，利用 MATLAB 自带的网络训练函数 train() 可以方便地对网络进行训练学习，具体程序为：

```matlab
%% 训练单 BP 网络
net_bp = train(net_bp,P_train,T_train);
```

3. 仿真测试单 BP 网络

利用 sim() 函数将测试集输入数据送入训练好的神经网络，便可以得到对应的测试集输出仿真数据，详细程序如下：

```matlab
%% 仿真测试单 BP 网络
tn_bp_sim = sim(net_bp,P_test);
% 反归一化
T_bp_sim = postmnmx(tn_bp_sim,mint,maxt);
e = cputime - t;
T_bp_sim(T_bp_sim>1.5) = 2;
T_bp_sim(T_bp_sim<1.5) = 1;
result_bp = [T_bp_sim' T_test'];
```

4. 结果显示（单 BP 网络）

为了方便读者清晰地观察、分析结果，特将建模结果显示在命令窗口中，读者可以从命令窗口中直观地看到仿真条件及仿真结果。具体程序为：

```matlab
%% 结果显示（单 BP 网络）
number_B_sim = length(find(T_bp_sim == 1 & T_test == 1));
number_M_sim = length(find(T_bp_sim == 2 &T_test == 2));
disp('(1)BP 网络的测试结果为:');
disp(['良性乳腺肿瘤确诊:' num2str(number_B_sim)...
    ' 误诊:' num2str(number_B - number_B_sim)...
    ' 确诊率 p1 = ' num2str(number_B_sim/number_B * 100) '%']);
disp(['恶性乳腺肿瘤确诊:' num2str(number_M_sim)...
    ' 误诊:' num2str(number_M - number_M_sim)...
    ' 确诊率 p2 = ' num2str(number_M_sim/number_M * 100) '%']);
disp(['建模时间为:' num2str(e) 's'] );
```

36.4.4 遗传算法优化

如前文所述，在利用遗传算法对自变量进行优化筛选时，染色体长度为 30，种群大小设置为 20，最大进化代数设置为 100。具体的程序如下：

```matlab
%% 遗传算法优化
popu = 20;
bounds = ones(S,1) * [0,1];
```

```
% 产生初始种群
initPop = randint(popu,S,[0 1]);
% 计算初始种群适应度
initFit = zeros(popu,1);
for i = 1:size(initPop,1)
    initFit(i) = de_code(initPop(i,:));
end
initPop = [initPop initFit];
gen = 100;
% 优化计算
[X,EndPop,BPop,Trace] = ga(bounds,'fitness',[],initPop,[1e-6 1 0],'maxGenTerm',...
    gen,'normGeomSelect',[0.09],['simpleXover'],[2],'boundaryMutation',[2 gen 3]);
[m,n] = find(X = = 1);
disp(['优化筛选后的输入自变量编号为:' num2str(n)]);
% 绘制适应度函数进化曲线
figure
plot(Trace(:,1),Trace(:,3),'r:')
hold on
plot(Trace(:,1),Trace(:,2),'b')
xlabel('进化代数')
ylabel('适应度函数')
title('适应度函数进化曲线')
legend('平均适应度函数','最佳适应度函数')
xlim([1 gen])
```

如上文所述，考虑到初始权值和阈值的随机性对测试结果的影响，程序中计算适应度函数值时均用遗传算法对 BP 网络的初始权值和阈值进行优化，以优化后的权值和阈值作为 BP 网络的初始权值和阈值。

对输入自变量进行优化筛选时，对应的适应度子函数和编解码子函数分别为 fitness.m 和 de_code.m，对 BP 神经网络的权值和阈值进行优化时对应的适应度子函数和编解码子函数为 gabpEval.m 和 gadecod.m。下面将列举出各个子函数的程序。

1. 输入自变量优化适应度子函数 fitness.m

```
function [sol,Val] = fitness(sol,options)
global S
for i = 1:S
    x(i) = sol(i);
end
Val = de_code(x);
end
```

2. 输入自变量优化编解码子函数 de_code.m

```
function Val = de_code(x)
% 全局变量声明
global S P_train T_train P_test T_test mint maxt
global p t r s s1 s2
% 数据提取
x = x(:,1:S);
[m,n] = find(x = = 1);
p_train = zeros(size(n,2),size(T_train,2));
p_test = zeros(size(n,2),size(T_test,2));
```

```
   for i = 1:length(n)
       p_train(i,:) = P_train(n(i),:);
       p_test(i,:) = P_test(n(i),:);
   end
t_train = T_train;
p = p_train;
t = t_train;
% 遗传算法优化BP网络权值和阈值
r = size(p,1);
s2 = size(t,1);
s = r * s1 + s1 * s2 + s1 + s2;
aa = ones(s,1) * [-1,1];
popu = 20;
% 初始化种群
initPpp = initializega(popu,aa,'gabpEval');
gen = 100;
% 优化计算
x = ga(aa,'gabpEval',[],initPpp,[1e-6 1 0],'maxGenTerm',gen,...
    'normGeomSelect',0.09,'arithXover',2,'nonUnifMutation',[2 gen 3]);
% 创建BP网络
net = newff(minmax(p_train),[s1,1],{'tansig','purelin'},'trainlm');
% 将优化得到的权值和阈值赋值给BP网络
[W1,B1,W2,B2] = gadecod(x);
net.IW{1,1} = W1;
net.LW{2,1} = W2;
net.b{1} = B1;
net.b{2} = B2;
% 设置训练参数
net.trainParam.epochs = 1000;
net.trainParam.show = 10;
net.trainParam.goal = 0.1;
net.trainParam.lr = 0.1;
% 训练网络
net = train(net,p_train,t_train);
% 仿真测试
tn_sim = sim(net,p_test);
% 反归一化
t_sim = postmnmx(tn_sim,mint,maxt);
% 计算均方误差
SE = sse(t_sim - T_test);
% 计算适应度函数值
Val = 1/SE;
end
```

3. BP网络权值和阈值优化适应度子函数gabpEval.m

```
function[sol,val] = gabpEval(sol,options)
global s
for i = 1:s
    x(i) = sol(i);
end;
[W1,B1,W2,B2,val] = gadecod(x);
```

4. BP 网络权值和阈值优化编解码子函数 gadecod.m

```
function [W1,B1,W2,B2,val] = gadecod(x)
global p t r s1 s2
W1 = zeros(s1,r);
W2 = zeros(s2,s1);
B1 = zeros(s1,1);
B2 = zeros(s2,1);
% 前 r * s1 个编码为 W1
for i = 1:s1
    for k = 1:r
        W1(i,k) = x(r * (i - 1) + k);
    end
end
% 接着的 s1 * s2 个编码为 W2
for i = 1:s2
    for k = 1:s1
        W2(i,k) = x(s1 * (i - 1) + k + r * s1);
    end
end
% 接着的 s1 个编码为 B1
for i = 1:s1
    B1(i,1) = x((r * s1 + s1 * s2) + i);
end
% 接着的 s2 个编码为 B2
for i = 1:s2
    B2(i,1) = x((r * s1 + s1 * s2 + s1) + i);
end
% 计算 s1 与 s2 层的输出
A1 = tansig(W1 * p,B1);
A2 = purelin(W2 * A1,B2);
% 计算误差平方和
SE = sumsqr(t - A2);
% 计算适应度函数值
val = 1/SE;
```

36.4.5 新训练集/测试集数据提取

利用遗传算法优化计算后,需要将筛选出的输入自变量对应的数据提取出来,以便建立新的 BP 神经网络。具体程序如下:

```
%% 新训练集/测试集数据提取
p_train = zeros(size(n,2),size(T_train,2));
p_test = zeros(size(n,2),size(T_test,2));
for i = 1:length(n)
    p_train(i,:) = P_train(n(i),:);
    p_test(i,:) = P_test(n(i),:);
end
t_train = T_train;
```

36.4.6 优化 BP 网络创建、训练和仿真

1. 创建优化 BP 网络

利用 newff() 函数创建优化 BP 网络的方法与前面创建单 BP 网络的方法类似,只是数据集变成了遗传算法优化筛选后提取出的新训练集/测试集数据。具体程序为:

```
%% 创建优化 BP 网络
t = cputime;
net_ga = newff(minmax(p_train),[s1,1],{'tansig','purelin'},'trainlm');
% 设置训练参数
net_ga.trainParam.epochs = 1000;
net_ga.trainParam.show = 10;
net_ga.trainParam.goal = 0.1;
net_ga.trainParam.lr = 0.1;
```

2. 训练优化 BP 网络

优化 BP 网络创建完成后,与单 BP 网络的训练方法相同,利用训练函数 train() 对网络进行训练。具体的程序如下:

```
%% 训练优化 BP 网络
net_ga = train(net_ga,p_train,t_train);
```

3. 仿真测试优化 BP 网络

网络训练完成后,将优化筛选后提取出来的新测试集数据输入网络,网络的输出即为对应的仿真预测值,具体程序为:

```
%% 仿真测试优化 BP 网络
tn_ga_sim = sim(net_ga,p_test);
% 反归一化
T_ga_sim = postmnmx(tn_ga_sim,mint,maxt);
e = cputime - t;
T_ga_sim(T_ga_sim>1.5) = 2;
T_ga_sim(T_ga_sim<1.5) = 1;
result_ga = [T_ga_sim' T_test'];
```

4. 结果显示(优化 BP 网络)

与前文单 BP 网络一样,仿真结果显示程序如下:

```
%% 结果显示(优化 BP 网络)
number_b_sim = length(find(T_ga_sim == 1 & T_test == 1));
number_m_sim = length(find(T_ga_sim == 2 &T_test == 2));
disp('(2)优化 BP 网络的测试结果为:');
disp(['良性乳腺肿瘤确诊:' num2str(number_b_sim)...
      ' 误诊:' num2str(number_B - number_b_sim)...
      ' 确诊率 p1 = ' num2str(number_b_sim/number_B * 100) '%']);
disp(['恶性乳腺肿瘤确诊:' num2str(number_m_sim)...
      ' 误诊:' num2str(number_M - number_m_sim)...
      ' 确诊率 p2 = ' num2str(number_m_sim/number_M * 100) '%']);
disp(['建模时间为:' num2str(e) 's'] );
```

36.4.7 结果分析

程序运行后,种群适应度函数的进化曲线如图 36-6 所示。命令行中显示的运行结果为:

实验条件为:
病例总数:569 良性:357 恶性:212
训练集病例总数:500 良性:308 恶性:192
测试集病例总数:69 良性:49 恶性:20
(1) BP 网络的测试结果为:
良性乳腺肿瘤确诊:46 误诊:3 确诊率 p1 = 93.8776 %
恶性乳腺肿瘤确诊:20 误诊:0 确诊率 p2 = 100 %
建模时间为:29.2031s
优化筛选后的输入自变量编号为:2 5 6 7 8 9 10 11 16 19 22 25 26 28 29 30
(2) 优化 BP 网络的测试结果为:
良性乳腺肿瘤确诊:49 误诊:0 确诊率 p1 = 100 %
恶性乳腺肿瘤确诊:20 误诊:0 确诊率 p2 = 100 %
建模时间为:4.3906s

从上述结果可以看出,经遗传算法优化计算后,筛选出的一组输入自变量编号为:2,5,6,7,8,9,10,11,16,19,22,25,26,28,29,30,也就是说,筛选出的 16 个输入自变量分别为质地、光滑性、紧密度、凹陷度、凹陷点数、对称度、断裂度的平均值,细胞核半径、紧密度及对称度的标准差,质地、光滑性、紧密度、凹陷点数、对称度及断裂度的最坏值。

显而易见,经遗传算法优化筛选后,参与建模的输入自变量个数约为全部输入自变量个数的一半。对比优化筛选前后的 BP 网络的测试结果,可以发现,当使用 16 个筛

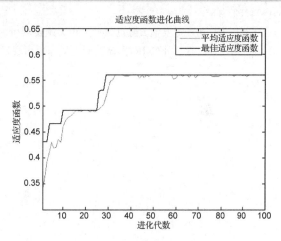

图 36 - 6　种群适应度函数进化曲线

选出来的输入自变量进行建模时,预测准确率可以达到 100%,相比使用全部自变量建立的模型,性能得到了改善和提升。另一方面,优化后的模型建立时间仅为 4 s 左右,而优化前的模型建立需要 29 s 左右,这也表明,当使用遗传算法对输入自变量进行降维压缩后,建模时间缩短了很多。

36.5　案例扩展

将遗传算法与神经网络相结合,可以避免神经网络陷入局部极小、出现过拟合现象、泛化能力差等问题。针对输入自变量个数太多的模型,可以在建立模型前,利用遗传算法对输入自变量进行优化筛选,从而达到降维的目的。该方法已经成功应用于图像处理、光谱分析等领域中,随着研究的不断深入,其一定会得到更为广泛的应用。

参考文献

[1] 雷英杰,张善文,李续武,等. MATLAB 遗传算法工具箱及应用[M]. 西安:西安电子科技大学出版社,2005.

[2] 陈全润,杨翠红."类逐步回归"变量筛选法及其在农村居民收入预测中的应用[J].系统工程理论与实践,2008,11:16-22.

[3] 赵志强,张毅,胡坚明,等.基于PCA和ICA的交通流量数据压缩方法比较研究[J].公路交通科技,2008,25(11):109-113.

[4] 王惠文,仪彬,叶明.基于主基底分析的变量筛选[J].北京航空航天大学学报,2008,34(11):1288-1291.

[5] 钱国华,荀鹏程,陈峰,等.偏最小二乘法降维在微阵列数据判别分析中的应用[J].中国卫生统计,2007,24(2):120-123.

[6] 卢文喜,李俊,于福荣,等.逐步判别分析法在筛选水质评价因子中的应用[J].吉林大学学报:地球科学版,2009,39(1):126-130.

[7] 祝诗平,王一鸣,张小超,等.基于遗传算法的近红外光谱谱区选择方法[J].农业机械学报,2004,35(5):152-156.

[8] 王刚.花椒挥发油含量近红外光谱无损检测研究[D].重庆:西南大学,2008.

[9] 唐志国.近红外(NIR)光谱法测定果冻中甜蜜素的研究[D].镇江:江苏大学,2007.

第 37 章 基于灰色神经网络的预测算法研究
——订单需求预测

37.1 案例背景

37.1.1 灰色理论

灰色系统理论是一种研究少数据、贫信息、不确定性问题的新方法,它以部分信息已知、部分信息未知的"小样本"、"贫信息"不确定系统为研究对象,通过对"部分"已知信息的生成、开发,提取有价值的信息,实现对系统运行行为、演化规律的正确描述和有效监控。灰色理论是我国学者邓聚龙教授在 1982 年首先提出的,该理论认为任何随机过程都可看做是在一定时空区域内变化的灰色过程,随机量可看成灰色量,同时,他认为通过生成变换可将系统数据无规律的序列变成有规律的序列。灰色理论强调通过对无规律的系统已知信息的研究,提炼和挖掘有价值的信息,进而用已知信息去揭示未知信息,使系统不断"白化"。

灰色系统中建立的模型称为灰色模型(grey model,GM),该模型是以原始数据序列为基础建立的微分方程。灰色建模中最有代表性的模型是针对时间序列的 GM 建模,它直接将时间序列数据转化为微分方程,利用系统信息,使抽象的模型量化,进而在缺乏系统特性知识的情况下预测系统输出。

GM 模型首先对原始数据序列做一次累加,使累加后的数据呈现一定规律,然后用典型曲线拟合该曲线。设有时间数据序列 $x^{(0)}$:

$$x^{(0)} = (x_t^{(0)} \mid t = 1,2,\cdots,n) = (x_1^{(0)}, x_2^{(0)}, \cdots, x_n^{(0)}) \qquad (37-1)$$

对 $x^{(0)}$ 作一次累加得到新的数据序列 $x^{(1)}$,新的数据序列 $x^{(1)}$ 第 t 项为原始数据序列 $x^{(0)}$ 前 t 项之和,即

$$x^{(1)} = (x_t^{(1)}) \mid t = 1,2,\cdots,n) = \left(x_1^{(0)}, \sum_{t=1}^{1} x_t^{(0)}, \sum_{t=1}^{2} x_t^{(0)}, \cdots, \sum_{t=1}^{n} x_t^{(0)}\right) \qquad (37-2)$$

根据新的数据序列 $x^{(1)}$,建立白化方程,即

$$\frac{\mathrm{d} x^{(1)}}{\mathrm{d} t} + a x^{(1)} = u \qquad (37-3)$$

该方程的解为

$$x_t^{*(1)} = (x_1^{(0)} - u/a) \mathrm{e}^{-a(t-1)} + u/a \qquad (37-4)$$

$x_t^{*(1)}$ 为 $x^{(1)}$ 序列的估计值,对 $x_t^{*(1)}$ 做一次累减得到 $x^{(0)}$ 的预测值 $x_t^{*(0)}$,即

$$x_t^{*(0)} = x_t^{*(1)} - x_{t-1}^{*(1)} \quad t = 2,3,\cdots \qquad (37-5)$$

37.1.2 灰色神经网络

灰色问题是指对灰色的不确定系统行为特征值的发展变化进行预测的问题,该不确定系

统特征值的原始数列 $x_t^{(0)}(t=0,1,2,\cdots,N-1)$ 经过一次累加生成后得到的数列 $x_t^{(1)}$ 呈现指数增长规律,因而可以用一个连续函数或微分方程进行数据拟和和预测。为了表达方便,对符号进行重新定义,原始数列 $x_t^{(0)}$ 表示为 $x(t)$,一次累加生成后得到的数列 $x_t^{(1)}$ 表示为 $y(t)$,预测结果 $x_t^{*(1)}$ 表示为 $z(t)$。

n 个参数的灰色神经网络模型的微分方程表达式为

$$\frac{dy_1}{dt} + ay_1 = b_1 y_2 + b_2 y_3 + \cdots + b_{n-1} y_n \tag{37-6}$$

式中,$y_1, y_2, \cdots, y_n$ 为系统输入参数;y_1 为系统输出参数;$a, b_1, b_2, \cdots, b_{n-1}$ 为微分方程系数。

式(37-6)的时间响应式为

$$z(t) = \left(y_1(0) - \frac{b_1}{a} y_2(t) - \frac{b_2}{a} y_3(t) - \cdots - \frac{b_{n-1}}{a} y_n(t)\right) e^{-at} + \frac{b_1}{a} y_2(t) + \frac{b_2}{a} y_3(t) + \cdots + \frac{b_{n-1}}{a} y_n(t) \tag{37-7}$$

令

$$d = \frac{b_1}{a} y_2(t) + \frac{b_2}{a} y_3(t) + \cdots + \frac{b_{n-1}}{a} y_n(t)$$

式(37-7)可以作如下转化:

$$z(t) = \left((y_1(0) - d) \cdot \frac{e^{-at}}{1+e^{-at}} + d \cdot \frac{1}{1+e^{-at}}\right) \cdot (1+e^{-at}) =$$
$$\left((y_1(0) - d)\left(1 - \frac{1}{1+e^{-at}}\right) + d \cdot \frac{1}{1+e^{-at}}\right) \cdot (1+e^{-at}) =$$
$$\left((y_1(0) - d) - y_1(0) \cdot \frac{1}{1+e^{-at}} + 2d \cdot \frac{1}{1+e^{-at}}\right) \cdot (1+e^{-at}) \tag{37-8}$$

将变换后的式(37-8)映射到一个扩展的 BP 神经网络中就得到 n 个输入参数、1 个输出参数的灰色神经网络,网络拓扑结构如图 37-1 所示。

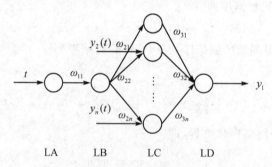

图 37-1 灰色神经网络拓扑结构

图中,t 为输入参数序号;$y_2(t), \cdots, y_n(t)$ 为网络输入参数;$\omega_{21}, \omega_{22}, \cdots, \omega_{2n}, \omega_{31}, \omega_{32}, \cdots, \omega_{3n}$ 为网络权值;y_1 为网络预测值;LA、LB、LC、LD 分别表示灰色神经网络的四层。

令 $\frac{2b_1}{a} = u_1, \frac{2b_2}{a} = u_2, \cdots, \frac{2b_{n-1}}{a} = u_{n-1}$,则网络初始权值可以表示为

$$\omega_{11} = a, \omega_{21} = -y_1(0), \omega_{22} = u_1, \omega_{23} = u_2, \cdots, \omega_{2n} = u_{n-1}$$
$$\omega_{31} = \omega_{32} = \cdots = \omega_{3n} = 1 + e^{-at}$$

LD 层中输出节点的阈值为
$$\theta = (1+e^{-at})(d-y_1(0))$$
灰色神经网络的学习流程如下：
步骤 1：根据训练数据特征初始化网络结构，初始化参数 a,b，并根据 a,b 的值计算 u。
步骤 2：根据网络权值定义计算 $\omega_{11},\omega_{21},\omega_{22},\cdots,\omega_{2n},\omega_{31},\omega_{32},\cdots,\omega_{3n}$。
步骤 3：对每一个输入序列 $(t,y(t)),t=1,2,3,\cdots,N$，计算每层输出。
LA 层：$a=\omega_{11}t$
LB 层：$b=f(\omega_{11}t)=\dfrac{1}{1+e^{-\omega_{11}t}}$
LC 层：$c_1=b\omega_{21},c_2=y_2(t)b\omega_{22},c_3=y_3(t)b\omega_{23},\cdots,c_n=y_n(t)b\omega_{2n}$
LD 层：$d=\omega_{31}c_1+\omega_{32}c_2+\cdots+\omega_{3n}c_n-\theta_{y1}$
步骤 4：计算网络预测输出与期望输出的误差，并根据误差调整权值和阈值。
LD 层误差：$\delta=d-y_1(t)$
LC 层误差：$\delta_1=\delta(1+e^{-\omega_{11}t}),\delta_2=\delta(1+e^{-\omega_{11}t}),\cdots,\delta_n=\delta(1+e^{-\omega_{11}t})$
LB 层误差：$\delta_{n+1}=\dfrac{1}{1+e^{-\omega_{11}t}}\left(1-\dfrac{1}{1+e^{-\omega_{11}t}}\right)(\omega_{21}\delta_1+\omega_{22}\delta_2+\cdots+\omega_{2n}\delta_n)$
根据预测误差调整权值。
调整 LB 到 LC 的连接权值：
$$\omega_{21}=-y_1(0),\omega_{22}=\omega_{22}-\mu_1\delta_2 b,\cdots,\omega_{2n}=\omega_{2n}-\mu_{n-1}\delta_n b$$
调整 LA 到 LB 的连接权值：$\omega_{11}=\omega_{11}+at\delta_{n+1}$
调整阈值：$\theta=(1+e^{-\omega_{11}t})\left(\dfrac{\omega_{22}}{2}y_2(t)+\dfrac{\omega_{23}}{2}y_3(t)+\cdots+\dfrac{\omega_{2n}}{2}y_n(t)-y_1(0)\right)$
步骤 5：判断训练是否结束，若否，返回步骤 3。

37.1.3 冰箱订单预测

对于冰箱市场来说，影响其需求量的因素很多，比如季节性因素、成本、产品质量水平、品牌认可、售后服务、产品结构、产品生命周期、价格波动及销售力度、竞争对手、市场特征、性能价格比等，根据各因素对订单需求影响的大小，从中选取需求趋势、产品的市场份额、销售价格波动、订单缺货情况和分销商的联合预测情况 5 个因素作为主要因素预测冰箱订单量。

产品的市场份额是指某个企业销售额在同一市场（或行业）全部销售额中所占比重。一般来说，某市场中，企业越多，单个企业所占比重越低，即市场份额小，该市场的竞争程度越高。

产品的生命周期是指产品从推出市场到从市场退出的周期。产品订单同产品生命周期有很大关系，比如产品处于成长期，那么其需求将增长快速。处于成熟期，其需求的增长比较缓慢且稳定。

价格波动一般指企业为了增加产品的销量，减少闲置库存，提升品牌竞争力，又或者由于原材料的成本增加，为满足一定的盈利，短期时间内价格的变化。价格的波动导致的需求量突增或突减可反映在市场活动如促销前后，直接的价格战前后，因而在做需求预测时要考虑预测期间的市场活动状况，对预测的需求量按促销等力度加以调整。

订单满足率是指由于供应量的不足导致的缺货和其他原因不能满足给定数量的货物所占总订单数的比例。对于某冰箱公司，一般情况下，下游企业或者说批发商会在给定前置期的范围内下订单,但是由于月前的以需求计划为引导的生产计划可能不能满足足够数额的需求,所以会产生制造商和批发商之间的短期博弈。

分销商联合预测因素是指供应商、制造商、配送商、分销商、零售商直至最后的客户连接成一个有机体,考虑各自上下游之间的需求匹配性,进行联合预测,实现信息共享,来减少供应链中的存货、生产及运输成本,快速响应消费者需求,提高订单满足率和客户服务水平。

37.2 模型建立

基于灰色神经网络的冰箱订单预测算法流程如图37-2所示。其中,灰色神经网络构建根据输入/输出数据维数确定灰色神经网络结构。由于本案例输入数据为5维,输出为1维,所以灰色神经网络结构为1—1—6—1,即 LA 层有1个节点,输入为时间序列 t,LB 层有1个节点,LC 层有6个节点,第2~6个分别输入市场份额、需求趋势、价格波动、订单满足率、分销商联合预测5个因素的归一化数据,输出为预测订单量。

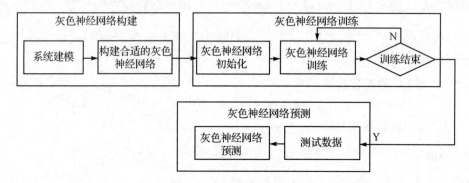

图 37-2 灰色神经网络流程

灰色神经网络训练用训练数据训练灰色神经网络,使网络具有订单预测能力。灰色神经网络预测用网络预测订单数量,并根据预测误差判断网络性能。共有过去3年(36个月)的数据,首先取前30个月的数据作为训练数据训练网络,网络共学习进化100次,然后用剩余6组数据评价网络的预测性能。

37.3 编程实现

根据灰色神经网络原理,在 MATLAB 中编程实现基于灰色神经网络的订单需求预测。

37.3.1 数据处理

对原始数据进行累加作为网络的输入/输出参数,冰箱原始订单数据存储在 data.mat 文件的矩阵 X 中,X 为36行6列矩阵,第1列为冰箱订单数,第2~6列分别为需求趋势、产品的市场份额、销售价格波动、订单缺货情况和分销商的联合预测。

```
% 清空环境变量
clc
```

```
clear
        % 下载数据
        load data
% 原始数据累加
[n,m] = size(X);
for i = 1:n
    y(i,1) = sum(X(1:i,1));
    y(i,2) = sum(X(1:i,2));
    y(i,3) = sum(X(1:i,3));
    y(i,4) = sum(X(1:i,4));
    y(i,5) = sum(X(1:i,5));
    y(i,6) = sum(X(1:i,6));
end
```

37.3.2 网络初始化

初始化灰色神经网络权值和阈值。

```
% 网络参数初始化
a = 0.3 + rand(1)/4;
b1 = 0.3 + rand(1)/4;
b2 = 0.3 + rand(1)/4;
b3 = 0.3 + rand(1)/4;
b4 = 0.3 + rand(1)/4;
b5 = 0.3 + rand(1)/4;

% 学习速率
u1 = 0.0015;
u2 = 0.0015;
u3 = 0.0015;
u4 = 0.0015;
u5 = 0.0015;

% 权值初始化
t = 1;
w11 = a;
w21 = -y(1,1);
w22 = 2 * b1/a;
w23 = 2 * b2/a;
w24 = 2 * b3/a;
w25 = 2 * b4/a;
w26 = 2 * b5/a;
w31 = 1 + exp(-a * t);
w32 = 1 + exp(-a * t);
w33 = 1 + exp(-a * t);
w34 = 1 + exp(-a * t);
w35 = 1 + exp(-a * t);
w36 = 1 + exp(-a * t);
theta = (1 + exp(-a * t)) * (b1 * y(1,2)/a + b2 * y(1,3)/a + b3 * y(1,4)/a + b4 * y(1,5)/a + b5 * y(1,6)/a - y(1,1));
```

37.3.3 网络学习

利用训练数据训练灰色神经网络。

```
%网络循环
for j = 1:100
%记录误差
E(j) = 0;
for i = 1:30
    t = i;
    %网络输出计算
    LB_b = 1/(1 + exp( - w11 * t));        % LB 层输出
    LC_c1 = LB_b * w21;                    % LC 层输出
    LC_c2 = y(i,2) * LB_b * w22;           % LC 层输出
    LC_c3 = y(i,3) * LB_b * w23;           % LC 层输出
    LC_c4 = y(i,4) * LB_b * w24;           % LC 层输出
    LC_c5 = y(i,5) * LB_b * w25;           % LC 层输出
    LC_c6 = y(i,6) * LB_b * w26;           % LC 层输出
    LD_d = w31 * LC_c1 + w32 * LC_c2 + w33 * LC_c3 + w34 * LC_c4 + w35 * LC_c5 + w36 * LC_c6;
                                           % LD 层输出
    theta = (1 + exp( - w11 * t)) * (w22 * y(i,2)/2 + w23 * y(i,3)/2 + w24 * y(i,4)/2 + w25 * y(i,5)/2 + w26 * y(i,6)/2 - y(1,1));        %阈值
    ym = LD_d - theta;                     %网络预测值
    yc(i) = ym;

    %权值修正
    error = ym - y(i,1);                   %计算误差
    E(j) = E(j) + abs(error);              %误差求和
    error1 = error * (1 + exp( - w11 * t));    % LC 层误差
    error2 = error * (1 + exp( - w11 * t));
    error3 = error * (1 + exp( - w11 * t));
    error4 = error * (1 + exp( - w11 * t));
    error5 = error * (1 + exp( - w11 * t));
    error6 = error * (1 + exp( - w11 * t));
    error7 = (1/(1 + exp( - w11 * t))) * (1 - 1/(1 + exp( - w11 * t))) * (w21 * error1 + w22 * error2 + w23 * error3 + w24 * error4 + w25 * error5 + w26 * error6);    % LB 层误差

    %修改权值
    w22 = w22 - u1 * error2 * LB_b;
    w23 = w23 - u2 * error3 * LB_b;
    w24 = w24 - u3 * error4 * LB_b;
    w25 = w25 - u4 * error5 * LB_b;
    w26 = w26 - u5 * error6 * LB_b;
    w11 = w11 + a * t * error7;
end
end
```

37.3.4 结果预测

用训练好的灰色神经网络预测冰箱订单。

```matlab
%灰色神经网络预测
for i = 31:36
    t = i;
    
    LB_b = 1/(1 + exp(-w11 * t));           %LB层输出
    LC_c1 = LB_b * w21;                      %LC层输出
    LC_c2 = y(i,2) * LB_b * w22;             %LC层输出
    LC_c3 = y(i,3) * LB_b * w23;             %LC层输出
    LC_c4 = y(i,4) * LB_b * w24;             %LC层输出
    LC_c5 = y(i,5) * LB_b * w25;             %LC层输出
    LC_c6 = y(i,6) * LB_b * w26;             %LC层输出
    LD_d = w31 * LC_c1 + w32 * LC_c2 + w33 * LC_c3 + w34 * LC_c4 + w35 * LC_c5 + w36 * LC_c6;
    theta = (1 + exp(-w11 * t)) * (w22 * y(i,2)/2 + w23 * y(i,3)/2 + w24 * y(i,4)/2 + w25 * y(i,5)/2 + w26 * y(i,6)/2 - y(1,1));
    ym = LD_d - theta;                       %网络预测
    yc(i) = ym;
end

%预测值递减得到订单需求
for j = 36:-1:2
    ys(j) = (yc(j) - yc(j-1))/10;
end
```

灰色神经网络网络训练过程如图37-3所示。

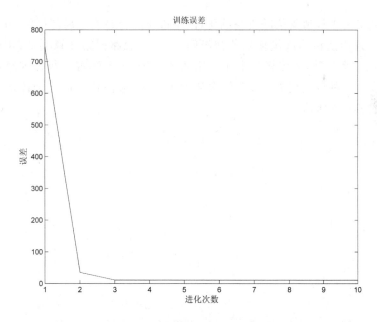

图37-3 灰色神经网络训练过程

从图37-3可以看出,灰色神经网络收敛速度很快,但是网络很快陷入局部最优,无法进一步修正参数。用训练好的灰色神经网络预测冰箱订单,预测结果如图37-4所示。

灰色神经网络预测的平均误差为7.20%,BP神经网络预测的平均误差为10.74%,说明灰色神经比较适用于小样本预测问题。

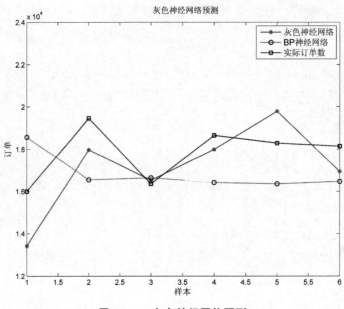

图 37 - 4　灰色神经网络预测

37.4　案例扩展

灰色神经网络由于权值阈值随机初始化，网络进化时容易陷入局部最优，并且每次预测的结果都不相同。采用遗传算法优化灰色神经网络，算法思路同第 3 章类似，用遗传算法优化 $a, b_1, b_2, b_3, b_4, b_5$ 6 个参数，遗传算法个体采用实数编码，把个体对应灰色神经网络预测误差作为个体适应度值。种群规模为 30，迭代次数为 100 次，遗传算法最优个体适应度值随迭代次数的变化如图 37 - 5 所示。

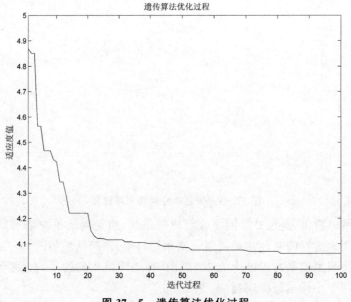

图 37 - 5　遗传算法优化过程

遗传算法优化得到的最佳初始参数值如表 37-1 所列。

表 37-1 最佳初始参数

参数名称	a_1	b_1	b_2	b_3	b_4	b_5
参数值	0.6701	0.3131	0.3912	0.5401	0.6717	0.3175

把最佳初始参数赋予灰色神经网络，网络经训练后的预测订单结果如图 37-6 所示。

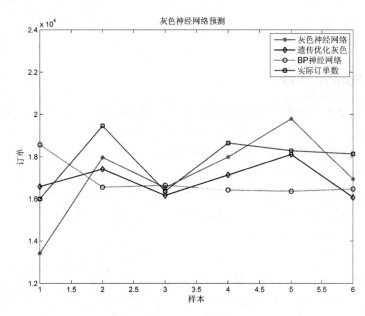

图 37-6 GA 优化灰色神经网络预测

GA 优化灰色神经网络预测平均误差为 5.99%，相比未优化的灰色神经网络预测平均误差 7.2%，遗传算法优化取得了比较好的效果。

参考文献

[1] 周宏.灰色神经网络及在砼结构使用寿命评估中的应用[D].武汉:武汉理工大学,2004.

[2] 肖俊.基于粒子群算法的 GM(1,1)模型及其应用[D].武汉:华中科技大学,2005.

[3] 卢丹玫.基于灰色理论的神经网络方法在防洪堤边坡稳定性分析中的应用[D].南宁:广西大学,2004.

[4] 秦毅.基于模糊评判的灰色神经网络 GNNM 综合模型在电力负荷预测中的理论探讨[D].沈阳:东北大学,2005.

[5] 贾艳辉.基于灰色系统和神经网络的环境气象特种预报研究.[D].哈尔滨:哈尔滨工业大学,2004.

[6] 李俊峰.灰色系统建模理论与应用研究[D].杭州:浙江理工大学,2005.

[7] 赵玉清.基于多变量灰色系统模型的碾压混凝土温度拟合分析及模型预报[D].河南:华北水利水电学院,2004.

[8] 姜波.灰色系统与神经网络分析方法及其研究应用[D].武汉:华中科技大学,2004.

[9] 马雄威,朱再清.灰色神经网络模型在猪肉价格预测中的作用[J].内蒙古农业大学学报,2008,10(40):91-93.

第 38 章 基于 Kohonen 网络的聚类算法
——网络入侵聚类

38.1 案例背景

38.1.1 Kohonen 网络

Kohonen 网络是自组织竞争型神经网络的一种,该网络为无监督学习网络,能够识别环境特征并自动聚类。Kohonen 神经网络是芬兰赫尔辛基大学教授 Teuvo Kohonen 提出的,该网络通过自组织特征映射调整网络权值,使神经网络收敛于一种表示形态。在这一形态中,一个神经元只对某种输入模式特别匹配或特别敏感。Kohonen 网络的学习是无监督的自组织学习过程,神经元通过无监督竞争学习使不同的神经元对不同的输入模式敏感,从而特定的神经元在模式识别中可以充当某一输入模式的检测器。网络训练后神经元被划分为不同区域,各区域对输入模型具有不同的响应特征。

Kohonen 神经网络结构为包含输入层和竞争层两层前馈神经网络:第 1 层为输入层,输入层神经元个数同输入样本向量维数一致,取输入层节点数为 m;第 2 层为竞争层,也称输出层,竞争层节点呈二维阵列分布,取竞争层节点数为 n。输入节点和输出节点之间以可变权值全连接,连接权值为 ω_{ij}($i=1$,$2,\cdots,m$;$j=1,2,\cdots,n$)。Kohonen 网络拓扑结构示意图如图 38-1 所示。

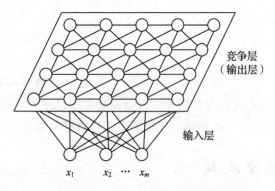

图 38-1 Kohonen 网络拓扑结构

Kohonen 神经网络算法工作机理为:网络学习过程中,当样本输入网络时,竞争层上的神经元计算输入样本与竞争层神经元权值之间的欧几里得距离,距离最小的神经元为获胜神经元。调整获胜神经元和相邻神经元权值,使获得神经元及周边权值靠近该输入样本。通过反复训练,最终各神经元的连接权值具有一定的分布,该分布把数据之间的相似性组织到代表各类的神经元上,使同类神经元具有相近的权系数,不同类的神经元权系数差别明显。需要注意的是,在学习的过程中,权值修改学习速率和神经元领域均在不断较少,从而使同类神经元逐渐集中。Kohonen 网络训练步骤如下。

步骤 1:网络初始化。初始化网络权值 ω。

步骤 2:距离计算。计算输入向量 $\boldsymbol{X}=(x_1,x_2,\cdots,x_n)$ 与竞争层神经元 j 之间的距离 d_j

$$d_j = \left| \sum_{i=1}^{m}(x_i - \omega_{ij})^2 \right| \quad j=1,2,\cdots,n \qquad (38-1)$$

步骤3：神经元选择。把与输入向量 X 距离最小的竞争层神经元 c 作为最优匹配输出神经元。

步骤4：权值调整。调整节点 c 和在其领域 $N_c(t)$ 内包含的节点权系数，即

$$N_c(t) = (t \mid \text{find}(\text{norm}(\text{pos}_t, \text{pos}_c) < r) \quad t = 1, 2, \cdots, n \tag{38-2}$$

$$\omega_{ij} = \omega_{ij} + \eta(X_i - \omega_{ij}) \tag{38-3}$$

式中，pos_c，pos_t 分别为神经元 c 和 t 的位置；norm 计算两神经元之间欧几里得距离；r 为领域半径；η 为学习速率。r, η 一般随进化次数的增加而线性下降。

步骤5：判断算法是否结束，若没有结束，返回步骤2。

38.1.2 网络入侵

本案例采用 Kohonen 网络对网络入侵行为进行聚类分析，网络入侵定义及相关理论内容见第34章。

38.2 模型建立

基于 Kohonen 网络的网络入侵攻击聚类算法流程如图 38-2 所示。

图 38-2 算法流程

数据归一化是指把网络入侵数据进行归一化处理。

网络初始化根据入侵数据特点初始化网络，由于网络入侵数据有38维，入侵数据来自于5种不同类型的网络入侵模式，所以输入层节点数为38。竞争层节点代表输入数据潜在的分类类别，竞争层节点数一般大大多于数据实际类别，选择竞争层节点数为36个，竞争层节点排列在一个6行6列的方阵中。

按公式(38-1)计算和输入样本最接近的竞争层节点作为该样本的优胜节点。

权值调整根据公式(38-2)调整优胜节点领域半径 r 内节点权值，其中领域半径和学习速率随着进化过程逐渐变小，这样输入数据逐渐向几个节点集中，从而使网络实现聚类功能。本案例中最大领域 r1max 为 1.5，最小领域 r1min 为 0.4，最大学习概率 rate1max 为 0.1，最小学习概率 rate1min 为 0.01。网络共学习调整 10 000 次。

38.3 编程实现

根据 Kohonen 网络原理，在 MATLAB 软件中编程实现基于 Kohonen 网络的网络入侵分类算法。

38.3.1 网络初始化

下载入侵数据，入侵数据和入侵类别都存储在 netattack.mat 文件中，其中入侵数据在1～

38 列,入侵类别在第 39 列。根据入侵数据维数初始化 Kohonen 网络。

```matlab
% 清空环境变量
clc
clear

% 数据下载
load netattack
input = netattack(:,1:38);

% 归一化处理
[inputn,inputps] = mapminmax(input);
[nn,mm] = size(inputn);

% 输入层节点数
Inum = mm;

% 竞争层节点数
M = 6;
N = 6;
K = M * N;                    % 竞争层节点数

% 确定竞争层节点位置
k = 1;
for i = 1:M
    for j = 1:N
        jdpx(k,:) = [i,j];    % 每个节点位置
        k = k + 1;
    end
end

% 学习速率
rate1max = 0.1;
rate1min = 0.01;

% 领域半径
r1max = 2;
r1min = 0.6;

% 权值初始化
w1 = rand(Inum,K);
```

38.3.2 网络学习进化

从数据中随机挑选一组数据输入网络,通过计算输入数据和节点权值距离找出优胜节点,调整优胜节点及其领域内节点连接权值。

```matlab
% 网络学习次数
maxgen = 20000;

% 网络迭代学习
for i = 1:maxgen
```

```
    %计算学习速率和领域半径
    rate1 = rate1max - i/maxgen * (rate1max - rate1min);
    r = r1max - i/maxgen * (r1max - r1min);

    %随机抽取一组输入数据
    k = unidrnd(4500);
    x = inputn(k,:);

    %找出优胜节点
    [mindist,index] = min(dist(x,w1));

    %找出优胜节点领域内节点
    d1 = ceil(index/6);
    d2 = mod(index,6);
    nodeindex = find(dist([d1 d2],jdpx')<r);

    %权值更新
    for j = 1:K
        if sum(nodeindex == j)
            w1(:,j) = w1(:,j) + rate1 * (x' - w1(:,j));
        end
    end

end
```

38.3.3 数据分类

将所有入侵数据依次输入训练好的 Kohonen 网络中，计算每组数据与竞争层节点距离，将其划分到与其最接近的节点代表类别中。

```
%聚类结果
Index = [];
for i = 1:4000
    [mindist,index] = min(dist(inputn(i,:),w1));
    Index = [Index,index];
end
```

38.3.4 结果分析

netattack.mat 里面共有 4 000 组数据，其中第 1~1 383 组数据属于第 1 类网络入侵方式，第 1 384~3 238 组属于第 2 类网络入侵方式，第 3 239~3 357 组属于第 3 类入侵方式，第 3 358~3 948 组属于第 4 类入侵方式，第 3 949~4 000 组属于第 5 类入侵方式。通过计算得到各类入侵数据的优胜节点，如表 38-1 所列。

竞争层优胜节点分布如图 38-3 所示。其中，①代表第 1 类入侵数据所属节点，②代表第 2 类入侵数据所属节点，③代表第 3 类入侵数据所属节点，④代表第 4 类入侵数据所属节点，⑤代表第 5 类入侵数据所属节点。空白表示节点不属于任何类。从图 38-3 可以看出，不同类别的优胜节点基本按块分布，分类算法取得了良好的效果。

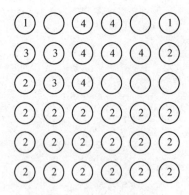

图 38-3 优胜节点分布

表 38-1 优胜节点序号

类别	节点序号
第 1 类	1,6
第 2 类	13,19~36
第 3 类	7~8,14
第 4 类	3~4,9~11,15
第 5 类	12

38.4 案例扩展

38.4.1 有监督 Kohonen 网络原理

上述内容表明 Kohonen 网络可以对未知类别数据进行无监督分类,但是分类结果中同一类别数据对应不同的网络节点,如果按照一个节点对应一类来说,Kohonen 网络分类的类别比实际数据类别要多。Kohonen 网络可以通过在竞争层后增加输出层变为有监督学习的网络(S_Kohonen 网络),S_Kohonen 网络同 Kohonen 网络相比,增加一层输出层,输出层节点个数同数据类别相同,每个节点代表一类数据。输出层节点和竞争层节点通过权值相连,数据输入 S_Kohonen 网络,在权值调整时,不仅调整输入层同竞争层优胜节点领域内节点权值,同时调整竞争层优胜节点领域内节点同输出层节点权值,调整方式如下:

$$\omega_{jk} = \omega_{jk} + \eta_2 (Y_k - \omega_{jk}) \qquad (38-4)$$

式中,η_2 为学习概率;ω_{jk} 为竞争层和输出层权值;Y_k 为样本所属类别。

S_Kohonen 网络训练过程同 Kohonen 网络训练类似,不同的是在调整输入层同竞争层获胜节点权值的同时按公式(38-4)调整竞争层获胜节点同输出层节点之间的权值。

网络训练完后可对未知样本进行分类,分类时首先计算同未知样本最近的竞争层节点作为优胜节点,与获胜节点连接权值最大的输出层节点代表类别为未知样本类别。

对于本案例来说,由于数据来源于 5 种类型的入侵数据,所以网络结构为 38—36—5,输入层和竞争层的权值 ω_{ij} 随机初始化,竞争层和输出层的权值 ω_{jk} 初始为 0。取 4 500 组网络攻击数据,从中随机抽取 4 000 组数据训练网络,500 组数据测试网络分类能力,MATLAB 程序如下。

38.4.2 网络初始化

训练数据和预测数据存储在 data.mat 文件中,其中 datatrain 为训练数据,datatest 为预测数据,datatrain 中第 1~38 列为网络入侵数据,第 39 列为入侵类别,根据入侵类别得到入侵数据对应输出,初始化 S_Kohonen 网络结构及权值。

第38章 基于Kohonen网络的聚类算法——网络入侵聚类

```
%清空环境变量
clc
clear
%随机选择训练数据和测试数据
load data
input = datatrain(:,1:38);
attackkind = datatrain(:,39);

c = randperm(4500);
input_train = input(c(1:4000),:);
output_train = output(c(1:4000),:);

[nn,mm] = size(inputn);
[b,c] = sort(rand(1,nn));

%输出计算
for i = 1:nn
    switch attackkind(i)
        case 1
            output(i,:) = [1 0 0 0 0];
        case 2
            output(i,:) = [0 1 0 0 0];
        case 3
            output(i,:) = [0 0 1 0 0];
        case 4
            output(i,:) = [0 0 0 1 0];
        case 5
            output(i,:) = [0 0 0 0 1];
    end
end

%网络结构初始化
M = 6;
N = 6;
K = M * N;            % Kohonen层
g = 5;                % 输出层节点

% Kohonen层节点排序
k = 1;
for i = 1:M
    for j = 1:N
        jdpx(k,:) = [i,j];
        k = k + 1;
    end
end

%学习速率
rate1max = 0.1;
rate1min = 0.01;
rate2max = 1;
rate2min = 0.5;
```

```matlab
% 节点领域
r1max = 1.5;
r1min = 0.4;
```

38.4.3 网络训练

用训练数据训练 S_Kohonen 网络,网络经过学习后具有未知样本分类能力。

```matlab
%% 迭代次数
maxgen = 10000;
for i = 1:maxgen

    %学习速率,领域半径自适应调整
    rate1 = rate1max - i/maxgen * (rate1max - rate1min);
    rate2 = rate2min + i/maxgen * (rate2max - rate2min);
    r = r1max - i/maxgen * (r1max - r1min);

    %随机抽取训练数据
    k = unidrnd(4000);
    x = input_train(k,:);
    y = output_train(k,:);

    %计算获胜节点
    [mindist,index] = min(dist(x,w1));

    %领域计算
    d1 = ceil(index/6);
    d2 = mod(index,6);
    nodeindex = find(dist([d1 d2],jdpx')<=r);

    %权值调整
    for j = 1:length(nodeindex)
        w1(:,nodeindex(j)) = w1(:,nodeindex(j)) + rate1 * (x'- w1(:,nodeindex(j)));
        w2(nodeindex(j),:) = w2(nodeindex(j),:) + rate2 * (y - w2(nodeindex(j),:));
    end
end
```

38.4.4 未知样本分类

用训练好的 S_Kohonen 网络分类未知样本。

```matlab
for i = 1:500
    x = inputn_test(i,:);
    %获胜节点
    [mindist,index] = min(dist(x,w1));

    %样本所属类别
    [a,b] = max(w2(index,:));
    outputfore(i) = b;
end
```

38.4.5 结果分析

用训练好的 S_Kohonen 网络分类测试样本数据,分类数据共有 500 组,分类结果如图 38-4 所示。

从预测结果可以看出,绝大部分测试数据网络分类类别同期望类别一致,500 组测试数据分类正确的有 492 组,正确率为 98.4%。

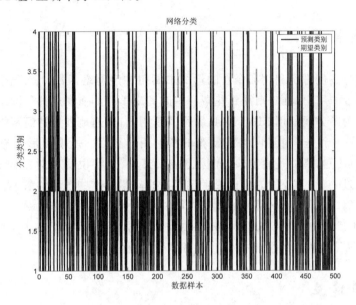

图 38-4 网络分类结果

参考文献

[1] 樊玫. 基于 Kohonen 神经网络的用户访问模式挖掘模式的研究[D]. 南昌:南昌大学,2007.

[2] 刘纯平. 基于 Kohonen 神经网络聚类方法在遥感分类中的比较[J]. 计算机仿真,2006,26(7): 1744-1750.

[3] 范作民,白杰,阎国华. Kohonen 网络在发动机故障诊断中的应用[J]. 航空动力学报,2000,15(1),89-92.

[4] 莫礼平. 基于 Kohone 神经网络的故障诊断方法[J]. 成都大学学报,2007,3(1),47-51.

[5] 彭建,王军. 基于 Kohonen 神经网络的中国土地资源综合分区[J]. 资源科学,2006,28(1),43-48.

第 39 章 神经网络 GUI 的实现
——基于 GUI 的神经网络拟合、模式识别、聚类

39.1 案例背景

本书中大部分案例都是利用命令行的形式来调用神经网络函数，而对于刚开始接触神经网络和 MATLAB 的用户来讲，则需要花费一些时间来学习如何调用神经网络函数、理解函数里参数的意义。为了方便使用 MATLAB 编程的新用户，快速地利用神经网络解决实际问题，MATLAB 提供了一个基于神经网络工具箱的图形用户界面。所谓图形用户界面（Graphical User Interfaces, GUI），指的是由窗口、光标、按键、菜单、文字说明等对象构成的一个用户界面。用户可以通过一定的方法（如鼠标或者键盘）选择、激活这些图形对象，实现某种特定的功能，如计算、绘图等。这种简单、易用的交互功能能够极大地提高工作效率。

考虑到 GUI 带来的方便和神经网络在数据拟合、模式识别、聚类各个领域的应用，MATLAB R2009a 提供了 3 种神经网络拟合工具箱，下面将逐一介绍。

39.2 模型建立

39.2.1 神经网络拟合工具箱的图形界面

神经网络在函数逼近和数据拟合方面得到广泛应用，该 GUI 界面可以实现神经网络的数据拟合功能。

打开神经网络拟合工具箱图形界面的命令为：

```
nftool
```

执行后将弹出如图 39-1 所示的对话框界面。

从对话框可知，神经网络拟合工具箱可用来收集、建立和训练网络，并且利用均方误差和回归分析来评价网络的效果。该工具箱采用一个两层前向型神经网络拟合函数，隐藏层神经元使用的是 Sigmoid 函数，输出神经元使用线性神经元，如果给定足够的隐藏层神经元，网络就可实现多维数据的拟合问题。

拟合工具箱的训练算法使用了 Levenberg - Marquardt 算法，即 trainlm，单击【Next】按钮，会出现导入数据的对话框，如图 39-2 所示。

从 MATLAB 的 workspace 内可以导入数据，数据分为输入数据和目标数据。要注意的是，输入数据导入后，数据的大小会自动地归一化到[-1,1]之间。单击【Next】按钮，可以看到选取验证数据和测试数据的对话框，如图 39-3 所示。

整个数据集分为训练集、验证集和测试集。其中，训练集是用来训练神经网络的样本，目的是为了让网络对训练样本的特征进行学习。验证集同样是用来网络训练的，但是它的目的

是为了确认在训练过程中,网络的泛化能力是不是在不断提高。一旦发现经过训练后,网络的泛化能力没有提高,则停止训练。测试集则与训练集无关,只是为了测试已经训练好的网络性能。

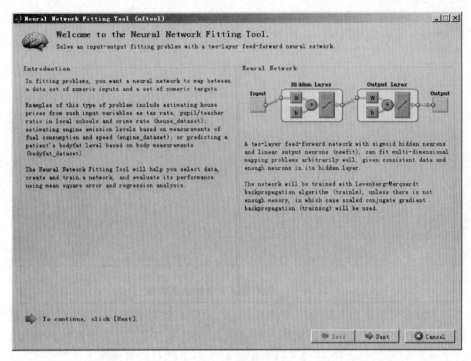

图 39-1　拟合工具箱

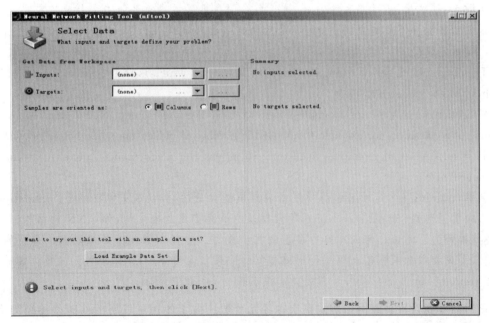

图 39-2　导入数据

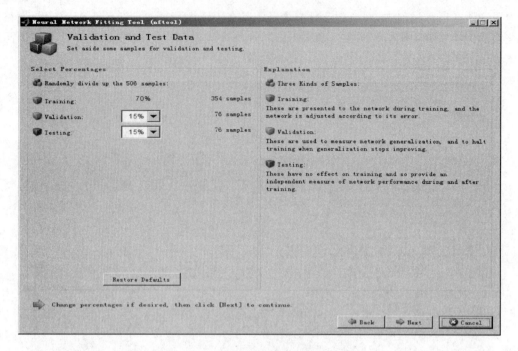

图 39-3 选取验证数据和测试数据

图 39-3 所示对话框的左边有三个选项,是对于总的数据集来讲,训练集、确认集和测试集三个部分占的比例。从上往下训练集占的比例在图中为 70%,确认集占的比例为 15%,测试集占的比例为 15%。单击【Next】按钮出现如图 39-4 所示的对话框。

小贴士:训练集、验证集和测试集,这三个名词在机器学习领域的文章中极其常见,但很多人对他们的概念并不是特别清楚,尤其是后两个经常被人混用。Neural Networks 中给出了这三个词的定义。

Training set:A set of examples used for learning, which is to fit the parameters [i.e., weights] of the classifier.

Validation set:A set of examples used to tune the parameters [i.e., architecture, not weights] of a classifier, for example to choose the number of hidden units in a neural network.

Test set:A set of examples used only to assess the performance [generalization] of a fully specified classifier.

显然,training set 是用来训练模型或确定模型参数的,如 ANN 中权值等;validation set 是用来做模型选择(model selection),即做模型的最终优化及确定的,如 ANN 的结构;而 test set 则纯粹是为了测试已经训练好的模型的推广能力。当然,test set 并不能保证模型的正确性,它只是说相似的数据用此模型会得出相似的结果。但实际应用中,一般只将数据集分成两类,即 training set 和 test set,大多数文章并不涉及 validation set。

该对话框能设置神经网络的隐藏层神经元个数。由于使用了三层的前向型神经网络,所以输入和输出数据确定后,可以调整的只有隐藏层的神经元数目,在图 39-4 中,隐藏层神经网络的数目设置为 20。如果在测试过程中发现拟合效果不好,可以回到这个对话框来重新调整隐藏层的神经元数目。接下来是一个网络训练的对话框,如图 39-5 所示。

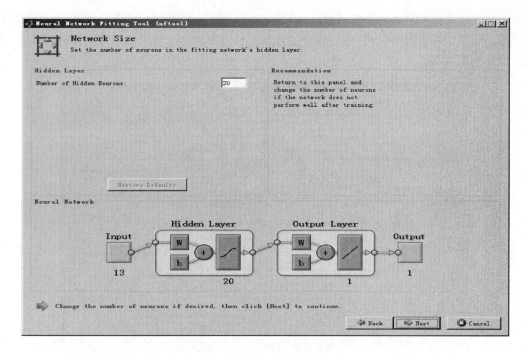

图 39 - 4　选择网络结构

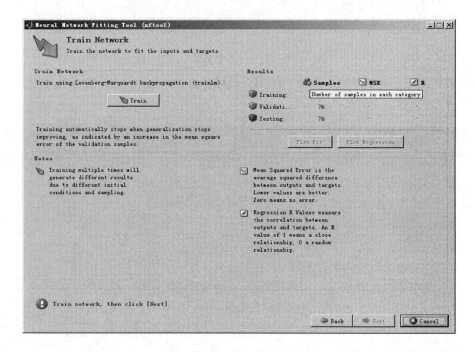

图 39 - 5　网络训练

图 39 - 5 所示为网络训练的过程,在网络训练结束后,可以使用对话框右侧的【Plot fit】/【Plot regression】按钮画出拟合的效果图。此处需要注意的是,当网络的确认集的误差均方开始增加时,也就是说当网络泛化效果停止提高时,网络训练会自动停止。因为所选取的初始条件和样本的不同,不同的训练将导致训练的结果不尽相同。训练完成后,单击【Next】按钮,会

出现一个修正训练的神经网络的对话框,如图39-6所示。当网络拟合效果不好时,还可以重新训练。如果想调整网络结构,也可以增加神经元。如果觉得之前训练的数据没有代表性,也可以增加训练数据。

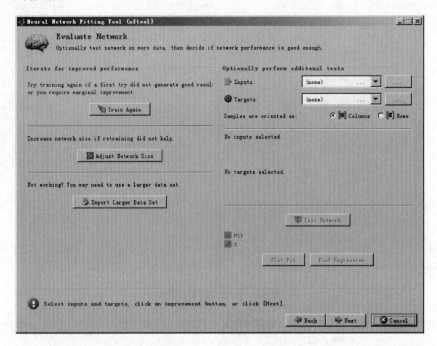

图39-6 网络修正

如果对网络的拟合效果满意的话,单击【Next】按钮,出现最后的保存数据和网络的对话框,如图39-7所示。

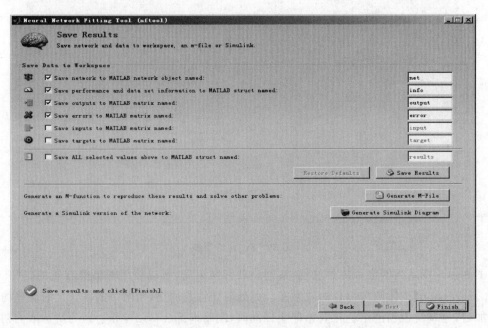

图39-7 保存数据和网络

这个对话框允许存储输入、输出、误差和网络结构等与训练相关的数据。将训练好的网络保存以后,如果有新的需要拟合的数据,就可以通过调用保存的网络直接进行拟合了。

39.2.2 神经网络模式识别工具箱的图形界面

打开神经网络模式识别工具箱图形界面的命令为:

```
nprtool
```

执行后将会跳出如图 39 - 8 所示的对话框。

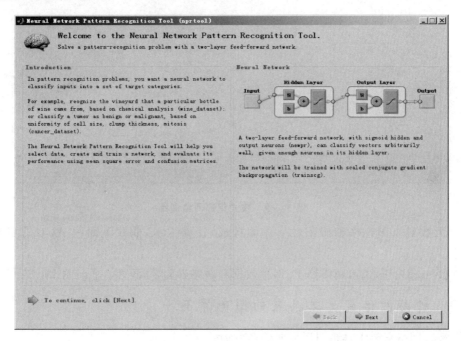

图 39 - 8 模式识别工具箱介绍文字

神经网络解决模式识别问题时,往往是通过建立一种网络来对已有分类的目标数据进行学习、训练,最后将训练好的网络用于分类的过程。

从对话框可知,神经网络模式识别工具箱将帮助用来收集、建立和训练网络,并且利用均方误差和混淆矩阵来评价网络的效果。用来进行模式识别的是一个两层的前向型神经网络,隐藏神经元和输出神经元使用的都是 Sigmoid 函数。模式识别工具箱的训练使用了量化连接梯度训练函数,即 trainscg 算法,单击【Next】按钮,会出现导入数据的对话框。该对话框中可以出现和拟合工具箱相同的导入数据、确认和测试数据界面、选择网络结构,请参见图 39 - 2~39 - 4。

选择网络结构后,单击【Next】按钮进入网络训练界面,如图 39 - 9 所示。

此处是训练网络的过程,在网络训练结束后,可以使用对话框右侧的【Plot Confusion】/【Plot ROC】按钮查看分类的效果。此处需要注意的是,当网络的验证集的误差均方开始增加时,也就是说当网络泛化效果停止提高时,网络训练会自动停止。因为所选取的初始条件和样本的不同,不同的训练将导致训练的结果不尽相同。

Confusion Matrix 叫做混淆矩阵或者匹配矩阵,是一种展示分类效果好坏的矩阵。混淆矩阵把所有正确和错误的分类信息都归到一个表里。ROC 曲线是反映敏感性和特异性连续变量的综合指标。ROC 曲线真阳性率为纵坐标,假阳性率为横坐标,在坐标上由无数个临界

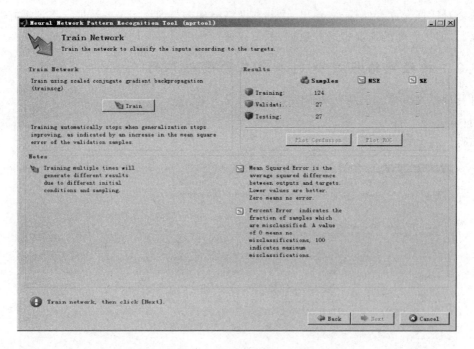

图 39-9 模式识别网络训练

值求出的无数对真阳性率和假阳性率作图构成,计算 ROC 曲线下面积 AUC 来评价分类效率。

单击【Next】按钮,进入网络修正、保存数据和网络界面,同图 39-6 与图 39-7。

39.2.3 神经网络聚类工具箱的图形界面

打开神经网络聚类工具箱图形界面的命令为:

```
nctool
```

执行后将会跳出如图 39-10 所示的对话框。

聚类问题往往是想建立一种网络对一组数据按照相似性分组。

由工具箱界面可知,神经网络聚类工具箱将帮助用来收集、建立和训练网络,并且利用可视化工具来评价网络的效果。

MATLAB 使用自组织特征映射网络(Self-Organizing Map,SOM)进行数据的聚类。SOM 网络包括一个可以将任意维数的数据分成若干类的竞争层。在竞争层中,神经元按照二维拓扑结构排列,这就使竞争层神经元能够代表与样本分布相似的分布。

SOM 神经网络使用了 SOM batch 的算法,使用的是 trainubwb 和 learnsomb 函数。

单击【Next】按钮,进入数据导入界面,如图 39-11 所示。

聚类工具箱只需要提供要聚类的数据输入即可,由于 SOM 网络是无导师、无监督的分类网络,这里不需要输入目标输出。单击【Next】按钮进入网络结构选择界面,如图 39-12 所示。

需要填写竞争层相关参数,如图 39-12 已经填写为 10,说明竞争层中有 10×10 个神经元。单击【Next】按钮,会出现如图 39-13 所示的对话框。

第39章 神经网络 GUI 的实现——基于 GUI 的神经网络拟合、模式识别、聚类

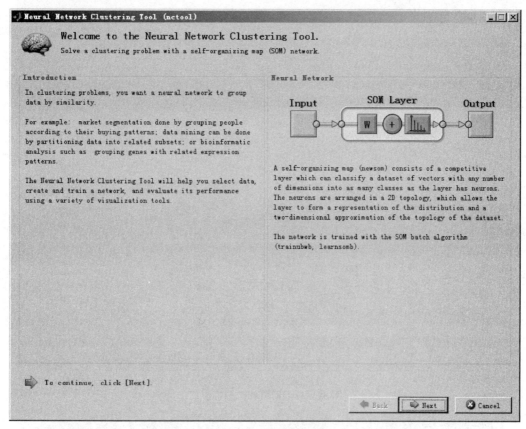

图 39-10 聚类工具箱

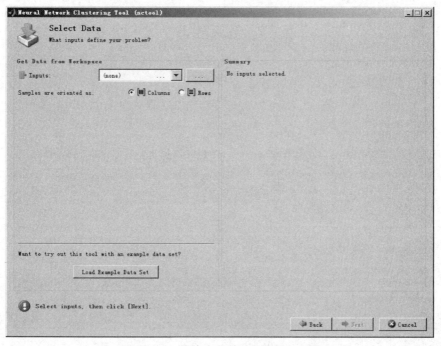

图 39-11 聚类工具箱的数据导入界面

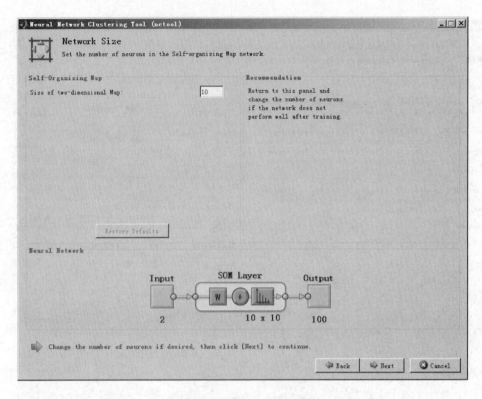

图 39-12 网络结构选择界面

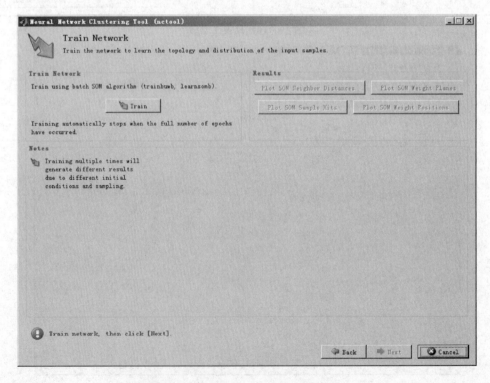

图 39-13 聚类工具箱网络训练界面

此处是网络训练过程,在网络训练结束后,可以使用对话框右侧的【Plot SOM Neighbor Distance】/【Plot SOM Weight Planes】/【Plot SOM Sample Hits】/【Plot SOM Weight Positions】按钮查看聚类的效果。需要注意的是,当网络的训练次数达到设定的训练次数时,网络训练会自动停止。因为所选取的初始条件和样本的不同,不同的训练将导致训练结果不尽相同。【Plot SOM Neighbor Distance】/【Plot SOM Weight Planes】/【Plot SOM Sample Hits】/【Plot SOM Weight Positions】按钮功能参考第22章的有关说明。单击【Next】按钮,进入网络修正、保存数据和网络界面,如图39-6与图39-7所示,此处不再赘述。

将训练好的SOM网络保存后,可以使用sim()函数对其他数据进行聚类。

39.3 案例扩展

利用图形用户界面可以快速地实现神经网络的拟合、模式识别、聚类等功能。通过这种简单、易用的交互功能能够极大地提高工作效率。

GUI避免了代码的编写过程,并且可以在最后的界面里生成相应的MATLAB代码。但是如果你是一个新手,建议不要不熟悉理论背景就使用GUI来解决实际问题,因为GUI中的一些功能只有在熟练掌握了工具箱的大部分函数后才可以正确运用。因此,最好的方式是首先利用编写代码的方式来学习神经网络工具箱,精通了各种函数的实际意义、调用格式和注意事项以后,就可以利用GUI方便快捷地解决实际问题了。

第 40 章 动态神经网络时间序列预测研究
——基于 MATLAB 的 NARX 实现

时间序列是按时间顺序排列的一组数字序列。时间序列分析是根据系统观测得到的时间序列数据,通过曲线拟合和参数估计建立数学模型的理论和方法,以预测未来事物的发展。时间序列分析是定量预测方法之一,它的基本原理是:一,承认事物发展的延续性,即应用过去的数据,就能推测事物的发展趋势;二,考虑到事物发展的随机性,任何事物发展都可能受偶然因素影响,为此要利用各种统计分析方法对历史数据加以分析处理。时间序列预测一般反映三种实际变化规律:趋势变化、周期性变化、随机性变化。

时间序列分析常应用于国民经济宏观控制、区域综合发展规划、企业经营管理、市场潜量预测、气象预报、水文预报、地震前兆预报、农作物病虫灾害预报、环境污染控制、生态平衡、天文学和海洋学等方面。

本案例应用 MATLAB 实现时间序列的预测,同时介绍神经网络 GUI 工具箱中的时间序列建模工具,为初、中、高级别神经网络研究人员提供参考。

40.1 案例背景

40.1.1 动态神经网络概述

神经网络按照是否存在反馈与记忆可以分为静态神经网络与动态神经网络。动态神经网络是指神经网络带有反馈与记忆功能,无论是局部反馈还是全局反馈。通过反馈与记忆,神经网络能将前一时刻的数据保留,使其加入到下一时刻数据的计算,使网络不仅具有动态性而且保留的系统信息也更加完整。动态神经网络有许多应用,例如,金融分析师用于分析某只股票、基金或者其他金融工具未来某时点的价格,工程师用于预测最近一次可能的飞机引擎故障时间等,可见动态神经网络在分析、仿真、系统监测与控制等领域有重要应用。根据动态神经网络实现系统动态的方法不同,将之分为两类:一类是回归神经网络,它是由静态神经元和网络输出反馈构成的动态网络,典型的有 NARX 回归神经网络;另一类是通过神经元反馈形成的神经网络,如全回归神经网络、Elman 神经网络、PID 神经网络等等。本章将动态神经网络应用于时间序列的预测中,实现通过 NARX 动态神经网络对时间序列数据的建模仿真及效果评价。

40.1.2 NARX 概念

NARX(Nonlinear AutoRegressive models with Exogenous Inputs)全称为非线性自回归模型,有些文献中也将其称为带外部输入的非线性自回归滤波器。在通常情况下,NARX 神经网络性能优于全回归神经网络,并且可以和全回归神经网络互相转换,所以它成为非线性动态系统中应用最广泛的一种神经网络。一个典型的 NARX 神经网络主要由输入层、隐层和输出层及输入和输出延时构成,在应用前一般要事先确定输入和输出的延时阶数、隐层神经元个数等。其基本结构如图40-1所示。

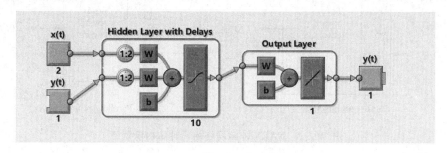

图 40-1　NARX 神经网络结构示意图

图中,x(t)表示神经网络的外部输入;y(t)是神经网络的输出;1:2 表示的是延时阶数;W 为联接权;b 为阈值。NARX 神经网络的模型为可以表示为

$$y(t) = f(y(t-1), y(t-2), \cdots, y(t-n_y), u(t-1), u(t-2), \cdots, u(t-n_u))$$

可以看出,下一个 y(t)值的大小取决于上一个 y(t)和上一个 x(t)。NARX 神经网络详细的结构如图40-2所示。

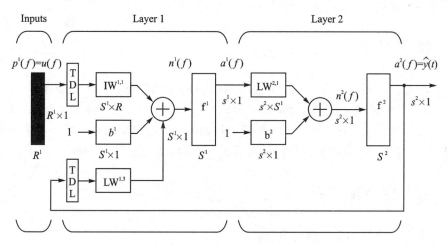

图 40-2　NARX 神经网络详细结构图

需要注意的是,在标准 NARX 神经网络结构中神经网络的输出被反馈到输入端,如图40-3左侧所示,此种模式叫做 Parallel 模式(Close-loop)。但由于在 NARX 神经网络训练中期望的输出(Target)是已知的,所以可以建立右侧所示的 Series-Parallel 神经网络模式(Open-loop),此模式下将期望输出反馈到输入端。这样做有两点好处:第一,使 NARX 神经网络预测效果更加准确;第二,将 NARX 神经网络变为单纯的前向神经网络,这样就可以直接使用静态的神经网络建模函数。

本案例使用 Series-Parallel 模式进行预测与仿真,Parallel 模式将在案例扩展中进行讨论。

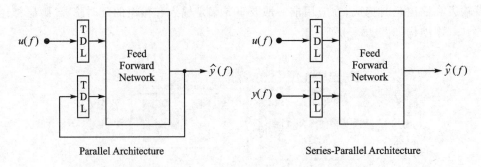

图 40-3 NARX 神经网络的两种结构示意图

40.1.3 案例描述

中和反应是化学反应中复分解反应的一种,是指酸和碱互相交换组分、生成盐和水的反应,在中和的过程中,酸里的氢离子和碱中的氢氧根离子会结合成水。中和反应发生后最终产物的 pH 值不一定是 7。如果一强酸与强碱参与中和反应,其产物的 pH 则会是 7,如强酸盐酸和强碱氢氧化钠发生中和反应,产生氯化钠和水。本案例使用 MATLAB 自带案例数据,即给定两个酸碱溶液的流速来预测一个中和反应过程后溶液的 pH 值。

40.2 模型建立

本案例中给出了两个含有 2 001 个监测点的时间序列数据。其中 PhInputs 为一个 1×2 001 维的 cell,代表了 2 001 个监测时间点酸碱溶液的流速。PhTargets 为 1×2 001 维的 cell,代表中和反应后溶液的 pH 值。本研究的目的就是通过当前的酸碱溶液流速预测中和反应后溶液的 pH 值大小,更详细的数据说明请在 MATLAB 帮助文档中输入 ph_dataset 查看。

40.3 MATLAB 实现

下面简单介绍代码中使用到的相关函数。

① 建立一个 NARX 神经网络,其函数名称和相关参数介绍如下:

```
net = narxnet(inputDelays,feedbackDelays,hiddenSizes,trainFcn)
```

其中,inputDelays 为输入延时,默认为 1:2;feedbackDelays 为输出延时,默认为 1:2;hiddenSizes 为隐层神经元个数,默认为 10;trainFcn 为训练函数,默认为"trainlm";net 为建立的 NARX 神经网络。

② 时间序列数据预处理,其函数名称和相关参数介绍如下:

```
[Xs,Xi,Ai,Ts,EWs,shift] = preparets(net,Xnf,Tnf,Tf,EW)
```

其中,net 为神经网络;Xnf 为非反馈输入变量;Tnf 为非反馈输出变量;TF 为反馈输出变量;EW 为误差权值,默认为{1};Xs 为延迟后的输入;TS 为延迟后的输出;EWs 为延迟后的误差权重;Xi 为初始输入延迟;Ai 为初始层延迟。

对时间序列数据进行处理后建模、仿真、可视化,代码实现如下:

```matlab
% 清空环境变量
clear
clc

% 加载数据
loadphdata
inputSeries = phInputs;
targetSeries = phTargets;

% 建立非线性自回归模型
inputDelays = 1:2;
feedbackDelays = 1:2;
hiddenLayerSize = 10;
net = narxnet(inputDelays,feedbackDelays,hiddenLayerSize);

% 网络数据预处理函数定义
net.inputs{1}.processFcns = {'removeconstantrows','mapminmax'};
net.inputs{2}.processFcns = {'removeconstantrows','mapminmax'};

% 时间序列数据准备工作
[inputs,inputStates,layerStates,targets] = preparets(net,inputSeries,{},targetSeries);

% 训练数据、验证数据、测试数据划分
net.divideFcn = 'dividerand';
net.divideMode = 'value';
net.divideParam.trainRatio = 70/100;
net.divideParam.valRatio = 15/100;
net.divideParam.testRatio = 15/100;

% 网络训练函数设定
net.trainFcn = 'trainlm';    % Levenberg-Marquardt

% 误差函数设定
net.performFcn = 'mse';   % Mean squared error

% 绘图函数设定
net.plotFcns = {'plotperform','plottrainstate','plotresponse',...
    'ploterrcorr','plotinerrcorr'};

% 网络训练
[net,tr] = train(net,inputs,targets,inputStates,layerStates);

% 网络测试
outputs = net(inputs,inputStates,layerStates);
errors = gsubtract(targets,outputs);
performance = perform(net,targets,outputs)

% 计算训练集、验证集、测试集误差
trainTargets = gmultiply(targets,tr.trainMask);
valTargets = gmultiply(targets,tr.valMask);
testTargets = gmultiply(targets,tr.testMask);
trainPerformance = perform(net,trainTargets,outputs)
```

```
valPerformance = perform(net,valTargets,outputs)
testPerformance = perform(net,testTargets,outputs)

% 网络训练效果可视化
figure, plotperform(tr)
figure, plottrainstate(tr)
figure, plotregression(targets,outputs)
figure, plotresponse(targets,outputs)
figure, ploterrcorr(errors)
figure, plotinerrcorr(inputs,errors)
```

结果如下:

```
performance =
    0.0218

trainPerformance =
    0.0196

valPerformance =
    0.0214

testPerformance =
    0.0326
```

NARX 神经网络训练效果如图 40-4 所示。由图可知,NARX 神经网络在训练 18 次后验证集误差上升,证明训练可以结束,整个数据集的误差此时为 0.021 363。

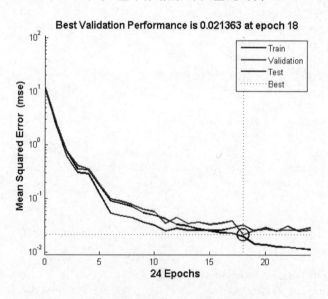

图 40-4　NARX 神经网络训练图

NARX 在训练过程中的梯度等参数变化如图 40-5 所示。

NARX 神经网络预测效果可以通过误差图(见图 40-6)、误差自相关图(见图 40-7)、输入与误差相关图(见图 40-8)进行可视化。图 40-6 中黄色线(误差线)越少表示 NARX 神经网络预测效果越好;图 40-7 中误差在 lag 为 0 时应该最大,其他情况以不超过置信区间为最佳;图 40-8 中输入与误差相关系数越接近 0 越好。

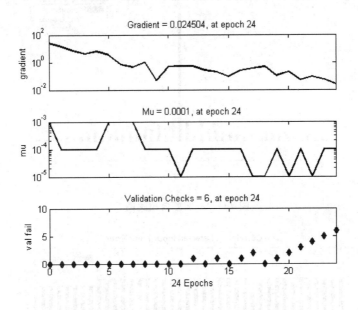

图 40-5 NARX 神经网络参数变化图

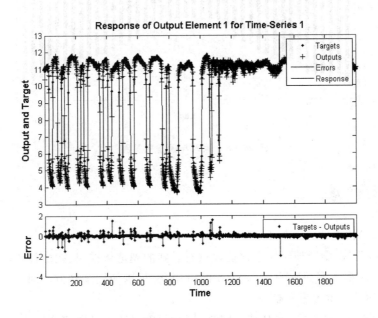

图 40-6 神经网络预测效果误差图

由以上例子,可以看出,NARX 神经网络成功完成了建模任务,达到了预期的效果,可以通过延时对时间序列数据进行仿真与预测。

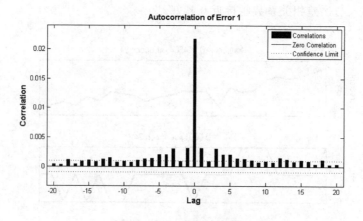

图 40-7 误差自相关图

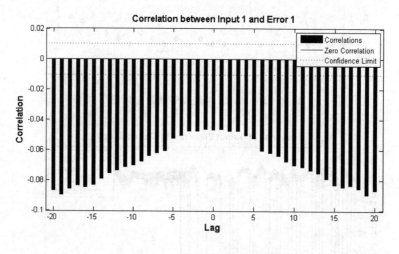

图 40-8 输入与误差相关图

40.4 案例扩展

从本案例可以拓展的方面如下：

① 由于延时阶数、隐层神经元个数选取没有成熟的理论依据，只能由经验给出，所以动态神经网络不确定因素太多而影响了 NARX 的应用，但可以使用某些方法对 NARX 神经网络进行优化，具体请见本章参考文献[3]。

② 本案例可以通过 MATLAB 神经网络时间序列 GUI 工具箱实现。在 Command Window 中输入"ntstool"进入神经网络时间序列工具箱，如图 40-9 所示。

MATLAB 神经网络时间序列预测工具箱提供了针对三种时间序列的预测，分别为 NARX、NAR 与 NIO。选择 NARX 神经网络后单击【Next】按钮设置网络的输入与输出，如图 40-10 所示。

设置完成后，单击【Next】按钮，进入数据集比例选择界面，在此界面中可以选择 NARX 神经网络训练集、验证集与测试集所占的比例，如图 40-11 所示。

第40章 动态神经网络时间序列预测研究——基于 MATLAB 的 NARX 实现

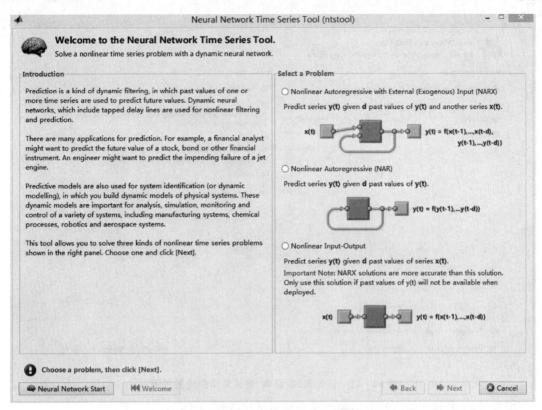

图 40-9 神经网络时间序列工具箱界面

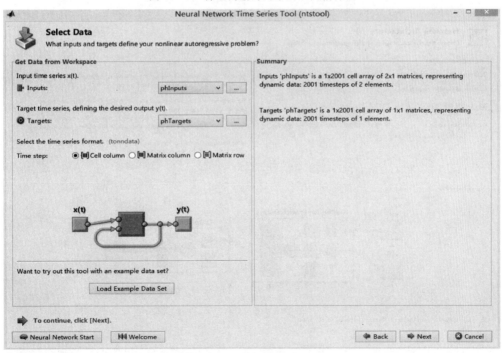

图 40-10 数据选择界面

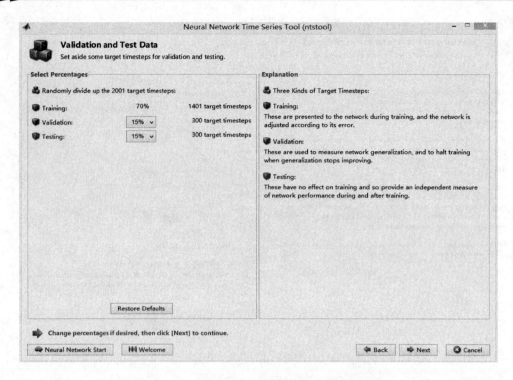

图 40-11　训练集、验证集、测试集比例设置界面

设置 NARX 神经网络的隐层神经元个数与延迟阶数，如图 40-12 所示。

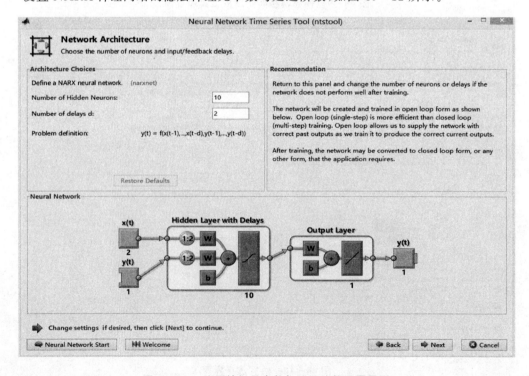

图 40-12　隐层神经元个数与延迟阶数设置界面

单击【Next】按钮进入训练界面,训练后可以发现右侧有多种网络误差图按钮,可以查看 NARX 神经网络的预测效果,如图 40-13 所示。

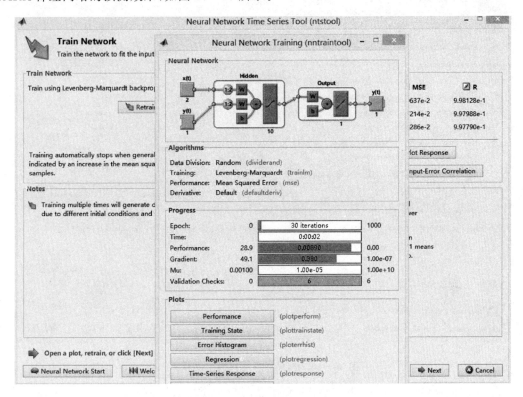

图 40-13 神经网络训练界面

完成训练后可以使用 MATLAB 自动生成脚本文件,同时可以保存 NARX 神经网络建模过程中的相关变量,以便下次使用,如图 40-14 所示。

③ 如果需要研究 NAR(Nolinear Autoregressive)模型,可将 narnet 与 preparets 配合使用,同时可以参考 ntstool 中的 NAR GUI 工具箱。

④ MATLAB 中可以使用 closeloop 函数将 Series-Parallel 模式(Open-loop)直接改为 Parallel 模式(Close-loop)以便进行时间序列的多步预测。下面的命令可以实现该功能:

```
%% close loop 模式的实现
% 更改 NARX 神经网络模式
narx_net_closed = closeloop(net);
view(net)
view(narx_net_closed)

% 计算 1 500~2 000 个点的拟合效果
phInputs_c = phInputs(1500:2000);
PhTargets_c = phTargets(1500:2000);

[p1,Pi1,Ai1,t1] = preparets(narx_net_closed,phInputs_c,{},PhTargets_c);
% 网络仿真
yp1 = narx_net_closed(p1,Pi1,Ai1);
plot([cell2mat(yp1)' cell2mat(t1)'])
```

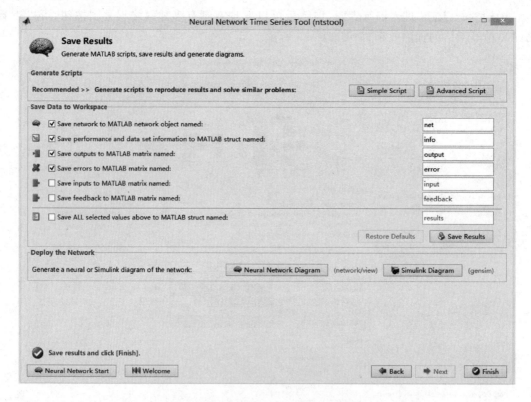

图 40-14　结果保存与代码生成界面

图 40-15 为 Open-loop 下的 NARX 神经网络示意图，图 40-16 为 Close-loop 下的 NARX 神经网络示意图，可见通过 closeloop 函数可以成功将 NARX 神经网络进行转型。

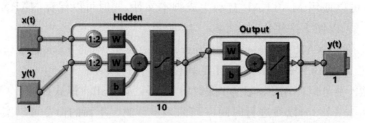

图 40-15　Open-loop 下的 NARX 神经网络示意图

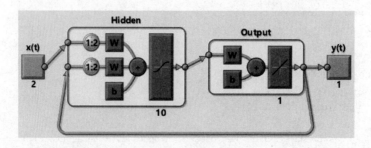

图 40-16　Close-loop 下的 NARX 神经网络示意图

得到的拟合曲线如图 40-17 所示。

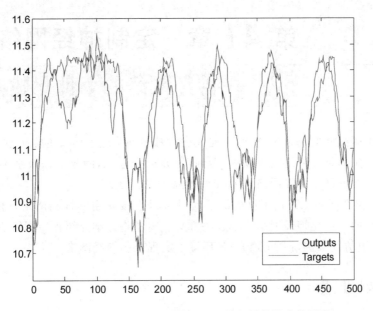

图 40-17 Close-loop 下的 NARX 神经网络拟合效果图

注意：Parallel 模式的 NARX 神经网络（Close-loop）可以不通过事先建立的 Open-loop NARX 神经网络修改而来，MATLAB 允许在 narxnet 函数的第四个输入中设置"closed"后直接训练网络。但是，一般来说，Close-loop 训练时间远比 Open-loop 长，并且往往没有从 Open-loop 训练得到的 NARX 神经网络效果好。

参考文献

[1] BREIMAN L. Random Forests[J]. Machine Learning, 2001, 45(1): 5-32.
[2] Math Works. MATLAB R2012b Neural Network ToolboxUser Guide. 2012.
[3] 李明,杨汉生.一种改进的 NARX 回归神经网络[J].电气自动化,2006,28(4):6-11.
[4] 刘亚秋,马广富,石忠. NARX 网络在自适应逆控制动态系统辨识中的应用[J].哈尔滨工业大学学报,2005,37(2):173-176.
[5] 张国梁,张志杰,杜红棉,等.基于 NARX 神经网络的冲击加速度计建模研究[J].弹箭与制导学报,2008,28(3):284-286.

第 41 章 定制神经网络的实现
——神经网络的个性化建模与仿真

随着现实中研究问题越来越复杂,研究人员对神经网络建模仿真的需求也越来越个性化,这就需要通过一定的神经网络建模软件,做到可 DIY、个性化,满足不同级别不同目的用户需求。灵活性和可扩展性是神经网络可 DIY 特性最重要的表现。

MATLAB 神经网络工具箱不仅提供了大量可以直接使用的神经网络建模仿真函数,同时也提供了灵活的个性化神经网络建模解决方案。本章将详细介绍神经网络建模仿真的基本思想,并结合建模仿真实例,在 MATLAB 环境下实现定制神经网络。

41.1 案例背景

41.1.1 神经网络基本结构

研究如何定制神经网络,首先必须对神经网络的基本结构有所了解。典型的神经网络主要有以下几个子结构构成:输入(inputs)、神经元层(layers)、输出(outputs)、目标(targets)、阈值(biases)与权值(weights)。本小节将说明以上子结构如何联系成为一个有机整体。

神经网络其实可以看成是由多个简单的子结构并行构成的,这些元素都是从仿生学中人体的神经系统获得灵感。就像人体的神经系统那样,各个子结构的连接直接决定了神经网络建模与仿真的效果,如图 41-1 所示。

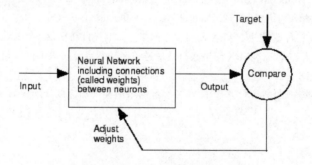

图 41-1 神经网络基本构成图

神经网络的训练即神经网络参数调整的目的就是为了使神经网络的输出与目标一致,如果不一致,神经网络会通过训练函数调整其中的参数,直到最终的误差达到了使用者可接受的范围。

41.1.2 定制神经网络建模的基本思路

定制神经网络建模的基本思路是:

① 产生一个结构可以改变的空神经网络。可以通过 MATLAB 中 help nnnetwork 查看建立神经网络的函数。

② 定义神经网络的各种子结构,包括输入、神经元层、输出、目标、阈值与权值等。通过个性化定义,继续深度刻画神经网络结构。

③ 定义神经网络行为,包括神经网络训练与仿真。

④ 根据定制神经网络计算输出与目标的差距,调整定制神经网络的参数,达到最佳的神经网络建模仿真效果。

41.1.3 问题描述

本案例将从最初的神经网络建模开始,全面讲解如何使用 MATLAB 神经网络工具箱进行个性化神经网络的定制,同时将定制的神经网络效果进行讨论。

本案例最终需要建立的定制神经网络模型如图 41-2 所示。

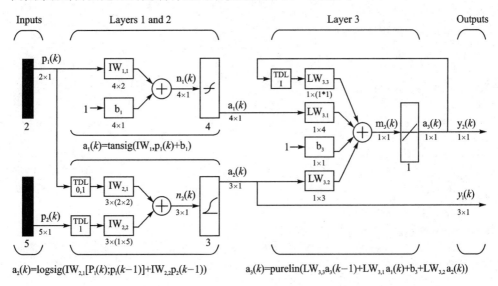

图 41-2 定制神经网络结构示意图

41.2 MATLAB 实现

本节将逐步介绍如何利用 MATLAB 定制一个个性化神经网络。

41.2.1 清空环境变量

程序运行之前,清除工作空间(workspace)中的变量及 command window 中的命令。具体程序为:

```
%% 清空环境变量
clear all
clc
warning off
```

41.2.2 网络定义

网络定义是建立神经网络的第一步,可以通过如下命令建立一个"空"神经网络。

```
net = network
```

其返回的结果 net 即为一个标准的神经网络结构体。

```
net =

    Neural Network

    name: 'Custom Neural Network'
    efficiency: .cacheDelayedInputs, .flattenTime,
                .memoryReduction
    userdata: (your custom info)

    dimensions:

    numInputs: 0
    numLayers: 0
    numOutputs: 0
    numInputDelays: 0
    numLayerDelays: 0
    numFeedbackDelays: 0
    numWeightElements: 0
    sampleTime: 1

        connections:

    biasConnect: []
    inputConnect: []
    layerConnect: []
    outputConnect: []

    subobjects:

              inputs: {0x1 cell array of 0 inputs}
              layers: {0x1 cell array of 0 layers}
             outputs: {1x0 cell array of 0 outputs}
              biases: {0x1 cell array of 0 biases}
    inputWeights: {0x0 cell array of 0 weights}
    layerWeights: {0x0 cell array of 0 weights}

        functions:

    adaptFcn: (none)
    adaptParam: (none)
    derivFcn: 'defaultderiv'
    divideFcn: (none)
    divideParam: (none)
    divideMode: 'sample'
```

```
            initFcn: 'initlay'
         performFcn: 'mse'
       performParam: .regularization, .normalization
            plotFcns: {}
          plotParams: {1x0 cell array of 0 params}
            trainFcn: (none)
          trainParam: (none)

    weight and bias values:
                  IW: {0x0 cell} containing 0 input weight matrices
                  LW: {0x0 cell} containing 0 layer weight matrices
                   b: {0x1 cell} containing 0 bias vectors

    methods:
              adapt: Learn while in continuous use
          configure: Configure inputs & outputs
             gensim: Generate Simulink model
               init: Initialize weights & biases
            perform: Calculate performance
                sim: Evaluate network outputs given inputs
              train: Train network with examples
               view: View diagram
          unconfigure: Unconfigure inputs & outputs

           evaluate:       outputs = net(inputs)
```

41.2.3 输入与网络层数定义

在定义好的神经网络中,可以通过设置 dimensions 的属性将神经网络的输入与层数进行定义。未定义前为:

```
net =
    Neural Network object:
dimensions:
    numInputs: 0
    numLayers: 0
```

此时,神经网络没有输入与神经元层,可以通过如下命令进行简单设置:

```
net.numInputs = 2;
net.numLayers = 3;
```

此时,使用 view(net)观察神经网络结构,如图 41-3 所示。

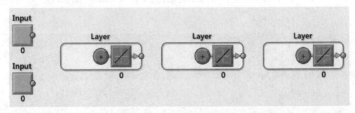

图 41-3 神经网络结构示意图

可见,此时神经网络有两个输入,三个神经元层。**但请注意**:net.numInputs设置的是神经网络的输入个数,每个输入的维数是由net.inputs{i}.size控制的。

41.2.4 阈值连接定义

设置完输入与层数后,考察此刻神经网络的connections属性,如下:

```
        connections:

biasConnect: [0;0;0]
inputConnect: [0 0;0 0;0 0]
layerConnect: [0 0 0;0 0 0;0 0 0]
outputConnect: [0 0 0]
```

以上矩阵中的1和0代表是否在bias、输入权值、层权值与输出之间存在连接,当前都为0代表无连接,如图41-3所示。biasConnect矩阵为3×1的矩阵,如果需要在神经网络第i层建立bias连接则需要将该层的net.biasConnect(i)设置为1。本案例中需要将第一层与第三层设置bias连接,代码如下:

```
net.biasConnect(1) = 1;
net.biasConnect(3) = 1;
```

或者使用如下命令直接完成:

```
net.biasConnect = [1;0;1];
```

此时,使用view(net)观察神经网络结构,如图41-4所示。

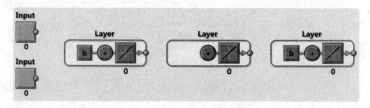

图41-4 神经网络结构示意图

可见在第一层与第三层上都加入了bias连接。

41.2.5 输入与层连接定义

输入连接为3×2的矩阵,代表了现在已经存在的两个输入到三个神经元层的连接,可以通过设置net.inputConnect进行调整,net.inputConnect(i,j)代表着第j个输入到第i层的连接。

本案例中将第一个输入与第一层和第二层相连,将第二个输入仅仅与第二层相连,代码如下:

```
net.inputConnect(1,1) = 1;
net.inputConnect(2,1) = 1;
net.inputConnect(2,2) = 1;
```

或者

```
net.inputConnect = [1 0;1 1;0 0];
```

同理,net.layerConnect(i,j)代表了从第j层到第i层的连接,同理将第一、二、三层连接到第三层的代码为：

```
net.layerConnect = [0 0 0;0 0 0;1 1 1];
```

此时,使用 view(net)观察神经网络结构,如图 41-5 所示。

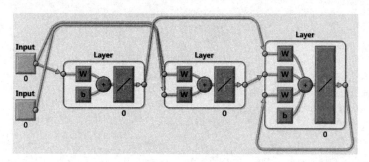

图 41-5　神经网络结构示意图

41.2.6　输出连接设置

输出连接为 1×3 的矩阵,代表着输出与三个神经元层的连接,本案例将第二层和第三层与输出相连接,代码如下：

```
net.outputConnect = [0 1 1];
```

此时,使用 view(net)观察神经网络结构,如图 41-6 所示。

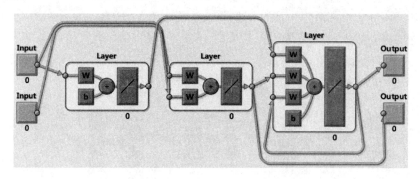

图 41-6　神经网络结构示意图

41.2.7　输入设置

当我们将神经网络输入个数设置为 2(net.numInputs＝2)时,神经网络的 inputs 属性也变成了一个包含两个结构体的 cell。

```
net.inputs
ans =

    [1x1 nnetInput]
    [1x1 nnetInput]
```

可以通过输入编号查看各个输入的属性：

```
net.inputs{1}

ans =

    Neural Network Input

              name: 'Input'
    feedbackOutput: []
        processFcns: {}
     processParams: {1x0 cell array of 0 params}
   processSettings: {0x0 cell array of 0 settings}
    processedRange: []
     processedSize: 0
             range: []
              size: 0
          userdata: (your custom info)
```

可以看到,MATLAB 已经列出了输入的全部参数,可以按照目的与要求对其进行调整。本案例将第一个输入的处理函数进行设置,同时将第二个输入维度定义为 5。

```
net.inputs{1}.processFcns = {'removeconstantrows','mapminmax'};
net.inputs{2}.size = 5;
```

注意:MATLAB 在处理输入时可以人为指定某一组数据作为试输入数据,此时输入参数会根据给定数据进行自动调整,如可以输入:

```
net.inputs{1}.exampleInput = [0 10 5;0 3 10];
```

此刻的 net.inputs{1}.size 会自动调整为 2。使用 view(net)观察神经网络结构,如图 41-7 所示。

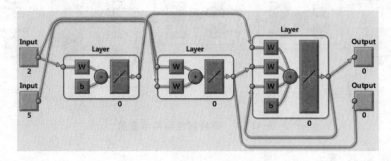

图 41-7 神经网络结构示意图

41.2.8 层设置

当我们将神经网络层个数设置为 3(net.numLayers=3)时,神经网络的 layers 属性也变成了一个包含三个结构体的 cell,可以通过以下代码查看第一层的属性:

```
net.layers{1}

ans =

    Neural Network Layer
```

```
                name: 'Layer'
          dimensions: 0
distanceFcn: (none)
distanceParam: (none)
           distances: []
initFcn: 'initwb'
netInputFcn: 'netsum'
netInputParam: (none)
           positions: []
               range: []
                size: 0
topologyFcn: (none)
transferFcn: 'purelin'
transferParam: (none)
userdata: (your custom info)
```

可以通过下面的命令将神经网络第一层的神经元个数设置为 4 个，其传递函数设置为"tansig"并将其初始化函数设置为 Nguyen – Widrow 函数：

```
net.layers{1}.size = 4;
net.layers{1}.transferFcn = 'tansig';
net.layers{1}.initFcn = 'initnw';
```

将第二层神经元个数设置为 3，其传递函数设置为"logsig"，并使用"initnw"初始化：

```
net.layers{2}.size = 3;
net.layers{2}.transferFcn = 'logsig';
net.layers{2}.initFcn = 'initnw';
```

将第三层初始化函数设置为"initnw"：

```
net.layers{3}.initFcn = 'initnw';
```

使用 view(net)观察神经网络结构，如图 41 – 8 所示。

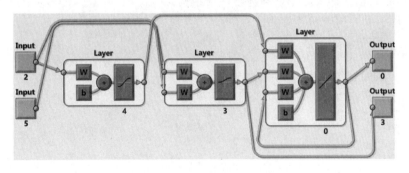

图 41 – 8　神经网络结构示意图

41.2.9　输出设置

经过以上设置，可以通过输入 net.outputs 查看此时神经网络的输出情况：

```
net.outputs

ans =
```

```
              []                [1x1 nnetOutput]     [1x1 nnetOutput]
```
可以看到输出已经具有了两个结构体,也就是从第二层与第三层接受的输出,这是将 net.outputConnect 设置为[0 1 1]时 MATLAB 自动处理的结果,可以通过如下命令查看第二个输出:

```
net.outputs{2}

ans =

    Neural Network Output

    name: 'Output'
    feedbackInput: []
    feedbackDelay: 0
    feedbackMode: 'none'
    processFcns: {}
    processParams: {1x0 cell array of 0 params}
    processSettings: {0x0 cell array of 0 settings}
    processedRange: [3x2 double]
    processedSize: 3
    range: [3x2 double]
    size: 3
    userdata: (your custom info)
```

此输出接受第二层的结果使得其 size 自动为 3,同时输出也同输入一样有 processFcns,可以根据研究目的与需要自行设置。

41.2.10 阈值、输入权值与层权值设置

读者可以自行输入如下命令查看神经网络结构:

```
net.biases
net.inputWeights
net.layerWeights
```

net.biases 的返回结果为:

```
net.biases
ans =

    [1x1 nnetBias]
    []
    [1x1 nnetBias]
```

因为仅在第一层与第三层上设置了 bias,神经网络返回的结果正确。同时可以查看如下命令结果:

```
net.biases{1}
net.biases{3}
net.inputWeights{1,1}
net.inputWeights{2,1}
net.inputWeights{2,2}
net.layerWeights{3,1}
```

```
net.layerWeights{3,2}
net.layerWeights{3,3}
```

如果需要对某些参数进行修改,可以直接修改 net.biases{1} 属性, net.biases 的属性如下:

```
net.biases{1}
ans =

    Neural Network Bias

    initFcn: (none)
             learn: true
   learnFcn: (none)
 learnParam: (none)
              size: 4
   userdata: (your custom info)
```

根据本案例需要,将神经网络某些权值的延迟设置如下:

```
net.inputWeights{2,1}.delays = [0 1];
net.inputWeights{2,2}.delays = 1;
net.layerWeights{3,3}.delays = 1;
```

设置后的神经网络结果如图 41-9 所示。

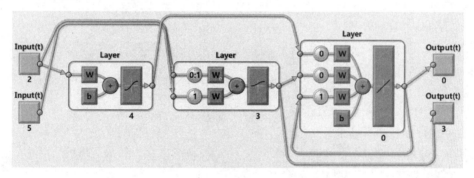

图 41-9 神经网络结构示意图

41.2.11 网络函数设置

在 net 中查看 functions 属性,结果如下:

```
    functions:

    adaptFcn: (none)
  adaptParam: (none)
    derivFcn: 'defaultderiv'
   divideFcn: (none)
 divideParam: (none)
  divideMode: 'sample'
     initFcn: 'initlay'
  performFcn: 'mse'
performParam: .regularization, .normalization
```

```
plotFcns: {}
plotParams: {1x0 cell array of 0 params}
trainFcn: (none)
trainParam: (none)
```

以上的每一个属性都定义了一个函数用于基本的神经网络操作。

下面代码将神经网络初始化设置为"initlay",这样神经网络就可以按照已设置的层初始化函数"initnw"即 Nguyen – Widrow 进行初始化:

```
net.initFcn = 'initlay';
```

将神经网络的误差设置为"mse"(mean squared error),同时将神经网络的训练函数设置为"trainlm"(Levenberg – Marquardt backpropagation):

```
net.performFcn = 'mse';
net.trainFcn = 'trainlm';
```

为了使神经网络可以随机划分训练数据集,可以将 divideFcn 设置为"dividerand":

```
net.divideFcn = 'dividerand';
```

将 plot functions 设置为"plotperform"、"plottrainstate":

```
net.plotFcns = {'plotperform','plottrainstate'};
```

41.2.12 权值阈值大小设置

在进行神经网络初始化与训练之前,可以先查看此时神经网络的 weight and bias values 属性:

```
weight and bias values:

        IW: {3x2 cell} containing 3 input weight matrices
        LW: {3x3 cell} containing 3 layer weight matrices
         b: {3x1 cell} containing 2 bias vectors
```

读者可自行查阅如下结果:

```
net.IW{1,1}, net.IW{2,1}, net.IW{2,2}
net.LW{3,1}, net.LW{3,2}, net.LW{3,3}
net.b{1}, net.b{3}
```

读者可以通过检查 $IW\{i,j\}$、$LW\{i,j\}$ 与 $net.b\{i\}$ 是否与第 i 层的神经元个数相等来检查神经网络的结构是否正确。

41.2.13 神经网络初始化

可以使用如下命令进行神经网络的初始化:

```
net = init(net);
```

此时 $net.IW\{1,1\}$ 的值变为:

```
net.IW{1,1}

ans =

    2.5810    1.0855
    1.9880   -1.9717
   -2.4075   -1.4296
    2.7822    0.3155
```

说明神经网络已经按照指定的算法进行了初始化。

41.2.14 神经网络的训练

指定定制神经网络的输入与输出,在训练前使用 sim 函数进行仿真:

```
X = {[0;0] [2;0.5]; [2; -2;1;0;1] [-1; -1;1;0;1]};
T = {[1;1;1] [0;0;0]; 1 -1};
Y = sim(net,X)
```

结果为:

```
Y =

    [3x1 double]    [3x1 double]
    [0x1 double]    [0x1 double]
```

如果在训练前需要调整神经网络的训练参数,可以通过设置 net.trainParam 完成,当前的各项参数如下:

```
net.trainParam

ans =

    Function Parameters for 'trainlm'

    Show Training Window Feedback      showWindow: true
    Show Command Line Feedback   showCommandLine: false
    Command Line Frequency                   show: 25
    Maximum Epochs                         epochs: 1000
    Maximum Training Time                    time: Inf
    Performance Goal                         goal: 0
    Minimum Gradient                     min_grad: 1e-07
    Maximum Validation Checks            max_fail: 6
    Mu                                         mu: 0.001
    Mu Decrease Ratio                      mu_dec: 0.1
    Mu Increase Ratio                      mu_inc: 10
    Maximum mu                             mu_max: 10000000000
```

接下来可以使用如下命令训练网络:

```
net = train(net,X,T);
```

训练过程会出现神经网络训练窗口,可以通过先前设置的 plot functions 查看神经网络的"performance"与"training state"。

在训练结束后,可以通过仿真来检查神经网络是否相应正常:

```
Y = sim(net,X)
Y =

    [3x1 double]    [3x1 double]
    [    1.0000]    [   -1.0000]
```

41.3 案例扩展

本案例从神经网络基本结构出发，从无到有展示了神经网络个性化建模的过程，但是使用本案例需要注意以下几点：

① 定制神经网络是解决复杂问题的方法之一，但并不代表神经网络结构越复杂，其仿真效果就会更好。神经网络建模与仿真效果的提高不仅仅需要在模型上下工夫，更需要的是数据质量与专业知识的运用与解释。

② 定制神经网络可以通过 MATLAB 较容易地完成，但神经网络是由多个子系统构成的，在定制神经网络建模的时候一定要清楚各个子系统的功能，设置好其中的连接。

③ 定制神经网络过程中的各种函数也可以自行修改与替换，但是需要注意的是一定要将修改后的函数放入 MATLAB path 中。

④ MATLAB 内嵌的神经网络 GUI 工具已经对分类、回归、聚类、时间序列等问题进行了深入优化，所以编者建议各位读者在条件允许的情况下尽量使用 MATLAB 自带的神经网络工具箱进行神经网络的建模与仿真。

⑤ 定制的神经网络同样可以使用 CPU/GPU/集群并行运算进行加速，方法参见第 42 章。

⑥ 更多 MATLAB 灵活定制神经网络的方法请在 MATLAB 中输入 help nncustom 后查看。

参考文献

[1] BREIMAN L. Random Forests[J]. Machine Learning, 2001, 45(1): 5-32.
[2] Math Works. MATLAB R2012b Neural Network Toolbox Release Note. 2012.

第 42 章 并行运算与神经网络
——基于 CPU/GPU 的并行神经网络运算

并行计算(Parallel Computing)是指同时使用多种计算资源解决计算问题的过程。并行计算是相对于串行计算来说的,其可分为时间上的并行和空间上的并行。时间上的并行就是指流水线技术,而空间上的并行则是指用多个处理器并发地执行计算。并行计算的主要目的是快速解决大型且复杂的计算问题。此外还包括:利用非本地资源,使用多个"廉价"计算资源取代大型计算机,同时克服单个计算机存在的存储器限制问题。

神经网络天生使用的就是并行算法!从数据的预处理、数据的训练到数据的仿真无不处处体现着并行运算的思想。神经网络并行可以在具有多核 CPU,GPU(Graphical processing units)和计算机集群上非常方便地实现。可以通过 MATLAB R2012b 版本中的并行运算工具箱(Parallel Computing Toolbox)与神经网络工具箱(Neural Networks Toolbox)的配合使用完成神经网络的并行运算。

42.1 并行运算的 MATLAB 实现

42.1.1 CPU 并行计算

在 MATLAB 中,CPU 的并行运算部署非常简单,仅仅需要在源代码中加入一定的参数即可实现,运行前请确定是否已购买 MATLAB 并行运算工具箱以及所用计算机 CPU 的型号。下面先从单线程的神经网络说起。

下面是一个标准单线程的神经网络训练与仿真过程:

```
[x,t] = house_dataset;
net1 = feedforwardnet(10);
net2 = train(net1,x,t);
y = sim(net2,x);
```

在上面的程序中,train 与 sim 步都可以通过并行运算实现(**注意**:建立神经网络不可以并行进行)。如果 x 与 t 仅仅包含一个样本,那就不存在并行运算;但如果 x 与 t 包含成百上千的样本,那么就可以使用并行运算对神经网络的速度与可处理样本量进行优化。

使用并行运算不仅可以加快运算速度,也同时可以允许神经网络使用比任何单个计算机 RAM 大得多的数据集进行运算,唯一限制神经网络训练数据集大小的因素变为所有计算机集群的全部可用 RAM 的大小,MATLAB 可以通过 Cluster Profile Manager 轻松管理集群设置。具体设置请参考 MATLAB 并行运算工具箱帮助文件,这里不再赘述。

在单个计算机上使用神经网络并行运算工具箱时,需要打开多个 MATLAB workers,叫做 MATLAB pool。可以通过输入下面的命令打开 MATLAB workers:

```
matlabpool open
Starting matlabpool using the 'local' profile ... connected to 2 workers.
```

当 matlabpool 打开后,它展示了当前在 pool 中可以使用的 worker 个数。另外一种检查 worker 数量的方法为:

```
poolsize = matlabpool('size')
poolsize =
    2
```

在 MATLAB R2012b 中,神经网络工具箱可以通过在不同 worker 上分割数据进行训练与仿真,仅仅需要设置 train 与 sim 函数中的参数"Useparallel"为"yes",如下:

```
net2 = train(net1,x,t,'Useparallel','yes')
y = sim(net2,x,'Useparallel','yes')
```

同时可以使用"showResources"选项证实神经网络运算确实在各个 worker 上运行:

```
net2 = train(net1,x,t,'useParallel','yes','showResources','yes');
y = sim(net2,x,'useParallel','yes','showResources','yes');
```

结果如下:

```
Computing Resources:
Parallel Workers:
    Worker 1 on Wang_Matlab, MEX on PCWIN
    Worker 2 on Wang_Matlab, MEX on PCWIN

Lab 1:

Training with TRAINLM.
    Epoch 0/1000, Time 0.18, Performance 872.4681/0, Gradient 3167.8509/1e-07, Mu 0.001/10000000000, Validation Checks 0/6
    Epoch 13/1000, Time 0.797, Performance 4.701/0, Gradient 6.4149/1e-07, Mu 0.01/10000000000, Validation Checks 6/6
    Training with TRAINLM completed: Validation stop.

Computing Resources:
Parallel Workers:
    Worker 1 on Wang_Matlab, MEX on PCWIN
    Worker 2 on Wang_Matlab, MEX on PCWIN
```

通过上面的结果可以看出,在并行运算中使用 train 与 sim 函数后,数据集在训练与仿真前便已经进行了分割。然而,如果已知一些 workers 比其他 workers 的运算速度与存储能力存在优势,可以根据需要手动将数据按照每一个 worker 进行划分,这就叫做负载均衡。下面的代码可以实现将一个数据集进行随机划分,同时保存到不同的文件:

```
for i = 1:matlabpool('size')
x = rand(2,1000);
save(['inputs' num2str(i)],'x')
t = x(1,:).*x(2,:) + 2*(x(1,:) + x(2,:));
save(['target' num2str(i)],'t');
clear x t
end
```

通过上述代码,可以将数据集重新定义,这样就可以在超过单个 PC 机 RAM 的情况下进行运算。

接下来就可以在并行的 workers 上加载数据集了,但此时需要注意的是:并行运算下的

MATLAB 只能接受 Composite 类型的数据，在使用 Composite 类型数据前，需要使用 configure 命令对数据集进行再处理。

实现并行运算加载数据集的代码如下：

```
for i = 1:matlabpool('size')
data = load(['inputs' num2str(i)],'x')
xc{i} = data.x
data = load(['target' num2str(i)],'t')
tc{i} = data.t;
clear data
end
net2 = configure(net2,xc{1},tc{1});
net2 = train(net2,xc,tc);
yc = sim(net2,xc)
```

如果需要得到各个 worker 返回的 Composite 结果，可以使用如下命令：

```
for i = 1:matlabpool('size')
yi = yc{i}
end
```

如果不考虑内存因素，也可以使用如下命令：

```
yy = {yc{:}}
```

42.1.2 GPU 并行计算

GPU(Graphical processing units)是相对于 CPU 的一个概念，它是计算机显示卡的"大脑"，其表现决定了该显卡的档次和大部分性能。如今，GPU 已经不再局限于 3D 图形处理了，GPU 通用计算技术的发展已经引起了业界的关注，事实也证明在浮点运算、并行运行等分布计算方面，GPU 可以比 CPU 的性能高出十倍乃至上百倍。

通过如下命令可查看 GPU 设备：

```
count = gpuDeviceCount

count =

1
```

如果结果为一个或者多个，可以通过 GPU 的编号查看各个 GPU 的特征，包括 GPU 的名称、处理器数量、每个处理器的 SIMDWidth 与总的内存数。

```
gpu1 = gpuDevice(1)

gpu1 =
parallel.gpu.CUDADevice handle
package:parallel.gpu

Properties:
Name: 'GeForce GTX 470'
Index: 1
ComputeCapability: '2.0'
SupportsDouble: 1
DriverVersion: 4.1000
```

```
MaxThreadsPerBlock: 1024
MaxShmemPerBlock: 49152
MaxThreadBlockSize: [1024 1024 64]
MaxGridSize: [65535 65535]
SIMDWidth: 32
TotalMemory: 1.3422e+09
FreeMemory: 1.1056e+09
MultiprocessorCount: 14
ClockRateKHz: 1215000
ComputeMode: 'Default'
GPUOverlapsTransfers: 1
KernelExecutionTimeout: 1
CanMapHostMemory: 1
DeviceSupported: 1
DeviceSelected: 1
```

通过如下代码可以计算 GPU 有多少个核(本例中有 448 个核)：

```
gpuCores1 = gpu1.MultiprocessorCount * gpu1.SIMDWidth
gpuCores1 =
     448
```

最简单的使用 GPU 进行神经网络建模与仿真运算的方法是在 train 与 sim 命令中加入 "useGPU" 选项：

```
net2 = train(net1,x,t,'useGPU','yes')
y = sim(net,x,'useGPU','yes')
```

注意：如果 net1 的默认训练函数为 trainlm，那么使用 GPU 并行运算 MATLAB 会出现警告，即 GPU 运行不支持 Jacobian 训练，此时的训练函数会自动更改为 trainscg。如果想避免此类警告，请在使用 GPU 并行运算前进行如下设置：

```
net1.trainFcn ='trainscg';
```

可以使用 "showResources" 选项证实神经网络运算确实在各 GPU 卡上运行：

```
net2 = train(net1,x,t,'useGPU','yes','showResources','yes');
  y = sim(net2,x,'useGPU','yes','showResources','yes');
```

结果如下：

```
Computing Resources:
GPU device 1,GeForce GTX 470
```

42.2 案例描述

在本案例中，我们通过 13 维的指标数据对个人的体脂大小进行估计，可以通过 help nndatasets 命令查看 bodyfat_dataset 数据的说明，同时对比标准单线程的神经网络与并行运算下的神经网络的建模速度与效率。

体脂率是指人体内脂肪重量在人体总体重中所占的比例，又称体脂百分数，它反映了人体内脂肪含量的多少。正常成年人的体脂率分别是男性 15%～18% 和女性 25%～28%。体脂率应保持在正常范围。若体脂率过高，超过正常值的 20% 以上就可视为肥胖，肥胖则表明运动不足、营养过剩或有某种内分泌系统的疾病，而且常会并发高血压、高血脂症、动脉硬化、冠心病、糖尿病、胆囊炎等病症。若体脂率过低，低于体脂含量的安全下限，即男性 5%，女性

第42章 并行运算与神经网络——基于CPU/GPU的并行神经网络运算

13%~15%,则可能引起功能失调。

本案例使用252名测试者的体脂数据,同时采集了13个体脂反应指标,包括:测试者年龄、体重、身高、颈部周长、胸部周长、腹部周长、髋部周长、股部周长、膝盖周长、踝周长、肱二头肌周长、前臂周长与手腕周长。输入数据为13×252维,输出数据为1×252维。

42.3 模型建立

建模目的:利用神经网络对体脂进行预测,同时比较使用并行运算前后神经网络建模与仿真的速度,流程如图42-1所示。

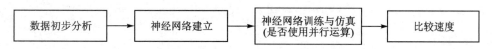

图42-1 并行运算模型设计流程

42.4 MATLAB实现

1. 清空环境变量

程序运行之前,清除工作空间(workspace)中的变量及command window中的命令。具体程序为:

```
%% 清空环境变量
clear all
clc
warning off
```

2. 打开MATLAB pool

```
%% 打开matlabpool
matlabpool open
poolsize = matlabpool('size');
```

3. 导入数据

bodyfat_dataset为MATLAB内置数据集,可以直接通过MATLAB加载:

```
%% 加载数据
load bodyfat_dataset
inputs = bodyfatInputs;
targets = bodyfatTargets;
```

4. 神经网络的创建与基本参数设置

使用fitnet函数建立一个拟合功能神经网络,同时对神经网络的参数进行基本设置:

```
%% 创建一个拟合神经网络
hiddenLayerSize = 10;         % 隐藏层神经元个数为10
net = fitnet(hiddenLayerSize);  % 创建网络

%% 指定输入与输出处理函数(本操作并非必须)
net.inputs{1}.processFcns = {'removeconstantrows','mapminmax'};
net.outputs{2}.processFcns = {'removeconstantrows','mapminmax'};
```

```
%% 设置神经网络的训练、验证、测试数据集划分
net.divideFcn = 'dividerand';    % 随机划分数据集
net.divideMode = 'sample';       % 划分单位为每一个数据
net.divideParam.trainRatio = 70/100;  % 训练集比例
net.divideParam.valRatio = 15/100;    % 验证集比例
net.divideParam.testRatio = 15/100;   % 测试集比例

%% 设置网络的训练函数
net.trainFcn = 'trainlm';   % Levenberg - Marquardt

%% 设置网络的误差函数
net.performFcn = 'mse';    % Mean squared error

%% 设置网络可视化函数
net.plotFcns = {'plotperform','plottrainstate','ploterrhist',...
    'plotregression','plotfit'};
```

5. 神经网络训练

以下代码将进行神经网络训练。为了比较并行运算前后的效果，本例对两种情况建模仿真后比较了运行时间与神经网络效果。

```
%% 单线程网络训练
tic
[net1,tr1] = train(net,inputs,targets);
t1 = toc
disp(['单线程神经网络的训练时间为',num2str(t1),'秒'])

%% 并行网络训练
tic
[net2,tr2] = train(net,inputs,targets,'useParallel','yes','showResources','yes');
t2 = toc
disp(['并行神经网络的训练时间为',num2str(t2),'秒'])

%% 网络效果验证
outputs1 = sim(net1,inputs);
outputs2 = sim(net2,inputs);
errors1 = gsubtract(targets,outputs1);
errors2 = gsubtract(targets,outputs2);
performance1 = perform(net1,targets,outputs1);
performance2 = perform(net2,targets,outputs2);

%% 神经网络可视化
figure, plotperform(tr1);
figure, plotperform(tr2);
figure, plottrainstate(tr1);
figure, plottrainstate(tr2);
figure,plotregression(targets,outputs1);
figure,plotregression(targets,outputs2);
figure,ploterrhist(errors1);
figure,ploterrhist(errors2);
```

运行的结果为：

单线程神经网络的训练时间为 1.9388 秒
并行神经网络的训练时间为 1.0346 秒
performance1 =

   20.8881
performance2 =

   16.5184

单线程神经网络拟合效果见图 42-2,其 R 值为 0.840 38。

如图 42-3 所示,单线程神经网络经过 11 次训练后停止。

并行神经网络拟合效果见图 42-4,其 R 值为 0.874 01。

并行神经网络经过 9 次训练后停止,如图 42-5 所示。

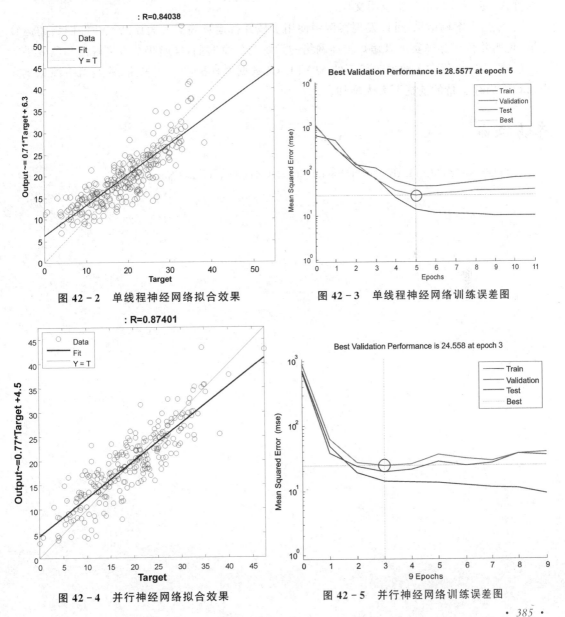

图 42-2　单线程神经网络拟合效果　　　　图 42-3　单线程神经网络训练误差图

图 42-4　并行神经网络拟合效果　　　　图 42-5　并行神经网络训练误差图

由此可知，并行运算不但加快了神经网络的建模仿真速度，同时也增加了模型预测的准确性。

42.5 案例扩展

从本案例可以拓展的方面如下：

① 并不是所有的神经网络并行运算都会加快运算速度，负载均衡处理不佳会导致神经网络训练过慢。

② 所有的并行运算都可以参照 MATLAB 并行运算工具箱进行，但并不是所有的神经网络都可以并行，就像不是所有的循环都可以并行一样，有一定的要求与规律，具体可参考 MATLAB 并行运算工具箱说明文件。

③ 根据本案例结果，可以发现案例中使用多核并行运算确实大大提高了神经网络的运算速度，说明并行运算确实可以缩短神经网络的训练与仿真时间，同时仍具有良好的预测效果。

④ 并行运算给在大数据时代下的 MATLAB 数据处理提供了新思路，神经网络训练集大小可以在内存支持的前提下大大增加。

参考文献

[1] MathWorks. MATLAB R2012b Neural Network Toolbox Release Note. 2012.

第 43 章 神经网络高效编程技巧
——基于 MATLAB R2012b 新版本特性的探讨

本书第 1~42 章从实用性角度讲解了如何使用 MATLAB 实现各种类型神经网络,但实际应用中不同研究者对神经网络有不同的设计与需求,主要问题集中在代码运行速度提升、并行运算、负载均衡、定制神经网络、复杂问题的神经网络解决及未达到预期的神经网络调整等,本章将详细讲解以上问题并给出合理的解决方案。

43.1 案例背景

MATLAB 神经网络工具箱(Neural Network Toolbox)自 2006 年面世以来,经历了几次大的更新,截至 2013 年 2 月最新神经网络工具箱的版本号为 8.0,其主要版本更新时间与内容见图 43-1。

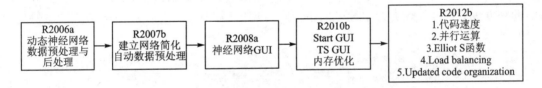

图 43-1 MATLAB 神经网络工具箱主要版本更新内容

本案例将介绍最新的 MATLAB 神经网络工具箱版本特性以及如何应用新版本进行神经网络高效编程。

43.2 高效编程技巧

43.2.1 神经网络建模仿真中速度与内存使用技巧

在 MATLAB R2012b 版本中,神经网络仿真、梯度与 Jacobian 计算函数都以原生 MEX 函数形式重新编写,也就是说,MATLAB R2012b 版本在代码不需要做任何更改的前提下提供了更快的神经网络建模与仿真速度,尤其是针对中小型神经网络与大型时间序列预测问题。在神经网络工具箱 V 7.0 中,典型的前向神经网络如下:

```
[x,t] = house_dataset;
net1 = feedforwardnet(10);
net2 = train(net1,x,t);
y = net2(x);
```

建立的神经网络如图 43-2 所示。

在神经网络工具箱 V 8.0 中,以上代码不需要做任何变更,神经网络计算将会以原生 MEX 代码进行编译。经测试,在 4 核 2.8GHz Intel i7 具有 12G RAM 的系统上,新版本可平

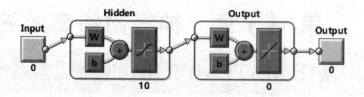

图 43 – 2　神经网络结构图

均将整个神经网络建模时间缩短为原来的 1/4。针对典型时间序列数据，新版本工具箱也会成倍提高神经网络运算速度，在此不多赘述。

MEX 代码更加节约内存，使用 MEX 代码解析后，当训练集样本成倍增加时在神经网络训练与仿真过程中的中间变量占用的内存相对不变而不像以前版本成倍地增加。也就是说，一个有 10 000 样本的训练集与仅有 100 个样本的训练集做神经网络训练时的内存占用基本相同。

但针对非常大型的神经网络来说，MATLAB 在处理时可能并不是通过 MEX 函数而仍然使用 MATLAB 语言进行解析，此时存储空间成为了神经网络建模与仿真的瓶颈。MATLAB 提供了"reduction"选项专门进行内存配置，reduction 的数值代表着每次进行计算的数据集子集数，每次训练都是整个大数据集的一部分，最终 MATLAB 将每次训练的结果进行合并。注意：此种方法虽然可以解决大型神经网络内存占用问题，但也牺牲了神经网络建模与仿真的时间。

```
net = train(net,x,t,'reduction',10);
y = net(x,'reduction',10)
```

在以往版本中也可以通过如下命令设置神经网络的 reduction：

```
net.efficiency.memoryReduction = 10;
```

43.2.2　神经网络并行运算

MATLAB 并行计算工具箱可以将神经网络仿真、梯度与 Jacobian 计算并行化，从而减少神经网络运算时间。并行化的实现是将整个训练数据集拆分到不同的 worker 上，整个数据集的运算结果为合并后的所有 worker 的计算值。虽然使用并行运算后，神经网络的输出、误差、梯度等都会并行到各个 worker，但主要的训练会在一个 worker 上进行。

进行神经网络的并行运算，需要先打开 matlabpool，同时将神经网络 train 与 sim 函数中的"useParallel"参数设置为"yes"：

```
matlabpool open
numWorkers = matlabpool('size')
```

如果上述命令运行提示错误，请检查下您是否购买了 MATLAB 并行运算工具箱：

```
[x,t] = house_dataset;
net = feedforwardnet(10);
net = train(net,x,t,'useparallel','yes')
y = sim(net,x,'useparallel','yes')
```

同样，也可以使用 GPU 进行神经网络并行运算，代码如下：

```
net = train(net,x,t,'useGPU','yes')
y = sim(net,x,'useGPU','yes')
```

并行运算可以成倍地加速神经网络的建模仿真效率，更多使用方法请参见第 42 章。

43.2.3　Elliot S 函数的使用

MATLAB R2012b 中出现了新的神经网络传递函数：Elliot S 函数。Elliot S 函数可以代替 exp 函数中的 tansig 与 logsig 使用。Elliot S 函数具有运算速度快的特点，可以在不支持 exp 函数的硬件上进行部署。

下面的代码可以比较 elliotsig 函数与 tansig 函数的区别：

```
n = -10:0.01:10;
a1 = elliotsig(n);
a2 = tansig(n);
h = plot(n,a1,n,a2);
legend(h,'ELLIOTSIG','TANSIG','location','NorthWest')
```

结果如图 43-3 所示。

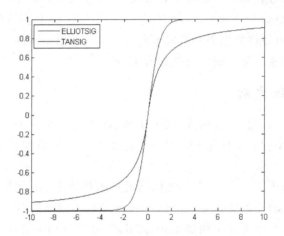

图 43-3　elliotsig 函数与 tansig 函数的区别

实际使用过程中可以通过如下代码设置神经网络的传递函数为"elliotsig"：

```
net.layers{n}.transferFcn = 'elliotsig'
```

n 为需要设置的神经元层号。

在 Intel 处理器上，elliotsig 函数比 tansig 函数在运算速度方面更加具有优势，例如执行如下代码：

```
n = rand(1000,1000);
tic, for i = 1:100, a = elliotsig(n); end, elliotsigTime = toc
tic, for i = 1:100, a = tansig(n); end, tansigTime = toc
speedup = tansigTime / elliotsigTime
```

结果为：

```
elliotsigtime =
    0.5462
tansigtime =
    2.3403
```

需要注意的是，由于函数形状不同，elliotsig 函数在训练过程中不一定会比 tansig 函数速度快，但在仿真过程中，elliotsig 函数总是比较快。

43.2.4 神经网络负载均衡

当使用神经网络 train 与 sim 函数加入 "useParallel" 选项时，MATLAB 会自动等分数据集并将其分配给不同的 worker 进行处理。然而，如果不同 worker 有不同的运算速度与内存限制时，就需要人为手动调整每个 worker 上分配的数据集大小，以便更好地完成神经网络建模与仿真。

```
[x,t] = house_dataset;
Xc = Composite;
Tc = Composite;
Xc{1} = x(:,1:100); % First 100 samples of x
Tc{1} = t(:,1:100); % First 100 samples of t
Xc{2} = x(:,101:506); % Rest samples of x
Tc{2} = t(:,101:506); % Rest samples of t
```

在 Composite 下，调用 train 函数时不必加入 "useParallel 选项"：

```
net = train(net,Xc,Tc);
```

通过以上代码，就可以将数据集分割成不同的部分分配给不同的 worker 进行并行运算从而达到神经网络负载均衡。更多说明请参看第 42 章。

43.2.5 代码组织更新

数据处理函数、权值函数、转移函数、误差函数、训练函数等在 MATLAB R2012b 中进行了代码组织的更新，如果你需要使用 MATLAB 定制神经网络，就需要了解 MATLAB 神经网络新的代码组织形式。

在神经网络工具箱 V 8.0 中，相关神经网络处理函数都按照其功能放在一个文件夹下，所以每一个函数都有属于自己的文件夹。例如，tansig 函数使用到很多其他子函数，在神经网络工具箱目录下，存在一个根文件夹叫做 tansig，其在 R2012b\toolbox\nnet\nnet\nntransfer 下，可以看出 MATLAB R2012b 将其所调用的所有文件都组织到了该文件夹下，如图 43-4 所示。

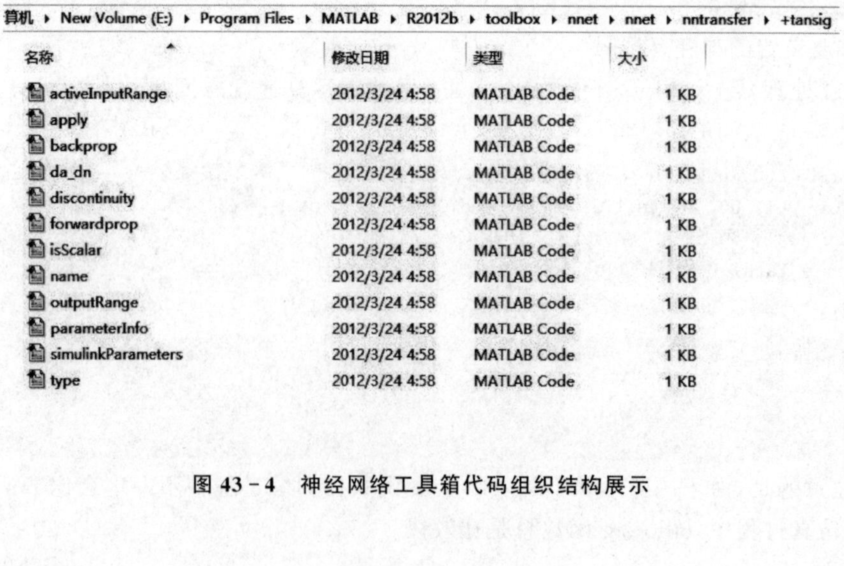

图 43-4 神经网络工具箱代码组织结构展示

这样的组织形式使得 MATLAB 神经网络高级开发者更加容易按照函数功能与分类来查找 MATLAB 各种函数，同时也可以采用新的命令查看某些功能需要调用的函数。

如可用 helpnnprocess 返回神经网络的所有数据处理函数：

```
helpnnprocess
Neural Network Toolbox Processing Functions.

   General Data Preprocessing

   fixunknowns        - Processes matrix rows with unknown values.
   mapminmax          - Map matrix row minimum and maximum values to [-1 1].
   mapstd             - Map matrix row means and deviations to standard values.
   processpca         - Processes rows of matrix with principal component analysis.
   removeconstantrows - Remove matrix rows with constant values.
   removerows         - Remove matrix rows with specified indices.

   Data Preprocessing for Specific Algorithms

   lvqoutputs         - Define settings for LVQ outputs, without changing values.

Main nnet function list.
```

可用 helpnnweight 返回神经网络所有关于权值的处理函数：

```
helpnnweight
Neural Network Toolbox Weight Functions.

   Weight functions

   convwf    - Convolution weight function.
   dotprod   - Dot product weight function.
   negdist   - Negative distance weight function.
   normprod  - Normalized dot product weight function.
   scalprod  - Scalar product weight function.

   Distance functions can be used as weight functions

   boxdist   - Box distance function.
   dist      - Euclidean distance weight function.
   linkdist  - Link distance function.
   mandist   - Manhattan distance function.

Main nnet function list.
```

可用 helpnntransfer 返回神经网络所有关于传递函数的信息：

```
helpnntransfer
Neural Network Toolbox Transfer Functions.


   compet   - Competitive transfer function.
   elliotsig - Elliot sigmoid transfer function.
   hardlim  - Positive hard limit transfer function.
   hardlims - Symmetric hard limit transfer function.
   logsig   - Logarithmic sigmoid transfer function.
```

```
netinv    - Inverse transfer function.
poslin    - Positive linear transfer function.
purelin   - Linear transfer function.
radbas    - Radial basis transfer function.
radbasn   - Radial basis normalized transfer function.
satlin    - Positive saturating linear transfer function.
satlins   - Symmetric saturating linear transfer function.
softmax   - Soft max transfer function.
tansig    - Symmetric sigmoid transfer function.
tribas    - Triangular basis transfer function.

Main nnet function list.
```

同理,读者可自行查询如下命令结果:

```
helpnnnetinput
helpnnperformance
helpnndistance
```

由于神经网络工具箱代码组织的更新,在旧版本中正常运行的定制神经网络需要重新在新版本中测试以确定运行无误;新版本中很多如 mapminmax、dotprod、netsum、tagsig、mse、trainlm、trainscg 函数可以更加方便地作为模板进行修改与编辑。如果需要了解如何使用 MATLAB 定制神经网络,请参见第 41 章,或者在 MATLAB 中输入以下代码查看:

```
helpnncustom
```

43.2.6 多层神经网络训练算法的选择

在神经网络实现过程中,对于给定的一个问题,确定最佳的神经网络训练算法往往十分困难。神经网络训练算法的选择往往需要考虑很多因素,如问题的复杂性、训练样本的个数、神经网络的权重与阈值、训练目标以及使用的神经网络是分类用途还是回归用途,等。本小节将直接介绍各种神经网络训练算法及其特点以便大家日后使用。表 43-1 中列举了常用的神经网络训练函数。

表 43-1 常用神经网络训练函数

简 称	算 法	描 述
LM	trainlm	Levenberg – Marquardt
BFG	trainbfg	BFGS Quasi – Newton
RP	trainrp	ResilientBackpropagation
SCG	trainscg	Scaled Conjugate Gradient
CGB	traincgb	Conjugate Gradient with Powell/BealeRestarts
CGF	traincgf	Fletcher – Powell Conjugate Gradient
CGP	traincgp	Polak – Ribi re Conjugate Gradient
OSS	trainoss	One Step Secant
GDX	traingdx	Variable Learning Rate Backpropagation

一般来说,针对曲线拟合问题,如果整个神经网络的权值小于 100 个时,最佳的神经网络训练算法为 LM 算法。LM 算法较其他算法运算的速度至少可以提升 3～4 倍,同时当整个神

经网络期望误差较小时，LM算法可以提供最佳的训练效果（LM与BFG算法都会随着期望误差减小而表现得越来越出色，OSS与GDX则相反）。但LM算法在模式识别问题中往往表现不佳，主要原因为设计LM算法的主要目的是解决最小二乘问题，而此类问题往往都是线性的。需要注意的是，使用LM算法时的内存占用比其他算法多很多，可以通过设置神经网络的reduction参数减少整个神经网络训练所需内存，但需要以更长的训练时间作为代价。

RP算法是在模式识别中最快建模的算法，但其在曲线拟合问题上表现不佳，当神经网络期望误差较小时，RP算法的使用效果往往不尽如人意，但该算法的内存占用往往比其他训练算法要低。

SCG算法似乎在很多问题上都有不俗的表现，尤其是在大型具有大量权重的神经网络训练上。在曲线拟合问题上SCG算法几乎与LM算法具有相同的运算速度，在模式识别问题上SCG算法与RP算法具有相同的运算速度，当神经网络期望误差较小时，SCG算法往往比RP算法更可靠。SCG算法同样有较适度的内存占用。

BFG算法与LM算法的效果类似，但其比LM算法占用的内存少。但随着神经网络的权重值增加，BFG算法的计算量成几何倍数增加。

GDX算法往往比其他训练算法都要慢，其内存占用与RP算法类似，但针对某些问题仍有较好的表现，例如在某些神经网络建模中并不需要算法收敛过快，此时收敛过快可能导致网络震荡，等。

43.2.7 神经网络鲁棒性

在神经网络训练过程中经常出现的问题是神经网络的过拟合，即神经网络对训练集的预测误差非常小，但对测试集的预测误差非常大。例如一个分类器能够百分之百地正确分类样本数据（即再拿训练样本中的数据给它，它绝对不会分错），但也就为了能够对样本完全正确地分类，使得它的构造如此精细复杂，规则如此严格，以至于任何与训练样本数据稍有不同的样本它全都认为不属于这个类别。对于神经网络的过拟合，可以通过提早停止（Early Stopping）避免。

提早停止是神经网络训练中避免过拟合的主要方法，其主要思想是将数据集分为训练集（Training set）、验证集（Validation set）、测试集（Testing set）。神经网络利用训练集计算梯度与神经网络权值与阈值，神经网络训练开始时，验证集的误差下降，但是一旦出现过拟合，验证集的误差不降反升，可以通过net.trainParam.max_fail设置验证集误差反向次数，达到该次数，神经网络训练停止，同时此时的网络权值与阈值被记录。测试集不用做网络的训练，其主要作用是比较不同模型的仿真效果。在MATLAB中主要用四个函数进行数据集划分，它们是dividerand,divideblock,divideint,divideind。用户可以在net.divideFcn中定义神经网络的数据划分函数，其函数的参数可以在net.divideParam中设置。

同时，为了达到提早停止，在神经网络训练的过程中尽量不要使用收敛过快的训练函数。如果为了特定原因必须使用，如trianlm这样的算法，也需要设置其他的训练参数保证收敛相对缓慢，如将mu设置成1,将mu_dec与mu_inc设置在1附近，等。为了达到提早停止，神经网络的训练函数也可以设置为trainscg与trainbr。

43.3 案例拓展

43.3.1 复杂问题的神经网络解决方案

如果遇到复杂问题需要利用神经网络建模来解决，一般可以将神经网络隐层神经元个数增多，但是更多的神经元需要更多的计算量，并且有过拟合趋势，所以需要根据不同建模要求个性化设置神经网络隐层神经元个数。同时考虑是否可以通过如下方法进行网络简化：

① 从数据集角度入手，数据集中指标的选择需要做到有理有据，尽量避免不重要的指标进入数据集；

② 数据集的质量很关键，1 000 个样本的信息有可能没有 100 个样本的信息量大；

③ 由于数据集可能含有不同量纲的指标，在神经网络训练前强烈建议使用标准化；

④ 采用支持复杂运算的神经网络训练函数；

⑤ 尝试使用多种类型神经网络，同时注意是否存在过拟合现象；

⑥ 如果使用 MATLAB 定义的神经网络函数不能达到预期效果，可以尝试自己定制神经网络，满足复杂问题的解决需要。

43.3.2 未达到预期神经网络调整策略

当神经网络建模后效果不理想或者需要更加精确的建模结果时，可以采用以下方法：

① 使用 init 命令重新初始化神经网络后再次训练；

② 增加神经网络隐层神经元个数；

③ 增加训练集样本个数；

④ 增加训练集样本信息量，使神经网络获得更多相关信息；

⑤ 尝试使用不同的神经网络训练函数；

⑥ 尝试对数据集使用归一化；

⑦ 查看是否存在过拟合，如果存在，按照本章所述方法进行设置后重新进行神经网络建模。

43.3.3 提早停止的某些注意事项

在应用提早停止时，必须注意：

① 验证集的选择非常重要，如果验证集没有代表训练集的能力，那么提早停止可能失效，导致神经网络出现过拟合；

② 尽管将数据集进行了划分，最佳的神经网络建模方式还是将神经网络进行多次初始化，因为在某些情况下某些训练函数都可能失效，但是通过考察测试集的误差大小，就可以判定不同初始化情况下神经网络的仿真效果。

参考文献

[1] BREIMAN L. Random Forests[J]. Machine Learning，2001，45(1)：5-32.

[2] Math Works. MATLAB R2012b Neural Network Toolbox User Guide. 2012.